高等学校新工科计算机类专业系列教材

计算机网络技术及应用

主　编　龚星宇

副主编　李　娜　付立东

参　编　崔海文　辛　华　温乃宁

主　审　龚尚福

西安电子科技大学出版社

内 容 简 介

本书共分为 10 章，内容包括计算机网络概述、数据通信基础、计算机网络结构与协议、计算机局域网、广域网原理与技术、Internet 技术及应用、无线通信与网络技术、网络安全与管理、计算机网络方案设计和实验。前九章每章最后均附有习题，最后一章为实验指导，以满足教学要求。

本书内容丰富，选材新颖，图文并茂，通俗易懂，实用性强，可作为高等学校计算机、软件工程、信息安全、电子信息等专业的计算机网络技术课程的教材，也可作为计算机应用技术人员的培训教材和学习参考书。

图书在版编目(CIP)数据

计算机网络技术及应用 / 龚星宇主编. —西安：西安电子科技大学出版社，2021.12
ISBN 978-7-5606-6246-6

Ⅰ. ①计… Ⅱ. ①龚… Ⅲ. ①计算机网络—高等学校—教材 Ⅳ. ①TP393

中国版本图书馆 CIP 数据核字(2021)第 242623 号

策划编辑 陈 婷
责任编辑 孙美菊 陈 婷
出版发行 西安电子科技大学出版社(西安市太白南路 2 号)
电 话 (029)88202421 88201467 邮 编 710071
网 址 www.xduph.com 电子邮箱 xdupfxb001@163.com
经 销 新华书店
印刷单位 陕西天意印务有限责任公司
版 次 2022 年 2 月第 1 版 2022 年 2 月第 1 次印刷
开 本 787 毫米×1092 毫米 1/16 印 张 20
字 数 475 千字
印 数 1～3000 册
定 价 49.00 元
ISBN 978-7-5606-6246-6 / TP
XDUP 6548001-1

前　言

计算机网络技术的高速发展促进了信息技术革命的到来，使得人类社会的发展步入了信息化时代，“网络连通地球”使世界成为“地球村”。随着计算机应用的广泛普及，人们的生活、工作、学习及思维方式都已经发生了深刻变化，计算机网络已成为人们处理日常事务的工具和基础设施。同时，计算机与其他学科领域的交叉融合，促进了学科发展和专业更新，引发了新兴交叉学科与技术的不断涌现。因此，学习计算机网络知识，掌握网络技术及应用，已成为21世纪的必然要求。计算机网络技术与应用已成为21世纪人才培养最重要的技术课程之一。

计算机网络技术与应用是大学计算机基础教学的后续课程之一，是一门技术性和应用性较强的课程。通过系统学习计算机网络的基本理论、基础知识以及现代网络的技术和应用，学生能够获得比较系统的网络基础知识和基本的网络应用技能。

本书是根据教育部高等学校计算机科学与技术教学指导委员会《关于进一步加强高等学校计算机基础教学的意见暨计算机基础课程教学基本要求(试行)》中网络技术与应用的基本要求编写的计算机网络课程教材。本书根据高等学校应用型人才培养的改革需求，基于信息技术前沿，合理组织和精选素材，具有内容丰富、选材新颖、图文并茂、通俗易懂、实用性强的特点。

本书特色体现在以下方面：

(1) 结构安排科学合理。本书由基础理论奠基，突出技术应用，层次递进，易教易学。

(2) 内容组织清晰。本书在相关概念和原理的处理上，尽量做到复杂问题简单化，抽象问题形象化，化解专业理论和技术难点，帮助读者理解相关知识点。

(3) 突出实用性。本书兼顾基础知识的讲授与对学生基本技能的训练和应用能力的培养，配备了实验内容，增强了实用性。

使用本书时应注意“精讲”授课内容与“多练”基本技能和操作，尽可能采用现代化教学技术和手段，如采用线上、线下相结合的方式或使用多媒体交互环境以及共享的精品课程资源以加强授课效果和节省学时。

本书的参考教学时数为48学时，建议讲课32学时，实验16学时。

龚星宇担任本书主编，李娜、付立东担任副主编。龚星宇编写第2、3、5、7章，李娜编写第4、6章，崔海文编写第8章，辛华编写第9章，付立东和温乃宁编写第1章和第10章。龚尚福教授对全书进行了主审。研究生曹珂、王鑫、来源和贾凌等参加了本书的资料组织、绘图和文字录入工作。

本书在编写和出版过程中得到了西安电子科技大学出版社、西安科技大学计算机学院和教务处有关同志的大力支持，在此表示衷心感谢。由于编者水平有限，书中不足之处在所难免，敬请读者批评指正。

编　者

2021年8月

目　录

第 1 章　计算机网络概述

本章教学目标

- 了解计算机网络的概念、形成和发展过程。
- 理解计算机网络的定义和分类。
- 了解计算机网络的组成和拓扑结构。
- 了解计算机网络的功能和应用领域。
- 了解计算机网络的通信架构及应用模式。

计算机网络是 20 世纪末最伟大的科学技术成就之一。它是计算机技术和通信技术相结合的产物，不仅代表着计算机系统结构发展的一个重要方向，而且其技术发展和广泛应用深刻地改变着人们的传统观念和生活方式，使人类社会进入了高速信息化时代。目前，计算机网络在全世界范围内迅猛发展，网络应用逐渐渗透到各个技术领域和社会的各个方面，已经成为衡量一个国家发展水平和综合国力的标志。

1.1　计算机网络的概念

1.1.1　计算机网络的形成

计算机网络是通信技术和计算机技术相结合的产物，它是信息社会最重要的基础设施和创新发展基础，并将构成人类社会的信息高速公路以及学习、工作和生活的新的环境形态，使整个地球实现数字化和网络化。

1. 通信技术的发展

通信技术实现了信息的远距离传输和交换，其发展经历了一个漫长的过程。1838 年莫尔斯发明了电报机，1876 年贝尔发明了电话，从此开辟了近代通信技术发展的历史。通信技术在人类生活中发挥了极其重要的作用。

2. 计算机网络的产生

1946 年诞生了世界上第一台电子数字计算机，它的全称是电子数字积分和计算器(Electronic Numerical Integrator and Calculator，ENIAC)，从而开辟了向信息社会迈进的新纪元。20 世纪 50 年代，美国利用计算机技术建立了半自动地面防空系统 SAGE，(Semi-Automatic Ground Environment，赛其系统)，它将雷达信号和其他信号经远程通信线路送达计算机并进行自动化处理，第一次利用计算机网络实现了远程集中式控制模式，这便是计算机网络最初的应用形态。

1969年，美国国防部高级研究计划局ARPA(Advanced Research Projects Agency，阿帕)建立了世界上第一个通信分组交换网(ARPANet，阿帕网)，即Internet的前身，这是一个只有4个信息节点的采用存储转发方式的分组交换广域网。ARPANet的远程分组交换技术于1972年首次在国际计算机会议上公开展示。

1976年，美国Xerox公司开发了基于载波监听多路访问/冲突检测(Carrier Sense Multiple Access/Collision Detect，CSMA/CD)原理的、用同轴通信电缆连接多台计算机的局域网，取名Ethernet(以太网)。

计算机网络是由通信系统连接多台计算机构成的电气系统，其中通信系统为计算机网络提供了便利而快捷的信息传输通道，用以传输和交换信息(数据)；计算机用以控制接收和处理信息(数据)，从而实现了广域信息传输与处理的目的。

计算机网络是半导体技术、计算机技术、数据通信技术和网络技术相互渗透、相互促进的产物。计算机和计算机网络技术的发展也促进了通信技术的发展。

1.1.2　计算机网络的发展

计算机网络出现的时间并不长，但发展速度很快，经历了从简单到复杂的变化过程。计算机网络发展到现在大体经历了4个大的阶段。

1. 大型机时代(1965—1975年)

大型机时代是集中运算的年代，使用主机和终端模式结构，所有的运算都是在主机上进行的，用户终端显示的是字符。在这一结构里，最基本的主机——终端联网设备是前端处理机和中央控制器(又称集中器)。所有终端连到集中器上，然后通过点到点的电缆或电话专线连到前端处理机上。

2. 小型机联网(1975—1985年)

DEC公司最先推出了小型机及其联网技术。由于其采用了允许第三方产品介入的联网结构，因而加速了网络技术的发展。很快，10 Mb/s的局域网速率在DEC公司推出的VAX系列主机、终端服务器等一系列产品上被广泛采用。

3. 共享型的局域网(1985—1995年)

随着DEC和IBM的基于局域网(LAN)终端服务器的推出以及微型计算机的诞生和快速发展，各部门纷纷需要解决资源共享问题。为满足这一需求，一种基于LAN的网络操作系统研制成功，与此同时，基于LAN的网络数据库系统的应用也得到了快速发展。

4. 交换技术时代(1995至今)

个人计算机(PC)的快速发展是开创网络计算时代最直接的动因。网络数据业务强调可视化，如Web技术的出现与应用、各种图像文档的信息发布、用于诊断的医疗放射图片的传输、CAD的出现与发展、视频会议与远程培训系统的广泛应用等，这些多媒体业务的快速增长、全球信息高速公路的提出和实施都无疑对网络带宽和速度提出了更高、更快的需求。显然，几年前运行良好的Hub和路由器技术已经不能满足这些要求了，网络通信节点的信息转发方式和技术的改革(交换方式和技术的研究与应用)使网络进入了交换时代。

1.2　计算机网络的定义和分类

1.2.1　计算机网络的定义及目的

计算机网络是计算机技术中发展最快的一个分支。根据计算机网络发展的阶段和侧重点的不同，对计算机网络有多种不同的定义。目前，计算机网络结构及应用的特点以及侧重资源共享的计算机网络的定义更准确地描述了计算机网络的特点。

计算机网络是指将具有独立功能的多个计算机系统通过通信线路(如电缆、光纤、微波、卫星等)和设备互相连接起来，以实现资源共享、互相通信和协同处理的计算机网络系统。计算机网络是计算机技术和通信技术相结合的数字化设施和基础。

发展计算机网络的目的：一是实现资源共享，即共享计算机网络中的硬件资源、软件资源和数据资源等；二是实现各计算机之间的相互通信；三是充分发挥网络中各计算机的相互协作；四是提高网络计算的可靠性。

1.2.2　计算机网络的分类

计算机网络有许多种分类方法，其中最常用的有 3 种分类依据，即根据网络传输技术、网络覆盖范围和网络拓扑结构进行分类。

1. 按网络传输技术分类

1) 广播网络

广播网络的通信特点是共享介质，即网络上的所有计算机都共享它们的传输通道。这类网络以局域网为主，如以太网、令牌环网、令牌总线网、光纤分布数字接口(Fiber Distribute Digital Interface，FDDI)网等。

2) 点对点网络

点对点网络也称为分组交换网。点对点网络的特点是发送者和接收者之间有许多条连接通道，分组要通过路由器，而且每一个分组所经历的路径是不确定的。因此，路由算法在点对点网络中起着重要的作用。点对点网络主要用在广域网中，如分组交换数据网 X.25、帧中继 FR、异步传输方式(Asynchronous Transfer Mode，ATM)网络等。

2. 按网络覆盖范围分类

1) 局域网

局域网(Local Area Network，LAN)常用于构建实验室、建筑物或校园里的计算机网络，主要通过自建电缆或光缆连接个人计算机或工作站来共享网络资源和交换信息，覆盖范围一般为几千米到十几千米，不借助于公共电信网络联网。

2) 城域网

城域网(Metropolitan Area Network，MAN)比局域网的规模要大，一般专指覆盖一个城市的网络系统，通过城市公共电信网络实现联网通信，因此又称为都市网。

3) 广域网

广域网(Wide Area Network，WAN)的跨度更大，覆盖的范围可以为几十千米到几百千米，甚至是整个地球。其特点是利用公共电信网络实现跨地域联网。

4) 个域网

个域网(Personnel Area Network，PAN)是一种覆盖范围更小的网络，其覆盖半径一般为10米以下，用于家庭、办公室或者个人携带的信息设备之间的互连。

3. 按网络拓扑结构分类

将服务器、工作站、通信设备等网络单元抽象为“点”，将网络中的电缆抽象为“线”，就形成了点和线连接的几何图形，这种图形可以描述出计算机网络系统的具体结构，称为计算机网络的拓扑结构。计算机网络的拓扑结构主要有总线形、环形、星形和树形等，如图1-1所示。

1) 总线形拓扑结构

总线形网络的各个节点都与一条总线相连，共享通信介质，网络中的所有节点设备都通过总线传输数据，工作站通过网络连接器(BNC或RJ45)相连接，利用竞争总线的方式来进行通信，如图1-1(a)所示。总线形网络适用于局域网以及对实时性通信要求不高的环境。

2) 环形拓扑结构

环形网络表现为网络中各节点通过一条首尾相连的通信线路连接起来的一个闭合环形结构网，工作站通过网络收发器相连接，利用令牌交接的方式来进行通信，如图1-1(b)所示。环形网络适用于局域网以及具有一定实时性要求的环境。

3) 星形拓扑结构

星形网络的各工作站以中心节点(交换机)辐射的方式连接起来，共享中心节点设备，通过端口竞争的方式进行通信，如图1-1(c)所示。网络中每个节点设备都以交换机为中心，通过电缆与交换机相连。其特点是中心节点为控制中心，各节点之间的通信都必须经过中心节点转接。星形网络适用于局域网和广域网。

4) 树形拓扑结构

树形网络是总线网络与星形网络的自然分级形式，如图1-1(d)所示。树形网络实际上是由多级星形网络按层次排列而成的。树形网络适用于局域网以及数据需要进行分级传送的环境，可以构成较大规模的局域网。

此外，还存在分布型(菊花链)、网状、全连接等拓扑结构的网络。

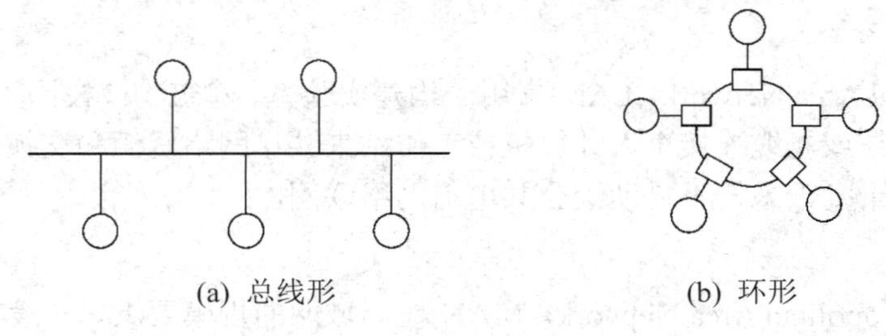

(a) 总线形　　(b) 环形

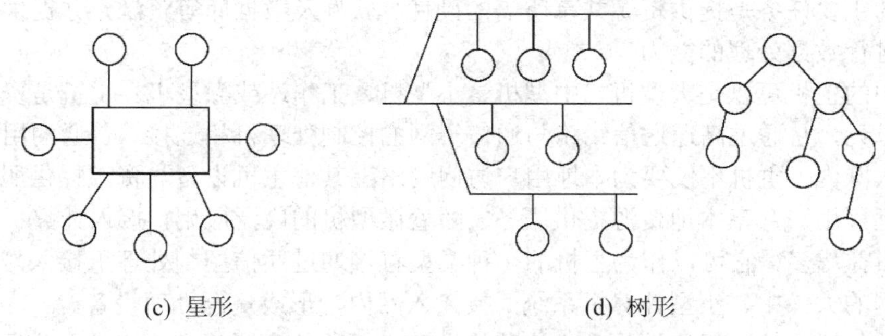

(c) 星形　　　　(d) 树形

图 1-1 常见网络拓扑结构示意图

1.3 计算机网络系统的组成

1.3.1 计算机网络系统的组成

计算机网络要完成数据处理与数据通信两大基本功能，因此从逻辑功能上把一个计算机网络分为两个部分：一部分是负责数据处理的计算机与终端；另一部分是负责数据通信的通信控制处理机与通信链路。从计算机网络系统组成的角度来看，典型的计算机网络从逻辑功能上可以分为资源子网和通信子网两部分。从计算机网络功能角度讲，资源子网是负责数据处理的子网，通信子网是负责数据传输的子网，各司其职。一个典型的计算机网络系统的组成如图 1-2 所示。

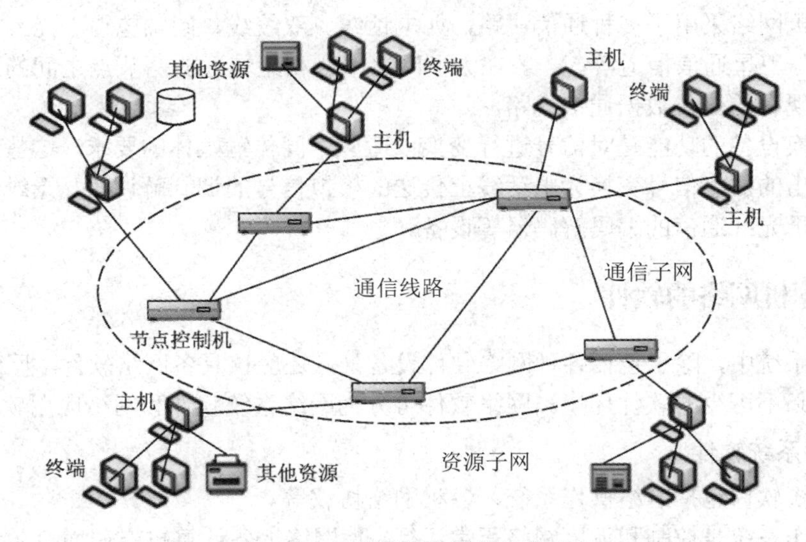

图 1-2 计算机网络系统的组成

1. 资源子网

资源子网由主机、终端、终端控制器、计算机外设、各种软件资源与信息资源组成。

资源子网的主要任务是提供资源共享所需的硬件、软件及数据库等资源，并提供访问计算机网络和进行数据处理的能力。

网络中的主机可以是大型机、中型机、小型机、工作站或微型机。主机是资源子网的主要组成单元，它通过高速通信线路与通信子网的控制处理机相连接。普通的用户终端通过主机接入网内。主机不仅要为本地用户访问网络上其他主机设备与资源提供服务，同时要为网中远程用户共享本地资源提供服务。随着微型机的广泛应用，接入计算机网络的微型机数量日益增多，它可以作为主机的一种类型直接通过通信控制处理机接入网内，也可以通过联网的大、中、小型计算机系统间接接入网内，形成资源处理设备。

终端控制器连接一组终端，负责这些终端和主机的信息通信，或直接作为网络节点。终端是直接面向用户的交互设备，可以是由键盘和显示器组成的简单的终端，也可以是微型计算机系统。

计算机外设主要是网络中的一些共享设备，如大型磁盘机(磁带机或光盘)、高速打印机、大型绘图仪、各类数字化设备等。

2. 通信子网

通信子网由通信节点控制机、通信线路、信号变换设备及其他通信设备组成，用于完成数据的传输、交换以及通信控制，为计算机网络的通信功能提供服务。

通信控制处理机在通信子网中又称为网络节点。它一方面作为与资源子网的主机、终端连接的接口，将主机和终端接入网内；另一方面它又作为通信子网中的分组存储转发节点，完成分组的接收、校验、存储和转发等功能，实现将源主机报文准确发送到目的主机的作用。

通信线路为通信控制处理机与通信控制处理机、通信控制处理机与主机之间提供通信信道。计算机网络采用了多种通信线路，如电话线、双绞线、同轴电缆、光纤、无线通信信道、微波与卫星通信信道等。一般在大型网络中和相距较远的两节点之间的通信链路中都直接利用现有的公共数据通信线路。

信号变换设备的功能是对信号进行变换以适应不同传输媒体的要求。这些设备一般有将计算机输出的数字信号变换为电话线上传送的模拟信号的调制解调器、无线通信接收和发送器、用于光纤通信的编码解码器等设备。

1.3.2　计算机网络的软件

在网络系统中，除了包括各种网络硬件设备外，还应该具备网络软件。网络软件是实现网络功能必不可少的软件环境。网络软件可分为网络系统软件和网络应用软件两部分。

1. 网络系统软件

网络系统软件包括网络操作系统、各种网络协议等。

网络操作系统是控制和调度网络正常运行、使网络上各计算机方便而有效地共享网络资源、为网络用户提供所需的各种服务的软件和有关规程的集合。现在流行的网络操作系统主要有 Netware、UNIX、Windows NT/2000/XP/2003、Linux 等。

网络协议一般是由网络操作系统决定的，网络操作系统不同，网络协议也不同。例如，Netware 系统的协议是 IPX/SPX，Windows/Linux/ UNIX 系统则支持 TCP/IP 等多种协议。

2. 网络应用软件

网络应用软件是指能够为网络用户提供各种事务类服务的软件，如浏览软件、传输软件、远程登录软件、电子邮件、入侵检测、病毒防御等。

1.4　计算机网络的功能和应用

1.4.1　计算机网络的主要功能

计算机网络的功能因网络规模的大小和设计目的不同而有较大差异，归纳起来有如下几方面。

1. 资源共享

共享资源是组建计算机网络的主要目的之一。计算机资源主要指计算机的硬件、软件和数据资源。计算机的许多资源是非常昂贵的，不可能为每个用户所拥有，如进行复杂运算的大型计算机、海量存储器、大容量高速硬盘、特殊的外部设备、大型应用软件和数据库等。当组建网络后，网络用户可以共同分享分散在不同地理位置的各种硬件、软件资源和数据库。共享硬件资源，可以避免硬件资源的重复购置，提高设备的利用率；共享软件资源，可以避免软件开发的重复劳动和大型成品软件的重复购置；而共享数据库，扩大了信息的使用范围。由此可见，资源共享的社会效益和经济效益极其重大。

2. 数据传输

数据传输和数据通信是计算机网络的基本功能。无论是国家的宏观经济决策，还是企业的办公自动化，都需要进行数据传输与集中处理，都要靠网络来支持。通过网络可以将分散在各地计算机中的数据资料实时集中或分级管理，并经综合处理后形成各种报表，提供给管理者或决策者来分析和思考。例如，自动订票系统、政府部门的计划统计系统、银行财政及各种金融系统、数据的收集和处理系统、地震资料的收集与处理系统、地质资料的采集与处理系统等，都要通过通信系统进行传输。

3. 协同处理

当网络中的某个主机系统负荷过重时，可以将某些工作通过网络传送到其他主机去处理，这样既缓解了某些机器的过重负荷，又提高了负荷较小的机器的利用率，以调节忙闲不均的现象。

另外，对一些综合性的大型计算问题，可采用适当的算法将任务分散到不同的计算机上分布处理，充分利用各地计算机资源进行协同工作。例如，在局域网中，可以利用网络技术将微机连成高性能的分布式计算机系统，使它具有解决复杂问题的能力。

4. 提高可靠性

分布式网络计算的特点是网络上的所有主机都可以参加协同计算，这就相当于一个任务由许多台计算机承担，增加了设备的冗余度，提高了系统的可靠性。

5. 综合信息服务

在当今的信息化社会中，通过计算机网络向社会提供各种经济信息、科技情报和咨询服务已相当普及。目前正在发展的综合业务数字网可以进行文字、数字、图形、图像、语音等多种信息传输，以提供电子邮件、电子数据交换、电子公告、电子会议、IP 电话和传真等业务。计算机网络将为政治、军事、文化、教育、卫生、新闻、金融、图书、办公自动化以及居家生活等各个领域提供服务，成为信息化社会中传送与处理信息不可缺少的强有力的手段。

1.4.2　计算机网络的服务领域

随着现代信息社会进程的推进，通信和计算机技术迅猛发展，计算机网络的应用越来越普及，打破了空间和时间的限制，几乎深入到社会的各个领域，其应用可归纳为下列几个方面。

1. 实现办公自动化

人们已经不满足于仅仅用个人计算机进行文字处理及文档管理，而是普遍要求把一个机关或企业的办公计算机连成网络，以简化办公室的日常工作，这些事务包括：

(1) 信息录入、处理、存档等。

(2) 信息的综合处理与统计。

(3) 报告生成与部门之间或上下级之间的报表传递。

(4) 通信、联络(电话、邮件)等。

(5) 决策与判断。

2. 管理信息系统

管理信息系统是处理具体业务的计算机软件系统，它对一个企业，特别是部门多、业务复杂的大型企事业单位更有意义，也是当前计算机网络应用最广泛的方面。管理信息系统主要包括：

(1) 按不同的业务部门设计的业务子系统，如计划统计子系统、人事管理子系统、设备仪器管理子系统等。

(2) 工况监督系统，如对大型生产设备、仪器的参数、产量等信息实时采集的综合信息处理系统。

(3) 企业管理决策支持系统，用于专家决策、历史数据比较等。

3. 商贸电子化

电子商务、电子数据交换等网络应用把商店、银行、运输、海关、保险以至工厂、仓库等各个部门联系起来，实行无纸、无票据的电子贸易。它可以提高商贸特别是国际商贸的流通速度，降低成本，减少差错，方便客户和提高商业竞争力，是全球化经济的体现，是构造全球化信息社会不可缺少的纽带。

4. 公共生活服务信息化

公共生活服务包括以下一些与公共生活密切相关的网络应用服务。

(1) 与电子商务有关的网上购物服务。

(2) 基于信息检索服务的各种生活信息服务，如天气预报信息、旅游信息、交通信息、图书资料出版信息、证券行情信息等。

(3) 基于联机事务处理系统的各种事务性公共服务，如飞机和火车联网订票系统、银行联汇兑及取款系统、旅店客房预定系统及图书借阅管理系统等。

(4) 各种方便、快捷的网络通信服务，如网络电子邮件、网络电话、网络传真、网络电视电话、网络寻呼机、网上交友及网络视频会议等。

(5) 网上广播、电视服务，如网上新闻组、交互式视频点播等。

5. 教育现代化

基于计算机网络的现代教育系统更能适应信息社会对教育高效率、高质量、多学制、多学科、个别化、终身化的要求。因此，有人把它看成是教育领域中的信息革命，也是科教兴国的重要举措。

6. 电子政务

通过电子政务，政府可以上网及时发布政府信息和接收处理公众反馈的信息，增强人民群众与政府领导之间的直接联系和对话，有利于提高政府机关的办事效率，提高透明度与领导决策的准确性，有利于廉政建设和社会民主建设。

7. 人工智能

人工智能是未来社会发展的形态。计算机网络最终会将人类社会推向机器和系统的全面智能化时代。

1.5　计算机网络架构与应用模式

基于工程应用和计算机网络技术的发展，本节简单介绍计算机网络架构和网络应用模式 C/S、B/S 的一般知识。

1.5.1　计算机网络通信架构

从系统工程设计和计算机网络组网与应用角度出发，现代计算机网络分为四层结构体系：

(1) 网际对等连接层(Network Peering Layer)：使用独立的路由器实现与其他电信运营商的对等互联，以实现外部网访问。

(2) 网络核心层(Network Core Layer)：采用多台路由器，实现骨干层可靠的路由汇聚和信息交换，并可提供多个网络出口与其他网络互联。

(3) 网络分布层(Network Distribution Layer)：采用具有路由功能的高性能宽带交换机，为用户提供高密度接入端口和内部路由交换服务。

(4) 网络访问层(Network Access Layer)：提供各类用户的高速接入与网络应用服务。

1.5.2　网络应用模式

现代计算机网络从资源共享与安全管理、满足用户使用要求与操作便利等角度出发，可分为客户机/服务器(Client/Server, C/S)模式和浏览器/服务器(Browser/Server，B/S)模式两种应用类型。

1. 概念与术语

计算机网络由网络硬件(即通信系统和计算机设备)和网络软件(即操作系统、各类应用软件和数据)系统组成。下面给出相关设备的概念和术语解释。

(1) 服务器(Server)：是安装计算机网络操作系统，用于实现网络控制和管理、为用户提供共享资源、通过应用软件实现相应服务功能的高性能计算机，是网络专用计算机设备。

(2) 客户机(Client)：是接收服务器或者需要访问服务器上的共享资源的计算机，是用户端用来处理业务的计算机设备。

(3) 浏览器(Browser)：是安装在客户机端的一套查询软件，用来实现用户向网络服务器提供请求和接收服务器处理结果并显示的交互操作。

(4) Web 服务器：是网络上的一套专用软件设备，当用户端通过浏览器提出查询需求后以 HTTP 协议方式向数据库服务器发出操作请求，数据库根据查询和处理返回相应的数据结果，然后由 Web 服务器将处理结果翻译成各种脚本语言，传送给客户机供用户使用。

2. 客户机/服务器(C/S)模式

计算机网络中，网络操作系统安装在专用服务器上，相应的应用软件和数据安装在用户的客户机上，主要业务操作和处理由客户端实现，这种模式称为 C/S 模式，又称为“胖客户”模式。C/S 模式如图 1-3 所示。服务器端通常采用高性能的计算机、工作站或小型机，并采用大型数据库系统，如 Oracle、Sybase 或 SQL Server。客户端要安装专用的客户软件。C/S 模式软件分为客户机和服务器两层。客户机是具有独立数据处理和数据存储能力的微型计算机设备，通过把应用软件的计算和数据合理地分配在客户和服务器两端，可以有效地降低网络通信量和服务器运算量。由于服务器连接个数和数据通信量的限制，这种模式的软件适于用户数不多的局域网。

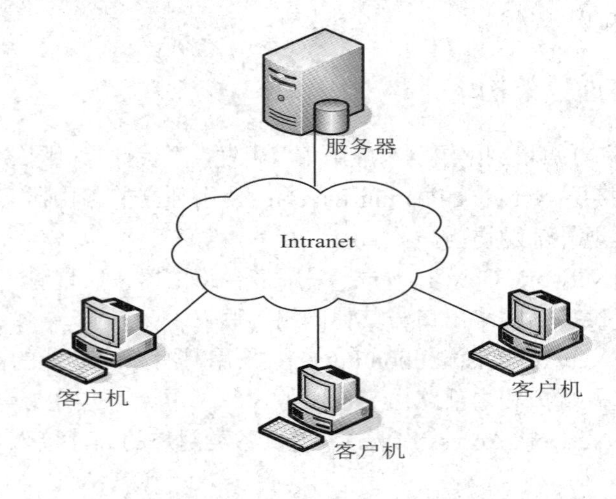

图 1-3　C/S 应用模式

C/S 模式的优势是能够充分发挥客户端的处理能力，很多工作可以在客户端处理后再提交给服务器。对应的优点是客户端响应速度快、网络通信流量较轻；缺点是对于客户机的数据处理能力要求较高，客户端需要安装专用的客户端软件，软件维护和升级成本高，一般主要适用于局域网的业务应用场合。

3. 浏览器/服务器(B/S)模式

B/S 模式是对 C/S 模式的一种简化，该模式在客户机上只需要安装一个浏览器软件，如 Navigator 或 Internet Explorer，在服务器上安装 Oracle、Sybase 或 SQL Server 等数据库系统，浏览器就可以通过 Web 服务器与网络服务器上的应用数据库系统进行数据交互与访问。数据资源与控制权几乎都在服务器上，对客户机的性能和配置要求较低，该模式又称为“瘦客户”模式。B/S 模式的应用系统如图 1-4 所示。

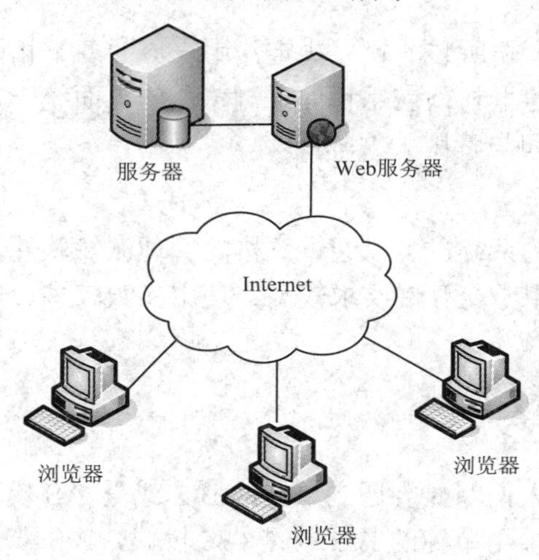

图 1-4　B/S 应用模式

在 B/S 模式下，用户界面与操作完全通过 www 浏览器实现，一部分访问请求事务逻辑在前端实现，但是主要的数据处理和加工事务逻辑在服务器端实现，形成三层(3-Tier)结构。三层结构是指“客户机/浏览器—Web 服务器—数据库服务器”形式。B/S 模式以 Web 为系统的中心实现用户与服务器的操作。

B/S 模式最大的优点就是可以在任何地方进行操作而不用安装任何专门的软件，只要有一台能登录网络的计算机就能操作。客户端在维护方面的工作量非常小，系统的扩展非常容易，只要能上网，再由系统管理员分配一个用户名和密码，就可以使用了。

B/S 模式利用不断成熟和普及的浏览技术实现了原来需要复杂的专用软件才能实现的强大功能，并节约了开发成本，是一种全新的软件系统构造技术，这种模式成为了当今应用软件的首选模式。

1.5.3　C/S模式与B/S模式的比较

1. 开发和维护成本

C/S 的开发和维护成本较高。对不同客户端要开发不同的程序，且应用程序的安装、修改和升级均需要在所有的客户机上进行。而 B/S，客户端只需有通用的浏览器即可，所有的维护与升级工作都是在服务器上执行的，不需要对客户端进行任何改变，大大降低了开发和维护的成本。

2. 客户端负载

C/S 的客户端具有显示与处理数据的功能，负载重，应用系统的功能越来越复杂，客户端的应用程序也变得越来越庞大。B/S 的客户端把事务处理逻辑部分给了功能服务器，客户端只需要进行显示，俗称为“瘦”客户机。

3. 可移植性

C/S 移植困难，不同开发工具开发的应用程序，一般来说互不兼容，难以移植到其他平台上运行。对于 B/S，在客户端安装的是通用浏览器，不存在移植性问题。

4. 用户界面

C/S 用户的界面由客户端所装的软件决定，用户界面各不相同，培训的时间与费用较高。而 B/S 通过通用的浏览器访问应用程序，浏览器的界面统一友好，使用时类似于浏览网页，从而可将培训的时间与费用大大降低。

5. 安全性

C/S 适用于专人使用的系统，可以通过严格的管理派发软件，适用于安全性要求较高的专用应用软件。B/S 适用于交互性要求较高、使用人数较多、安全性要求不是很高的应用环境。

1.5.4　C/S与B/S混合模式

在实际应用系统中，人们明显会遇到单纯的 B/S 或是 C/S 模式的短板。一般而言，相对简单的应用系统都应该采用单纯的 B/S 或是 C/S 模式，B/S 模式应该是目前很多项目都采用的架构，浏览器的方式使得用户的使用十分方便，管理和升级维护也能比较集中，缺点就是浏览器使用带来的安全性问题。如果软件的应用范围区域不集中，而且用户经常变换地点进行访问，那么这种架构是非常适合的。

C/S 架构的 C 端有非常强的数据处理能力，所以在交互表现和安全方面可以做得比浏览器更强，但是缺点也是非常明显的，安装部署、升级维护、版本兼容都是比较麻烦的事情，因此一般的适用场景是集中的办公室场所，用户使用范围相对稳定；还有一些业务处理非常复杂的场合，为了降低服务器的负荷，同样需要 C 模式的支持。

综上，C/S 结构有效利用了客户端硬件的计算能力，但系统发布和维护升级等代价昂贵；B/S 结构有效利用了服务器的高计算能力，但对服务器和网络带宽要求高，信息安全难以保障。因此，大型系统软件结构经常采用 B/S、C/S 混合结构模式，取两者之长，避免技术瓶颈，需要客户端计算的利用 C/S 模式，需要经常更新集中计算的利用 B/S 模式，非常有效地满足了应用系统的实际需求。

1.6　多媒体网络系统

1.6.1　多媒体计算机

多媒体是计算机和视频技术的结合，实际上它是两个媒体即声音和图像的集合，用使用设备的概念讲就是音响和电视。多媒体本身和所有现代技术一样，它是由硬件和软件，或机器和思想混合组成的。多媒体计算机代表计算机和数字媒体的合成。

多媒体计算机是多媒体技术最直接、最简单的表现形式，但多媒体技术的真正意义在于与网络的结合，在于通过网络为用户以多媒体的方式提供信息服务。随着计算机网络性能的不断提高及音频、视频网上传输技术的不断成熟，在人们的生活、学习与工作方面出现了一个全新的网络应用系统，即多媒体网络系统。

1.6.2　多媒体网络

多媒体网络系统是将计算机网络技术与多媒体技术有机结合起来的网络应用系统，是能够完成多媒体通信业务的系统。利用计算机网络技术，可以将数字化的多媒体信息传送到网络上的各个计算机或其他数字化系统，如大屏幕显示。在物理结构上，多媒体网络系统是由若干多媒体通信终端、交换设备、多媒体服务器(数据库)经过通信网络连接构成的。

1.6.3　多媒体网络系统

多媒体网络系统应同时具备以下特征：

(1) 能够完成在内容上相关联的各种媒体信息的处理和传输，如声音、活动图像、文本、图形、动画等数字信息。

(2) 多媒体网络系统为交互式工作方式，不是简单的信号单向或双向的传播和广播。

(3) 系统通过网络连接，即各种媒体的信息是通过网络传输的，而不是借助于 CD-ROM 等存储载体来传送的。

多媒体通信业务集成了语言、数据和实时图像信息，涉及诸多领域的技术，对提供该业务的网络也有较高的要求。基于 ATM 技术的网络具有适合于多媒体信息传送的能力，目前发展最快的 Internet 也将成为承载多媒体信息的未来网络。

本 章 小 结

本章介绍了计算机网络的形成与发展，计算机网络的定义、分类和拓扑结构，计算机网络的构成与网络软件，计算机网络的主要功能、服务领域、网络架构以及两种计算机网络应用模式——C/S 模式、B/S 模式及其优缺点，多媒体网络等基本概念和基础知识，目的在于使读者初步了解计算机网络的一般常识。

习　　题

一、选择题

1. 计算机网络的发展经历了由简单到复杂的过程，其中最早出现的计算机网络是(　　)。

A. Internet　　B. Ethernet　　C. ARPANet　　D. ATM

2. 根据网络的覆盖范围，Internet 属于(　　)。

A. LAN　　B. MAN　　C. WAN　　D. 以上都不是

3. 信息高速公路上传送的是(　　)。

A. ASCII 码数据　　B. 十进制数据　　C. 语音信息　　D. 多媒体信息

4. (　　)又被称为内联网。

A. Internet　　B. LAN　　C. MAN　　D. Intranet

5. 在实验室中使用单一集线器与 10 台计算机实现互联，按照拓扑结构划分，一般应采用(　　)。

A. 总线形拓扑　　B. 环形拓扑　　C. 星形拓扑　　D. 树形拓扑

二、填空题

1. 计算机网络的定义是________。

2. 计算机网络中的资源共享包括________、________、________。

3. 计算机网络的拓扑结构主要有________、________、________、________等。

4. 根据网络规模和距离远近可以将计算机网络分为________、________、________。

5. Web 的 3 个关键组成部分是________、________、________。

三、问答题

1. 简述计算机网络的定义、分类和主要功能。

2. 计算机网络发展分为几个阶段？每个阶段各有什么特点？

3. 计算机网络由哪几部分组成？各部分的作用是什么？

4. 谈谈对资源共享的理解。

5. 常用的网络拓扑结构有哪几种？各有什么特点？

6. 举例说明计算机网络的主要应用范围。

7. 简述计算机网络的架构与特点。

8. 简述 C/S 和 B/S 各自的特点及其对比。

9. 简述 Intranet 的组成及主要特点。

10. 简述多媒体、多媒体计算机和多媒体网络的基本概念。

第 2 章　数据通信基础

本章教学目标

- 了解数据通信原理和数据通信系统的构成。
- 了解数据通信方式(单工、半双工、全双工)、数据交换技术。
- 了解数据编码和调制技术。
- 了解数据交换、多路复用及差错控制技术。

通信技术的发展和计算机技术的应用有着密切的联系。数据通信就是以信息处理技术和计算机技术为基础的数据通信方式，它为计算机网络的应用和发展提供了技术支持和可靠的通信环境。本章主要介绍数据通信的基础知识。

2.1　数据通信系统

2.1.1　数据通信系统的构成

简单地讲，数据通信指通过某种类型的传输系统和介质实现两地之间的数据信号(即字母、数字与其他符号的二进制形式)传输的过程。

数据通信系统是通过数据电路将分布在远处的数据终端设备与计算机系统连接起来，实现数据传输、交换、存储和处理的系统。比较典型的数据通信系统主要由数据终端设备、数据电路、计算机系统 3 部分构成，如图 2-1 所示。

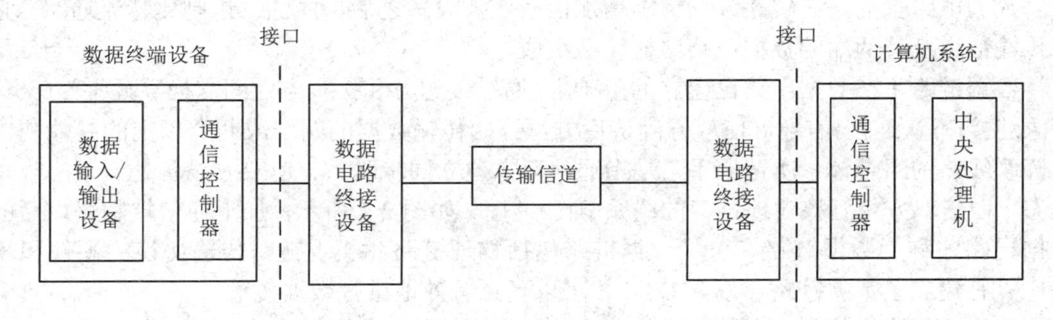

图 2-1　典型的数据通信系统的构成

1. 数据终端设备

在数据通信系统中，用于发送和接收数据的设备称为数据终端设备(Data Terminal Equipment，DTE)。DTE 可能是大、中、小型计算机和 PC，也可能是一台只接收数据的打印机。从计算机和计算机通信系统的观点来看，终端是信息输入/输出的工具；从数据通信网络的观点来看，计算机和终端都称为网络的数据终端设备，简称终端。

在图 2-1 所示的数据终端组成中，输入/输出设备很好理解，值得一提的是通信控制器。由于数据通信是计算机与计算机或计算机与终端间的通信，为了有效而可靠地进行通信，通信双方必须按一定的规程进行，如收/发双方的同步，差错控制，传输链路的建立、维持和拆除及数据流量控制等，因此必须设置通信控制器来实现这些功能，对应于软件部分就是通信协议，这也是数据通信与传统电话通信的主要区别。

另外，数据终端的类型有很多种，有简单终端和智能终端、同步终端和异步终端、本地终端和远程终端等，需要解释的是同步终端和异步终端。同步终端是以帧同步方式工作的终端；异步终端是起止式终端，需要在每个字符的首尾加上表明“起”和“止”的比特标志，以实现收/发双方的同步，因为传输字符和字符之间的间隙时间可以任意长，因此称为异步。

2. 数据电路终端设备

用来连接 DTE 与数据通信网络的设备称为数据电路终端设备(Data Circuit-terminating Equipment，DCE)，它又是 DTE 与通信子网之间的接口，可见该设备是为用户设备提供入网连接点的。

DCE 的功能就是完成数据信号的变换。因为传输信道可能是模拟的，也可能是数字的，所以 DTE 发出的数据信号若不适合信道传输，则要把数据信号变成适合信道传输的信号形式。利用模拟信道传输，发送方要进行“数字→模拟”变换，而接收端要进行反变换，即“模拟→数字”变换。实现这种信号变换的设备称为调制解调器 Modem。因此调制解调器就是模拟信道的数据电路终接设备。利用数字信道传输信号时不需要调制解调器，但 DTE 发出的数据信号也要经过某些变换才能有效而可靠地传输，对应的 DCE 即数据服务单元(如编码/解码器)，其功能是实现码型和电平的变换，信道特性的均衡，同步时钟信号的形成，控制接续的建立、保持和拆断(指交换连接情况)以及信道维护测试等。

3. 数据电路和数据链路

数据电路指的是在线路或信道上增加信号变换设备之后形成的二进制比特流通路，它由传输信道及其两端的数据电路终接设备组成。

数据链路是在数据电路已建立的基础上，通过发送方和接收方之间交换“握手”(又称请求连接/确认连接)信号，使双方确认后方可开始传输数据的两个或两个以上的终端装置与互联线路的组合体。所谓握手，是指通信双方建立同步联系、使双方设备处于正确收发状态、通信双方相互核对地址等的联系/确认过程。如图 2-1 所示，加上通信控制器以后的数据电路才称为数据链路。可见数据链路包括物理链路和实现链路传输协议的硬件和软件。只有建立了数据链路，双方 DTE 才可以真正有效地进行数据传输。

特别值得注意的是，在数据通信网中，操作仅发生在相邻的两个节点之间，考虑端到端之间的信息传输，从一个 DTE 到另一个 DTE 之间的连接可以操作多段数据链路。

2.1.2　数据通信系统的数据传输

1. 传输信道

信道就是信息传输的通道。传输信道是通信系统必不可少的组成部分，目前数据通信中所使用的多为有线信道，主要包括直接利用传输媒体的实线信道(如局域网中)、经调制解调器的频分信道(如电信用户线路中)和时分信道等。由于光纤通信技术的发展，因此现在绝大部分的数据传输在时分信道上，以同步数字体系 SDH 方式传输。

2. 传输方式

数据传输按信息传送的方向与时间可以分为单工、半双工、全双工 3 种传输方式，如图 2-2 所示。

单工传输指的是两个数据站之间只能沿一个指定的方向进行数据传输。如图 2-2(a)所示，数据由 A 站传到 B 站，而 B 站至 A 站只能传送联络信号。前者称正向信道，后者称反向信道。计算机局域网通常采用单工传输方式。

半双工传输指的是两个数据站之间分时地沿一个指定的方向进行数据传输，两端设备都可以收/发信息，如图 2-2(b)所示。步话机系统采用的就是这种传输方式。

全双工传输指的是两个数据站之间同时沿一个指定的方向进行数据传输，两端设备都可以收/发信息，如图 2-2(c)所示。电话系统采用的就是这种传输方式。

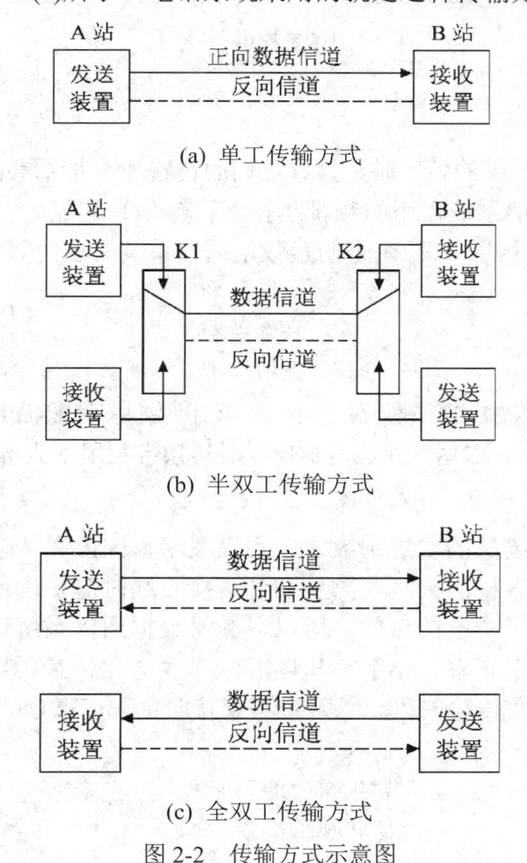

图 2-2　传输方式示意图

2.1.3 数据通信系统的性能指标

不同的通信系统有不同的性能指标，就数据通信系统而言，其性能指标主要有传输速率、频带利用率和差错率等。

1. 传输速率(R_b)

数据传输速率简称传信率，又称信息速率或比特率，它表示单位时间(每秒)内传输实际信息的比特数，单位为比特/秒，记为 b/s。比特在信息论中作为信息量的度量单位。一般在数据通信中，如使用“1”和“0”的概率是相同的，则每个“1”和“0”就是一个比特的信息量。如果一个数据通信系统，每秒传输 9600 b，则它的传信率为 $R_b = 9600$ b/s。

2. 码元传输速率(R_B)

码元传输速率简称传码率，又称符号速率、码元速率、波特率或调制速率，它表示单位时间内(每秒)信道上实际传输码元的个数，单位是波特(Baud)，常用符号 B 来表示。值得注意的是，码元速率仅仅表征单位时间内传送的码元数而没有限定这时的码元应是何种进制的码元。但对于传信率，则必须折合为相应的二进制码元来计算。例如，某系统每秒传送 9600 个码元，则该系统的传码率为 9600 B，如果系统是二进制的，那么它的传信率为 9600 b/s；如果系统是四进制的，那么它的传信率为 19.2 kb/s；如果系统是八进制的，那么它的传信率就成为 28.8 kb/s。由此可见，传信率与传码率之间的关系为

$$R_b = R_B \mathrm{lb} N$$

式中，N 为码元的进制数。

3. 频带利用率

在比较不同的通信系统的效率时，只看它们的传输速率是不够的，还要看传输这样的信息所占用的频带。通信系统占用的频带越宽，传输信息的能力就越大。在通常情况下，可以认为二者成比例。所以，真正用来衡量数据通信系统信息传输效率的指标应该是单位频带内的传输速率，记为 η：

$$\eta = \frac{\text{传输速率}}{\text{占用频带}}$$

频带利用率的单位采用比特/(秒·赫兹)[b/(s·Hz)]或波特/赫兹(B/Hz)。例如，某数据通信系统的传信率为 9600 b/s，占用频带为 6 kHz，则其频带利用率为 $\eta = 1.6$ b/(s·Hz)。

4. 差错率

由于数据信息都用离散的二进制数字序列来表示，因此在传输过程中，不论它经历了何种变换，产生了什么样的失真，只要在到达接收端时能正确地恢复出原始发送的二进制数字序列，就达到了传输的目的。所以，衡量数据通信系统可靠性的主要指标是差错率。表示差错率常用误码率、误字率和误组率 3 种方法，最常用的为误码率。误码率又称码元差错率，是指在传输的码元总数中错误接收的码元数所占的比例，用字母 P_e 来表示，即

$$P_e = \frac{\text{错误接收的码元数}}{\text{所传输的总码元数}} \times 100\%$$

误码率指某一段时间的平均误码率。对于同一条数据电路，测量的时间长短不同，误码率就不一样。在日常维护中，由 ITU-T 规定测试时间。数据传输误码率一般都低于 10^{-10}。

2.2　模拟通信和数字通信

在信息通信系统中，有模拟通信和数字通信之分。通信的信号分为模拟信号和数字信号。在传统通信中，对应不同信号的传输需要设计不同的通信系统来实现。在现代通信技术中，通过对信号的变换与处理，两类通信系统可以实现不同信号的相互传输。

1. 模拟信号的概念

模拟信号是在时间区间上产生的连续变化量，它是时间的函数。自然界中的原始信号都是模拟信号，可以通过传感器收集并转换为数值数据。例如，温度、压力、声音、视频等都是模拟信号，如图 2-3 所示。

2. 数字信号的概念

数字信号是在时间和幅度上均离散的量，它是通过对模拟信号的变换与处理获得的，如文本文字、脉冲开关量信息等，如图 2-4 所示。

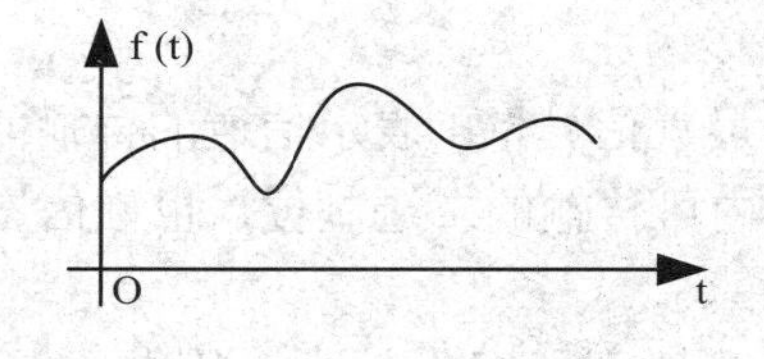

图 2-3　模拟信号

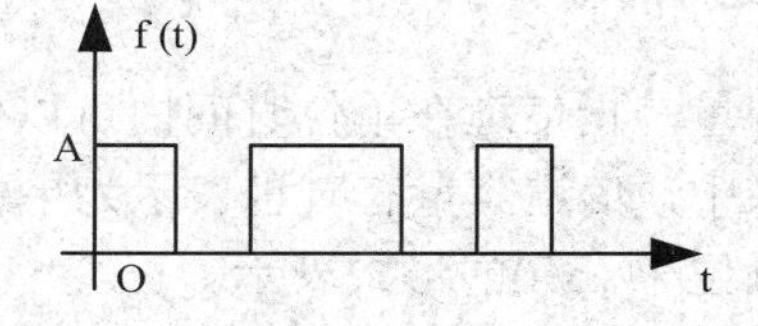

图 2-4　离散信号

3. 模拟通信和数字通信

原则上，模拟信号必须通过模拟通信系统传输，数字信号则必须通过数字系统传输。但在实际应用中，根据不同的应用要求，通过对信号的处理与变换，可以用模拟系统传输数字信号，也可以用数字系统传输模拟信号。图 2-5 表示了它们之间的对应关系。

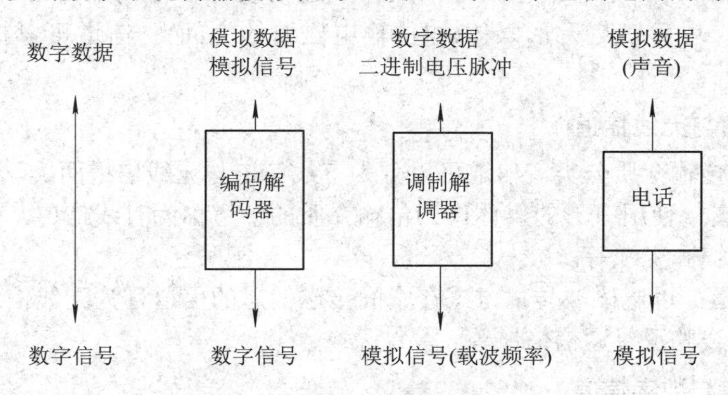

图 2-5　模拟数据和数字数据

直接传输模拟信号的通信系统称为模拟通信系统，直接传输数字信号的通信系统称为数据通信系统。当采用模拟通信系统传输数字信息时，必须先将数字信息转变为模拟信号；而当采用数字通信系统传输模拟信号时，必须将模拟信号转变为数字信息。

模拟信号和数字信号都可以在合适的传输介质上传输。模拟传输是一种不考虑内容的信号传输方法；而数字传输则与信号的内容有关，对应不同应用与不同要求的场合。

2.3 信　道

“信道”就是信息传输的通道。信道带宽和信道容量是描述信道的重要指标，是由信道的物理特性决定的。

2.3.1 信道与带宽

信道带宽是指信道可以不失真地传输信号的频率范围。例如，通常语音线路信道的带宽是 300~3400 Hz，而传输电视信号的信道带宽不低于 4 MHz。带宽是衡量传输介质质量和速度的重要指标。为不同应用而设计的传输媒体具有不同的信道质量，所支持的带宽也有所不同。

2.3.2 信道容量

信道容量是指信道在单位时间内可以传输的最大信号量，表示信道的传输能力。在数据通信领域中，信道容量有时也表示为单位时间内可传输的二进制位，也称信道的数据传输速率，以位/秒(b/s)的形式表示。

信道容量和信道带宽具有正比的关系，带宽越高，容量越大。因此，目前人们也常用信道带宽来表示信道容量。例如，局域网带宽(传输速率)通常为 10 Mb/s、100 Mb/s、1000 Mb/s 等；广域网带宽(传输速率)通常为 64 kb/s、2 Mb/s、55 Mb/s、2.5 Gb/s 等。

2.3.3 信道的分类

信道是信号传输的通道，包括传输媒体和通信设备。传输媒体可以是有形媒体(如电缆、光纤等)，也可以是无形媒体(如传输电磁波的空间)。信道可以按以下不同的方法分类。

1. 有线信道与无线信道

按所使用的传输介质分类，信道可以分为有线信道与无线信道两类。

(1) 有线信道：使用有形的媒体作为传输介质的信道称为有线信道，它包括电话线、双绞线、同轴电缆和光缆等。

(2) 无线信道：以电磁波传播方式在空间传送信息的信道称为无线信道，它包括无线电、微波、红外线和卫星通信信道等。

2. 模拟信道与数字信道

按传输信号的类型分类，信道可以分为模拟信道与数字信道两类。

(1) 模拟信道：能传输模拟信号的信道称为模拟信道。

(2) 数字信道：能传输离散数字信号的信道称为数字信道。离散的数字信号在计算机中是指由“0”和“1”的二进制代码组成的数字序列。

3. 专用信道和公用信道

按使用方式分类，信道可以分为专用信道和公用信道两类。

(1) 专用信道：专用信道是一种连接在用户设备之间的固定专用电路，它可以由用户自己架设或向电信部门租用。采用专用电路时有两种连接方式，一种是点对点连接，另一种是多点连接。专用电路一般适用于短距离与数据传输量比较大的网络需求情况。

(2) 公用信道：也称公共交换信道，又称中继信道。它是一种通过交换机转接、为大量用户提供服务的信道。采用公共交换信道时，用户与用户之间的通信需要通过交换机到交换机之间的电路转接，其路径不是固定的。例如，公共电话交换网 PTSN 就属于公共交换信道。

对于不同的信道，其特性和使用方法有所不同。数据传送从本质上说属于两台计算机通过一条通信信道互相通信的问题。数据在计算机中是以离散的二进制数字信号来表示的，但在数据通信过程中，究竟是传输数字信号还是传输模拟信号，则主要取决于选用的通信信道所允许的传输信号类型。

2.4　数据编码技术

在实际应用中，根据传输系统和设备的不同，模拟数据与数字数据之间存在着相互转换的问题。例如，当使用计算机对生产装置进行控制时，首先应将生产装置中的模拟信号通过传感器采样出来(如温度、电压等)变成数字信息，输入计算机中进行处理；然后，再把计算机处理的数字结果转换成模拟信号反馈给控制生产装置。作为一种发展中的技术，数字信号和数字传输系统具有广泛的应用前景。利用光纤数字信道作为电话网络的长途干线已经成为发展的方向。例如，使用数字传输技术有利于消除模拟信号传输过程中的噪声分量，提高声音传输的质量。此时，必须使用与调制/解调相类似的技术，这就是编码/解码技术，与之对应的设备称为编码/解码器(Codec)。

编码/解码(Coding/Decoding)技术用于实现模拟信号与数字信号之间的转换。编码是将模拟信号转换为数字信号的过程，通常采用脉码调制技术(Pulse Code Modulation method，PCM)予以实现。解码则是指将数字信号还原为模拟信号的逆过程。具有编码/解码功能的通信设备称为编码/解码器。

脉码调制技术最初用于将电话模拟信号转换为数字信号。转换的过程包括 3 个步骤，即采样、量化和编码。

1. 采样

通过某种频率的采样脉冲将模拟信号等间隔取样，变连续的模拟信号为离散信号的过程称为采样。采样技术的理论依据是“香农采样定理”，即只要采样频率大于或者等于有效信号最高频率的两倍，采样值就可以基本包含原始信号的所有信息，被采样的信号就可以不失真地还原原始信号。

2. 量化

量化的目的是确定采样出的模拟信号的数值。通过规定一定的量化级，对采样的离散值进行“取整”量化，得到离散信号的具体数值。所取的量化级越高，表示离散信号的值精度越高。

3. 编码

编码过程即为将量化后的值编码成一定位数的二进制数值。通常，当量化级为 N 时，对应的二进制位数为 lbN。

图 2-6 示意了采用 8 级量化对正弦信号的编码过程。编码的二进制位数取 3 位即可。

人类的语音频率一般为 300～3400 Hz，量化级为 256 时，即每 125 微秒(μs)采样一次，采样值使用 lb256 = 8 位二进制数表示。为了支持这样的语音信息实时传输，要求每秒钟达到 8000(次采样) × 8(比特/采样) = 64 000 比特(即 64 kb/s)的数据传输速率。因此，目前公用电话网采用 64 kb/s 的带宽传输每一路用户电话。

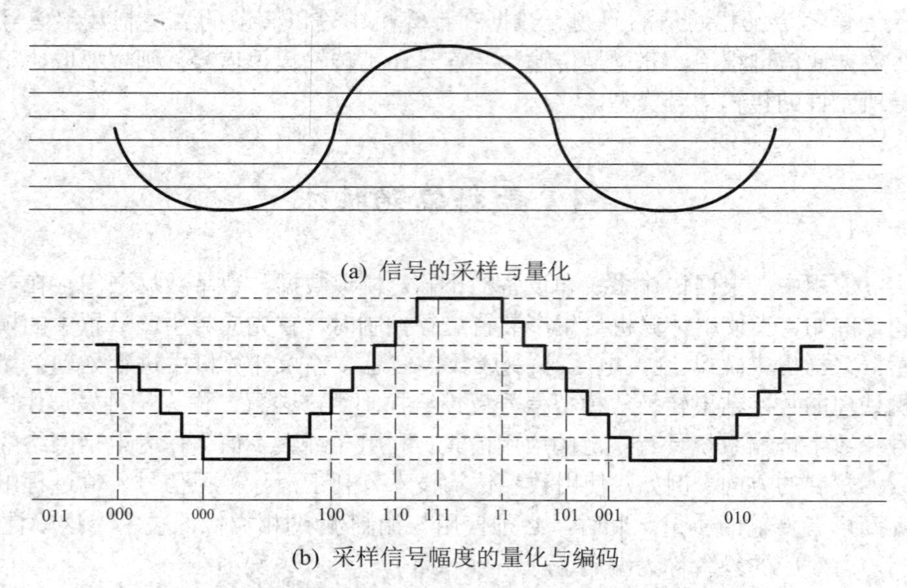

图 2-6 脉码调制幅度的采样、量化与编码

编码/解码技术的应用场合很多，如用计算机对生产装置进行控制、电话和电视设备采用数字信道传输模拟信息等。目前电信部门已采用光纤数字网作为电话网的主干，即电话网的主干线路采用光纤，而到用户端仍然采用普通的电话线，因此在线路上就需要用编码/解码器将电话线的模拟信号转换为适合光纤传输的数字信号。这些转换后的数字信号经数字网传输到另一端，再由编码/解码器将数字信号转换为适合电话线的模拟信号传到电话机。一个典型的应用如图 2-7 所示。

图 2-7 编码/解码器的使用

只要合理地使用 Modem 和 Codec，就可以保证用户的模拟信息通过模拟信道传输、模拟信息通过数字信道传输、数字信息通过模拟信道传输或数字信息通过数字信道传输的过程正确实现。因此，用户无需担心信号和信道类型不一致的问题。换句话说，可以认为计算机设备之间的通信总存在一条数字链路支持数据信息的传输。

2.5　数据调制技术

一个数字通信系统如果直接传输未经调制的原始数字信号，这种传输形式称为基带传输。基带传输由于带宽有限，信号频率低，不能实现远距离传输。通过调制技术对原始数字信号进行一定形式的调制后再进行传输，称为宽带传输，也称作频带传输。宽带传输可以实现信息的远距离传送。

2.5.1　数字数据的调制

典型的模拟通信信道是电话通信信道。它是当前世界上覆盖面最广、应用最普遍的通信信道之一。传统的电话通信信道是为传输语音信号设计的，用于传输音频为 300～3400 Hz 的模拟信号，不能直接传输数字数据。为了利用模拟语音通信的电话交换网实现计算机的数字数据传输，必须首先将数字信号转换成模拟信号，也就是要对数字数据进行调制。

发送端将数字数据信号变换成模拟数据信号的过程称为调制(Modulation)，对应的调制设备就称为调制器(Modulator)；接收端将模拟数据信号还原成数字数据信号的过程称为解调(Demodulation)，对应的解调设备就称为解调器(Demodulator)。若进行数据通信的发送端和接收端以双工方式进行通信时，就需要一个同时具备调制和解调功能的设备，称为调制解调器(Modem)。当两台用户计算机希望通过公用电话网实现连接并传输数据时，在计算机和公用电话网两端就必须加装调制和解调设备，实现这一过程的系统连接如图 2-8 所示。

图 2-8　计算机通过 Modem 进行通信

由于模拟信号是具有一定频率的连续的载波波形，可以用 $A\cos(2\pi ft + \phi)$表示，其中 A 表示波形的幅度，f 代表波形的频率，ϕ代表波形的相位。因此，根据这 3 个不同参数的变化，就可以表示特定的数字信号“0”或“1”，从而实现调制过程。

对数字数据调制的基本方法有 3 种：幅移键控、频移键控和相移键控。

1. 幅移键控(Amplitude Shift Keying，ASK)

ASK 是通过改变载波信号的幅度值来表示数字信号“1”和“0”的，以载波幅度 A_1 表示数字信号“1”，用载波幅度 A_2 表示数字信号“0”，而载波信号的参数 f 和ϕ是恒定不变的。

2. 频移键控(Frequency Shift Keying，FSK)

FSK 是通过改变载波信号频率的方法来表示数字信号“1”和“0”的，用 f_1 表示数字信号“1”，用 f_2 表示数字信号“0”，而载波信号的 A 和ϕ保持不变。

3. 相移键控(Phase Shift Keying，PSK)

PSK 是通过改变载波信号的相位值来表示数字信号“1”和“0”的，而载波信号的 A 和 f 保持不变。PSK 包括两种类型：

(1) 绝对调相。绝对调相使用相位的绝对值，ϕ为 0 表示数字信号“1”，ϕ为 π 表示数字信号“0”。

(2) 相对调相。相对调相使用相位的相对偏移值，当数字数据为 0 时，相位不变化，而数字数据为 1 时，相位要偏移 π。

4. 多相调制和混合调制

ASK、FSK 和 PSK 都是最基本的调制技术，实现容易，技术简单，但抗干扰能力差，且调制速率不高。为了提高数据传输速率，还可以采用多相调制的方法。

例如，将待发送的数字信号按两个比特一组的方式组合，因为两个比特可以有 4 种组合方式，即“00、01、10、11”4 个码元，所以用 4 个不同的相位值就可以表示出这 4 种组合。在调相信号的传输过程中，相位每改变一次，则传送两个二进制比特，这种调制方法就称为四相相移键控方式。同理，如果将待发送数据每 3 个比特组成一个码元组，则对 3 个比特的组合可以用 8 种不同的相位值来表示，这就是八相相移键控方式。

如果传送的数字信号是 00101101，那么采用四相相移键控的调制方法时，调制后的信号波形如图 2-9 所示。从图中可以看出，载波信号的相位每变化一次，则实际传送数据的两个比特相对于简单的调制技术来说，速率提高了一倍，由此可以看出传输效率提高了。

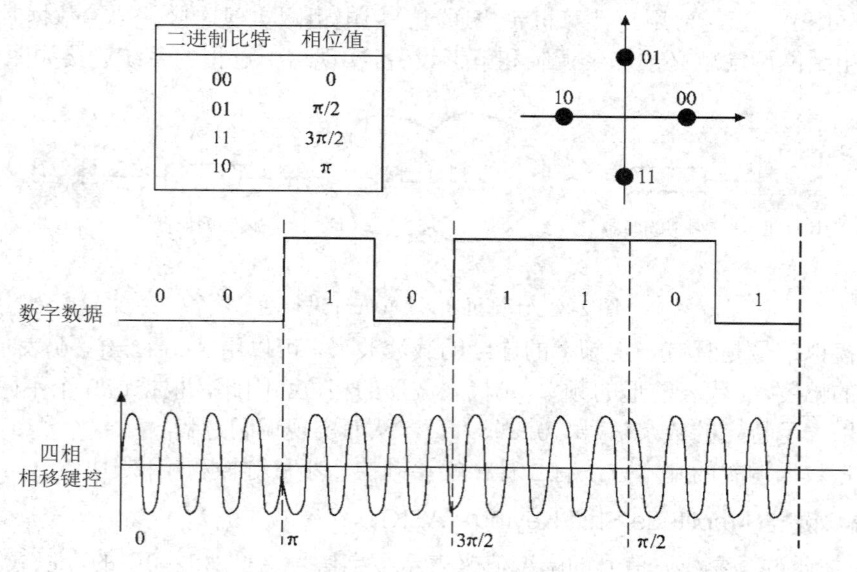

图 2-9　四相相移键控

为了达到更高的信息传输速率，必须采用技术上更为复杂的多元制的振幅相位混合调制技术，如正交振幅调制(Quadrature Amplitude Modulation，QAM)，它不但使用相位，而且还使用幅度，如图 2-10 所示。其中 8-QAM 使用了幅度与相位的 8 种组合，由于使用 3 个比特可以表示 8 种组合，因此，每一种组合代表一个码元，每个码元 3 个比特。同理，16-QAM 的幅度和相位有 16 种组合，每个组合代表一个码元，每个码元有 4 个比特的信息量。

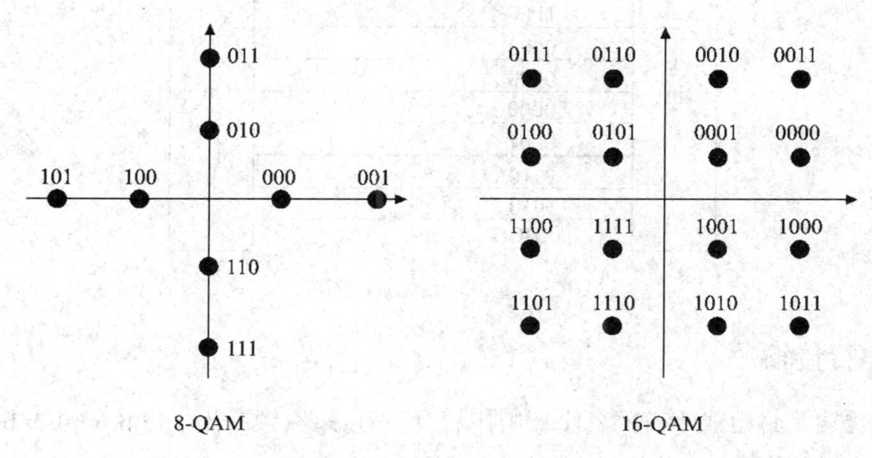

图 2-10　8-QAM 和 16-QAM

2.5.2　模拟数据的调制

在模拟数据通信系统中，信源的信息经过转换形成电信号。例如，人说话的声音经过电话转变为模拟的电信号，这也是模拟数据的基带信号。一般来说，模拟数据的基带信号具有比较低的频率，不宜直接在信道中传输，需要对信号进行调制，将信号搬移到适合信道传输的频率范围内，接收端将接收的已调信号再搬回原来信号的频率范围内，恢复成原来的消息，比如无线电广播。

模拟数据的基本调制技术主要包括调幅 AM、调频 FM 和调相 PM。对于该部分的内容，本书不做详细的说明，感兴趣的读者可参阅相关书籍。

2.6　数据编码的传输方式

并行或串行传输是指字符的各个二进制位是否同时或分时传输，根据字符在信道上的传输方式，字符编码在信源/信宿之间的传输分为并行传输和串行传输两种方式。

2.6.1　并行传输

并行传输是指字符编码的各个比特同时传输。因此并行传输具有以下特点；

(1) 传输速度快。一位(比特)时间内可传输一个字符。

(2) 通信成本高。每位传输要求一个单独的信道支持，因此如果一个字符包含 8 个二进制位，则并行传输要求 8 个独立的信道的支持，如图 2-11 所示(假设采用偶校验)。

(3) 难以支持长距离传输。由于信道之间存在电容感应，因此远距离传输时，可靠性较低。

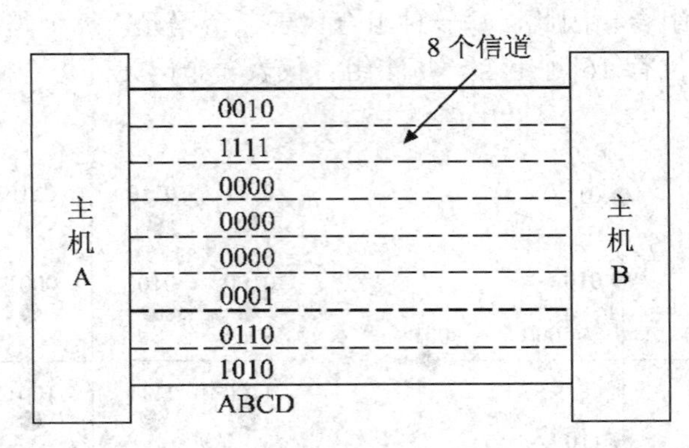

图 2-11　并行传输示意图

2.6.2　串行传输

串行传输是将组成字符的各个比特串行地发往线路(顺序为 $b_1b_2b_3b_4b_5b_6b_7b_8$)，如图 2-12 所示。串行传输具有以下特点：

(1) 传输速度较低，一次只传输一位。

(2) 通信成本较低，传输只需一个信道。

(3) 支持长距离传输。目前计算机网络中所用的传输方式均为串行传输。

串行传输有两种传输方式，即同步传输和异步传输。

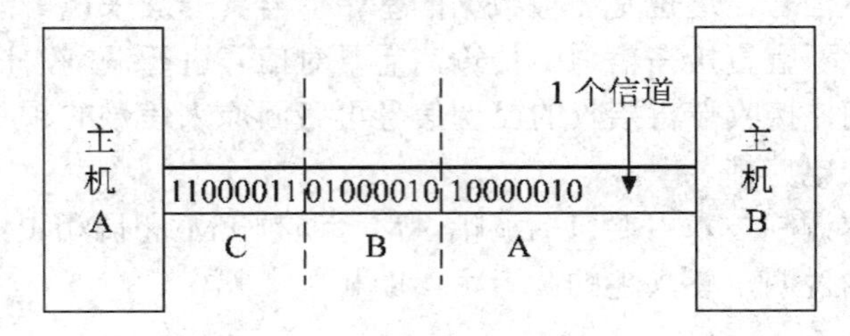

图 2-12　串行传输示意图

1. 同步传输

同步传输是以多个字符或者多个比特组合成的数据块为单位进行传输的，利用独特的同步模式来限定数据块，以达到同步接收的目的。为了保证同步传输的实现，数据块在传输之前收发两端必须进行同步，同时也要求数据块内的字符之间间隔 0 个或整数个完整的字符编码所占的时间，以及字符内每个比特传输均占用相同的时间。

同步模式常由一个或多个特定的字符或者符号组合(如多个同步字符 SYN 的组合、曼彻斯特编码中的非数据位、编码中的帧起始/结束符等)构成，组合的目的是避免假同步现象(数据块中含有相同的同步模式)的出现造成传输误码。

使用同步传输时，发送方发送数据的基本格式为：同步符号(起始字符，开始发送数据块)+数据块(要发送的信息)+同步符号(数据块结束)。

例如，SYN，SYN，F，E，…，B，A，SYN，SYN(数据块发送方向，右边代表先发送)。
其中，SYN 为同步信号，A，B，…，E，F 为要传送的数据。

接收方通过识别同步模式来开始数据块的接收动作，并在接收过程中通过比较同步模式来终止数据块的接收，以保证数据块的完整性。在上例中，两个连续的 SYN 字符形成一个完整的同步符号，标识数据块的开始或结束。因此，接收方在收到第二个 SYN 字符后，开始接收数据“A，B，…，E，F”，在接收到两个连续的 SYN 字符后，识别为同步符号，表示数据块结束。

在同步传输中，要避免出现“假同步”现象。所谓假同步现象，是指在用户要传输的数据(或信息)块中含有与同步字符相同的内容，使得接收方无法判断是数据结束标志还是用户数据而造成混淆。因此，在实际的同步传输过程中，应当采取一定的措施来防止假同步现象的出现。

2. 异步传输

异步传输又称起止式传输，其特点是字符内部的各个比特采用固定的时间模式，字符之间的间隔可以任意。

为了保证异步传输的实现，需要独特的起始信号(或起始位)和终止信号(或结束位)来限定每个字符；同时规定起始位/终止位分别对应线路上的不同电平状态，其中终止位电平等同于线路空闲状态电平，起始位电平不同于线路空闲状态电平，如图 2-13 所示。发送端发出数据后，接收端通过感知线路上电平状态的变化来启动对字符的接收过程。

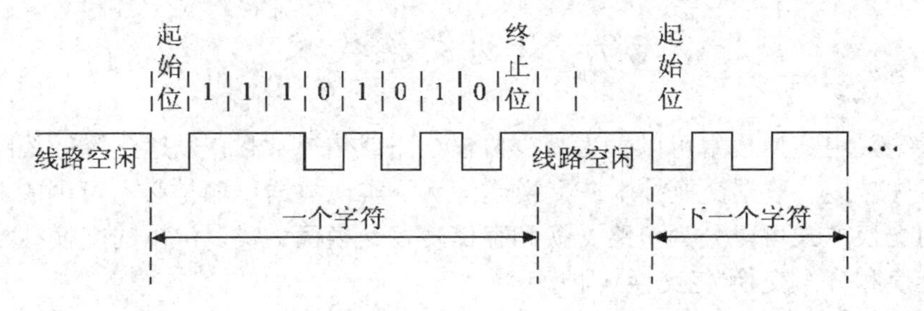

图 2-13　异步传输示意图

使用异步传输时，发送方发送数据的基本格式为：起始字符+数据比特(要发送的信息)+终止字符。

例如，起始位编码，11101010，终止位编码。
其中，起始位编码和终止位编码可取特殊形式编码。

由于异步传输需要额外的开销(传输起始/终止信号)，因此和同步传输相比，效率较低，其传输效率小于同步传输的 80%。

2.6.3　同步技术

同步技术是数据通信中的一个重要问题，接收方必须在时间上与发送方取得同步，以便能够正确地识别和接收发送方发送来的数据。同步技术主要包括位同步技术和字符同步技术。

1. 位同步

位同步的目的在于使接收方可以正确地接收各个比特，通常又分为自同步和外同步。

自同步是指接收方直接从数据中获取同步信号，通常与所使用的通信编码有关。它利用独特的信号来激活接收动作，或者利用数据中的电平变化调整接收采样脉冲。如曼彻斯特编码等，利用控制符(比特中部不发生信号变化的非数据符号)来标识比特序列的开始和结束，接收方利用比特中部的电平变化来调整接收时钟(采样脉冲)，保证比特的正确接收，维持收/发双方的同步。

外同步是指发送方在发送数据之前，先向接收方发出一串同步时钟序列，接收方根据这一时钟脉冲频率和时序锁定接收频率，以便在接收数据的过程中始终与发送方保持同步。例如，异步传输时利用起始/终止位来标识比特序列(字符)的开始和结束，字符内部各比特的识别则是根据各个比特占用相同时间宽度的规定，有时也采用专门的信号线来调整收发双方的同步。

2. 字符同步

字符同步也称群同步，其目的在于使接收方可以正确地识别数据群(常指一个字符)，以构成完整的信息。显然字符同步是基于位同步的，仅当识别了独特的同步模式(或者同步字符的组合)之后，才开始真正的数据接收。例如，在二进制同步控制(Binary Synchronization Control，BSC)中采用 SYN 字符作为同步符号；高级数据链路控制(High-level Data Link-Control，HDLC)通信控制规程中使用“01111110”作为同步符号。

2.7 数据交换技术

通信系统采用交换技术可以大大减少传输线路或信道数目，以达到降低线路成本的目的。交换又称转接，数据交换技术在交换通信网中实现数据传输是必不可少的。数据通过通信子网的交换方式可以分为电路交换和存储转发交换两大类。常用的交换技术有电路交换、报文交换和分组交换(包交换)3 种。

2.7.1 电路交换

电路交换(Circuit Switching)，也称为线路交换，它是一种直接的交换方式，可以为一对需要进行通信的节点提供一条临时的专用通道，即在接通后提供一条专用的传输通道，该通道既可以是物理通道又可以是逻辑通道(使用时分或频分复用技术)。这条通道是由节点内部电路对节点间传输路径经过适当选择和连接完成的，是一条由多个节点和多条节点间传输路径组成的链路。

目前，公用电话交换网(Public Switched Telephone Network，PSTN)广泛使用的交换方式就是电路交换方式，如图 2-14 所示。一次完整的电路交换过程包含 3 个不同的阶段。

(1) 电路建立阶段。

该阶段是通过源节点请求建立链路来完成交换网中相应节点的连接的过程。这个过程建立了一条由源节点到目的节点的传输通道。首先，源节点 A 发出呼叫请求信号，与源节点连接的交换节点 1 收到这个呼叫，就根据呼叫信号中的相关信息寻找通向目的节点 B 的下一个交换节点 2；然后按照同样的方式，交换节点 2 再寻找下一个节点，最终到达节点 6；节点 6 将呼叫请求信息发给目的节点 B，若目的节点 B 接受呼叫，则通过已建立的物理线路向源节点发回呼叫应答信号。这样，从源节点到目的节点之间就建立了一条传输通道。

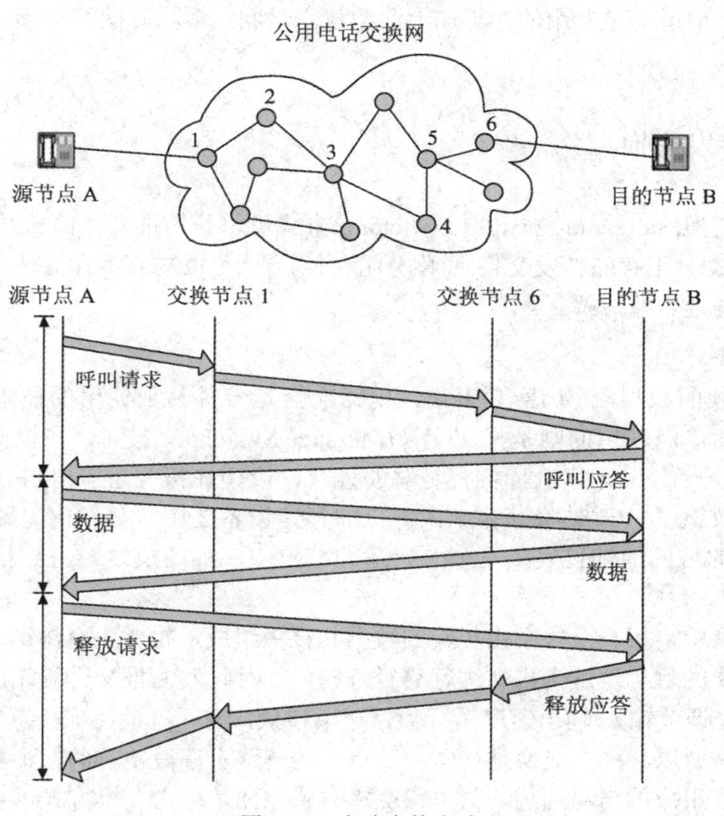

图 2-14　电路交换方式

(2) 数据传输阶段。

当电路建立完成后，就可以在这条临时的专用电路上传输数据了，通常为全双工传输。

(3) 电路拆除阶段。

在完成数据传输后，源节点发出释放请求信息，请求终止通信。若目的节点接受释放请求，则发回释放应答信息。在电路拆除阶段，各节点相应地拆除与该电路的对应连接，释放由该电路占用的节点和信道资源。

电路交换具有如下特点：

(1) 呼叫建立时间长且存在呼损。在电路建立阶段，在两节点之间建立一条专用通路需要花费一段时间，这段时间称为呼叫建立时间。如果在电路建立过程中由于交换网通信繁忙等原因而使建立失败，那么对于交换网则要拆除已建立的部分电路，用户需要挂断重拨，这个过程称为呼损。

(2) 电路连通后提供给用户的是“透明通路”，即交换网对用户信息的编码方法、信息格式以及传输控制程序等都不加以限制，但对通信双方而言，必须做到双方的收发速度、编码方法、信息格式和传输控制等一致时才能完成通信。一旦电路建立，数据将以固定的速率传输，除通过传输链路时的传输延迟以外，没有别的延迟，且在每个节点上的延迟是可以忽略的，因此传输速度快并且效率高，适用于实时大批量连续的数据传输需求。

(3) 电路信道利用率低。在电路交换过程中，从建立起链路，到进行数据传输，直至通信链路拆除，信道都是专用的，再加上通信建立时间、拆除时间和呼损，使得链路的利用率降低了。

2.7.2 存储转发交换

存储转发交换(Store and Forward Switching)方式可以分为报文存储转发交换(简称报文交换)方式与报文分组存储转发交换(简称分组交换)方式。报文分组存储转发交换方式又可以分为数据报与虚电路方式。

1. 报文交换

对较为连续的数据流(如语音)来说，电路交换是一种易于使用的技术。但对于数字数据通信而言，广泛使用的则是报文交换(Message Switching)技术。在报文交换网中，网络节点通常为一台专用计算机，备有足够的外存，以便在报文进入时进行缓冲存储。节点接收一个报文之后，暂时将其存放在节点的存储设备之中，等输出电路空闲时，再根据报文中所指的目的地址转发到下一个合适的节点中，如此反复，直到报文到达目标数据终端为止。

在报文交换中，每一个报文由传输的数据和报头组成，报头中有源地址和目标地址。节点根据报头中的目标地址为报文进行路径选择，并对收发的报文进行相应的处理，如差错检查和纠错，调节输入/输出速度进行数据速率转换，进行流量控制，甚至可以进行编码方式的转换等。所以，报文交换是在两个节点间的链路上逐段传输的，不需要在两个主机间建立多个节点组成的电路通道。与电路交换方式相比，报文交换方式不要求交换网为通信双方预先建立通路，因此就不存在建立电路和拆除电路的过程，从而减少了开销。

报文交换具有如下特点：

(1) 源节点和目标节点在通信时不需要建立一条专用的通路。与电路交换相比，报文交换没有建立电路和拆除电路所需的等待和时延，电路利用率高；节点间可根据电路情况选择不同的传输速率，能高效地传输数据；要求节点具备足够的报文数据存放能力，一般节点由微机或小型机担当；数据传输的可靠性高，每个节点在存储转发中都要进行差错控制，即检错和纠错。

(2) 转发节点增加了时延。由于报文交换采用了对完整报文的存储转发，节点存储转发的时延较大，因此不适用于交互式通信，如电话通信。由于每个节点都要把报文完整地接收、存储、检错、纠错、转发，产生了节点延迟，并且报文交换对报文长度没有限制，报文可以很长，因此就有可能使报文长时间占用某两节点之间的链路，不利于实时交互通信。分组交换即所谓的包交换，正是针对报文交换的缺点提出的一种改进方式。

2. 分组交换

分组交换(Packet Switching)属于存储转发交换方式，但它不像报文交换那样是以整个报文为单位进行交换和传输，而是以更短的、标准的报文分组(Packet)为单位进行交换传输。分组是一组包含数据和呼叫控制信号的二进制数，把它作为一个整体加以转接，这些数据、呼叫控制信号以及可能附加的差错控制信息都是按规定的格式排列的。假如 A 站有一份比较长的报文要发送给 C 站，则它首先将报文按规定长度划分成若干分组(小报文)，每个分组附加上地址及纠错等其他信息，然后将这些分组顺序发送到交换网的节点 C，由节点对分组进行组装。

交换网可采用两种方式：数据报分组交换和虚电路分组交换。

1) 数据报分组交换

交换网把进网的任一分组都当作单独的“小报文”来处理，而不管它属于哪个报文的分组，就像报文交换中把一份报文进行单独处理一样。这种分组交换的方式称为数据报分组交换，简称数据报传输，作为基本传输单位的“小报文”被称为数据报(Datagram)。数据报分组交换的工作方式如图 2-15 所示。

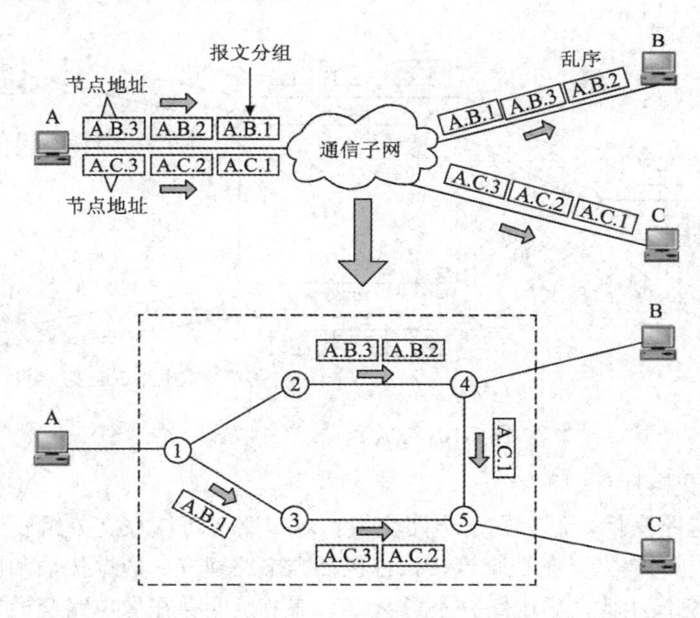

图 2-15　数据报分组交换方式

数据报分组交换具有如下特点：

(1) 同一报文的不同分组可以由不同的传输路径通过通信子网。

(2) 同一报文的不同分组到达目的节点时可能出现乱序、重复或丢失现象。

(3) 每一报文在传输过程中都必须带有源节点地址和目的节点地址。

(4) 有别于报文交换，数据报不是将整个报文一次性转发的。

综上所述，使用数据报分组交换时，数据报文传输延迟较大，每个报文中都要带有源节点地址和目的节点地址，增大了传输和存储开销。但基于数据报精炼短小的特点，该方式特别适用于突发性通信，但不适用于长报文和会话式通信。

2) 虚电路分组交换

虚电路分组交换就是两个用户的终端设备在开始相互发送和接收数据之前需要通过通信网络建立起逻辑上的连接，而不是建立一条专用的电路，用户不需要在发送和接收数据时清除连接。

虚电路分组交换的所有分组都必须沿着事先建立的虚电路传输，且存在一个虚呼叫建立阶段和拆除阶段(清除阶段)，这是与电路交换的实质上的区别，如图 2-16 所示。

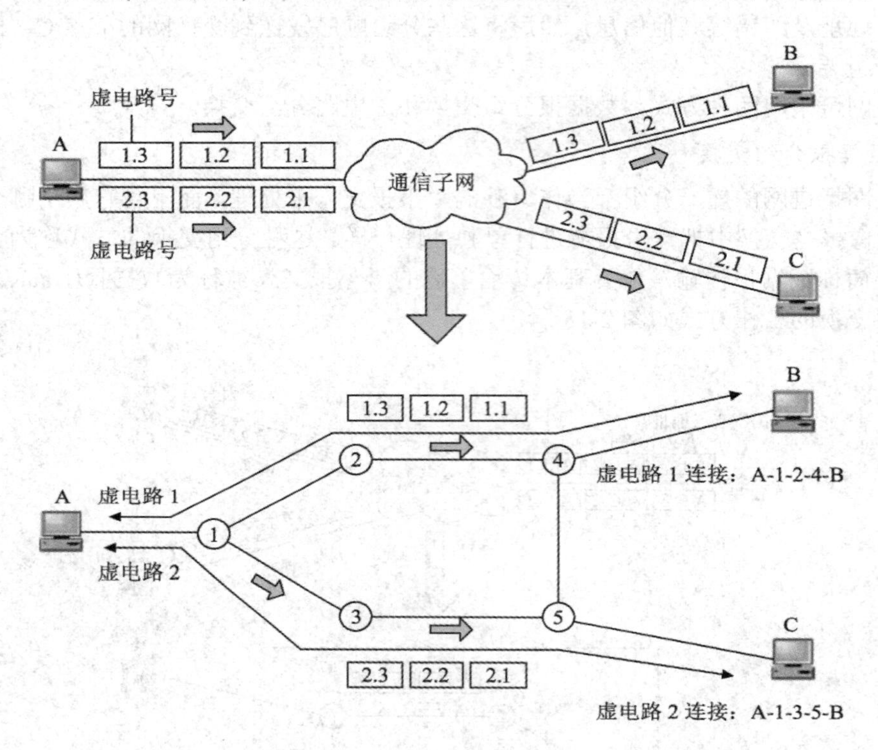

图 2-16　虚电路分组交换方式

虚电路分组交换具有如下特点：

(1) 类似于电路交换，但有别于电路交换。虚电路在每次报文分组发送之前必须在源节点与目的节点之间建立一条逻辑连接，也包括虚电路建立、数据传输和虚电路拆除 3 个阶段。但与电路交换相比，虚电路并不意味着通信节点间存在像电路交换方式那样的专用电路，而是选定了特定路径进行传输，报文分组途经的所有节点都对这些分组进行存储转发，而电路交换无此功能。

(2) 有临时性专用链路。一次通信的所有报文分组都从这条逻辑连接的虚电路上通过，因此，报文分组不必带目的地址、源地址等辅助信息，只需要携带虚电路标识号即可。报文分组到达目的节点时不会出现丢失、重复与乱序的现象。

(3) 报文分组通过每个虚电路上的节点时，节点只需做差错检测，而不需做路径选择。

(4) 通信子网中的每个节点可以和任何节点建立多条虚电路连接。

(5) 由于虚电路分组交换具有分组交换与线路交换两种方式的优点，因此在计算机网络中得到了广泛的应用。

2.7.3　高速交换技术

传统的交换技术不能完全满足多媒体业务的应用，目前，提高交换速率的方案有帧中继 FR 和 ATM 等。较有发展前途的交换技术 ATM 是电路交换与分组交换技术的结合，它能最大限度地发挥电路交换与分组交换技术的优点，具有从实时的语音信号到高清晰度电视图像等各种高速综合业务的传输能力。由于这种系统复杂、专业，且不属于本课程的主要内容，故此处不加赘述。

2.8　多路复用技术

多路复用使两个或多个数据资源共享一个公共的传输介质，使得每一数据资源都有其自己的通道。

多路复用技术实际上要解决如何在单一的物理通信线路上建立多条并行通信信道的问题。多路复用系统将一个区域的多个用户的信息通过多路复用器进行汇集，然后将汇集的信息群通过一条物理线路传递到接收设备；接收设备通过多路复用器将信息群分离回原来的各个单独的信息，然后分发到多个接收用户。这样就可以用一对多路复用器、一条通信线路来代替多套发送、接收设备与多条通信线路。常用的多路复用技术有频分多路复用、时分多路复用、波分多路复用和码分多路复用。

2.8.1　频分多路复用

频分多路复用(Frequency Division Multiplexing，FDM)是把信道的可用频带分成多个互不重叠的频段，每个信号占其中一个频段的多路复用技术。接收时用适当的滤波器分离出不同信号，分别进行解调接收，如图 2-17 所示。其中，多路复用器将 n 个调制后的信号汇集在一条信道上传送，到达接收端后，通过多路解复器将信号滤波、解调还原后分发到各个独立的接收用户。频分多路复用的典型例子有许多。例如，无线电广播和无线电视将多个电台或电视台的多组节目对应的声音、图像信号分别承载在不同频率的无线电波上，同时在同一无线空间中传播，接收者根据需要接收特定的某种频率的信号收听或收看即可。有线电视依据的也是同一原理。

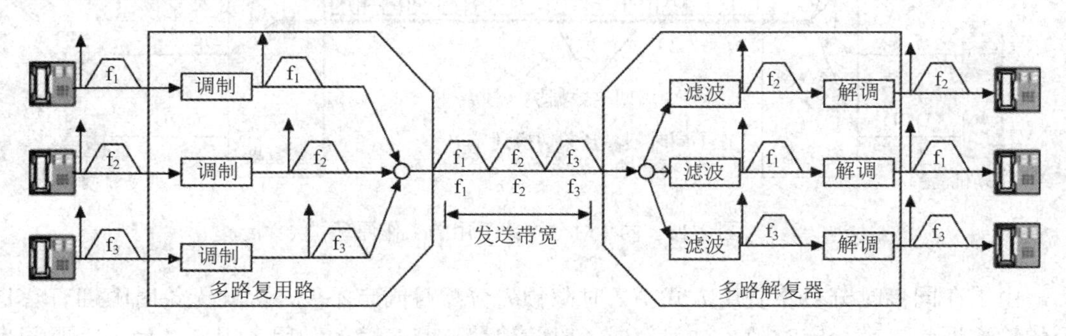

图 2-17　频分多路复用的原理图

总之，频分多路复用把电路或空间的频带资源分成多个频段(带)，并将其分别分配给多个用户，每个用户终端的数据通过分配给它的子通路(频段)传输，其主要用于电话和有线电视(CATV)系统。在 FDM 中，各个频段都有固定的带宽，称为逻辑信道(有时简称为信道)。为了防止由于相邻信道信号频率覆盖造成的干扰，在相邻两个信号的频率段之间设立一定的“保护带”，“保护带”对应的频谱不能被使用，以保证各个频带互相隔离、不会交叠。

2.8.2　时分多路复用

时分多路复用(Time Division Multiplexing，TDM)是按传输信号的时间进行分割的，它使不同的信号在不同时间内传送，即将整个传输时间分为许多时间间隔(Slot Time，又称为时隙)，每个时间片被一路信号占用。TDM 就是通过在时间上交叉发送每一路信号的一部分来实现一条电路传送多路信号的。时分多路复用在每一短暂时刻只有一路信号存在，而频分多路复用同时传送若干路不同频率的信号。因为数字信号是有限个离散值组合，所以时分多路复用技术广泛应用于包括计算机网络在内的数字通信系统，而模拟通信系统的传输一般采用频分多路复用。TDM 又分为同步时分多路复用(Synchronous Time Division Multiplexing，STDM)和异步时分多路复用(Asynchronous Time Division Multiplexing，ATDM)两类。

1. 同步时分多路复用

同步时分多路复用采用固定时间片的分配方式，即将传输信号的时间按特定长度连续地划分成特定时间段(一个周期)，再将每一时间段划分成等长度的多个时隙，每个时隙以固定的方式分配给各路数字信号，各路数字信号在每一时间段都顺序分配到一个时隙，如图 2-18 所示。其中，一个周期的数据帧是指所有输入设备某个时隙发送数据的总和，比如第一周期，4 个终端分别占用一个时隙发送 A、B、C 和 D，则 ABCD 就是一帧。

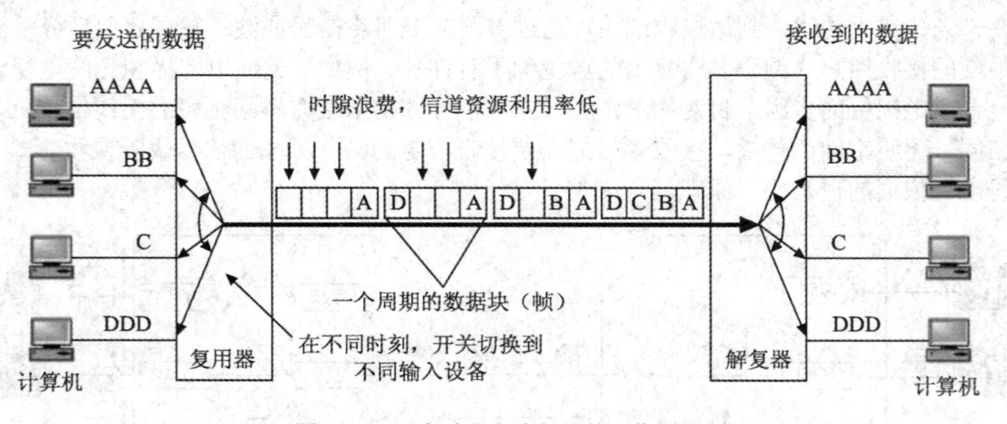

图 2-18　同步时分多路复用的工作原理

由于在同步时分多路复用方式中，时隙预先分配且固定不变，因此无论时隙拥有者是否传输数据都占有一定时隙，这就形成了时隙浪费，其时隙的利用率很低。为了克服同步时分多路复用的缺点，引入了异步时分多路复用技术。

2. 异步时分多路复用

异步时分多路复用技术又称为统计时分多路复用技术，它能动态地按需分配时隙，以避免每个时间段中出现空闲时隙。ATDM 就是只有当某一路用户有数据要发送时才把时隙分配给它；当用户暂停发送数据时，则不给它分配时隙。电路的空闲时隙可用于其他用户的数据传输，如图 2-19 所示。假设一个传输周期为 3 个时隙，一帧有 3 个数据。复用器轮流扫描每一个输入端，先扫描第 1 个终端，将其数据 A1 添加到帧里，然后扫描第 2 个终端、第 3 个终端，并分别添加数据 B2 和 C3，此时，第一个完整的数据帧形成。此后扫描第 4 个终端、第 1 个终端和第 2 个终端，将数据 D4、A1 和 B2 形成帧，如此反复地连续工作。

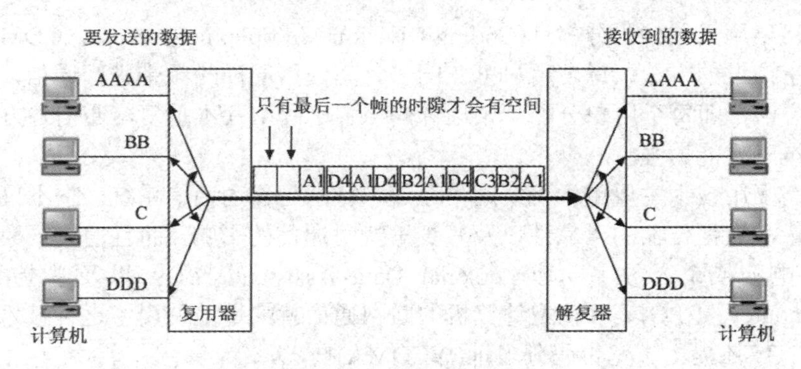

图 2-19　异步时分多路复用的工作原理

在扫描的过程中，若某个终端没有数据，则接着扫描下一个终端。因此，在所有的数据帧中，除最后一个帧外，其他所有帧均不会出现空闲的时隙，这就提高了信道资源的利用率，也提高了传输速率。

另外，在 ATDM 中，每个用户可以通过多占用时隙来获得更高的传输速率，而且传输速率可以高于平均速率，最高速率可达到电路总的传输能力，即用户占有所有的时隙。例如，电路总的传输能力为 28.8 kb/s，3 个用户公用此电路，在同步时分多路复用方式中，每个用户的最高速率为 9600 b/s，而在 ATDM 方式中，每个用户的最高速率可达 28.8 kb/s。

2.8.3　波分多路复用

波分多路复用(Wave Division Multiplexing，WDM)主要用于全光纤网组成的通信系统。波分复用就是光的频分复用。人们借用传统的载波电话的频分复用的概念，可以做到使用一根光纤来同时传输与多个频率都很接近的光载波信号，这样就使光纤的传输能力成倍地提高了。由于光载波的频率很高，而习惯上是用波长而不用频率来表示所使用的光载波，因而称其为波分复用。最初，只能在一根光纤上复用两路光载波信号，随着技术的发展，在一根光纤上复用的路数越来越多。现在已经能做到在一根光纤上复用 80 路或更多路数的光载波信号，这种复用方式就是密集波分多路复用(Dense Wavelength Division Multiplexing，DWDM)技术。

图 2-20 显示的是一种在光纤上获得 WDM 的简单方法。两根光纤连接到一个棱镜上，每根的能量级处于不同的波段，两束光通过棱镜合成到一根共享光纤上，待传输到目的地后，将它们通过同样的方法再分解开以达到复用的目的。

图 2-20　波分多路复用

2.8.4　码分多路复用

码分多路复用又称为码分多址(Coding Division Multiplexing Access，CDMA)技术。它也是一种共享信道的方法，每个用户可在同一时间使用同样的频带进行通信，但使用的是分割信道的方法，即每个用户分配一个地址码，各个码型互不重复，通信各方之间不会相互干扰，且抗干扰能力强。

码分多路复用技术主要用于无线通信系统，特别是移动通信系统。它不仅可以提高通信的语音质量和数据传输的可靠性以及减少干扰对通信的影响，而且增大了通信系统的容量。笔记本电脑或个人数字助理(Personal Data Assistant，PDA)以及掌上电脑(Handed Personal Computer，HPC)等移动型计算机的联网通信就大量地使用了这种技术。另外，国际电信联盟 ITU 还提出了宽带码分多址(WCDMA)技术。

2.9　差错控制技术

2.9.1　差错的产生

根据数据通信系统的模型，当数据从信源发出经过通信信道传输时，由于信道总存在一定的噪声，因此数据到达信宿端后，接收的信号实际上是数据信号和噪声信号的叠加。接收端在取样时钟作用下接收数据，并根据阈值电平判断信号电平。如果噪声对信号的影响非常大，就会造成数据的传输错误。

通信信道中的噪声分为热噪声和冲击噪声两类。

热噪声是由传输媒体的电子热运动产生的，其特点是持续存在，幅度小，干扰强度与频率无关，但频谱很宽，属于随机噪声，所以由它引起的差错属于一种随机差错。

冲击噪声是由外界电磁干扰引起的，与热噪声相比，冲击噪声的幅度较大，是引起差错的主要原因，它的持续时间与数据传输中每个比特的发送时间相比可能较长，因为冲击噪声引起的相邻多个数据位出错呈突发性，所以由它引起的传输差错称为突发差错。

在通信过程中出现的传输差错是由随机差错和突发差错共同构成的，而造成差错可能出现的原因还包括：在数据通信中，信号在物理信道上的线路本身的电气特性随机产生的信号幅度、频率、相位的畸形和衰减；电气信号在线路上产生的反射噪声的回波效应；相邻线路之间的串线干扰；大气中的闪电、电源开关的跳火、自然界磁场的变化以及电源的波动等外界因素。

2.9.2　差错的控制

在数据通信的过程中，为了保证将数据的传输差错控制在允许的范围内，就必须采用差错控制方法。

1. 差错编码

目前，差错控制常采用冗余编码方案来检测和纠正信息传输中产生的错误。冗余编码的思想就是把要发送的有效数据在发送时按照所使用的某种差错编码规则加上控制码(冗余码)一起发送，当信息到达接收端后，再按照相应的规则检验收到的信息是否正确。

差错检测编码有奇偶校验码、水平垂直奇偶校验码、循环冗余码等。差错纠错编码有海明码和卷积码等。下面仅对奇偶校验码和循环冗余码的使用进行简单介绍。

1) 奇偶校验码

采用奇偶校验码时，在每个字符的数据位(字符代码)传输之前，先要检测并计算出数据位中“1”的个数(奇数或偶数)，并根据使用的是奇校验还是偶校验来确定奇偶校验位的设置，然后将其附加在数据位之后(最低位)进行传输。当接收端接收到数据后，重新计算数据位中包含的“1”的个数，再通过奇偶校验位就可以判断出数据是否出错。使用奇偶校验码发送和接收数据的过程如图 2-21 所示。

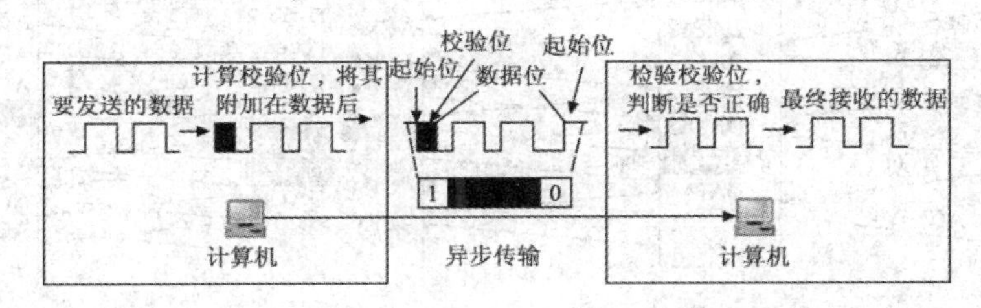

图 2-21　使用奇偶校验码的工作过程

奇偶校验码比较简单，被广泛应用于异步通信中。另外，奇偶校验码只能检测单个比特出错的情况，而当两个或两个以上的比特出错时，它就无能为力了。

2) 循环冗余码

循环冗余码(Cyclic Redundancy Code，CRC)是一种较为复杂的校验方法，它先将要发送的信息数据与一个通信双方共同约定的数据进行除法运算，并根据余数得出一个校验码，然后将这个校验码附加在信息数据帧之后发送出去。接收端在接收数据后，将包括校验码在内的数据帧再与约定的数据进行除法运算，若余数为 0，则表示接收的数据正确，若余数不为 0，则表明数据在传输的过程中出错。使用 CRC 的工作过程如图 2-22 所示。

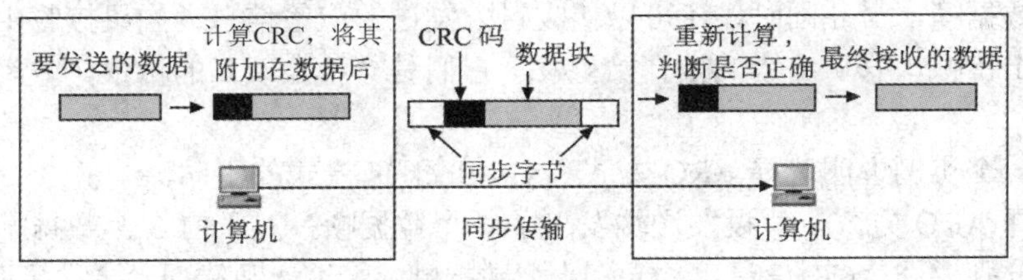

图 2-22　使用 CRC 的工作过程

2. 差错控制技术

差错控制技术主要是通过有效手段检错并纠错，通常采用前向差错控制、自动反馈重发控制实现传输中的差错控制。

1) 前向差错控制

前向差错控制(Forward Error Control，FEC)也称为前向纠错。接收端通过所接收到的数据中的差错编码进行检测，判断数据是否出错。若使用了差错纠错编码，当判断数据存在差错后，还可以确定差错的具体位置，并自动加以纠正。当然，差错纠错编码也只能解决部分出错的数据，对于不能纠正的错误，只能使用 ARQ 的方法予以解决。

2) 自动反馈重发控制

自动反馈重发控制(Automatic Repeat Request，ARQ)又称为停止等待方式。接收端检测到接收信息有错后，通过反馈信道要求发送端重发原信息，直到接收端认可为止，从而达到纠正错误的目的。自动反馈重发包括停止等待 ARQ 和连续 ARQ 两种方式，而连续 ARQ 又包括选择 ARQ 和 Go-Back-N 两种方式。图 2-23 显示了它们的工作原理。

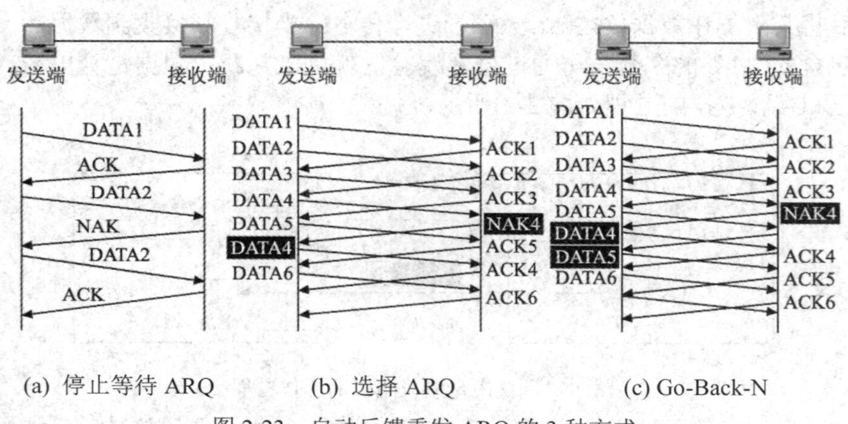

(a) 停止等待 ARQ　　(b) 选择 ARQ　　(c) Go-Back-N

图 2-23　自动反馈重发 ARQ 的 3 种方式

(1) 停止等待 ARQ 方式。

在停止等待 ARQ 方式中，发送端在发送完一个数据帧后，要等待接收端返回的应答信息，当应答为确认信息(ACK)时，发送端才可以继续发送下一个数据帧；当应答为不确认信息(NAK)时，发送端需要重发这个数据帧。停止等待 ARQ 协议非常简单，但由于是一种半双工的协议，因此系统的通信效率比较低。

(2) 选择 ARQ 方式和 Go-Back-N 方式。

与停止等待 ARQ 方式不同，在选择 ARQ 方式和 Go-Back-N 方式中，发送端一次可以发送多个数据帧，与此同时，还可以接收对方发送的应答信息，如果接收中出错，则丢弃已接收的出错帧，只从出错的帧开始重发。它们是一种全双工的协议，效率高，应用非常广泛。

下面以一个实例说明选择 ARQ 方式和 Go-Back-N 方式的不同。

对于选择 ARQ 方式，假设发送端发出了 6 个数据帧，对于前 3 个数据帧，接收端都正确接收并分别返回 ACK 信息，对于第 4 个数据帧，由于出现错误，接收端返回了对第 4 个数据帧的 NAK 信息，此时，发送端只需要重新发送第 4 个数据帧即可。

对于 Go-Back-N 方式，同样假设发送端发出了 6 个数据帧，但接收端返回了对其中第 4 个数据帧的 NAK 信息，由于收到该 NAK 信息时，发送端已经发出了数据帧 5，因此，发送端需要重新发送从第 4 个数据帧开始的所有数据帧，即第 4、5 个数据帧。

由于采用选择 ARQ 方式时，接收到的数据帧有可能是乱序的，因此，接收端必须提供足够的缓存先将每个数据帧保存下来，然后对数据帧重新排序。但由于该方式仅重发出错的数据帧，因此，信道利用率高。对于 Go-Back-N 方式，由于接收到的数据帧是按照顺序排列的，因而接收端不需要太多的缓存，但由于发送端要将出错数据之后的已发送数据帧丢弃重新发送，因此使信道利用率相对降低。

本章小结

数据通信基础是计算机网络的一个重要组成部分。本章首先介绍了数据通信系统的构成以及数据通信系统的性能指标。在数据传输部分，介绍了信号的调制与解调、编码与解码及其对应的两种传输系统——模拟系统和数字系统。接着重点介绍了数据传输方式、交换技术等。从对通信技术的推动看，多路复用的几种关键技术起到了革命性的作用。最后介绍了差错控制技术中差错的产生及其控制方法。

习　题

一、选择题

1. 在局域网采用的传输方式是(　　)。

A. 单工方式　　B. 半双工方式　　C. 双工方式　　D. 三者都可以

2. 数字通信和模拟通信相比，最突出的优点是(　　)。

A. 设备的复杂程度低，易于实现　　B. 占用频带窄，频带利用率高

C. 便于实现移动通信　　D. 抗干扰能力强，通话质量高

3. 在串行传输中，所有的数据字符的比特(　　)。

A. 在多根导线上同时传输

B. 在同一根导线上同时传输

C. 在传输介质上一次传输一位

D. 以一组比特的形式在传输介质上传输

4. 为了提高信道的利用率，通信系统采用(　　)技术来传送多路信号。

A. 数据调制　　B. 数据编码　　C. 信息压缩　　D. 多路复用

5. 下列(　　)最好地描述了基带信号。

A. 通过同一通道传输多重信号　　B. 信号以其原始的编码状态传输

C. 对通道上的频率范围通常要进行划分　　D. B 和 C

6. 多路复用器的主要功能是(　　)。

A. 执行数/模转换　　B. 减少主机的通信处理负荷

C. 汇集来自两条或更多条线路的传输信息　　D. 执行串行/并行转换

7. 半双工支持(　　)传输类型的数据流。

A. 在一个方向上　　B. 同时在两个方向上

C. 分时在两个方向上　　D. 在随机方向上

8. 常用的电话通信系统采用的传输方式是(　　)。

A. 单工方式　　B. 半双工方式　　C. 双工方式　　D. 三者都可以

9. 在通道上传输的字符编码是 01101100 时，若采用奇校验，正确的编码序列是(　　)。

A. 01101100　　B. 01101101　　C. 11101101　　D. 11101100

10. 在一个计算机参与控制的工业系统中，为了达到实时控制的效果，应采用的最好的数据交换方式是(　　)方式。

A. 报文交换　　B. 数据报交换　　C. 电路交换　　D. 虚电路交换

二、填空题

1. 信道按使用方式可以分为________和________两类。

2. 常用的信道复用技术有________、________和________几种。

3. 数据传输方式按信息传送的方向与时间可以分为________、________、________3 种。

4. 脉码调制技术最初用于将电话模拟信号转换为数字信号。转换的过程包括 3 个步骤：________、________和________。

5. 同步技术主要包括________和________。

6. 通信信道中的噪声分为________和________。

7. 无线通信中采用的复用技术一般为________和________。

三、问答题

1. 在数据通信中，为什么要引入“调制/解调”的概念？

2. 什么是信道带宽和信道容量？它们之间的关系是什么？

3. 同步传输和异步传输之间的异同之处有哪些？

4. 通信系统中主要的传输损耗有哪些？

5. 数据通信领域常采用什么措施来提高信道的利用率？多路复用技术的特点是什么？

6. 与电路交换相比，分组交换技术有哪些优势？

7. 试叙述报文交换和数据报方式交换的异同点。

8. 试叙述虚电路的工作原理，为什么称其为“虚电路”？

9. 在数据传输中为什么要进行差错控制？

10. 试叙述停止等待 ARQ 方式、选择 ARQ 方式和 Go-Back-N 方式的特点。

第 3 章　计算机网络结构与协议

本章教学目标

- 了解网络体系结构的概念。
- 了解开放系统互联参考模型 OSI/RM。
- 了解 TCP/IP 体系结构及应用。

计算机网络是一个涉及计算机、通信等技术的复杂的系统。现代计算机网络已经渗透到工业、商业、政府、军事等领域以及人们生活中的各个方面，如此庞大而复杂的系统要有效而且可靠地运行，网络中的各个部分就必须遵守一整套合理而严谨的结构化管理规则，这些规则称为协议。计算机网络就是按照高度结构化设计方法、采用功能分层原理来实现的。这也是计算机网络体系结构研究的内容。

3.1　网络体系结构及协议的概念

计算机网络由多个通过传输线路相互连接的节点组成，节点之间要不断地交换数据和控制信息，要做到有条不紊地交换数据，每个节点都必须遵守一套事先约定好的规则，这些规则精确地规定了所交换数据的格式和时序。这些为网络数据传输和交换而制定的规则、约定或标准就称为网络协议(Protocol)。

因此，网络协议对计算机网络的组成和正常工作是不可缺少的。一个功能完备的计算机网络需要具备一套复杂的协议集指导与控制其有条不紊地可靠工作，对于复杂的计算机网络协议，最好的组织方式是采用层次结构模型。通常将计算机网络层次结构模型和各层协议的集合定义为计算机网络体系结构。

为了降低计算机网络的复杂程度，按照结构化设计方法，计算机网络将其功能划分为若干个层次(Layer)，较高层次的实现建立在较低层次的基础上，并为其更高层次提供必要的服务功能，网络中的每一层都起到隔离作用，使得低层功能的具体实现方法的变更不会影响到高一层所执行的功能。下面介绍在网络体系结构中所涉及的几个概念。

1. 协议

协议(Protocol)是用来描述进程之间信息交换过程的一个术语，是信息通信的发送端和接收端实现信息交换的一种规则。在网络中包含多种计算机系统，它们的硬件和软件系统各异，要使得它们之间能够相互通信，就必须有一套通信管理机制使通信双方能正确地接收信息，并能理解对方所传输信息的含义。也就是说，当用户应用程序、文件传输信息包、数据库管理系统和电子邮件等互相通信时，它们必须事先约定一种规则(如交换信息的代码、格式以及如何交换等)。这种规则就称为协议，准确地说，协议就是为实现网络中的数据交换而建立的规则、标准或约定。

网络协议由语法、语义和交换规则 3 部分组成。

(1) 语法：确定协议元素的格式，即规定数据与控制信息的结构和格式。

(2) 语义：确定协议元素的类型，即规定通信双方要发出何种控制信息，完成何种动作以及做出何种应答。

(3) 交换规则：规定事件实现顺序的详细说明，即确定通信状态的变化和过程，如通信双方的应答关系。

2. 实体

在网络分层体系结构中，每一层都由一些实体(Entity)组成，这些实体抽象地表示了通信时的软件元素(如进程或子程序)和硬件元素(如智能 I/O 芯片等)。实体是通信时能发送和接收信息的任何软硬件设施。

3. 接口

分层结构中各相邻层之间要有一个接口(Interface)，它定义了较低层向较高层提供的原始操作和服务。相邻层通过它们之间的接口交换信息，高层并不需要知道低层是如何实现的，仅需要知道该层通过层间的接口所提供的服务，这样使得两层之间保持了功能的独立性。对于网络结构化层次模型，其特点是每一层都建立在前一层的基础上，较低层只是为较高一层提供服务。这样，每一层在实现自身功能时，都直接使用了较低一层提供的服务，而间接地使用了更低层提供的服务，并向较高一层提供更完善的服务，同时屏蔽了具体实现这些功能的细节。

3.2 开放系统互联参考模型 OSI/RM

3.2.1 ISO/OSI参考模型

1. OSI 参考模型

计算机网络体系结构的研究引起了世界各国网络工作者的重视。各个公司结合计算机硬件、软件和通信设备的配套情况纷纷提出了不同的计算机网络体系。

1978 年，国际标准化委员会组织(International Organization for Standardization，ISO)设立了一个分支委员会，专门研究网络通信的体系结构，提出了开放系统互联参考模型 OSI/RM(Open System Interconnection/Reference Model)。OSI 定义了异种机联网标准的框架结构，受到了计算机和通信行业的极大关注。这里的“开放”表示任何两个遵守 OSI/RM 的系统都可以进行互联，当一个系统能按 OSI/RM 与另一个系统进行通信时，就称该系统为开放系统。OSI/RM 只给出了一些原则性的说明，它并不是一个具体的网络。它将整个网络划分成 7 个层次，每一层各自实现不同的功能，由低层至高层分别为物理层、数据链路层、网络层、传输层、会话层、表示层和应用层，如图 3-1 所示。这种划分的目的是每一层都能执行本层的具体任务，且功能相对独立，通过接口与相邻层连接。此种模型依靠各层之间的接口和功能组合，实现系统间、各节点间的信息传输。分层不能太少，否则各层的功能增多，实现困难；但分层也不能太多，以避免增加各层服务的开销。

网络分层按下述规则进行：

(1) 按照理论上需要的不同等级划分层，注意层数应尽量少。

(2) 每层完成特定的功能，且类似的功能应尽量集中在同一层内实现，所有层的功能都应符合国际标准协议的规定。

(3) 各层之间要相对独立，也就是说某一层的功能的更改不会影响其他各层。

(4) 同一节点内相邻层之间通过接口(可以是逻辑接口)进行通信。

(5) 同一层内也可以设置若干子层，每个子层实现不同要求的服务。

图 3-1　OSI 参考模型及协议

2. OSI 各层功能概述

开放系统要求系统的计算机、终端及网络用户彼此连接、交换数据，而且系统应相互配合，两个系统的用户要遵守同样的规则，这样它们才能相互理解传输的信息和含义，并能为同一任务而合作。根据上述要求，OSI 开放体系各层的主要功能分配如下：

(1) 第 1 层：物理层(Physical Layer)，在物理信道上传输原始的数据比特流，提供为建立、维护和拆除物理链路连接所需的各种传输介质、通信接口特性等。

(2) 第 2 层：数据链路层(Data Link Layer)，在物理层提供比特流服务的基础上，建立相邻节点之间的数据链路，通过差错控制保证数据帧在信道上无差错地传输，并进行数据流量控制。

(3) 第 3 层：网络层(Network Layer)，为传输层的数据传输提供建立、维护和终止网络连接的手段，把上层传来的数据组织成数据包(Packet)在节点之间进行交换传送，并进行拥塞控制。

(4) 第 4 层：传输层(Transport Layer)，为上层提供端到端(最终用户到最终用户)的透明、可靠的数据传输服务。所谓透明的传输，是指在通信过程中传输层对上层屏蔽了通信传输系统的具体细节。

(5) 第 5 层：会话层(Session Layer)，为表示层提供建立、维护和结束会话连接的功能，并提供会话管理服务。

(6) 第 6 层：表示层(Presentation Layer)，为应用层提供信息表示方式的服务，如数据格式的变换、文本压缩和加密技术等。

(7) 第 7 层：应用层(Application Layer)，为网络用户或应用程序提供各种服务，如文件传输、电子邮件(E-mail)、分布式数据库以及网络管理等。

从各层的网络功能角度看，可以将 OSI/RM 的 7 层分为：第 1 层和第 2 层解决有关网络信道和信息帧的问题，第 3 层和第 4 层解决网络路由和信息传输服务问题，第 5～7 层处理对应用进程的访问问题。

从控制角度看，OSI/RM 中的第 1～3 层可以看作传输控制层，负责通信子网的工作，解决网络中的通信问题；第 5～7 层为应用控制层，负责有关资源子网的工作，解决应用进程的通信问题；第 4 层为通信子网和资源子网的接口，起连接传输和应用的作用。

3. OSI/RM 的信息流动

下面说明在 OSI/RM 中信息的流动情况，如图 3-2 所示。设系统 A 的用户要向系统 B 的用户传送数据。系统 A 的用户的数据先送入应用层，该层给它附加控制信息 H_7 后送入表示层；表示层对数据进行必要的变换并附加控制信息 H_6 后送入会话层；会话层同样也附加控制信息 H_5 后送至传输层；传输层把长报文进行分段，并附加控制信号 H_4 后送至网络层；网络层将信息变成报文分组，并加组号 H_3 后送给数据链路层；数据链路层将信息加上头和尾(H_2 和 T_2)变成帧，经物理层按位发送到对方(系统 B)。目的系统接收后，按上述相反的动作，层层去掉控制信息(即所谓的标记)，最后把数据传送给目标系统 B 的进程。从上面可以看出，在两个系统中，除物理层外，其余各对应层之间均不存在直接的通信关系，而是通过对应层的协议来进行通信，这种通信是虚拟通信。因此，图 3-2 中只有两物理层间有物理的连接，其他各层间均无连接。图 3-1 中除两物理层外，各对应层间的虚线连接表示了这一问题。

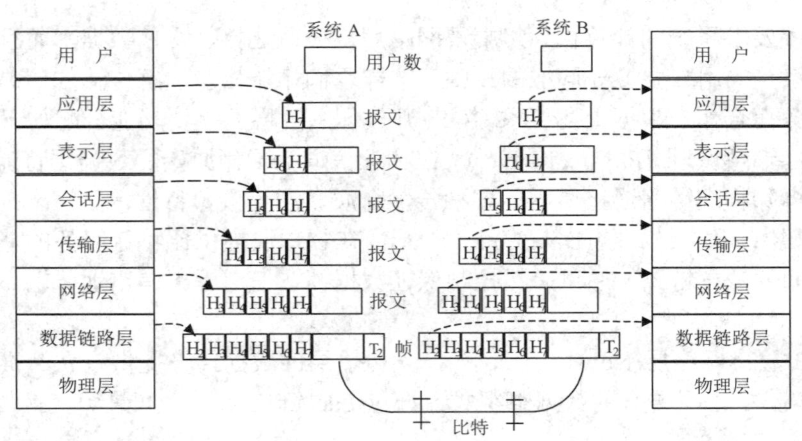

图 3-2　OSI/RM 中信息的流动情况

3.2.2　物理层

物理层是 OSI/RM 的最底层，它直接与物理信道相连，起数据链路层和传输媒体之间的逻辑接口作用，提供建立、维护和释放物理连接的方法，并实现在物理信道上进行比特流传输的功能。

物理层涉及的内容包括以下几个方面。

1. 通信接口与传输媒体的物理特性

除了不同的传输介质自身的物理特性外，物理层还对通信设备和传输媒体之间使用的接口做了详细的规定，主要体现在 4 个方面。

(1) 机械特性。机械特性规定了物理连接时所需连接插件的规格尺寸、针脚数量和排列情况等。

(2) 电气特性。电气特性规定了在物理信道上传输比特流时信号电平的大小、数据的编码方式、阻抗匹配、传输速率和距离限制等。

(3) 功能特性。功能特性定义了各个信号线的确切含义，即各个信号线的功能。

(4) 规程特性。规程特性定义了利用信号线进行比特流传输的一组操作规程。此规程指在物理连接的建立、维护和交换信息时数据通信设备之间交换数据的顺序。

2. 物理层的数据交换单元为二进制比特

为了传输比特流，可能需要对数据链路层的数据进行调制或编码，使之成为模拟信号、数字信号或光信号，以实现在不同的传输介质上传输。

3. 比特的同步

物理层规定了通信的双方必须在时钟上保持同步的方法，比如异步传输和同步传输等。

4. 线路的连接

物理层还考虑了通信设备之间的连接方式。比如，在点对点的连接中，两个设备之间采用了专用链路连接，而在多点连接中，所有的设备共享一条链路。

5. 物理拓扑结构

物理拓扑定义了设备之间连接的结构关系，如星形拓扑、环形拓扑和网状拓扑等。

6. 传输方式

物理层也定义了两个通信设备之间的传输方式，如单工、半双工和全双工。

3.2.3　数据链路层

数据链路层是 OSI/RM 的第 2 层，它通过物理层提供的比特流服务，在相邻节点之间建立链路，传送以帧(Frame)为单位的数据信息，并且对传输中可能出现的差错进行检错和纠错，向网络层提供无差错的透明传输。数据链路层的有关协议和软件是计算机网络中的基本部分，在任何网络中数据链路层都是必不可少的层次。相对于高层而言，数据链路层所有的服务协议都比较成熟。

数据链路层涉及的具体内容有以下几点。

1. 帧

数据链路层要将网络层的数据分成可以管理和控制的数据单元，我们称其为帧，因此，数据链路层的数据传输是以帧为数据单位的。

2. 物理地址寻址

数据帧在不同的网络中传输时，需要标识出发送数据帧和接收数据帧的节点。因此，数据链路层要在数据帧的头部加入一个控制信息，在帧的尾部加入差错控制信息。

3. 流量控制

数据链路层必须对发送数据帧的速率进行控制，如果发送的数据帧太多，就会使目的节点来不及处理而造成数据丢失。

4. 差错控制

为了保证物理层传输数据的可靠性，数据链路层需要在数据帧中使用一些控制方法，检测出错或重复的数据帧，并对错误的帧进行纠错或重发。数据帧中的尾部控制信息(DT)就是用来进行差错控制的。

5. 接入控制

当两个或者更多的节点共享通信链路时，由数据链路层确定在某一时间内该由哪一个节点发送数据，这种技术称为接入控制技术，也称为媒体访问控制技术。在后面章节讨论局域网时会提到，媒体访问控制技术是决定局域网特性的关键技术。

3.2.4 网络层

计算机网络分为资源子网和通信子网。网络层就是通信子网的最高层，它在数据链路层提供服务的基础上向资源子网提供服务。网络层的作用是实现分别位于不同网络的源节点与目的节点之间的数据包传输，而数据链路层只负责同一个网络中的相邻两节点之间的链路管理及帧的传输等问题。因此，当两个节点连接在同一个网络中时，可能并不需要网络层，只有当两个节点分布在不同的网络中时，通常才会涉及网络层的功能，从而保证了数据包从源节点到目的节点的正确传输。而且，网络层要负责确定在网络中采用何种技术，使数据包从源节点出发选择一条通路通过中间的节点最终到达目的节点。

网络层涉及的概念有以下几个。

1. 逻辑地址寻址

数据链路层的物理地址只是解决了在同一个网络内部的寻址问题。当一个数据包从一个网络跨越到另外一个网络时，就需要使用网络层的逻辑地址。当传输层传递给网络层一个数据包时，网络层就在这个数据包的头部加入控制信息，其中就包含了源节点和目的节点的逻辑地址。

2. 路由功能

在网络层将数据包从源节点传送到目的节点的过程中，选择一条合适的传输路径是至关重要的，尤其是从源节点到目的节点的通路存在多条路径时，就存在选择最佳路由的问题。路由选择就是根据一定的原则和算法在传输通路中选出一条通向目的节点的最佳路由。

3. 流量控制

在数据链路层中存在流量控制问题，在网络层中同样也存在流量控制问题，只不过在数据链路层中的流量控制是在两个相邻节点之间进行的，而在网络层中是数据包从源节点传输到目的节点这一过程中的流量控制。

4. 拥塞控制

在通信子网内，由于出现过量的数据包而引起网络性能下降的现象称为拥塞。为了避免拥塞现象出现，要采用能防止拥塞的一系列方法对子网进行拥塞控制。拥塞控制主要解决的问题是如何获取网络中发生拥塞的信息，从而利用这些信息进行控制，以避免由于拥塞而出现数据包丢失以及由于严重拥塞而产生网络死锁的现象。

3.2.5　其他各层

1. 传输层

传输层是资源子网与通信子网的接口和桥梁，它完成了资源子网中两节点间的直接逻辑通信，实现了通信子网端到端的可靠传输。传输层下面的物理层、数据链路层和网络层均属于通信子网，可完成有关的通信处理，向传输层提供网络服务；传输层上面的会话层、表示层和应用层完成面向数据处理的功能，并为用户提供与网络之间的接口。因此，传输层在 7 层网络模型中起承上启下的作用，是整个网络体系结构中的关键部分。

由于通信子网向传输层提供通信服务的可靠性有差异，但无论通信子网提供的服务可靠性如何，经传输层处理后都应向上层提交可靠的、透明的数据传输，因此，传输层协议要复杂得多，以适应通信子网中存在的各种问题。也就是说，如果通信子网的功能完善，可靠性高，则传输层的任务就比较简单；若通信子网提供的质量很差，则传输层的任务就复杂，以填补会话层所要求的服务质量和网络层所能提供的服务质量之间的差别。

传输层在网络层提供服务的基础上为高层提供两种基本服务：面向连接的服务和面向无连接的服务。面向连接的服务要求高层的应用在进行通信之前，先要建立一个逻辑的连接，并在此连接的基础上进行通信，通信完毕后要拆除逻辑连接，而且通信过程中还要进行流量控制、差错控制和顺序控制。因此，面向连接的服务是可靠的服务，而面向无连接的服务是一种不太可靠的服务，由于它不需要为高层应用建立逻辑的连接，因此，它不能保证传输的信息按发送顺序提交给用户。不过，在某些场合是必须依靠这种服务的，如网络中的广播数据。

2. 会话层

会话层利用传输层提供的端到端的服务向表示层或会话用户提供会话服务。在 ISO/OSI 环境中，所谓一次会话，就是指两个用户进程之间为完成一次完整的通信而进行的过程，包括建立、维护和结束会话连接。会话协议的主要目的就是提供一个面向用户的连接服务，并为会话活动提供有效的组织和同步所必需的手段，为数据传送提供控制和管理。

3. 表示层

表示层处理的是 OSI 系统之间用户信息的表示问题。表示层不像 OSI/RM 的低 5 层那样只关心将信息可靠地从一端传输到另外一端，它主要涉及被传输信息的内容和表示形式，如文字、图形、声音的表示。另外，数据压缩、数据加密等工作都是由表示层负责处理的。

表示层服务的典型例子是数据的编码问题，大多数用户程序中所用到的人名、日期、数据等可以用字符串(如使用 ASCII 码或其他字符集)、整型(如有符号数或无符号数)等各种数据类型表示。由于各个不同的终端系统可能有不同的数据表示方法，如机器的字长不同，数据类型的格式以及所采用的字符编码集不同，同样的一个字符串或一个数据在不同的端系统上会表现出不同的内部形式，因此，这些不同的内部数据表示不可能在开放系统中交换。为了解决这一问题，表示层通过抽象的方法来定义一种数据类型或数据结构，并通过使用这种抽象的数据结构在各端系统之间实现数据类型和编码的转换。

4. 应用层

应用层是 OSI/RM 的最高层，它是计算机网络与最终用户间的接口，它包含了系统管理员管理网络服务所涉及的所有问题和基本功能。它在 OSI/RM 下面 6 层提供的数据传输和数据表示等各种服务的基础上，为网络用户或应用程序提供完成特定网络服务功能所需的各种应用协议。

常用的网络服务包括文件服务、电子邮件(E-mail)服务、打印服务、集成通信服务、目录服务、网络管理服务、安全服务、多协议路由与路由互联服务、分布式数据库服务及虚拟终端服务等。网络服务由响应的应用协议来实现，不同的网络操作系统提供的网络服务在功能、用户界面、实现技术、硬件平台支持以及开发应用软件所需的应用程序接口 API 等方面均存在较大差异，而采纳应用协议也各具特色，因此，需要进行应用协议的标准化。

3.3　TCP/IP 体系结构

3.3.1　TCP/IP概述

1. TCP/IP 协议与参考模型的发展过程

OSI 参考模型研究的初衷是希望为网络体系结构与协议的发展提供一种国际标准。但是大家不能不注意到 Internet 在全世界的飞速发展与 TCP/IP 的广泛应用对网络技术发展带来的影响。

ARPANet(阿帕网)是最早出现的计算机网络之一，现代计算机网络的很多概念与方法都是从 ARPANet 的基础上发展出来的。从 ARPANet 发展起来的 Internet 最终连接了大学的校园网、政府部门和企业的局域网。美国国防部高级研究局 ARPA 提出 ARPANet 研究计划的初衷是希望它的很多宝贵主机、通信控制处理机和通信线路在战争中部分遭受攻击而损坏时，其余部分还能正常工作，同时希望它适应从文件传送到实时数据传输的各种应用需求，因此它要求具有灵活的网络体系结构，来实现异构型网络的互联与互通。最初 ARPANet 使用的是租用线路，当卫星通信系统与通信网发展起来后，ARPANet 最初开发的网络协议使用在通信可靠性较差的通信子网中出现了不少问题，这就导致了新的网络协议 TCP/IP 的出现。虽然 TCP 和 IP 都不是 OSI 标准，但它们是目前最流行的商业化协议，也是互联网络事实上的国际标准。在 TCP/IP 协议出现之后，又出现了 TCP/IP 参考模型。

Internet 上的 TCP/IP 能够迅速发展，不仅仅是因为它是美国军方指定的协议，更重要的是它适应了世界范围内数据通信的需要。TCP/IP 具有以下特点：

(1) 具有开放的协议标准，可以免费使用，并且独立于特定的计算机硬件和操作系统。

(2) 具有独立于特定的网络硬件，可以运行在局域网、广域网，更适合于互联网中。

(3) 具有统一的网络地址分配方案，使得整个 TCP/IP 设备在网络中具有唯一的地址。

(4) 具有标准化的高层协议，可以提供多种可靠的用户服务。

2. TCP/IP 参考模型与层次

TCP/IP 参考模型共有 4 个层次，它们分别是网络接口层、网际层、传输层和应用层。TCP/IP 参考模型与 OSI 参考模型的对照关系如图 3-3 所示。

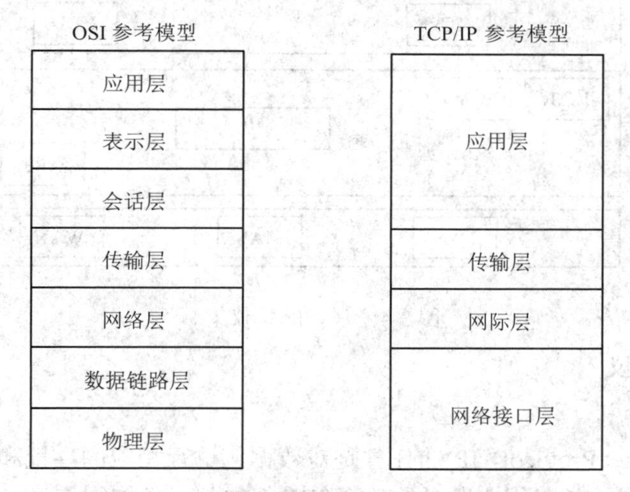

图 3-3　OSI 参考模型与 TCP/IP 参考模型的对比图

1) 网络接口层

TCP/IP 参考模型的最底层是网络接口层，也被称为网络访问层，它包括了能使用 TCP/IP 与物理网络进行通信的协议，且对应着 OSI 的物理层和数据链路层。TCP/IP 标准并没有定义具体的网络接口协议，而是旨在提高灵活性，以适应各种网络类型，如 LAN、MAN 和 WAN，这也说明了 TCP/IP 可以运行在任何网络之上。

2) 网际层

网际层是在 Internet 标准中正式定义的第 1 层。网际层所执行的主要功能是处理来自传输层的分组，将分组形成数据包(IP 数据包)，并为该数据包进行路径选择，最终将数据包从源主机发送到目的主机。在网际层中，最常用的协议是网际协议 IP，其他协议用来协助 IP 的操作。

3) 传输层

TCP/IP 的传输层也被称为主机至主机层，与 OSI 的传输层类似，它主要负责主机到主机之间的端对端通信，该层使用了两种协议来支持两种数据的传送方法，分别是 TCP 和 UDP。

4) 应用层

在 TCP/IP 参考模型中，应用程序接口是最高层，它与 OSI 参考模型中的高 3 层的任务相同，都用于提供网络服务，比如文件传输、远程登录、域名服务和简单网络管理等。

3.3.2 TCP/IP协议集

在 TCP/IP 的层次结构中包括了 4 个层次，但实际上只有 3 个层次包含了实际的协议。TCP/IP 中各层的协议如图 3-4 所示。

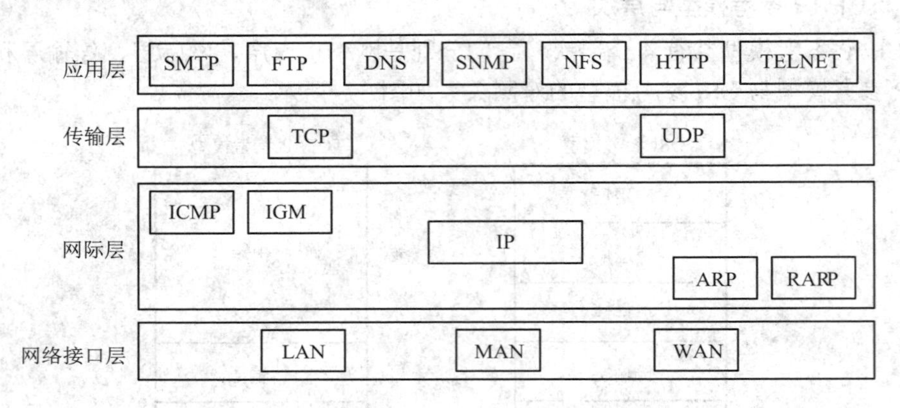

图 3-4 TCP/IP 协议集

1. 网际层的协议

1) 网际协议

网际协议(Internet Protocol，IP)的任务是对数据包进行相应的寻址和路由，并从一个网络转发到另一个网络。IP 在每个发送的数据包前都加入一条控制信息，其中包含了源主机的 IP 地址(IP 地址相当于 OSI 模型中网络层的逻辑地址)、目的主机的 IP 地址和其他一些信息。IP 协议的另一项工作是分割和重编在传输层被分割的数据包。由于数据包要从一个网络转发到另一个网络，因此，当两个网络所支持传输的数据包的大小不相同时，IP 协议就要在发送端将数据包分割，然后在分割的每一段前再加入控制信息进行传输。当接收端接收到数据包后，IP 协议就将所有的片段重新组合形成原始的数据。

IP 是一个无连接的协议。无连接是指主机之间不建立用于可靠通信的端到端的连接，源主机只是简单地将 IP 数据包发送出去，而 IP 数据包可能会丢失、重复、延迟时间或者次序混乱。因此，要实现数据包的可靠传输，就必须依靠高层的协议或应用程序，如传输层的 TCP 协议。

2) 网际控制报文协议

网际控制报文协议(Internet Control Message Protocol，ICMP)为 IP 协议提供差错报告。由于 IP 是无连接的，且不进行差错检验，因此，当网络上发生错误时它不能检测错误，向发送 IP 数据包的主机报错误就是 ICMP 的责任。例如，如果某台设备不能将一个 IP 数据包转发到另一个网络，那么它就向发送数据包的源主机发送一条消息，并通过 ICMP 解释这个错误。ICMP 能够报告的一些普通错误类型有目标无法到达、阻塞、回波请求和回波应答等。

3) 网际主机组管理协议

IP 协议只是负责网络中点到点的数据包传输，而点到多点的数据包传输则要依靠网际主机组管理协议(Internet Group Management Protocol，IGMP)来完成。它主要负责报告主机组之间的关系，以便相关的设备(路由器)能支持多播发送。

4) 地址解析协议和反向地址解析协议

计算机网络中各主机之间要进行通信时，必须要知道彼此的物理地址(OSI 模型中数据链路层的地址)。因此，在 TCP/IP 的网际层有地址解析协议(Address Resolution Protocol，ARP)和反向地址解析协议(Reverse Address Resolution Protocol，RARP)，它们的作用是将源主机和目的主机的 IP 地址与它们的物理地址相匹配。

2. 传输层协议

1) 传输控制协议

传输控制协议(Transmission Control Protocol，TCP)是传输层的一种面向连接的端到端通信协议，它可提供可靠的数据传输。通常大量数据都要求有可靠的传输。

TCP 协议将源主机应用层的数据分成多个分段，然后将每个分段传送到网际层，网际层将数据封装为 IP 数据包，并发送到目的主机。目的主机的网际层将 IP 数据包中的分段传送给传输层，再由传输层对这些分段进行重组，还原成原始数据，并传送给应用层。另外，TCP 协议还要完成流量控制和差错检验的任务，以保证可靠的数据传输。

2) 用户数据报协议

用户数据报协议(User Datagram Protocol，UDP)是一种面向无连接的协议，因此，它不能提供可靠的数据传输，而且 UDP 不进行差错检验，必须由应用层的应用程序来实现可靠性和差错控制机制，以保证端到端数据传输的正确性。虽然 UDP 与 TCP 相比显得不可靠，但在一些特定的环境下还是非常有优势的。例如，要发送的信息较短时、不值得在主机之间建立一次连接时，UDP 具有明显的优势。另外，面向连接的通信通常只能在两个主机之间进行，若要实现多个主机之间的一对多或多对多的数据传输，即广播或多播，就需要使用 UDP 协议。

3. 应用层协议

在 TCP/IP 模型中，应用层包括了所有的高层协议，而且总是不断有新的协议加入，应用层的协议主要有以下几种：

(1) 远程终端协议 Telnet：本地主机作为仿真终端登录到远程主机上运行应用程序。

(2) 文件传输协议 FTP：实现主机之间的文件传送。

(3) 简单邮件传输协议 SMTP：实现主机之间电子邮件的传送。

(4) 域名服务 DNS：用于实现主机名与 IP 地址之间的映射。

(5) 动态主机配置协议 DHCP：实现对主机的地址分配和配置工作。

(6) 路由信息协议 RIP：用于网络设备之间交换路由信息。

(7) 超文本传输协议 HTTP：用于 Internet 中的客户机与 WWW 服务器之间的数据传输。

(8) 网络文件系统 NFS：用于实现主机之间文件系统的共享。

(9) 引导协议 BOOTP：用于无盘主机或工作站的启动。

(10) 简单网络管理协议 SNMP：用于实现网络的管理。

与 OSI 模型的应用层相同，TCP/IP 应用层中的各种协议都是为网络用户或应用程序提供特定的网络服务功能而设计的。

3.4 OSI 与 TCP/IP 参考模型的比较

3.4.1 两种模型的共同点

作为计算机通信的国际性标准，OSI 原则上是国际通用的，而 TCP/IP 是当前工业界普遍使用的，它们有许多共同点，可以概括为以下几个方面：

(1) 两者都采用了协议分层方法，将庞大且复杂的问题划分为若干个较容易处理的范围较小的问题。

(2) 两者各协议层次的功能大体上相似，都存在网络层、传输层和应用层。网络层实现点到点的通信，并完成路由选择、流量控制和拥塞控制功能；传输层实现端到端的通信，将高层的用户应用与低层的通信子网隔离开来，并保证数据传输的最终可靠性。传输层的以上各层都是面向用户应用的，而传输层以下各层都是面向通信的。

(3) 两者都可以解决异构网的互联，实现世界上不同厂家生产的计算机之间的通信。

(4) 两者都能够提供面向连接和无连接的两种通信服务机制，都是基于一种协议集的概念，协议集是一簇完成特定功能的相互独立的协议。

3.4.2 两种模型的区别

虽然 OSI 和 TCP/IP 存在着许多共同点，但如果具体到每个协议的实现上，它们之间的差别就到了难以比较的程度。下面主要从不同的角度对 OSI 和 TCP/IP 进行比较。

1. 模型设计的差别

OSI 参考模型是在具体协议制定之前设计的，对具体协议的制定进行了约束。因此，也造成了在模型设计时考虑不很全面、有时不能完全指导协议某些功能的实现、从而对模型进行修修补补的情况。例如，数据链路层最初只用来处理点到点的通信网络，当广播网出现后，又存在一点对多点的问题，因此 OSI 不得不在模型中插入新的子层来处理这种通信模式。当人们开始使用 OSI 模型及其协议集建立实际网络时，才发现它们与需求的服务规范存在不匹配的问题，因此最终只能用增加子层的方法来掩饰其缺陷。TCP/IP 正好相反，它是协议在先，模型在后。

模型实际上只不过是对已有协议的抽象描述。TCP/IP 不存在与协议的匹配问题。

2. 层数和层间调用关系不同

OSI 协议分为 7 层，而 TCP/IP 协议只有 4 层，这两种参考模型除了层次数量不同以外，层次对应关系也不同。另外，TCP/IP 虽然也分层次，但层次之间的调用关系不像 OSI 那么严格。在 OSI 中，两个实体通信必须涉及下一层实体，下层向上层提供服务，上层通过接口调用下层的服务，层间不能有越级调用关系。OSI 这种严格分层确实是必要的。但遗憾的是，严格按照分层模型编写的软件效率极低。为了克服以上缺点，提高效率，TCP/IP 协议在保持基本层次结构的前提下，允许越过紧挨着的下一级而直接使用更低层次提供的服务。

3. 最初设计的差别

TCP/IP 在设计之初就着重考虑不同网络之间的互联问题，并将网际协议 IP 作为一个单独的重要层次。OSI 最初只考虑到用一种标准的公用数据网将各种不同的系统互联在一起。后来，虽然 OSI 认识到了网际协议的重要性，然而已经来不及像 TCP/IP 那样将网际协议 IP 作为一个独立的层次，因此只好在网络层中划分出一个子层以起到类似 IP 的作用。

4. 对可靠性的强调不同

OSI 认为数据传输的可靠性应该由点到点的数据链路层和端到端的传输层来共同保证，而 TCP/IP 分层思想认为，可靠性是端到端的问题，应该由传输层来解决。因此，它允许单个的链路或机器丢失或数据损坏，网络本身不进行数据恢复，对丢失或损坏数据的恢复是在源节点设备与目的节点设备之间进行的。在 TCP/IP 网络中，可靠性的工作是由主机来完成的。

5. 标准的效率和性能上存在差别

由于 OSI 作为国际标准，是由多个国家共同努力制定的，于是不得不照顾到各个国家的利益，有时不得不走一些折中路线，因此造成了标准大而全但效率却低(OSI 共有 200 多项标准)的结果。TCP/IP 参考模型并不是作为国际标准开发的，它只是对一种已有标准的概念性描述。因此，它的设计目的单一、影响因素少，且不存在照顾和折中，使得协议简单、高效、可操作性强。

6. 市场应用和支持上不同

OSI 参考模型制定之初，人们普遍希望网络标准化，对 OSI 寄予厚望，然而，OSI 却迟迟无成熟产品推出，妨碍了第三方厂家开发相应的软、硬件，进而影响了 OSI 的市场占有率和未来发展。另外，在 OSI 出台之前 TCP/IP 就代表着市场的主流，且 OSI 出台后很长时间不具有可操作性，因此，在信息爆炸、网络迅速发展的近 10 多年里，性能差异、市场需求的优势客观上促使众多的用户选择了 TCP/IP，并使其成为了“既成事实”的国际标准。

本 章 小 结

本章重点介绍了计算机网络相关的两种重要的体系结构，即所谓的开放系统互联参考模型 OSI/RM 和网络传输控制协议和网际协议 TCP/IP。协议是一组通信规则或标准，网络互联设备必须严格遵循通信协议，才能实现两台设备之间的正确通信。OSI/RM 划分为 7 层，TCP/IP 划分为 4 层，各层间实现规定的任务，层与层间彼此交互通信。读者在理解协议的同时，应重点掌握协议的概念、各层的功能和用途。

习　　题

一、选择题

1. 在 OSI 模型中，(　　)规定了通信设备和传输媒体之间使用的接口特性。

A. 表示层　　B. 网络层　　C. 传输层　　D. 物理层

2. 计算机网络分为资源子网和通信子网，(　　)是通信子网的最高层。

A. 应用层　　B. 会话层　　C. 数据链路层　　D. 网络层

3. TCP/IP 是指传输控制协议/网际协议，它起源于(　　)。

A. Internet　　B. ARPANet　　C. Novell　　D. 以上都不对

4. 无连接的服务是(　　)层的服务。

A. 物理层　　B. 数据链路层　　C. 网络层　　D. 高层

5. 下列关于 TCP 和 UDP 的描述正确的是(　　)。

A. TCP 和 UDP 均是面向连接的　　B. TCP 和 UDP 均是无连接的

C. TCP 是面向连接的，UDP 是无连接的　　D. UDP 是面向连接的，TCP 是无连接的

6. TCP/IP 体系结构中的 TCP 和 IP 所提供的服务分别为(　　)。

A. 链路层服务和网络层服务　　C. 传输层服务和应用层服务

B. 网络层服务和传输层服务　　D. 传输层服务和网络层服务

二、填空题

1. 网络协议是通信双方必须遵守的事先约定好的规则，一个网络协议由________、________和________3 部分组成。

2. 开放系统互联参考模型 OSI/RM 共分为 7 个层次，其中最下面的 3 个层次从下到上分别是________、________、________。

3. 在 TCP/IP 层次模型的第 3 层(网络层)中包括的协议主要有 IP、ICMP、________及________。

4. 在 TCP/IP 层次模型中与 OSI 参考模型第 4 层(传输层)相对应的主要协议有________和________，其中后者提供无连接的不可靠传输服务。

三、问答题

1. 什么是网络体系结构？

2. 网络协议的三要素是什么？

3. OSI/RM 共分为哪几层？简要说明各层的功能。

4. 详细说明物理层、数据链路层和网络层的功能。

5. TCP/IP 模型分为几层？各层的功能是什么？每层又包含什么协议？

6. 简述 TCP 和 UDP 的异同点。

7. 简述 OSI 参考模型与 TCP/IP 参考模型的异同点。

8. 联系对 TCP/IP 网络体系结构的认识，畅想新一代网络体系结构的思路。

第 4 章　计算机局域网

本章教学目标

- 理解局域网的定义、特点。
- 了解局域网的介质访问控制方法。
- 了解以太网技术。
- 了解无线局域网技术。
- 了解局域网组网类型，掌握简单的局域网组网方法。

随着信息化社会的到来，资源共享、信息交流已成为当今社会的一个趋势，其基础就是计算机局域网。局域网已经进入到各个领域中，成为人们日常生活、工作不可或缺的一部分，其主要技术有连接各种设备的拓扑结构、数据传输方式、介质访问方法。

本章着重介绍局域网的基本概念、特点、组成以及维护等知识。

4.1　局域网概述

4.1.1　局域网的基本概念

20 世纪 70 年代中期，大规模集成电路和超大规模集成电路的发展使得计算机硬件的功能大大增强、成本不断降低，为计算机的普及奠定了基础。但是，当时一台计算机的处理能力非常有限，为了实现资源共享和交流的方便，在较小范围内进行了计算机互联，出现了计算机网络研究的新领域，这就是计算机局域网。

局部区域网络(Local Area Network，LAN)通常简称为局域网，它既具有一般计算机网络的特点，又有自己的特征。局域网是在有限的地理范围内覆盖多台计算机、通过传输媒体连接起来的通信网络，它通过完善的网络软件实现计算机之间的相互通信和资源共享。局域网适用于公司、机关、校园、工厂等有限范围内的计算机、终端与各类信息处理设备联网的需求；它提供高速数据传输速率(10～100 Mb/s)、低误码率的高质量数据传输环境；它易于建立、维护与扩展。从介质访问控制方法的角度，局域网可分为共享介质式局域网与交换式局域网两类。

4.1.2　局域网的基本特征

局域网是结构复杂程度最低的计算机网络。简单地说，局域网就是在小范围内通过网络连接在一起的一组计算机。它是目前应用最广泛的一类网络，通常将具有如下特征的网络称为局域网。

(1) 较小的地域范围：一般不超过几十千米，甚至只在一幢建筑或一个房间内。

(2) 较高的信息传输率：一般是 1～100 Mb/s。

(3) 简单的组成设备：局域网由若干通信设备(包括计算机、终端设备与各种互联设备)组成。

(4) 使用多种传输介质：局域网可以使用多种传输介质来连接，包括双绞线、同轴电缆、光纤等。

(5) 面向用户集中：网络的经营权和管理权属于某个单位。

局域网的出现使计算机网络的优势获得了更充分的发挥，在很短的时间内就深入到各个领域。因此，局域网技术是目前非常活跃的技术领域，各种局域网层出不穷，并得到了广泛应用，极大地推进了信息化社会的发展。

尽管局域网是最简单的网络，但这并不意味着它们必定是小型的或简单的。局域网可以变得相当庞大而且复杂，配有成百上千用户的局域网是很常见的。

设计局域网时，考虑的主要因素是能够在较小的地理范围内更好地运行，提高资源利用率和信息安全性，易于操作和维护等。由此决定了局域网的技术特点主要由 3 个要素决定，即拓扑结构、传输介质和介质访问控制方式。

4.1.3　局域网的拓扑结构

计算机网络的组成元素可以分为两大类，即网络节点(分为端节点和转发节点)和通信链路。网络节点的互联模式称为网络的拓扑结构，网络拓扑结构定义了网中资源的连接方式。在局域网中常用的拓扑结构有总线形结构、环形结构、星形结构。

1. 总线形结构

一个总线形拓扑结构由单根电缆组成，该电缆连接了网络中的所有节点，其中没有插入其他连接设备。图 4-1 所示为一种典型的总线形结构。

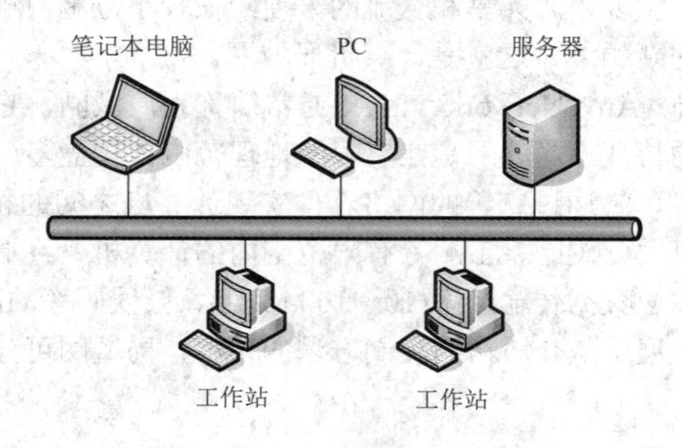

图 4-1　总线形结构

单根电缆称为总线，它只能支持一种信道，因此，每个节点共享总线的全部容量。由于网络中的每个设备都能够接收从一点传输到另一点的数据，因此可以认为总线形结构是一种端到端的拓扑结构。由于单信道的限制，一个总线形网络上的节点越多，网络发送和接收数据就越慢。总线形网络上的每个节点都被动地侦听接收到的数据。当一个节点向另一个节点发送数据时，它先向整个网络广播一条报警消息，通知所有节点它将发送数据，目标节点将接收发送给它的数据，在发送方和接收方之间的其他节点将忽略这条消息。

假设某用户想给网内的朋友 Selina 发送一条消息，在用户输入完消息并单击“发送”按钮后，包含这条消息的数据流就被发送到该用户的网络接口卡，网络接口卡通过共享电缆广播一条消息，消息的内容是“我将向 Selina 的计算机发送一条消息”。该消息经过该用户和 Selina 的计算机之间的每个网络接口卡，直到 Selina 的计算机识别到该消息是传输给她的，并接收该消息。

在每个总线形网络的末端都有一个 50 Ω 的称为终结器的电阻器。终结器的作用是在信号到达目的地后终止信号。如果没有这个设备，总线形网络上的信号将在网络两端之间无休止地传输，新的信号不能通过，这种现象称为信号反射。打个比方，两个人分别站在峡谷两端，互相大声说话，他们的声音都产生回音，回声不会立刻消失，于是太多的噪声使他们听不到任何其他声音，最后将不能继续谈话。在一个网络上，终结器将终止旧信号的发送。图 4-2 所示为一个终止的总线形网络。

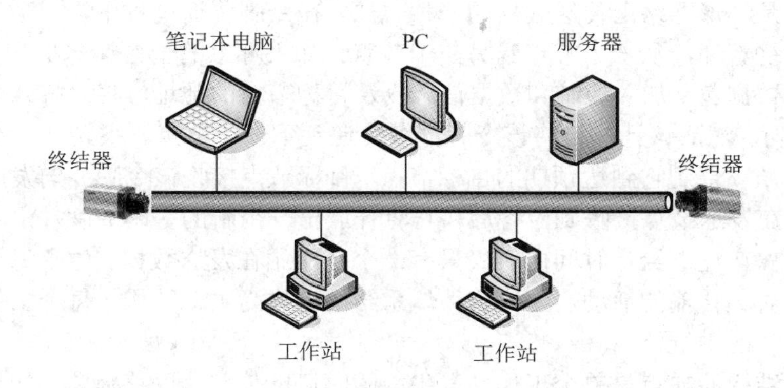

图 4-2　终止的总线形网络

总线形结构的最大优点是价格低廉，用户站点入网灵活，同时当一个站点失败时不会影响到其他站点。尽管成本低廉，但这种网络不能较好地扩展，当增加更多节点时，网络的性能将下降。一般来说，总线形结构不适用于超过 200 台工作站的网络。

在总线形网络中难以识别出错误发生的具体位置，并且由于不能探究数据从一个节点到另一个节点的过程，即节点在传递完数据后不能“记住”它，因此发现错误源头是非常困难的。所以当网络发生问题时，解决问题就很困难。

总线形网络还有一个缺点就是它的容错能力较差，这是因为在总线上的某个中断或缺陷将影响整个网络。由于共用一条传输信道，因此任一时刻只能有一个站点发送数据，而且介质访问控制方式也比较复杂。由于总线形结构的固有缺陷，几乎没有哪个网络能运行在一个单纯的总线形结构上。

2. 环形结构

每个节点与两个最近的节点相连接以使整个网络形成一个环状，这种结构称为环形结构。如图 4-3 所示，数据绕着环的一个方向发送，每个工作站接收并响应发送给它的数据包，然后将其他数据包转发到环中的下一个工作站。一个环形网没有“终止端”，数据在它们的目的地停止继续发送，因而环形网络不需要终结器。

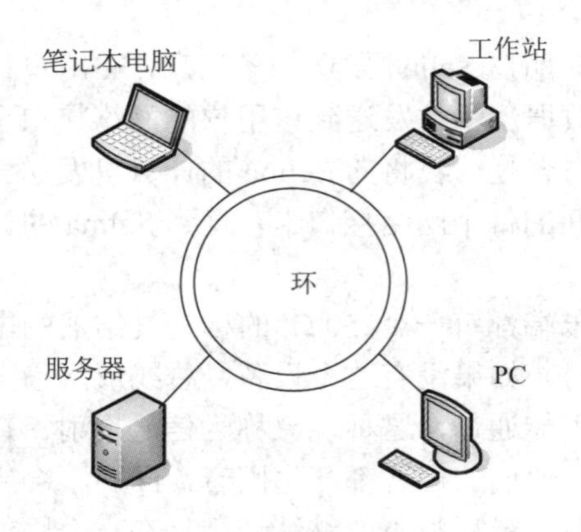

图 4-3　一个典型的环形网络

令牌传递是环形网络上传送数据的一种方法。在令牌传递过程中，一个 3 字节的称为令牌的数据包绕着环，从一个节点到另一个节点。如果环上的一台计算机需要发送信息，它将截取令牌数据包，加入控制和数据信息以及目标节点的地址，将令牌转变成一个数据帧(也称忙令牌)，然后该计算机将该令牌继续传递到下一个节点。被转变的令牌就以帧的形式绕着网络循环直到它到达预期的目标节点，目标节点接收该令牌并向发起节点返回一个验证消息。在发送节点接收到应答后，它将释放出一个新的空闲令牌并沿着环传递。这种方法可以确保在任一给定时间内仅仅只有一个工作站在发送数据。由于每个工作站都参与了将令牌绕着环传输的活动，因此这种体系结构也称为主动结构。每个工作站如同一个能再生发送信号的中继器。

简单环形结构的缺点是单个工作站发生故障时可能使整个网络瘫痪。如果这些工作站中有一个网络接口卡出现故障，用户发送的消息将永远不会到达其他计算机。

除此之外，在一个环形拓扑结构中，参与令牌传递的工作站越多，响应时间也就越长。因此，单纯的环形结构非常不灵活或不易于扩展。当前的局域网几乎不使用单纯的环形结构。目前，比较流行的是环形结构的一种改变形式，也称为星形结构。

3. 星形结构

在星形结构中，网络中的每个节点都通过一个中央设备(如集线器)连接在一起。图 4-4 所示为一个典型的星形结构。在一个星形网络中任何单根电线只连接两个设备(如一个工作站和一个集线器)。因此，电缆出现问题最多影响两个节点。设备(如工作站或打印机)将数据发送到集线器，再由集线器将数据转发到包含目标节点的网络段。

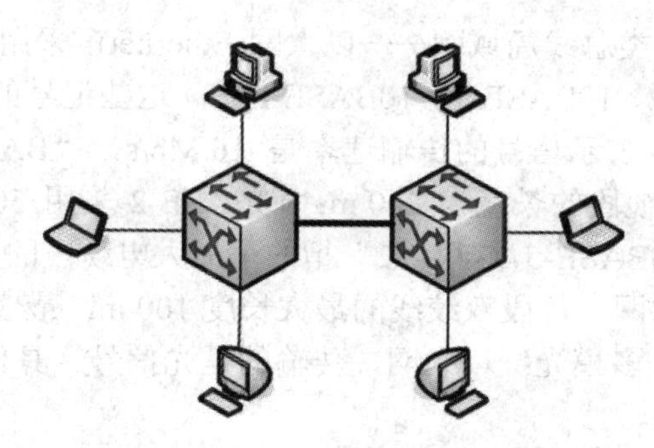

图 4-4　一个典型的星形网络

星形结构需要的电缆和配置稍多于环形或总线形结构，发生故障的单个电缆或工作站不会使星形网络瘫痪，但一个集线器的失败将导致一个局域网段的瘫痪。

由于中央连接点的使用，星形结构很容易移动、隔绝或与其他网络连接。因此，星形结构成为当前最流行的基本体系结构。单个星形网络通常都通过集线器和交换机与其他网络互联以形成一个更复杂的拓扑结构。现代的以太网都使用星形结构。

4.1.4　局域网的介质访问控制方法

20 世纪 80 年代初期，IEEE 802 委员会在制定 IEEE 802 参考模型的同时制定了一系列标准，这些标准统称为 IEEE 802 标准。其中的 IEEE 802.3、IEEE 802.4、IEEE 802.5 标准就定义了 CSMA/CD、Token Bus 和 Token Ring 三种介质访问控制的规范。局域网不存在路由选择的问题，但存在如何“和平”共享介质的问题。这一问题的解决主要在数据链路层内实现。在 IEEE 802 参考模型中，规定数据链路层包括介质访问控制子层(Media Access Control，MAC)和逻辑链路控制子层(Logical Link Control，LLC)。与介质访问有关的内容都在介质访问控制子层上。从介质访问的角度来考虑，局域网的控制方法有以下 3 种。

1. 载波监听多路访问/冲突检测

带有冲突检测的载波监听访问(Carrier Sense Multiple Access/Collision Detect，CSMA/CD)技术适合于总线结构，用来解决多节点共享传输介质的问题。它的工作原理是：将发送节点发出的信号波形与从总线上接收到的信号波形进行比较，若总线上同时出现两个或多个发送信号，则它们重叠的结果波形与原节点发送的波形不相同，说明冲突已经产生。若从总线上接收到的信号波形与原节点发送的波形相同，说明冲突未产生。

在总线结构中，一个节点是以“广播”方式在介质上传输数据的。当总线上某节点要发送数据时，首先侦听总线是否处于空闲状态。若有信号传输，则为忙；若没有信号传输，则为空闲状态，此时即可发送数据。但是，也可能有多个节点同时侦听到空闲，并同时发送的情况，也可能发生“冲突”。所以，节点在发送数据时，先将它发送的信号与总线上接收到的信号波形进行比较，如果一致，则无冲突产生，发送正常结束；如果不一致，说明总线上有冲突产生，则节点停止发送数据，随机延迟，等待一段时间后重发，如图 4-5 所示。

CSMA/CD 的最大缺点是发送的时延不确定。当网络负载很重时，冲突会增多，这样会降低网络效率。

目前，应用最广的一类总线局域网——以太网(Ethernet)，采用的就是 CSMA/CD 机制，如 10BASE-5、10BASE-2、10BASE-T、10BASE-F 等。这些记号的含义分别为：10BASE-5 采用粗同轴电缆，“10”表示信号的传输速率是 10 Mb/s，“BASE”表示基带(baseband)传输，“5”表示最大电缆段的长度为 200 m；10BASE-2 采用 50 Ω 细同轴电缆，“10”和“BASE”的含义同 10BASE-5，这里“2”指的是最大电缆段的长度为 185 m；10BASE-T 采用 10 Mb/s 双绞线以太网，每段双绞线的最大长度 100 m，最多有 5 个集线器(中继器)；10BASE-F 采用 10 Mb/s 多模光纤以太网，传输的是光信号。具体的一些网络拓扑应用案例如图 4-6 和图 4-7 所示。

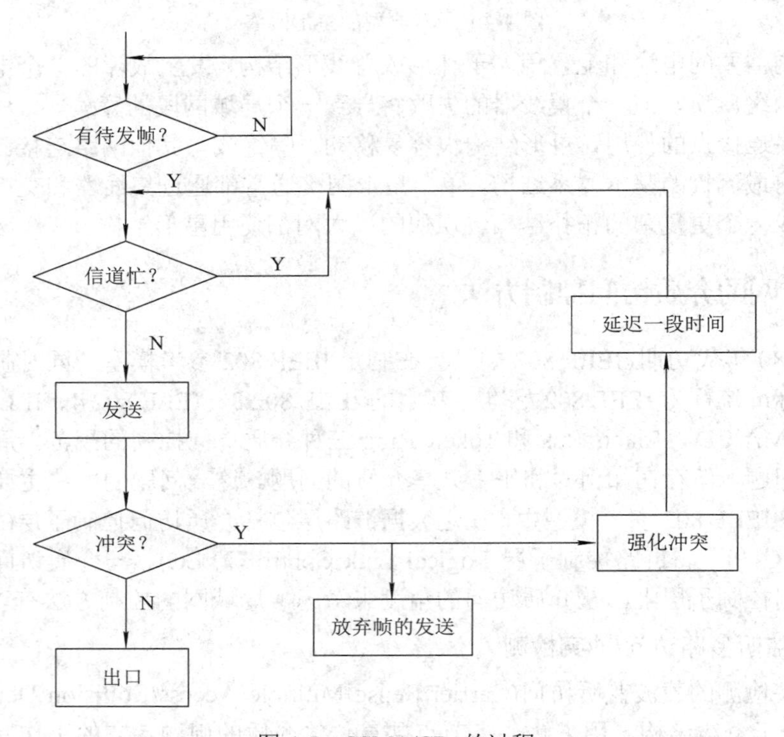

图 4-5　CSMA/CD 的过程

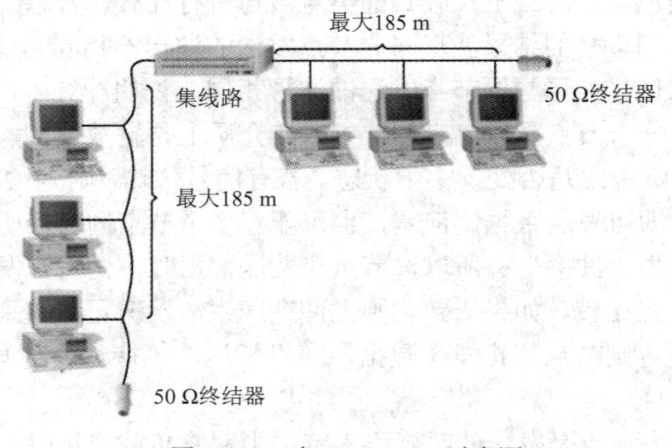

图 4-6　一个 10BASE-2 以太网

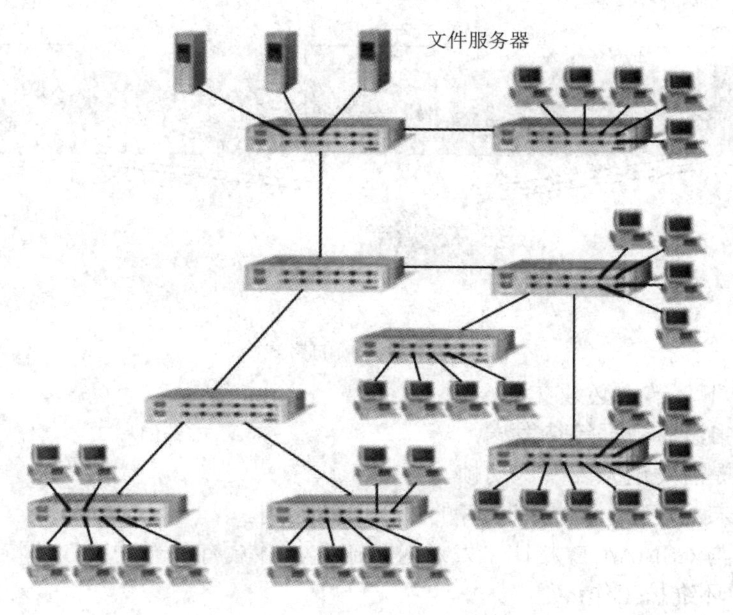

图 4-7　企业级 10BASE-T 以太网

CSMA/CD 需求优先权的对比如图 4-8 所示。

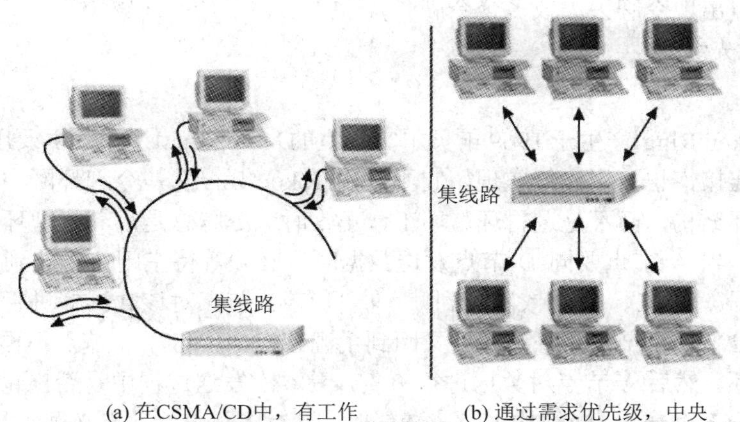

(a) 在CSMA/CD中，有工作站试图共享介质　　(b) 通过需求优先级，中央集线器控制流量

图 4-8　CSMA/CD 需求优先权的对比

2. 令牌总线

令牌总线(Token Bus)这一标准定义了令牌总线形介质访问控制方法。令牌是一种特殊的控制帧。令牌帧的格式如图 4-9 所示。帧中 SD 表示帧的开始；AC 表示接入控制信息，标志着令牌的忙/闲；ED 表示结束定界符。当各站点都没有帧发送时，令牌的形式为 011111111，称为空令牌。Token Bus 是在总线结构中建立一个逻辑环，环中的每个节点中都有上一节点地址(PS)与下一节点地址(NS)。令牌按照环中节点的位置依次循环传递。每一节点必须在它的最大持有时间内发送帧，否则将等待下次持有令牌时再发送。环中令牌的传递顺序与该节点在总线上的物理位置无关。

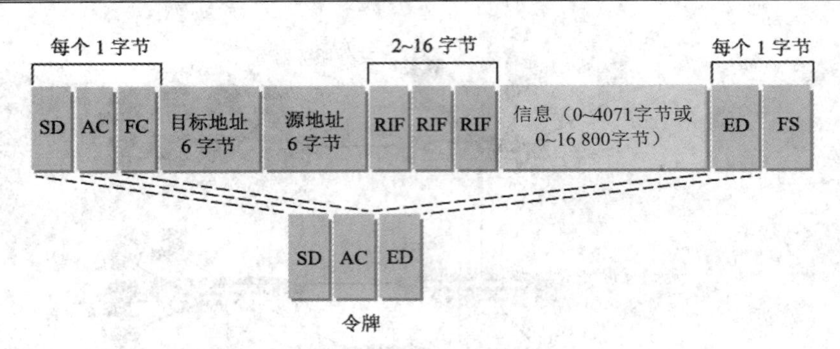

图 4-9　令牌帧的格式

在下列情况下，节点必须交出令牌：

(1) 该节点中没有数据等待发送。

(2) 该节点提前发送完要发送的帧。

(3) 该节点未发送完，但持有令牌的最大时间已到。

Token Bus 与 CSMA/CD 相比，发送时延确定，并具有“无冲突”的特点，但是需要完成下列大量的环维护工作：

(1) 环初始化。

(2) 节点的加入与撤出。

(3) 环恢复(出现令牌丢失或多个令牌时)。

(4) 支持优先级。

3. 令牌环

令牌环(Token Ring)产生于1969年贝尔实验室的NEWHALL环网，主要用于环形结构，既可用双绞线连接，也可用光纤实现。它不同于 Token Bus 的是令牌环网中的节点连接成的是一个物理环结构，而不是逻辑环。环工作正常时，令牌总是沿着物理环中节点的排列顺序依次传递。当 A 节点要向 D 节点发送数据时，必须等待空闲令牌的到来。A 持有令牌后，传送数据；B、C、D 会依次收到帧。但只有 D 节点对该数据帧进行复制，同时将此数据帧转发给下一个节点，直到最后又回到了源节点 A。此时 A 节点不再进行转发，否则会造成死循环。然后 A 节点对数据进行检查，看本次发送过程中是否出错，并生成一个新的令牌发送给下一节点。当结构中负载较轻时，因为在发送前站点必须等待令牌的到来，所以令牌环的效率较低；当负载重时，令牌环的效率比较高。它的优点是时延确定，适合重负载的环境，支持优先级服务；它的最大缺点是令牌环的维护复杂，实现比较困难。图4-10 所示的是环行令牌。

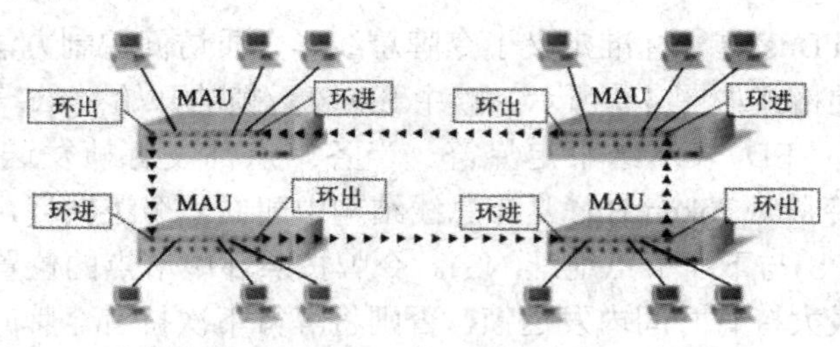

图 4-10　环行令牌

4.1.5　局域网的组成与结构

局域网由网络硬件系统和网络软件系统两大部分组成。

网络硬件系统用于实现局域网的物理连接，为连接在局域网上的各计算机之间的通信提供一条物理通道，主要由计算机系统和通信系统组成，通常包括网络服务器、网络工作站、网络接口卡、传输介质、介质连接部件以及其他互联设备。

网络软件系统用来控制并具体实现通信双方的信息传递与网络资源分配和共享，是由网络协议或规则组成的，通常包括网络系统软件和网络应用软件。网络系统软件是控制和管理网络运行、提供网络通信、网络资源分配与共享功能的网络软件，它为用户提供了访问网络和操作网络的友好界面。网络系统软件主要包括网络操作系统、网络协议软件和网络通信软件等。常用的网络操作系统有 Windows NT、Windows 2000 Server、UNIX、Netware。常用的网络协议软件有 TCP/IP、SPX/IPX。常用的通信软件有各种类型的网卡驱动程序等。网络应用软件是指为某一个应用目的而开发的网络软件，它为用户提供一些实际的应用，既可以用于管理和维护网络本身，也可用于某一个业务领域。常用的网络应用软件有网络管理监控软件、网络安全软件、分布式数据库、管理信息系统、数字图书馆、远程教学软件、远程医疗软件、视频点播软件等。

4.1.6　局域网的分类

按照网络的通信方式，局域网可以分为对等网络、客户机/服务器网络、无盘工作站网络。

1. 对等网络

对等网络非结构化地访问网络资源。对等网络中的每一台设备可以同时是客户机和服务器。网络中的所有设备可直接访问数据、软件和其他网络资源，它们没有层次的划分。

对等网络主要针对一些小型企业，因为它不需要服务器，所以对等网络的成本较低。另外，对等网络还可以使职员之间的资料免去用软盘复制的麻烦。

2. 客户机/服务器网络

通常将基于服务器的网络称为客户机/服务器网络。网络中的计算机划分为服务器和客户机。这种网络引进了层次结构，它是为了适应网络规模增大所需的各种支持功能而设计的。

客户机/服务器网络应用于大中型企业，利用它可以实现数据共享，对财务、人事等工作进行网络化管理，并可以进行网络会议。它还提供强大的 Internet 信息服务，如 FTP、Web 等。

3. 无盘工作站网络

顾名思义，无盘工作站就是没有硬盘的计算机，是基于服务器网络的一种结构。无盘工作站利用网卡上的启动芯片与服务器连接，使用服务器的硬盘空间进行资源共享。

无盘工作站网络可以实现客户机/服务器网络的所有功能，在它的工作站上，没有磁盘驱动器，但因为每台工作站都需要从“远程服务器”启动，所以对服务器、工作站以及网络组建的需求较高。由于其具有出色的稳定性、安全性，因此一些对安全系数要求较高的企业常常采用这种结构。

4.2　局域网的系统硬件与软件

4.2.1　传输介质

计算机网络中使用各种传输介质来组成物理信道。这些物理信道的特性不同，因而使用的网络技术不同，应用的场合也不同。下面简要介绍各种常用的传输介质的特点。

1. 同轴电缆

同轴电缆是一种常用的传输介质，目前有线电视网和电视天线到电视机之间的电缆通常使用同轴电缆，以前的计算机局域网中也广泛使用同轴电缆。

同轴电缆的芯线为铜质导线，第二层为绝缘材料，第三层是由铜丝组成的网状导体，最外面一层为塑料保护膜。芯线与网状导体同轴，如图 4-11 所示，故名同轴电缆。这种结构使其具有高带宽和极好的噪声抑制特性。

局域网中常用的有两种同轴电缆。一种是阻抗为 50 Ω 的同轴电缆，用于直接传送数字信号。由其构成的系统称为基带传输系统。基带传输系统的优点是安装简单，价格便宜。但由于在传输过程中基带信号容易发生畸变和衰减，所以传输距离受限，一般在 1 km 以内，典型的数据速率是 10 Mb/s。另一种同轴电缆是特性阻抗为 75 Ω 的 CATV 电缆，用于传输模拟信号，这种电缆也叫宽带同轴电缆。所谓宽带，在电话行业中是指比 4 kHz 更宽的频带，这里泛指模拟传输的电缆网络。宽带系统的优点是传输距离远，可达数十千米，而且可以同时提供多个信道。但是，它的技术更复杂，接口设备也更昂贵。

2. 双绞线

双绞线由直径约 0.5 mm 的互相绝缘的一对铜导线扭在一起组成，如图 4-12 所示，对称均匀的绞扭可以减少线对之间的电磁干扰。

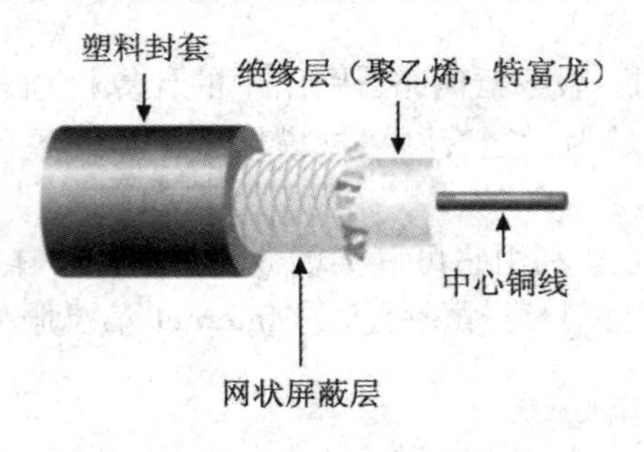

图 4-11　同轴电缆

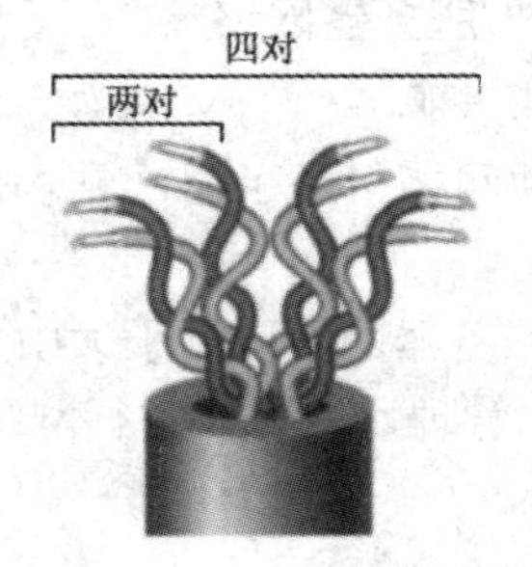

图 4-12　双绞线电缆

这种双绞线大量用于传统的电话系统中，适用于短距离传输，超过几千米就要加入中继器。在局域网中，可以使用双绞线作为传输介质，选用高质量的芯线，采用适当的驱动和接收技术，安装时避开噪声源，在几十米之内数据传输速率可以达到 10 Mb/s。双绞线既能用于传输模拟信号，也能用于传输数字信号。双绞线因为价格便宜，安装容易，所以得到了广泛的使用。局域网中的非屏蔽双绞线的数据传输速率通常是 10 Mb/s，随着制造技术的发展，100 Mb/s 的双绞线已经大量投入市场使用。常用的双绞线有非屏蔽型 UTP(Unshielded Twisted Pair)和屏蔽型 STP(Shielded Twisted Pair)两类。

3. 光缆

光缆由能传送光波的超细玻璃纤维制成，外包一层比玻璃折射率低的材料，如图 4-13 所示。进入光纤的光波在两种材料的界面上形成全反射，从而不断地向前传播。光纤信道中的光源可以是发光二极管(Light Emitting Diode，LED)或注入式激光二极管(Injection Laser Diode，ILD)。这两种器件在有电流通过时都能发出光脉冲，光脉冲通过光导纤维传播到达接收端。接收端有一个光检测器——光电二极管，它遇到光时产生相应的电信号，这样就形成了一个单向的光传输系统，类似于单向传输模拟信号的宽带系统。如果采用不同的互联方式，把所有的通信节点通过光缆连接成一个环，则环上的信号虽然是单向传播，但对于任一节点发出的信息，其他节点都能收到，从而也达到了互相通信的目的。

光导纤维有单模光纤(Single Mode Fiber，SMF)和多模光纤(Multi-Mode Fiber，MMF)两种。通常在计算机网络中用单模光纤。光导纤维作为传输介质，具有以下优点：

(1) 具有极高的数据传输速率、极宽的频带、低误码率和低延迟。

(2) 光传输不受电磁干扰，抗干扰能力强。误码率比同轴电缆低两个数量级，只有 10^{-9}。

(3) 很难被偷听，安全和保密性能好。

(4) 光纤重量轻，体积小，铺设容易。

光导纤维的缺点是接口设备比较贵，安装和配置技术比较复杂。

随着科学技术的发展，光纤通信在计算机网络中将得到更加广泛的应用。

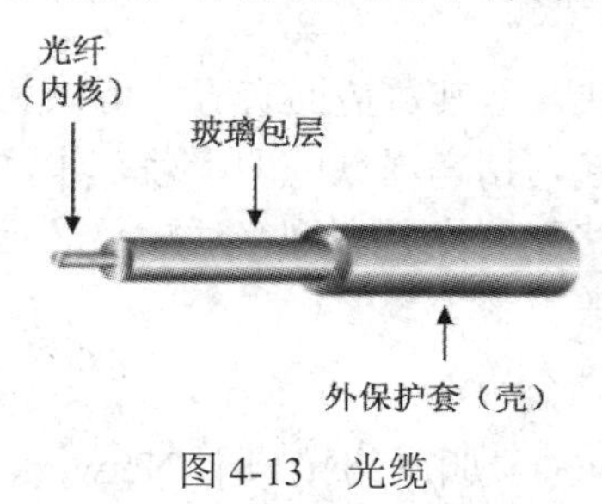

图 4-13　光缆

4. 无线信道

无线信道包括微波、激光、红外线和短波信道。

1) 微波通信

微波通信系统可分为地面微波系统和卫星微波系统，两者功能相似，但通信能力有很大差别。地面微波系统由视野范围内的两个互相对准方向的抛物面天线组成，长距离通信则需要多个中继站组成微波中继链路。

卫星微波系统(通信卫星)可看作悬在太空中的微波中继站。卫星上的转发器将其波束对准地球上的一定区域，在此区域中的卫星地面站之间就可以互相通信。地面站以一定的频率段向卫星发送信息(上行频段)，卫星上的转发器将接收到的信号放大并变换到另一个频段(下行频段)上，发回地面接收站。这样的卫星通信系统就可以在一定的区域内组成广播式通信网络，适合于海上、空中、矿山、油田等经常移动的工作环境。

2) 激光通信

在空间传播的激光束可以调制成光脉冲以传输数据。和地面微波一样，可以在视野范围内安装两个彼此相对的激光发射器和接收器进行通信。由于激光的频率比微波更高，因而可以获得更高的带宽。激光束的方向性比微波束更好，不受电磁干扰的影响，不怕偷听。但激光穿越大气时会衰减，特别是在空气污染、下雨、下雾等能见度差的情况下，可能会使通信中断。激光束的传播距离不会很远，只能在短距离通信中使用，当距离太长时，可用光纤来代替。

3) 红外传输

最新采用的无线介质是红外线。红外传输系统利用墙壁或屋顶反射红外线，从而形成整个房间内的广播系统。在电视机的遥控中使用的就是红外光发射器和接收器。红外通信的优点是设备相对便宜，可获得较高的带宽。其缺点是传输距离有限，而且易受室内空气状态的影响。

4) 无线电短波通信

无线电短波通信技术早已应用在计算机网络中，已经建成的无线通信局域网使用了特高频(30～300 MHz)和超高频(300～3000 MHz)的电视广播频段，这个频段的电磁波是以直线方式在视距范围内传播的，适用于局部地区的通信。短波通信设备比较便宜，便于移动，没有方向性，通过中继站可以传送很远的距离。但是无线电短波通信容易受到电磁干扰和地形、地貌的影响，而且通信带宽比微波通信要小。

4.2.2 网络互联设备

目前，局域网技术发展很快，但其覆盖面有限。可以利用远程通信技术和网络互联设备将不同地域的局域网连在一起，拓宽局域网的覆盖范围，丰富局域网的资源，这样就构成了所谓的互联网。常用的网络互联设备有网络适配器、调制解调器、中继器、集线器、网桥、路由器、交换机、网关等。

1. 网络适配器

网络适配器(Network Adapter)又叫网络接口卡(Network Interface Card，NIC)，简称网卡，是一种实现计算机和网络传输介质间的接入设备。它提供工作站与网络之间的逻辑和物理链路，完成工作站与网络之间的数据传输。计算机连接局域网前，必须安装一块网卡。图 4-14 给出了总线结构的网络适配器的外形。

图 4-14　总线结构的网络适配器

2. 调制解调器

调制解调器是一种数模转换的设备，用于实现基于数字信号的计算机与基于模拟信号的电话系统之间的连接，是一种典型的数据通信设备(Data Communication Equipment，DCE)。现在的电话系统大部分是模拟系统，而计算机识别的是数字信号，如果通过电话线路来连接计算机网络，则必须要使用调制解调器。调制解调器的功能就是实现数字和模拟信号的相互转换。这样，就可以实现计算机的远程联网。

3. 中继器

中继器(Repeater)又称为重发器，用于实现网络的物理层连接，其功能是通过传输介质将电信号由网络的一段传输到另一段，同时在传输过程中对信号进行补偿、整形、再生和转发。中继器可分为双口中继器和多口中继器。双口中继器的一个口用于信号输入，另一个口用于信号输出。图 4-15 给出了一个中继器的外形。

图 4-15　中继器

4. 集线器

多口中继器称为集线器(Hub)，用于连接多路传输介质，而且还可以把总线结构网络连接成星形或树形结构网络。集线器按其结构可分为无源集线器(Passive Hub)、有源集线器(Active Hub)和智能集线器(Intelligent Hub)。无源集线器只是把相近地域的多段传输介质集中到一起，对传输信号不做任何处理，集中的传输介质只允许扩展到最大有效距离的一半。有源集线器除具有无源集线器的功能之外，还能对每条传输线上的电信号进行补偿、整形、再生、转发，具有扩展传输介质长度的功能。智能集线器除具有有源集线器的功能之外，还具有网络管理、路径选择的功能。随着微电子技术的发展，又出现了交换集线器(Hub/Switch)，即在集线器上增加了线路交换的功能，提高了传输带宽。图 4-16(a)给出了独立式集线器的外形，图 4-16(b)给出了堆叠式集线器的外形。

(a) 独立式集线器

(b) 堆叠式集线器

图 4-16　集线器

5. 网桥

网桥(Bridge)又称为桥接器，用于在数据链路层连接两个具有相同通信协议、相同传输介质和相同寻址结构的局域网。网桥分为本地网桥和远程网桥。本地网桥是指所连接的两个 LAN 之间的距离在允许的最大传输介质长度之内。远程网桥是指所连接的两个 LAN 之间的距离超过了允许的最大传输介质长度。在用远程网桥连接两个 LAN 时，需使用调制解调器，而且需要两个网桥。图 4-17(a)和(b)分别给出了网桥的外形和网桥过滤数据库的应用实例。

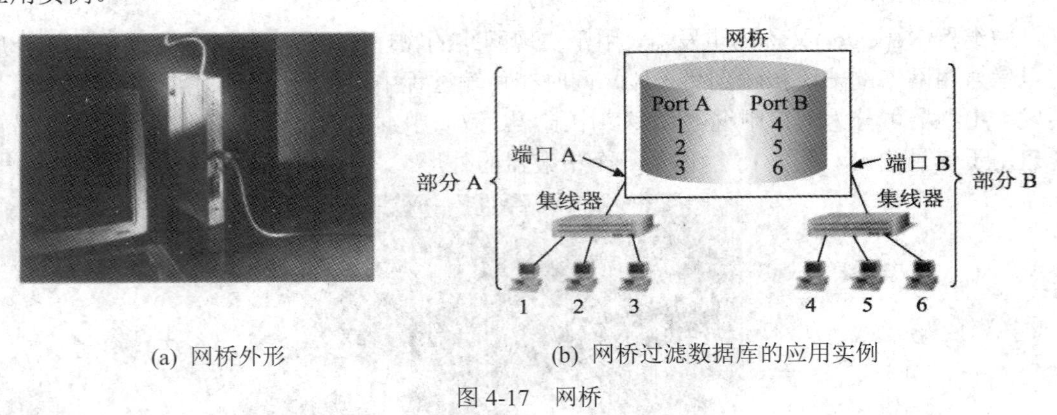

(a) 网桥外形　　(b) 网桥过滤数据库的应用实例

图 4-17　网桥

6. 路由器

路由器(Router)用于在网络层实现网络互联。除具有网桥的全部功能之外，它还增加了路由选择功能，可以用来互联多个及多种类型的网络。当两个以上的网络互联时，必须使用路由器。路由器的主要功能如下：

(1) 路径选择：提供最佳转发路径选择，均衡网络负载。

(2) 过滤功能：具有判断需要转发的数据分组的功能，可根据 LAN 网络地址、协议类型、网间地址、主机地址、数据类型等判断数据组是否应该转发。对于不该转发的数据信息予以滤除。它既具有较强的隔离作用，又可提高网络的安全保密性。

(3) 分割子网：可以根据用户业务范围把一个大网分割成若干个子网。

典型的路由器如图 4-18 所示。

图 4-18　典型的路由器

7. 交换机

交换机(IP Switch)是近年来随着 ATM 技术的产生而出现的新型网络互联设备，它同时具有网桥和路由器的功能，把软件寻址和硬件交换的功能结合起来，实现了 LAN 与 LAN、LAN 与 WAN 之间的数据快速传输，解决了过去网络之间数据传输的瓶颈问题。交换机是 ATM 网、快速以太网(Fast Ethernet)和千兆以太网(Gigabit Ethernet)组网必不可少的设备。图 4-19 是一种常见的交换机。

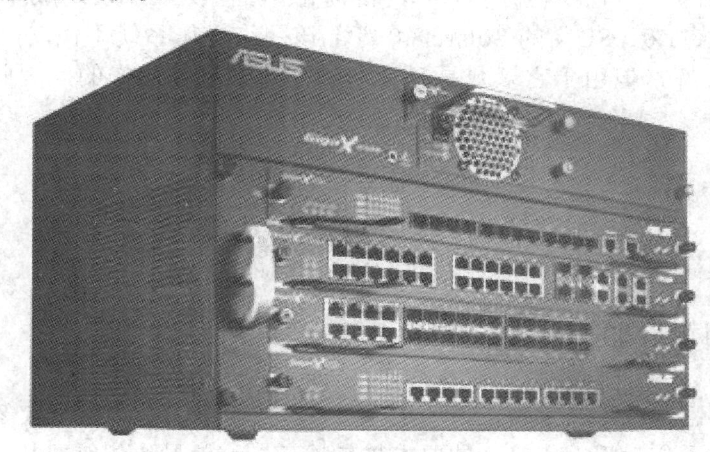

图 4-19　一种常见的交换机

8. 网关

网关(Gateway)又称为协议转换器，作用在 OSI/RM 的 4～7 层，即传输层到应用层，是实现应用系统级网络互联的设备，可以用于广域网—广域网、局域网—广域网、局域网—主机的互联。网关一般用于不同类型且差别较大的多个大型广域网之间的互联，也可以用于具有不同协议、不同类型的 LAN 与 WAN、LAN 与 LAN 之间的互联，还可以用于在同一物理层而在逻辑上不同的网络间的互联。

4.2.3　局域网的系统软件

网络操作系统(NOS)是计算机网络的心脏和灵魂，它向网络计算机提供网络通信和网络资源共享功能，是负责管理整个网络资源和方便网络用户使用的软件集合。由于网络操作系统是运行在服务器之上的，所以有时我们也把它称之为服务器操作系统。常用的网络操作系统有以下几个。

1. Windows 系列

Windows 是美国微软公司研发的一套操作系统，它问世于 20 世纪 90 年代，随着网络技术的不断发展，其系统版本不断地更新升级，系统成熟且应用广泛。该系统不但易用，而且配套软件工具也较多，目前已成为众多用户的首要选择。

2. Linux

Linux 是一款较为新型的网络操作系统，它的最大的特点就是源代码开放，可以免费得到许多应用程序。目前也有中文版本的 Linux，如 REDHAT(红帽子)、红旗 Linux 等。它在国内得到了用户的充分肯定，其主要优点体现在安全性和稳定性方面，目前该操作系统主要应用于中、高档服务器中。

3. UNIX

UNIX 是由 AT&T 和 SCO 公司推出的一款功能强大的计算机网络操作系统，主要用于大型计算机网络和高端服务器上。目前常用的 UNIX 系统版本主要有 UNIX SUR4.0、HP-UX11.0、SUN 的 Solaris8.0 等。该网络操作系统不但功能完善，稳定性和安全性也非常好，但由于它多数是以命令的方式来进行操作的，因此不容易掌握，且价格昂贵。

4.3　交换式局域网

4.3.1　交换式局域网的产生

伴随着网络技术的不断进步，诸如远程医疗、远程教育、电视会议等多媒体应用的需求不断涌现，人们对于网络带宽的要求越来越高，这就导致传统的共享式局域网已经不能满足人们的要求。于是人们提出将共享式局域网改为交换式局域网，这就促进了交换机技术的研究，使用交换机代替集线器缓解了集线器因共享带宽所带来的用户网络带宽瓶颈问题。

传统共享式局域网，是指网络建立在共享介质的基础上。例如，一个普通的 10 Mb/s 共享式局域网，若有 N 个用户，则每个用户占有的平均网络带宽只有总带宽的 N 分之一，这也就意味着，随着用户数量的增多，每个用户分到的网络带宽就会不断减少，使得需要高速应用带宽的用户受到限制。而使用交换机构建局域网时，虽然每个端口的带宽依然还是 10 Mb/s，但是对于一个用户而言，在通信时是独占而不是和其他网络用户共享传输媒质带宽，这就是交换机对于带宽提升带来的好处。

4.3.2　交换式局域网技术

1. 交换机的工作原理

交换式局域网的核心设备是局域网交换机，它可以在多个端口之间建立多个并发连接，实现多节点之间数据的并发传输，这种并发传输方式较传统的共享式局域网的某一时刻只允许一个用户占用共享信道传输数据的方式有着根本的区别。

交换机的工作过程如图 4-20 所示。图中交换机有 4 个端口，从端口 1 到端口 4 分别连接 A、B、C、D 四台主机。交换机的“端口地址/MAC 地址映射表”可以根据以上端口号与节点 MAC 地址的对应关系找出对应帧目的地址的输出端口号。例如，可以为节点 A 到节点 C 建立端口 1 到端口 3 的连接，同时可以为节点 D 到节点 B 建立端口 4 到端口 2 的连接。

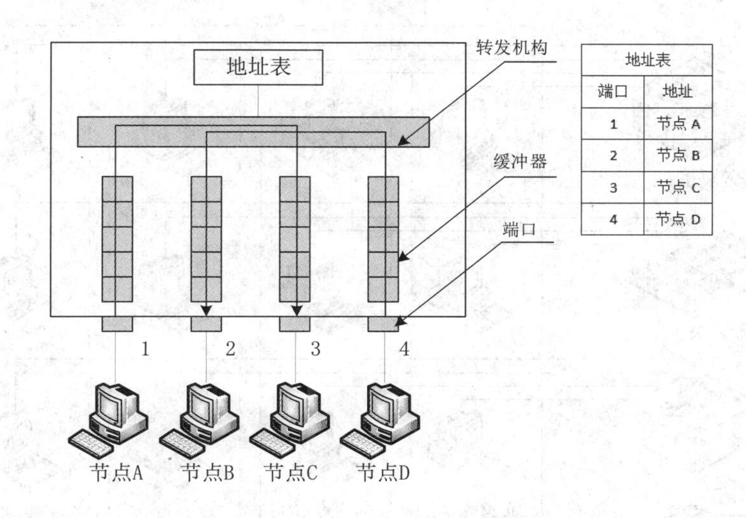

地址表	
端口	地址
1	节点 A
2	节点 B
3	节点 C
4	节点 D

图 4-20　交换机的结构与工作原理图

2. 交换机的工作方式

交换机的交换方式有三种，包括直接交换方式、存储转发交换方式和改进的直接交换方式。

(1) 直接交换方式。直接交换方式中，交换机只要接收到数据帧，检测目的地址就立刻进行转发，无需进行差错检测。该方式的优点是交换时延小，但是缺点是缺乏差错检测能力。

(2) 存储转发交换方式。存储转发交换方式中，交换机将接收到的整个数据帧复制到它的缓冲器中，进行 CRC 循环冗余校验。如果正确，则根据目的地址确定端口进行转发；如果错误，则丢弃。该方式的优点是具有差错校验能力，并支持不同速率帧的转发，但是交换时延将会增大。

(3) 改进的直接交换方式。改进的直接交换又称为不分段方式，它是直接交换方式的改进。交换机在接收到数据帧的前 64 个字节后进行判断，如果正确则转发。该方式提供了较好的差错检测能力，又几乎没有增加时延。

4.3.3　虚拟局域网技术

1. 虚拟局域网的概念

虚拟局域网(Virtual Local Area Network，VLAN)技术不是一种新型的局域网，而是以交换式局域网技术为基础，向用户提供的一种新型服务。

虚拟局域网是用户与局域网资源的一种逻辑组合，它将局域网内的设备逻辑地而不是物理地划分为一个个网段，从而实现虚拟工作组。虚拟局域网技术允许网络管理者将一个物理的 LAN 逻辑划分成不同的广播域或虚拟 LAN，每一个 VLAN 都包含一组有着共同需求的工作站，与物理上形成的 LAN 有着相同的属性。由于虚拟局域网是逻辑而不是物理划分，因此同一个 VLAN 中的各个工作站无需放置在同一个物理位置。虚拟局域网示意图如图 4-21 所示。

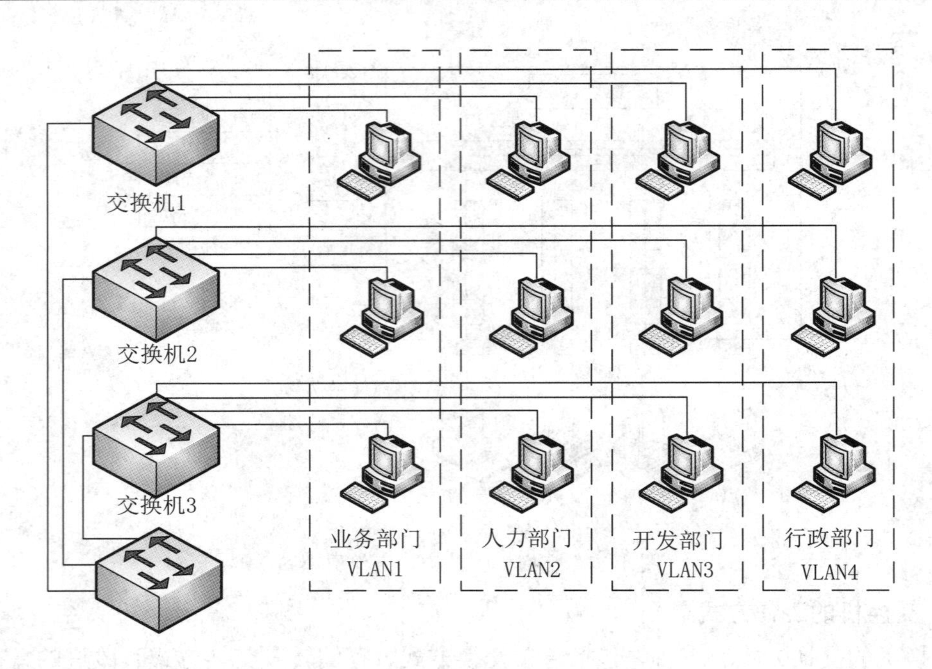

图 4-21　虚拟局域网示意图

如图 4-21 所示，某一公司局域网共有工作站 12 台，通过各级交换机进行互联。现在希望划分四个不同的工作组，分别用于业务部门、人力部门、开发部门和行政部门。最简单的办法就是通过软件在交换机上设置 4 个 VLAN，分别对应各个部门。

2. 虚拟局域网的帧格式

IEEE 802.3 以太网标准中，帧结构的头部共有目标 MAC 地址、源 MAC 地址、类型/长度、数据和帧校验 5 个字段组成。以太网帧结构如表 4-1 所示。

表 4-1　IEEE 802.3 以太网帧结构

目标 MAC	源 MAC	类型长度	数据	帧校验
6 字节	6 字节	2 字节	46～1500 字节	4 字节

1988 年 IEEE 批准了 IEEE 802.3ac 标准，这个标准定义了以太网的帧格式的扩展，在实现支持虚拟局域网功能的同时，也保持了对 IEEE 802.3 标准的兼容。虚拟局域网协议允许在以太网的帧格式中插入一个 4 字节的标识符，称为 VLAN 标记(tag)，用来指明发送该帧的工作站属于哪一个虚拟局域网。VLAN 标记字段的长度是 4 字节，插入以太网帧的源地址和类型/长度字段之间。VLAN 标记的前两个字节总是设置为 0x8100(二进制 1000000100000000)，称为 IEEE 802.1Q 标记类型。当数据链路层检测到该标记时，就知道现在插入了 4 字节的 VLAN 标记。后面两个字节中，前 3 位是用户优先级字段，接着是规范格式指示符 CFI，最后 12 位是该虚拟局域网 VLAN 标识符 VID，它唯一地标识了这个以太网帧是属于哪一个 VLAN 的。VLAN 帧结构如图 4-22 所示。具体的虚拟局域网划分方法将在第 6 章中的“子网划分”一节阐述。

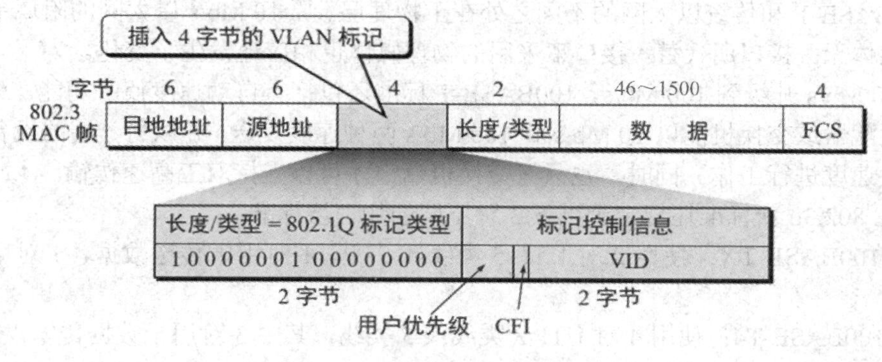

图 4-22 VLAN 帧结构示意图

4.4 高速以太网技术

传统以太网(Ethernet)的数据传输速率是 10 Mb/s，若局域网中有 N 个节点，那么每个节点平均能分配到的带宽为(N/10) Mb/s，一个典型的 10BASE-T 以太网结构如图 4-23 所示。随着网络规模的不断扩大，节点数目的不断增加，平均分配到各节点的带宽将越来越少，这使得网络效率急剧下降。解决的办法是提高网络的数据传输速率，把速率达到或超过 100 Mb/s 的局域网称为高速以太网。

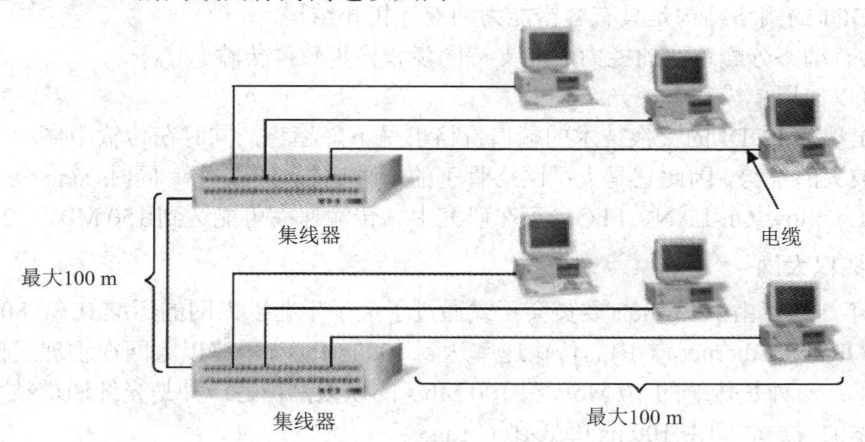

图 4-23 一个 10BASE-T 的以太网

下面介绍几种常见的高速以太网。

1. 100BASE-T 技术

1995 年，IEEE 802 委员会将 100BASE-T 的快速以太网定为正式的国际标准 IEEE 802.3u，作为对 IEEE 802.3 的补充。100BASE-T 的网络拓扑结构和工作模式类似于 10 Mb/s 的星形拓扑结构，介质访问控制仍采用 CSMA/CD 方法。100BASE-T 的一个显著特性是它尽可能地采用了 IEEE 802.3 以太网的成熟技术，因而，它很容易被移植到传统以太网的环境中。

100BASE-T 和传统以太网的不同之处在于物理层。原 10 Mb/s 以太网的附属单元接口由新的媒体无关接口所代替，接口下采用的物理媒体也相应地发生了变化。为了方便用户网络从 10 Mb/s 升级到 100 Mb/s，100BASE-T 标准还包括有自动速度侦听功能。这个功能使一个适配器或交换机能以 10 Mb/s 和 100 Mb/s 两种速度发送，并以另一端的设备所能达到的最快速度进行工作。同时，也只有交换机端口才可以支持双工高速传输。

IEEE 802.3u 新标准还规定了以下 3 种不同的物理层标准：

(1) 100BASE-TX：使用 2 对 UTP 5 类线或 STP，1 对用于传送数据，1 对用于接收数据。

(2) 100BASE-T4：使用 4 对 UTP 3 类线或 5 类线，其中 3 对用于数据传输，1 对用于冲突检测。

(3) 100BASE-FX：使用 2 对光纤，主要用于高速主干网。

2. 光纤分布式数据接口

光纤分布式数据接口(Fiber Distributed Data Interface，FDDI)是以光纤作为传输介质的高速主干网，它具有以下技术特点：

(1) 在物理层提出了物理层介质相关子层(Physical Layer Medium Dependent，PMD)与物理层协议(Physical Layer Protocol，PHY)。

(2) FDDI 使用基于 IEEE 802.5 令牌环标准的环网介质访问控制(MAC)协议。

(3) FDDI 是高速的令牌环网，其传输速率为 100 Mb/s，节点数小于等于 1000 个。

(4) FDDI 的网络结构是具有容错能力的双环拓扑结构。

(5) 具有动态分配带宽的能力，能支持同步和异步数据传输。

(6) 可以使用单模和多模光纤。

目前出现的 FDDI 的交换技术的端口价格也呈下降趋势，同时在传输距离和安全性方面也有比较大的优势，因此它是大型网络骨干的一种比较好的选择。同时，新一代的 FDDI 标准(FDDL Follow-On-LAN，FFOL)正在研究中，传输速率可能达到 150 Mb/s～2.4 Gb/s。

3. 千兆以太网

1998 年 2 月，由 IEEE 802 委员会正式通过了关于千兆以太网的标准 IEEE 802.3z。千兆以太网(Gigabit Ethernet，GE)的传输速率达到 1000 Mb/s。千兆以太网在物理层使用两种成熟的技术：一种是传统的 10 Mb/s 和 100 Mb/s 的以太网；另一种是光纤通道技术，它将每比特数据的发送时间由 100 ns 降低到了 1 ns。

IEEE 802.3z 标准在 LLC 子层使用 IEEE 802.2 标准；在 MAC 子层使用 CSMA/CD 方法，只在物理层定义了新的标准。千兆以太网的物理层标准如下：

(1) 1000BASE-X 标准是基于光纤通道的物理层，使用的传输介质有：1000BASE-SX 使用波长为 850 nm 的多模光纤，距离为 300～550 m；1000BASE-LX 使用波长为 1300 nm 的单模光纤，距离可达到 3000 m；1000BASE-CX 使用的是短距离的屏蔽双绞线 STP，距离可达到 25 m。

(2) 1000BASE-T 标准是 4 对 5 类非屏蔽双绞线 UTP，距离可达到 25～100 m。该标准中增加了千兆介质的专用接口(Gigabit Media Independent Interface，GMII)，它将物理层与 MAC 子层分隔开来。

4. 万兆以太网

2002 年，由 IEEE 802 委员会正式通过了关于万兆以太网的标准 IEEE 802.3ae。万兆以太网(10 Gigabit Ethernet，10 GE)的传输速率可达到 10 Gb/s。万兆以太网物理层使用光纤通道技术，需要对物理层的协议进行修改。万兆以太网定义了两种不同的物理层标准：万兆以太网局域网标准(Ethernet LAN，ELAN)和万兆以太网广域网标准(Ethernet WAN，EWAN)。万兆以太网标准的制定遵循了技术可行性、经济可行性与标准兼容的原则，在继续使用 IEEE 802.3 以太网 MAC 协议和帧长度的同时，为了适应高带宽和长距离传输的要求，对原来的以太网技术也做出了较大的改进。

万兆以太网具有以下 4 个特点：

(1) 保留 IEEE 802.3 标准对 Ethernet 的最小和最大帧长度的规定，这样满足了用户在对其已有的以太网升级的同时仍可与较低速率的以太网通信。

(2) 为了能够使万兆以太网工作在更大的范围(城域网和广域网)，拥有更高的速率(10 Gb/s)，传输介质不再使用铜质的双绞线，而只使用光纤。

(3) 万兆以太网只使用全双工的工作方式，彻底改变了传统以太网半双工的广播工作方式。

(4) 由于万兆以太网的数据传输速率非常高，因此不直接和端用户相连。

5. 更高速的以太网——40/100 G 以太网

随着用户对于移动互联网应用、高清视频、云计算、物联网等业务需求的不断增长，传统核心交换网的传输带宽面临着巨大的挑战，现有的万兆以太网已经难以应对各种业务对于带宽不断增长的需求，因此更高速率的以太网技术研究就提上了日程。

2007 年，IEEE 成立了 IEEE 802.3ba 标准研究组，开始着手研究 40/100 G 以太网标准。2010 年 IEEE 802 委员会正式批准 IEEE 802.3ba 作为 100 G 以太网(100 Gigabit Ethernet，100GE)标准，这标志着 100 G 以太网商用之路的正式开始。

4.5　局域网的组网技术

建立局域网的主要目的是更好地实现资源共享，使局域网内部信息迅速、有效地传输。有效地使用局域网所能提供的各项服务功能，能充分发挥现有的计算机资源潜能，实现效率和效益的最优化。

本节将介绍局域网组建的基本知识、基本过程和操作方法，并通过一些实例让读者对组网有一个全面的了解，使读者具备自己组网的能力。

4.5.1　局域网规划与设计

1. 待组局域网功能的确定

(1) 确定需求。确定需求就是从用户那里获得任务了解用户需求的过程。

(2) 调查分析。在确定需求后，组网人员要到用户单位进行调研，了解用户组网的目的、范围以及已有的条件。

(3) 确定功能。根据调查分析的结果，确定所组局域网的功能。

2. 局域网类型的确定与网络拓扑结构的选择

局域网的功能确定以后，根据确定的功能和用户的情况，就可以进行局域网结构的确定和网络类型的选择了。

1) 局域网类型的确定

如前所述，根据通告方式的不同，局域网可分为 3 种：专用服务器局域网、客户机/服务器局域网和对等局域网。

由于专用服务器局域网安装和维护困难，工作站上的软硬件资源无法直接共享，因此目前这种结构一般不采用。而客户机/服务器局域网，因其既能实现工作站之间的互访，又能共享服务器的资源，所以在计算机数量较多、位置分散、信息量传输大的大型局域网组建中采用。

对于计算机数量较少、布置较集中、成本要求低的小型局域网，常采用对等局域网结构。对等局域网的组建、使用和维护都很容易、很简单，这是它在小范围内被广泛采用的原因。

2) 网络拓扑结构的选择

网络类型有星形、总线形、环形、树形和网状 5 种。在组建局域网时常采用前 3 种，即星形、总线形和环形。树形和网状在广域网中比较常见。

星形局域网结构简单、组网容易、控制和管理方便，传输速度快，且容易增加新站点。但可靠性低，网络共享能力差，一旦集线器出现故障就会导致全网瘫痪。

总线形局域网结构简单、灵活，可扩充性好，网络可靠性高，共享资源能力强，成本低，安装方便。但安全性低，监控比较困难，不能集中控制；所有工作站共用一条总线，实时性较差；增加新站点不如星形局域网容易。

环形局域网的各工作站都是独立的，可靠性好，容易安装和监控，成本低。但由于环路是封闭的，因此不便于扩充，且信息传输效率较低。

总之，在组建局域网之前主要考虑几个因素，即安全性、可扩充性、信息传输等。由于环形局域网可扩充性和信息传输两方面不足，因此一般不选；而总线形局域网的安全性和扩充性不如星形局域网好，因此，目前组建局域网大多数采用的是星形局域网。

3. 硬件与软件的选择

局域网的结构和类型确定以后，就应该开始选择整个网络需要的硬件和软件。选择时，应按照一定的原则进行。

1) 硬件的选择原则

硬件选择的一般原则是要注重目的性和经济性。注重目的性，就是在选择每一种硬件时，要明确所选择的硬件是系统所必需的；注重经济性，就是指在选择硬件时，一方面要考虑硬件的先进性，另一方面，也要考虑性能价格比，只要能满足网络的要求就可以，不必追求最好。

网络硬件主要包括服务器、工作站、网卡、传输介质、集线器等。对于不同的硬件，在选择时，除了上面的两点外，还需考虑其他具体的因素。如选择服务器时，要考虑是否需要选择服务器级别的计算机、对 CPU 的速度要求、服务器是否支持双 CPU 或更多、存储容量和可扩展能力的要求等。如果是文件服务器，还要考虑服务器所使用的磁盘系统，因为它保存着大量的数据资料。

另外，应尽量选择成熟的产品，不要使用新的未经充分检验的产品。

2) 软件的选择原则

选择软件应遵循的原则：首先，软件要满足网络和网络功能的要求。不管是网络操作系统，还是其他通用软件，都必须根据网络的结构和网络要实现的功能来选择。不要将网络中不需要的软件安装到服务器和工作站中，以免软件之间发生冲突和相互干扰。其次，软件要具有兼容性。在选择软件时，应该注重软件的兼容性，使不同软件商的软件能正常运行在同一个网络中。因此，要尽可能选择一个软件商的软件。另外，软件要能够获得长期、稳定的技术支持。要选择有很好售后服务、售后支持的软件，一旦网络中的软件出现问题，可求助于软件的售后服务系统，使问题得到解决。另外，好的软件商对自己的软件会不断地进行改进，通过 Internet 发布补丁程序，使用户的软件得到改善和升级。

对于组建的局域网结构，软件选择已形成了一定习惯。组建对等局域网，各工作站一般选择 Windows 2000 操作系统；组建客户机/服务器局域网，网络服务器选择 Windows 2000 Server 操作系统，工作站可选择 Windows 2000 操作系统。其他通用软件都尽可能选择 Microsoft 公司生产的相应软件。

4. 网上资源共享方案

组建网络的最终目的就是实现网络资源的共享。即网络中的计算机通过网络可以使用网络中其他计算机或服务器的项目，比如文件夹、打印机、软盘驱动器、光盘驱动器等。下面介绍几种在局域网中共享资源的方案。

1) 共享文件夹

在网络资源共享中，文件夹的共享是最常用的。将某台计算机上的文件夹设置为共享后，其他计算机就可以像使用自己的文件夹一样，对这些文件夹中的内容进行操作。

2) 映射网络驱动器

映射网络驱动器就是将其他计算机的硬盘、软驱以及光驱映射为自己计算机的网络驱动器。经过映射后，自己的计算机上就增加了一个驱动器号(比如，原来的光驱是 E，增加的驱动器号就是 F)，当对这个驱动器操作时，实际就是对相应的文件夹(或硬盘、或软驱、或光驱)进行操作。

3) 共享网络打印机

共享网络打印机就是将其他计算机的打印机设置为共享，自己的计算机安装上与被共享的打印机一样的打印机驱动程序，并选择被共享的打印机作为自己的网络打印机，这样，当自己的计算机要打印文件时，就会驱动被共享的打印机进行打印。

5. 成本核算

一个局域网的成本主要包括软件成本、硬件成本以及设计和施工的费用 3 部分。

软件成本是指组建局域网所需的各种软件，包括网络操作系统和完成网络功能的所有通用软件的购买费用的总和。

硬件成本是指组建局域网所需的各种硬件购买费用的总和。硬件不仅包括设备(如计算机、打印机、集线器等)，还包括网线、网线的接头以及组网的工具。而硬件成本又分为设备成本和连接成本，设备成本主要指计算机、打印机等的购买费用；连接成本就是指将设备连接成网络所需材料的费用。因为在许多情况下设备是已有的，所以组网成本只核算连接费用。

组建局域网，特别是组建大型的局域网，一般都要聘请网络专家进行网络的设计，以便组建出高水平、高性能的网络。另外，在进行网络布线和设备固定时，也要请专门的网络施工人员完成。这些花费就属于设计和施工费用。

4.5.2　以太网的产品标准

以太网是最常用的局域网，它可以支持各种协议和计算机硬件平台。正是因为以太网具有组网成本较低、对协议和硬件广泛支持的特点，才使得它被广泛采用。

1. 以太网的拓扑结构

以太网的拓扑结构是总线形，这是根据它的逻辑结构定义的，其使用的介质访问控制算法为“争用型”。

2. 以太网的介质访问控制方式

以太网的介质访问控制方式采用 CSMA/CD 方式。

3. 低速以太网的产品标准与分类

(1) 网络产品符合 IEEE 802.3 标准，传输速率通常为 10 Mb/s。

(2) 当前常用的正式 10 Mb/s 以太网标准有以下 5 种：

① 10BASE-5，标准以太网，或称粗缆以太网。

② 10BASE-2，廉价以太网，或称细缆以太网。

③ 10BASE-T，双绞线以太网。

④ 10BASE-F，光缆以太网。

⑤ 10Broad36，宽带以太网。

上述以太网的主要参数见表 4-2。当连接不同的以太网时，应采用不同的传输介质，其相应的网络速度、允许的节点数目和介质缆段的最大长度也各不相同。

表 4-2　以太网的标准和主要参数

以太网标准	传输介质	拓扑结构	最多区段数量	区段最多工作站	最大区段长度/m	IEEE规范	网络最大长度/m	标准接头	速度/(Mb/s)
10BASE-5	50 Ω 粗同轴电缆	总线形	5	100 个	500	802.3	2500	AUI	10
10BASE-2	50 Ω 细同轴电缆	总线形	5	30 个	185	802.3a	925	BNC	10
10Broad36	70 Ω 同轴电缆	总线形			1800	802.3			10
10BASE-T	3 类双绞线	星形	1024	4/8/12/16/32Hub	100	802.3I		RJ-45	10
10BASE-F/FOIRL	2 股多模或单模式光纤	星形			2000	802.3I			10
100BASE-T		星形	1024	4/8/12/16/32Hub	100 或 2000	802.3u			100

(3) 其他以太网变形标准。

除了上述常见的以太网之外，还有若干个以太网的变形产品标准。这些变形标准倾向于更长的传输距离和更快的传输速度。其中比较著名的有以下几种快速以太网：

① 100BASE-FL。

② 100BASE-T。

③ 100VG-AnyLAN。

④ 1000BASE 系列，千兆位以太网，如 1000BASE-T。

⑤ 10000BASE 系列，万兆位以太网，如 10000BASE-ER。

4. 以太网的主要设计特点

(1) 简易性。结构简单，易于实现和修改。

(2) 低成本。各种连接设备的成本不断下降。

(3) 兼容性。

(4) 扩展性。所有按照协议工作的节点，都不会妨碍其他节点的扩展。

(5) 均等性。各节点对介质的访问都基于 CSMA/CD 方式，所以它们对网络的访问机会均等。

正是由于以太网具有传输速率高、结构简单、组网灵活、便于扩充、易于实现和低成本等优点，因此它是应用最为广泛的局域网技术。

4.5.3　局域网的实施

本节将介绍组建局域网的过程以及相关操作，主要包括组网所需工具的准备以及网线制作、网卡安装、局域网布线与连接、网络软件的安装和局域网调试与设置的方法。

1. 工具的准备与网线制作

1) 工具的准备

一般在制作网线、连接设备时常用的工具有双绞线压线钳、同轴电缆压线钳、双绞线/同轴电缆测试仪和万用表等。

(1) 双绞线压线钳。

双绞线压线钳用于压接 RJ-45 接头(即水晶头)，此工具是制作双绞线网线的必备工具，没有它就无法制作 RJ-45 接头。通常压线钳根据压脚的多少分为 4P、6P、8P 几种型号，网络双绞线必须使用 8P 的压线钳。

(2) 同轴电缆压线钳。

同轴电缆压线钳用于压紧同轴电缆的 BNC 接头和网线，与双绞线压线钳无法通用。同轴电缆压线钳有两种，其中一种必须完全压紧后才能松开，使用它做出的网线比较标准，建议使用这一种。

(3) 双绞线/同轴电缆测试仪。

双绞线/同轴电缆测试仪可以通过使用不同的接口和不同的指示灯来检测双绞线和同轴电缆。测试仪有两个可以分开的主体，方便连接不在同一房间或者距离较远的网线的两端。

(4) 万用表。

由于连通的网线电阻几乎为零，因此可以通过使用万用表测量电阻来判断网线是否连通。

2) 网线的制作

组建局域网时常用的网线是双绞线和同轴电缆。

(1) 双绞网线的制作。

制作双绞网线就是给双绞线的两端压接上 RJ-45 连接头。通常，每条双绞线的长度不超过 100 m。

① 双绞线的连接顺序。

在制作双绞网线时，首先要清楚双绞线中每根芯线的作用。如果将 5 类双绞线的 RJ-45 连接头对着自己，带金属片的一端朝上，那么从左到右各插脚的编号依次是 1～8，不管是 100 Mb/s 的网络还是 10 Mb/s 的网络，8 根芯线都只使用了 4 根。

② 双绞线的连接方法。

双绞线的连接方法有两种：正常连接和交叉连接。

正常连接是将双绞线的两端分别都依次按白橙、橙、白绿、蓝、白蓝、绿、白棕、棕色的顺序(这是国际 EIA/TIA568B 标准，也是当前公认的双绞线的制作标准)压入 RJ-45 连接头内。使用这种方法制作的网线用于计算机与集线器的连接。

在制作网线时可以不按上述颜色排列芯线，只要保持双绞线两端接头的芯线顺序一致即可。但这不符合国际压线标准，与其他人合作时，容易出错。

交叉连接是将双绞线的一端按国际压线标准，即白橙、橙、白绿、蓝、白蓝、绿、白棕、棕的顺序压入 RJ-45 连接头内；另一端将芯线 1 和 3、2 和 6 对换，依次按白绿、绿、白橙、蓝、白蓝、橙、白棕、棕色的顺序压入 RJ-45 连接头内。使用这种方法制作的网线用于计算机与计算机的连接或集线器的级联。

(2) 同轴网线的制作。

制作同轴网线其实就是将两个 BNC 接头安装在同轴电缆的两端。

同轴电缆由外向内分别由保护胶皮、金属屏蔽线(接地屏蔽线)、乳白色透明绝缘层和芯线(信号线)组成。芯线由一根或几根铜线构成，金属屏蔽线是由金属线编织的金属网，内外层导线之间是由乳白色透明绝缘物填充的绝缘层。

BNC 接头由本体、屏蔽金属套筒和芯线插针组成。芯线插针用于连接同轴电缆芯线，本体用来与 T 形头连接。

2. 网卡的安装

安插网卡与安插其他接口卡(如显卡、声卡)一样，即将主机箱打开，然后找一个空的 PCI 插槽，将网卡插入即可。

网卡安插完成后，在正常的情况下，重新开机进入 Windows 时便会自动出现“找到新硬件”的提示框；接着，系统会提示插入 Windows 光盘；插入 Windows 光盘后，系统会自动完成网卡驱动程序的安装。

若网卡无法被系统识别，重新开机时没有找到，这时可以手动添加网卡驱动程序。

3. 局域网的布线与连接

现在组建局域网采用最多的网络拓扑结构是星形，其次是总线形。星形局域网布线采用双绞网线；总线形局域网布线采用同轴网线。布线原则以及网线与设备的连接方法如下。

1) 布线原则

对于星形局域网，一般要求布线时不可形成循环。对于 10BASE 局域网，还要求：

(1) 使用 3 类非屏蔽双绞线；

(2) 每条双绞线的长度不超过 100 m；

(3) 网络中最多可级联 5 台集线器，且集线器间的线长也不超过 100 m；

(4) 网络的最大传输距离是 600 m。

对于 100BASE 局域网，则要求：

(1) 使用 5 类非屏蔽双绞线；

(2) 每条双绞线的长度不超过 100 m；

(3) 网络中只允许级联两台集线器，集线器间的连接距离不能超过 5 m；

(4) 网络的最大传输距离是 205 m。

对于总线形局域网(如 10BASE-2 对等网)，要求：

(1) 网线一线到底，中间不可分叉，也不可形成循环；

(2) 两个终结器之间的网络区域叫网端(每一个总线形局域网的两端都必须各安装一个终结器)，每个网端最长不超过 175 m；

(3) 在一个网端内不可超过 30 台计算机，且相邻两台计算机之间的网络长度不小于 0.5 m；

(4) 采用 RG-58A/U 同轴电缆以及 50 Ω 终结器作为连接设备；

(5) 若使用中继器连接多个网端，任意两台计算机之间的电缆总长度不超过 925 m，任意两台计算机之间的中继器不可超过 4 个。

2) 网线与设备的连接

网线与设备的连接就是根据网络的拓扑结构，用网线将计算机和其他设备连接起来。

(1) 总线形局域网的连接。

总线形局域网就是使用制作好的同轴网线以串联的形式通过 T 形头将所有的计算机连接在一起构成网络，其连接方法如下：

首先，是 T 形头与网卡连接，即将 T 形头插到网卡 BNC 阳性插头上，插入后需旋转使接头的卡口卡好；然后是 T 形头与同轴网线连接，即将两根同轴网线 BNC 阴性插头分别插到 T 形头两端的 BNC 阳性接头，插入后也需旋转 90° 卡好(注意，每根同轴网线的两端分别接一台计算机)；最后，在端头的两台计算机的 T 形头的空余 BNC 阳性接头上插接 50 Ω 终结器，其中一端要插接有接地环的终结器，并要使接地环良好接地。

另外，作为服务器的计算机要连接在整个网络的端头。

(2) 星形局域网的连接。

星形局域网是使用制作好的双绞网线将所有的计算机同集线器连接在一起构成的网络。其连接方法如下：每台计算机都用一根双绞网线同集线器连接，即用双绞网线一端的 RJ-45 连接头插入计算机背面网卡的 RJ-45 插槽内；用另一端的 RJ-45 连接头插入集线器的空余 RJ-45 插槽内。在插的过程中，要听到“喀”的一声，表示 RJ-45 连接头已经插好了。在有些办公场所，每个房间都已通过墙壁、天花板和地板布好了网线，连接到了中心机房的配线柜中。网线连接时，只需将每个房间的计算机连接到自己墙壁的墙座上，集线器放置在中心机房并用网线与配线柜中的接线板连接上就可以了。

4. 选择网络操作系统

在设计一个局域网时，可以选择的网络操作系统主要有 Windows NT 和 UNIX(Linux)。如果网络是运行一个专用于特殊环境的应用，它可以要求使用一种非通用的网络操作系统(如 Banyan VINES)，主要的网络操作系统对局域网环境都给予了极大的关注。

选择网络操作系统时，应当在做出决定前仔细权衡可选项的优缺点。然而，所做的决定在很大程度上是取决于操作系统和局域网中已经运行的应用程序。换句话说，该决定可能会限于现有的基础结构(这个基础结构不仅仅包括其他的网络操作系统，也包括局域网拓扑结构、协议、传输方法和连接硬件)。

例如，对于是一家跨国公司来说，公司的发展和盈利要求网络保证总是畅通的，同时 IT 预算经费也很大，与网络操作系统的成本相比，网络操作系统对未来网络扩展的容纳能力和卖主能够提供的技术支持就显得更为重要。相反，对于一家本地粮食中心，则可能会更关心网络操作系统的成本，而不用担心该系统是否能很容易地扩展到支持几百台服务器这个问题。

5. 选择网络服务器

大多数网络环境使用的服务器都可能远远超出了软件提供商建议的最小硬件配置要求。决定服务器的最优硬件配置时，需要考虑以下几个问题：

(1) 服务器将连接多少个客户机？

(2) 服务器上将会运行什么类型的应用程序？

(3) 每个用户需要多大的存储空间？

(4) 多少死机时间是可以忍受的？

(5) 这个机构能承担的成本是多少？

上述问题中最重要的就是在服务器上运行什么类型的应用程序。购买一台廉价的低端服务器来运行 Windows 2000 Server 也许就足够了，但它只能提供文件和打印共享服务。要想网络能执行更多的功能，就必须在服务器上加大投资，才能让它也可以运行应用程序。可以想象，每一种应用程序可能都会有不同的处理机、内存和存储需求(参阅各种应用程序的安装指导规范)。但必须牢记一点，应用程序使用资源的特定方式可能会影响选择软硬件时的决定。应用程序也许会在客户和服务器间提供一个共享处理的选择项，也许不会。另外，也可以在每一台工作站上安装程序文件而只使用服务器来发布消息，这种方式把处理的负担交给了客户机。

如果服务器负责处理大部分应用程序，或者要支持大量的服务和客户，就需要在网络操作系统要求的最小配置基础上增加更多的硬件。例如，增加多个处理器、更大的内存、几块网络接口卡、具有容错能力的硬盘、备份驱动器以及不间断电源。所有这些部件都能够增强网络的可靠性或性能。在决定购买硬件之前要仔细分析当前的情形和网络的扩展计划。不管需要什么样的服务器，都要求硬件提供商能够提供优质、可信赖并且非常优秀的技术支持。可以通过使用一般的模型来削减工作站硬件成本，但是在购买服务器时不应该太节省。这是因为服务器的一个部件出了故障都会影响到许多人，而工作站出了故障可能只会影响一个人。

4.6　局域网的组网案例

4.6.1　对等多机组网

“对等网”也称“工作组网”，在对等网中没有“域”，只有“工作组”，“工作组”的概念远没有“域”那么广。在对等网络中，计算机的数量通常不会超过 20 台，所以对等网络相对比较简单。在对等网络中，各台计算机有相同的功能，无主从之分，网上任意节点的计算机既可以作为网络服务器，为其他计算机提供资源；也可以作为工作站，以分享其他服务器的资源；任一台计算机均可同时兼作服务器和工作站，也可只作其中之一。

因为用同轴电缆直接串联组建网络成本较高，所以对等网组建一般采用集线设备(集线器或交换机)组成星形网络。

1. 硬件设备的选择

1) 集线器或交换机的选购

集线器是局域网中计算机和服务器连接的设备，是局域网的物理星形连接点。在局域网中，每个工作站用双绞线连接到集线器上，由集线器对工作站进行集中管理。集线器有多个用户端口(8 个、16 个、24 个)，用双绞线连接每一个端口和工作站，此种方式价格便宜，但带宽共享，所有连接设备会构成一个冲突域。

在经济条件允许的情况下也可考虑购买端口数较少的(4 口、6 口、8 口)小交换机，实现致力于带宽的高速交换。

在选择时，要考虑局域网的大小、扩充性，做到经济合算就可以了。

2) 网卡的选购

网卡速度常见的有 10 Mb/s、100 Mb/s、1000 Mb/s、10/100/1000 Mb/s 自适应。对于速度要求较高的交换式局域网用户，应该选择 1000 Mb/s 的网卡。如果是在一个 100 Mb/s 和 1000 Mb/s 交换机混合使用的局域网中，则应选择 100/1000 Mb/s 自适应网卡。

网卡的接口类型有 BNC 接口、RJ-45 接口(水晶头)，也有两种接口都有的双口网卡。接口的选择和网络布线形式有关，BNC 网卡通过同轴电缆直接与其他电脑相连(现已很少使用)；RJ-45 口网卡通过铜质双绞线连接交换机，再通过交换机连接其他计算机。

3) 网线和 RJ-45 接头

双绞线一般用于星形网的布线连接，两端安装有 RJ-45 头，连接网卡与集线器，最大网线长度为 100 m，如果要加大网络的范围，那么在两段双绞线之间可安装中继器，最多可安装 4 个中继器。如果安装 4 个中继器连 5 个网段，最大传输范围可达 500 m。

双绞线分为非屏蔽双绞线 UTP 和屏蔽双绞线 STP 两大类，局域网中的非屏蔽双绞线分为 3 类、4 类、5 类和超 5 类 4 种，屏蔽双绞线分为 3 类和 5 类两种。在 100 Mb/s 的网络中，用户设备的受干扰程度只有普通 5 类线的 1/4，因此局域网中常用到的双绞线一般都是非屏蔽的 5 类 4 对的电缆线。这些双绞线的传输速率都能达到 100 Mb/s。

双绞线连接头在制作时要使用专用的夹线钳来夹制，所以要求水晶头的材料应具有较好的可塑性，在压制时不能发生碎裂现象。

2. 对等网组建

对等网络组建主要包括以下步骤：

1) 确定对等网的拓扑结构

在组建局域网时，通常采用的拓扑结构是总线形、星形和树形。下面以星形拓扑结构为例进行介绍。

2) 硬件安装

(1) 将网卡分别插入需要联网的机器的插槽中，并安装相应的网卡驱动；

(2) 双绞线一端插入需要联网的计算机的网卡 RJ-45 接口，一端插入集线器/交换机的连接口中；

(3) 打开集线器或交换机电源。

3) 安装网卡的驱动程序

目前大多数的网卡都是即插即用或者集成在主板中的。如果系统中缺少网卡驱动程序，开机时 Windows 会报告发现新的硬件设备，并弹出要求加载设备驱动程序的对话框。按照系统提示安装硬件设备的驱动程序，安装结束后就可以看到在网络适配器中多了个网卡图标。

4) 添加网络协议

单击“开始”按钮，选择“控制面板”命令，在弹出的“控制面板”窗口中单击“网络连接”图标，弹出“网络连接”对话框，右击“本地连接”图标，选择“属性”命令，弹出“属性”对话框，会看到刚才安装好的网卡图标、网络服务和协议。单击“安装”按钮，弹出“选择网络组件类型”对话框，在“单击要安装的网络组件类型(C):”选项区域中，可以选择安装“客户端”“协议”和“服务”。“Microsoft 网络客户端”“TCP/IP 协议”和“文件及打印机共享”是必需的。在某些网络游戏中，“IPX/SPX 兼容协议”也是必需的。Net BEUI 是网络的底层协议，如果有打印机等设备共享也需添加进去。

TCP/IP 协议是连接 Internet 所必需的，添加和配置 TCP/IP 协议的方法如下：

(1) 在“控制面板”窗口中双击“网络连接”图标，右击“网络连接”对话框中的“本地连接”图标，选择“属性”命令，弹出“属性”对话框。

(2) 单击“安装”按钮，双击“协议”图标，双击 Microsoft 的“TCP/IP 协议”命令。

(3) 在“网络组件”列表中，单击与网络适配器有关联的 TCP/IP，然后单击“属性”按钮，选中“自动获得 IP 地址”和“自动获得 DNS 服务器地址”即可。

指定 IP 地址，在“IP 地址”处填入 192.168.0.x(x 为 1～254 之间的整数)，“子网掩码”填入 255.255.255.0。同一局域网中各电脑的 IP 地址不能重复。

接下来是机器标识和网络登录方式的设置。同样地，在“控制面板”的“网络”对话框中打开“标识”选项卡，给计算机和所在的工作组取好名称，注意整个网络中的每台计算机都应使用相同的工作组名，否则查找起来会很不方便。

在“配置”选项卡中选择“主网络登录”方式为“Microsoft 网络用户”，单击“确定”按钮完成网络设置。系统提示重启计算机，单击“确定”按钮。

通过以上服务器和客户端的配置，整个网络的配置就完成了。

4.6.2　主从多机组网

在企业网络中通常采用 C/S 模式。因为对等模式注重的是网络的共享功能，而企业网络更注重的是文件资源管理和系统资源安全等方面。

小型纯集线器(单台集线器)星形以太网结构如图 4-24 所示。从图 4-24 中可以看出，服务器是通过网卡与集线器的普通端口相连，其他工作也是通过网卡与集线器的普通端口相连，服务器和工作站与集线器的连接网线都是采用“100 Mb/s 法”制作的直通线。

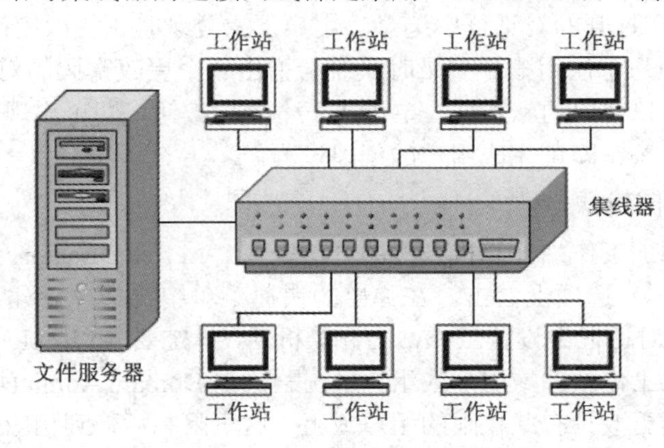

图 4-24　小型纯集线器星形以太网结构图

1. 主从网硬件组建

通过学习 4.5.1 节，大家应该已经掌握了各种硬件设备的选购、安装，对于主从网，可以按照图 4-24 的连接方式将网络组建起来。在这里文件服务器选用入门级的服务器即可，但在现有的情况下，也可以选择一台性能较高的 PC 作为文件服务器。

2. Windows 2003 Server 服务器配置

目前应用最广的是微软的 Windows 系统，所以本节也仅以 Windows 系统为例向大家介绍局域网的系统配置方法。这里服务器选用 Windows 2003 Server。

在服务器上安装好 Windows 2003 Server 系统后，把服务器配置成“域控制器”。配置域控制器时要注意选择正确的用户权限兼容模式，如果域中所有服务器都是 Windows 2003 Server 系统，则选择“只与 Windows 2003 服务器相兼容的权限”选项，这样更能充分利用 Windows 2003 的新特性；如果在域中还存在其他早期服务器系统版本(如 Windows NT Server 4.0)，则须选择“与 Windows 2003 服务器之前的版本相兼容的权限”选项，这样其他服务器系统也可运行 Windows 2003 Server 上的服务器程序。安装了活动目录后，服务器也就成了网络中唯一的域控制器(针对当前这个小型局域网)，通常同时也配置好了服务器的 DNS 服务。

1) 配置服务器 IP 地址

打开“网络与拨号连接”窗口，双击打开相应的网卡连接项，选择对话框中组件列表框中的“Internet 协议(TCP/IP)”选项，然后单击“属性”按钮，在新打开的对话框中为服务器指定一个唯一、固定的 IP 地址，而不能选择“自动获取 IP 地址”选项，因为通常担当 IP 地址自动分配任务的 DHCP 服务器就是此服务器本身。服务器的 IP 地址通常采用 TCP/IP 协议中指定的局域网专用 IP 地址段“192.168.0.0～192.168.255.254”，在此取“192.168.0.1”。配置好后单击“确定”按钮即可，建议重新启动计算机使 IP 设置生效，因为这是以后许多设置的关键。

2) 创建用户账户

打开“Active Directory 用户和计算机”程序项，在“Users”选项上单击右键，选择“新建”快捷菜单项中的“用户”选项，输入用户信息，单击“下一步”按钮，通常为了保证用户密码的私密性，在打开的对话框中选择“用户下次登录时须更改密码”复选项(其他复选项不能选)，这样用户下次用账户登录时系统会弹出一个更改密码的对话框，用户需重新设置密码，以确保用户密码的私密性。单击“下一步”按钮，即可出现用户创建完成的对话框，单击“完成”按钮即可完成用户的创建过程。

3) 创建工作站计算机账户

在活动目录中添加工作站计算机账户的方法是在“Active Directory 用户和计算机”对话框中的“Computers”选项上右击，在弹出的快捷菜单中选择“新建”选项下的“计算机”命令，在打开的对话框中设置工作站的计算机名，一定要与实际工作站名一致。同时，还能设置可以加入此工作站的域用户或组，系统默认是 Domain Admin(域管理员)组，可通过单击“更改”按钮更改具有此权限的用户或组。这里限制后，到相应工作站加入域时也必须以此账户登录，否则不会成功。配置好后单击“确定”按钮完成计算机账户创建。重复上述操作，把所有工作站都添加到活动目录的 Computers 列表中。

4) DHCP 服务器配置

客户端 IP 地址可以有两种分配方式：由 DHCP 服务器自动为客户机分配和由管理员人工指定。这里采用第一种方法。

首先，添加 DHCP 服务器，方法是在“添加/删除程序”中选择“添加/删除 Windows 组件”，然后在“网络服务”选项下选择“动态主机配置协议(DHCP)”。

在“管理工具”程序项中打开“DHCP”选项，如果在此之前没有配置 DHCP，将在系统自动添加的当前服务器上显示红色箭头，表示未正常运行，并且在右边详细列表中显示“未经授权”。首先添加 DHCP 服务器，就是指定由哪台服务器担当 DHCP 服务器角色。不过通常 DHCP 服务会自动把当前服务器添加到列表中。本节中所介绍的是只有一台服务器的情况，只需直接进行下一步配置，即“授权”即可。在添置的服务器上单击右键，然后选择“授权”选项。此时服务器的状态已经改变，开始正常运行。

在 DHCP 服务器上单击右键，在弹出的快捷菜单中选择“新建作用域”选项，打开一个“新建作用域向导”，直接单击“下一步”按钮，在打开的对话框中要求为当前创建的 DHCP 服务器作用域取一个用于识别的作用域名称。

单击“下一步”按钮，在打开的对话框中要求指定用于自动分配的 IP 地址范围，只需填写“起始 IP 地址”和“结束 IP 地址”两项即可，下面的“长度”和“子网掩码”选项会自动根据上面的设置而设定。

单击“下一步”按钮，在打开的对话框中可以指定要在上一步所指定的 IP 地址范围中需要排除的 IP 地址范围或单个 IP 地址，注意可以指定多个这样的排除 IP 地址范围。当然如果没有要排除的 IP 地址，可以不填写，直接单击“下一步”按钮进行下一步设置。

单击“下一步”按钮，在打开的对话框中可以设定自动分配的 IP 地址有效期，对于一个固定的局域网来说，各时间应该是相当大的，甚至是无穷大。

单击“下一步”按钮，在打开的对话框中仅要求选定是否还需要对 DNS、WINS、网关等选项进行配置，如果不需要配置则可选择“否，我想稍后配置这些选项”单选项，如果需要现在就统一配置，则须选择“是，我想现在配置这些选择”单选项。

单击“下一步”按钮，在打开的对话框中可以为域客户端分配系统默认的网关。如果局域网不与其他外部网(包括互联网)进行连接，则可不配置此选项，直接单击“下一步”按钮进入下一步设置。如果有共享上网代理服务器，则需在此处指定网关 IP 地址为相应代理服务器用于局域网连接的那块网卡的 IP 地址。注意在“IP 地址”文本框中输入 IP 地址后要单击后面的“添加”按钮添加到路由列表中。

单击“下一步”按钮，在打开的对话框中可以指定域的父域及 DNS 服务器名称和 IP 地址。如果不清楚 DNS 的某项，可以在输入一项后，单击“解析”按钮，如果网络连接正常的话，然后单击“添加”按钮把服务器的 IP 地址添加到列表中。

单击“下一步”按钮，在打开的对话框中可以为那些 Windows 2003 以前版本的客户端配置 WINS 服务器，如果域中没有以前版本的客户端，则可不配置 WINS 服务器，直接单击“下一步”按钮进行下一步设置。

单击“下一步”按钮，新打开的对话框说明所有选项都已配置完了，选择“是，我想现在激活此作用域”单选项，激活前面所做的各项设置。此时，DHCP 服务器的配置过程就算完成了，DHCP 服务器也就开始正常工作了。

通过以上操作，局域网服务器端的配置过程就全部完成了。

3. 客户端配置

服务器端配置好后，下面就要对客户端进行一一配置，如果客户端安装的操作系统是 Windows 2003 Professional，则可以按如下步骤进行配置。

1) 配置 IP 地址

在“网络与拨号连接”窗口中选择用与局域网连接的那个连接项。在相应的网络连接项上单击右键，然后选择“属性”选项，在打开的对话框中选择网络组件列表中的“Internet 协议(TCP/IP)”选项，然后单击“属性”按钮，在打开的对话框中为客户端指定 IP 地址。选择“使用下面的 IP 地址”单选项，然后在下面的“IP 地址”和“子网掩码”选项中指定本机的 IP 地址，注意一定要与域控制器(服务器)处于同一网段。对于小型局域网，在没有子网的情况下，子网掩码只需填入 C 类 IP 地址标准的子网掩码“255.255.255.0”，也可不填写子网掩码。DNS 名可以填写服务器的 IP 地址。其他选项按系统默认即可。

2) 配置客户端标识属性

IP 地址配置好后即可进行网络连接了，实际上就是把客户端计算机加入到域中，具体方法如下。

在桌面上的"我的电脑"图标上单击右键，在弹出的快捷菜单中选择"属性"选项，打开"系统属性"配置对话框，选择"网络标识"选项卡。

在这里有两种方法把客户端计算机加入到域中：一种是通过单击"网络标识"选项卡的"属性"按钮进行；另一种是通过单击"网络 ID"按钮打开一个网络 ID 向导进行配置。单击"网络标识"选项卡中的"属性"按钮，在打开的对话框中可以重新定义计算机在域中显示的计算机名称以及所属域，直接单击"确定"按钮完成。如果按以上方法不能把计算机加入到域，则可采取第二种方法。单击"网络标识"选项卡中的"网络 ID"按钮，打开向导对话框。

单击"下一步"按钮，在打开的对话框中选择"本机是商业网络的一部分，用它连接其他工作着的计算机"单选项。

单击"下一步"按钮，在打开的对话框中选择"公司使用带有域的网络"单选项。对于无域的对等网，则须选择"公司使用域的网络"单选项。

单击"下一步"按钮，在打开对话框中可直接单击"下一步"按钮进入下一步配置。

单击"下一步"按钮，在打开对话框中可以把该工作计算机添加到域的用户账户信息，注意一定要与前面添加的计算机中指定的用户一致，否则不能成功。在"域"栏中要注意服务器安装活动目录(Active Directory)时所选择的兼容模式，如果选择兼容以前的版本模式，则在此要输入以前版本可以识别的名称，如果服务器选择的是只与 Windows 系统兼容的模式，则一定要加上域名后缀，如.com。

单击"下一步"按钮，在打开的对话框中可以添加一个用户账户到本地计算机中，这样这个用户可以有权限进入该计算机中，注意这个用户账户一定要是域中已存在的账户。

单击"下一步"按钮，在打开的对话框中指定上一步所添加用户的访问权限，根据需要选择即可。

单击"下一步"按钮，出现向导完成对话框，单击"完成"按钮即可完成"网络标识向导"。按系统提示重新启动计算机即可令以上设置生效，这时就会在登录界面中出现"域"的选项，此时计算机可通过前面已添加的用户账户进入域中。这时如果再查看"系统属性"，则在"标识"选项卡中显示出此计算机已在*.com 域中。

通过以上操作，客户端的配置就完成了。

现在，整个网络的服务器和客户端的配置都已经完成了，各用户可以用在配置网络标识中创建的用户进入带域的网络中。

本 章 小 结

局域网是计算机网络最基本的结构形式。局域网通常指在有限的地理范围内通过传输媒体连接起来的多台自治的计算机，通过完善的网络软件，实现计算机之间的相互通信和资源共享。局域网具有 3 种最基本的拓扑结构，即总线形结构、环形结构、星形结构。总线形和星形局域网的介质访问控制方法常采用带冲突检测的载波监听(CSMA/CD)访问技术和令牌总线(Token Bus)访问技术；而环形局域网采用令牌环(Token Ring)访问技术。局域网采用同轴电缆、双绞线和光缆作为有线联网的传输介质，也可以采用卫星、微波、红外线、激光等作为无线联网的传输介质。常用的联网设备有网卡、中继器、网桥、交换机、路由器和网关等。传统以太网通常是指传输带宽在 10 Mb/s 以下的网络，高速以太网技术有 100BASE-T、1000BASE-T、10000BASE-ER 等。组建一个实用的局域网通常应该考虑待组建局域网的功能的确定、局域网类型的确定与网络拓扑结构的选择、硬件与软件的选择、网上资源共享方案的确定以及建网成本核算。最后用一个实际的组网案例指导读者了解和掌握局域网的组建方法和基本功能。

习　　题

一、选择题

1. 早期为了实现资源共享和交流方便，在较小范围内进行计算机互联，出现了计算机网络研究的新领域，这就是(　　)。

A. Internet　　B. 城域网　　C. 局域网　　D. 广域网

2. 计算机网络的组成元素可以分为网络节点和通信链路两大类，网络节点的互联模式称为网络的(　　)。

A. 拓扑结构　　B. 总线形结构　　C. 环形结构　　D. 星形结构

3. 从介质访问这个角度来考虑，下列(　　)方法不是局域网的介质访问控制方法。

A. CSMA/CD　　B. 红外线　　C. 令牌环　　D. 令牌总线

4. 无线信道不包括(　　)。

A. 微波通信　　B. 激光通信　　C. 红外传输　　D. 毫米波

5. 组建局域网时，对硬件选择的一般原则是要注重(　　)和经济性。

A. 兼容性　　B. 性价比　　C. 目的性　　D. 长远性

二、填空题

1. 从介质访问控制方法的角度，局域网可分为________与________两类。
2. 局域网的通信方式可以分为 3 种：________、________、________。
3. 计算机网络的拓扑结构主要有________、________、________、________。
4. 局域网的常见传输介质有________、________、________、________。
5. 交换机的主要功能有________、________、________。
6. 路由器的主要功能有________、________、________、________。
7. 目前常用的网络操作系统有________、________、________。
8. 一个局域网的成本主要包括________、________和________。

三、问答题

1. 简述局域网的定义、分类和主要功能。
2. 局域网有几种拓扑结构，各自的特点是什么？
3. 常见的网络设备有哪些，其中路由器和交换机有什么区别？
4. 简述在组建局域网时硬件选择的原则。
5. 简单总结计算机局域网的优势。

第 5 章　广域网原理与技术

本章教学目标

- 理解广域网的定义。
- 了解广域网的组成模型和提供的服务。
- 了解目前广域网常见技术的基本概念。
- 了解广域网接入技术。

当计算机之间的距离较远时，例如，相隔数千米，甚至数十千米乃至于覆盖到市、省、国家或国际范围时，局域网显然就无法完成计算机之间的通信任务。这时就需要借助另一种结构的网络，即广域网。广域网(Wide Area Network，WAN)是一种跨地域、跨国家的网络，它能连接多个城市或国家并提供远距离通信。

本章将着重介绍广域网的基本概念、广域网所提供的两种服务、各种常见广域网实例以及相关的接入技术。

5.1　广域网概述

5.1.1　广域网的基本概念

广域网又称为远程网，通常是指覆盖范围可达一个地区、国家甚至全球的长距离网络。它由一些节点交换机(也称通信处理机 IMP)以及连接这些交换机的链路(由通信线路和设备组成)和相应主机组成，节点交换机和连接交换机的链路构成广域网的通信子网，而主机则组成广域网的资源子网。广域网的节点交换机实际上就是配置了通信协议的专用计算机，是一种智能型通信设备。除了传统的公用电话交换网之外，目前大部分广域网都采用存储转发的方式进行数据交换，也就是说，广域网是基于分组交换技术的。为了提高网络的可靠性，节点交换机同时与多个节点交换机相连，目的是在两个节点交换机之间提供多条冗余的链路，这样当某个节点交换机或线路出现问题时不至于影响整个网络的运行。

广域网又称为外网或者公网，是可以将不同地区的局域网或者城域网连接在一起的远程通信网络。通常广域网的覆盖范围很大，可以从几十公里到几千公里，能够为多个地区、城市或者国家提供远程通信，形成国际性的远程网络。因特网就是最典型的广域网，VPN 技术也属于广域网。

在广域网内，节点交换机和它们之间的链路一般由电信部门提供，网络由多个部门或多个国家联合组建而成，规模很大，能实现整个网络范围内的资源共享和服务。广域网一般向社会公众开放服务，因而通常称为公用数据网(Public Data Network，PDN)。

传统的广域网采用存储转发的分组交换技术构成，目前帧中继和 ATM 快速分组技术也开始大量使用。

随着计算机网络技术的不断发展和广泛应用，一个实际的网络系统常常是 LAN、MAN 和 WAN 的集成。三者之间在技术上也不断融合。

广域网的线路一般分为传输主干线路和末端用户线路，根据末端用户线路和广域网类型的不同，有多种接入广域网的技术。使用公共数据网的一个重要问题就是接口问题，拥有主机资源的用户只要遵循通信子网所要求的接口标准，提出申请并付出一定的费用，都可接入该通信子网，利用其提供的服务来实现特定资源子网的通信任务。

目前常用的公共广域网络系统有公用交换电话网 PSTN、综合业务数字网 ISDN、分组交换数据网 X.25、数字数据网 DDN 和帧中继网 FR 等。

5.1.2　广域网的构成

广域网的发展是从 ARPANet 的诞生开始的。ARPANet 是由美国国防部高级研究计划局 ARPA 率先组建而成的计算机网络。ARPANet 的出现，标志着以资源共享为目的的现代计算机网络的诞生。

广域网是将不同城市、省区甚至国家之间的 LAN、MAN 利用远程数据通信网连接起来的网络，可以提供计算机软、硬件和数据信息资源共享。但目前一般书籍上所讲的 WAN 实质上只是远程数据通信网，称之为广域网服务则更为准确，我们应当将广域网和广域网服务区别开来。广域网与广域网服务的区别是，广域网工作在 OSI 模型的低三层，广域网服务则工作在 OSI 模型的数据链路层和物理层。广域网更多的是指计算机资源子网以外的通信子网，其对应的协议关系见图 5-1 所示。

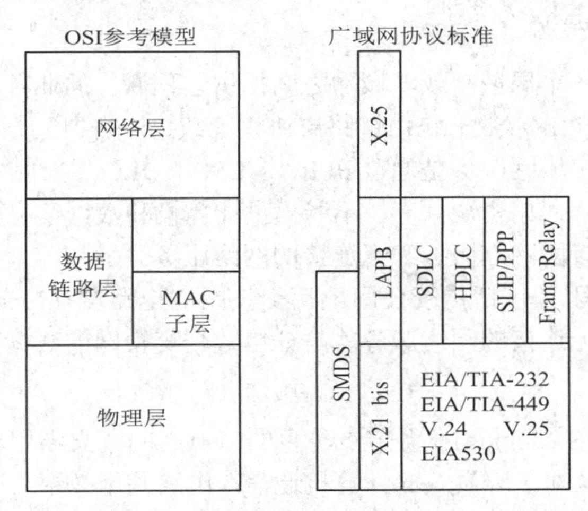

图 5-1　广域网协议模型与 OSI 参考模型的关系

构建局域网和广域网的方法不同。构建局域网时，必须由构建局域网的单位完成网络的设计和建设，网络的传输速率可以很高，如千兆比特以太网。而构建广域网时，因为各种条件的限制，必须借助于公共传输网络。广域网上的主机(Host)在有些文献中称为端点系统(End System)，主机通过通信子网连接；子网的功能是把消息从一台主机传到另一台主机。通过把网络通信部分(子网)和应用部分(主机)分开，整个网络的设计就简单化了。

在大多数广域网中，子网由两个不同的部件组成，即传输线路和交换单元。传输线路也称为电路(Circuit)、信道(Channel)或干线(Trunk)，在机器之间传送比特流。交换单元即路由器(Router)，当数据从输入线到达时，路由器必须为它选择一条输出线路以便传递。

在大多数广域网中，网络包含大量的电缆或电话线，每一条都连接一对路由器。如果两个路由器间没有电缆直接连接而又希望进行通信，则必须使用间接的方法，即通过其他路由器。当通过中间路由器把分组从一个路由器发往另一个路由器时，分组会完整地被每个中间路由器接收并存放起来。当需要的输出线路空闲时，该分组就被转发出去。采用这种机制的子网称作点到点(Point-to-Point)、存储转发(Store-and-Forward)或分组交换(Packet-Switched)子网。几乎所有的广域网(除了使用卫星的以外)都使用存储转发子网。当分组很小并且大小相同时，通常称为信元(Cell)。

在使用点到点子网时，设计重点是路由器互联的拓扑结构。点到点子网的拓扑结构包括星形、环形、树形、全连接形和不规则形。

WAN 的另一种设计采用的是卫星或地面无线系统，该系统是工作在广播式上的。网络中的每个路由器都设有天线，可以发送和接收卫星的无线信号。有时候各个路由器被连成点到点的子网，只有一部分路由器设有天线。

5.2　广域网提供的服务

5.2.1　广域网通信的服务类型

广域网服务是在各个局域网或城域网之间提供远程通信的业务，其实质是在两个路由器之间，将网络层的 IP/IPX 数据包由链路层协议承载，传输到远方路由器，以提供远程通信服务。也就是说，广域网服务是通过 PPP、X.25、HDLC 以及帧中继等协议实现的。广域网服务只能提供远程通信资源共享，不能提供计算机和数据信息资源共享。广域网提供的服务主要有面向连接的网络服务和无连接的网络服务。

面向连接的网络服务包括传统公用电话交换网的电路交换方式和分组数据交换网的虚电路交换方式，而无连接的网络服务就是分组数据交换网的数据报方式。

1. 电路交换方式

电路交换(Circuit Switching)在源节点与目的节点之间建立专用电路连接，在数据传输期间电路一直被独占，对于猝发式的计算机通信，电路利用效率不高。这种交换方式是早期为传统公用电话交换网传输模拟信号而设计的，不适合数据通信。但在目前数据交换网未能覆盖所有用户的情况下，用户有时不得不使用公用电话交换网接入网络传输数字数据。这时需要一种接入设备，即调制解调器，进行数字和模拟信号间的转换。

2. 数据报方式

分组交换数据网无连接的数据报(Datagram)服务的特点是当某一主机想要发送数据时就随时可以发送，每个报文分组独立地选择路由。这样做的好处是报文分组所经过的节点交换机不需要事先为该报文分组保留信道资源，而是对分组在进行传输时动态地分配信道资源。因为每个报文分组走不同的路径，所以数据报服务不能保证先发送出去的报文分组先到达目的主机，也就是说，这种数据报服务的报文分组不能按顺序交给目的主机，因此目的节点就必须对收到的报文分组进行缓冲，并且重新组装成报文再传送给目的主机。当网络发生拥塞时，网络中的某个节点可以将一些分组丢弃，所以数据报的服务是不可靠的，它不能保证服务质量。另外，数据报服务的每一个报文分组都有一个报文分组头，它包含着一些控制信息，如源地址、目的主机地址和报文分组号等信息。其中源地址和目的地址的作用是可使每个报文分组独立选择路由，报文分组号的作用是使目的节点能对收到的报文分组进行重新排序并组装，但这个报文分组头无形中增加了网络传输的数据量，即增加了网络传输开销。

3. 虚电路方式

为减轻接收端对报文分组进行重新排序的负担，可采用能保证报文分组按发送顺序到达目标节点的服务方式，即虚电路(Virtual Circuit)的服务方式。这种方式不会发生报文丢失或重复的情况。虚电路服务与数据报不同，虚电路服务在双方进行通信之前，必须首先由源站发出一个报文分组(在该报文分组中要有源站和目的站的全地址) 请求，请求与目的站建立连接，当目的站接受这个请求后，会发回一个报文分组作为应答，这样双方就建立起了数据通路，然后双方就可以开始传送信息了。当双方通信完成之后还必须拆除建立的这个连接。虚电路一经建立就要赋予虚电路号，它反映信息的传输通道，这样在传输信息报文分组时，就不必再注明源站和目的站的全部地址，因而减少了传输的信息量。所以，采用虚电路服务就必须有建立连接、传输数据和释放连接这 3 个阶段。虚电路服务在传输数据时采用存储转发技术，即某个节点先把报文分组接收下来，进行验证，然后再把该报文分组转发出去。通过以上的叙述可以看出，虚电路和电路交换有很大的不同，人们打电话所采用的电路交换虽然也有建立连接、传输数据和释放连接 3 个阶段，但它是两个通话用户在通话期间自始至终地占用一条端到端的物理信道，而虚电路由于采用存储转发的分组交换，所以只是断续地占用一段又一段的链路，虽然通信用户感觉好像占用了一条端到端的物理通路，但并不是在通信期间的完全占用，所以这也是称为“虚电路”的原因。在使用虚电路时，由网络来保证报文分组按顺序到达，而且网络还要负责端到端的流量控制。

5.2.2　广域网服务的常用设备

广域网服务的常用设备包括路由器、通信网络交换机、信道服务单元/数据服务单元(Channel Service Unit/Data Service Unit，CSU/DSU)等。

1. 路由器

路由器属于用户方设备，是实现远程通信的关键设备。它提供网络层服务，可以选择IP、IPX、AppleTalk 等不同协议，也可以为线路和子网提供各种同步或异步串行接口和以太网的接口。路由器是一种智能化设备，能够动态地控制资源并支持网络的任务和需求，实现远程通信的连通性、可靠性和可管理性。路由器的配置被视为用户终端设备 DTE，其配置是最为复杂的一种网络通信设备。

2. 通信网络交换机

通信网络交换机在一般资料中称为广域网交换机，是远程通信网的关键设备，属于电信公司或 ISP。它是一种多端口交换设备，如专用小型电话交换机(Private Branch telephone eXchange，PBX)等。其交换方式同帧中继和 X.25 等，通信网交换机在全国和各省市县之间采用混合网络拓扑进行互联，能够提供极其充分的四通八达的数据链路。它工作在数据链路层，可以选择运行 PPP、HDLC 等链路层协议，在通信连接中被视为数据端接设备 DCE。

3. 信道服务单元/数据服务单元

信道服务单元 CSU 是连接 DTE 到本地数字电路的一个数字装置，它能将 LAN 的数据帧转化为适合通信网使用的数据帧，或者相反。CSU 还能够向通信网线路发送或从该线路接收信号，并从该单元的两边都提供一个电子干扰屏蔽。CSU 还能够返回电信公司用于检测的回送信号。

数据服务单元 DSU 能够对电信线路进行保护与故障诊断。这两种设备的典型应用就是组合成一个独立的单元，实际上相当于一个调制解调器。在使用中首先需要从电信公司或 ISP 租用一条数据专线如 E1/T1，然后在用户终端和电信公司或 ISP 两端安装 CSU/DSU，使 DTE 上的物理接口与 T1 或 E1 之类的传输设备相适应。DSU 管理着线路控制功能，并介于局域网上的 RS232C、RS 449 或 V.35 数据帧和 T1 线路上的时分复用 TDM 数字信号，交叉连接 DSX 数据帧之间的转换和输入与输出。DSU 控制着定时误差和信号的刷新。DSU 在作为数据终端设备的计算机与 CSU 之间提供类似于调制解调器的连接。CSU/DSU 作为单独的产品进行生产，但有时也被当作 T1 WAN 网卡的一部分。CSU/DSU 的数据终端设备接口通常兼容 V.xx 和 RS232C 或类似的串行接口。

5.3 常见的广域网络

5.3.1 公用电话交换网 PSTN

公用电话交换网(Public Switch Telephone Network，PSTN)也称为“电话网”，是人们打电话时所依赖的传输和交换网络，是国家公用通信基础设施之一，由国家电信部门统一建设、管理和运营。PSTN 是一种以模拟技术为基础的电路交换网络，两数字站通信时需要借助 Modem 来实现。在众多的广域网互联技术中，通过 PSTN 进行互联所要求的通信费用最低，但其数据传输质量及传输速率也最差最低，同时 PSTN 的网络资源利用率也比较低。

通过公用电话交换网可以实现以下功能：

(1) 拨号接入 Internet、Intranet 和 LAN。

(2) 实现两个或多个 LAN 之间的互联。

(3) 实现与其他广域网的互联。

PSTN 提供的是一个模拟的专用信息通道，通道之间经由若干个电话交换机节点连接而成，PSTN 采用电路交换技术实现网络节点之间的信息交换。当两个主机或路由器设备需要通过 PSTN 连接时，在两端的网络接入点(即用户端)必须使用调制解调器来实现信号的调制与解调转换。从 OSI/RM 的 7 层模型的角度来看，PSTN 可以看成是物理层的一个简单的延伸，它没有向用户提供流量控制、差错控制等服务。而且，由于 PSTN 是一种电路交换的方式，因此，一条通路自建立、传输直至释放，即使它们之间并没有任何数据需要传送时，其全部带宽也仅能被通路两端的设备占用。因此，这种电路交换的方式不能实现对网络带宽的充分利用。尽管 PSTN 在进行数据传输时存在一定的缺陷，但它仍是一种不可替代的联网技术。

图 5-2 所示是一个通过 PSTN 连接两个局域网的网络互联的例子。在这两个局域网中各有一个路由器，每个路由器均有一个串行端口与 Modem 相连，Modem 再与 PSTN 相连，从而实现这两个局域网的广域互联。

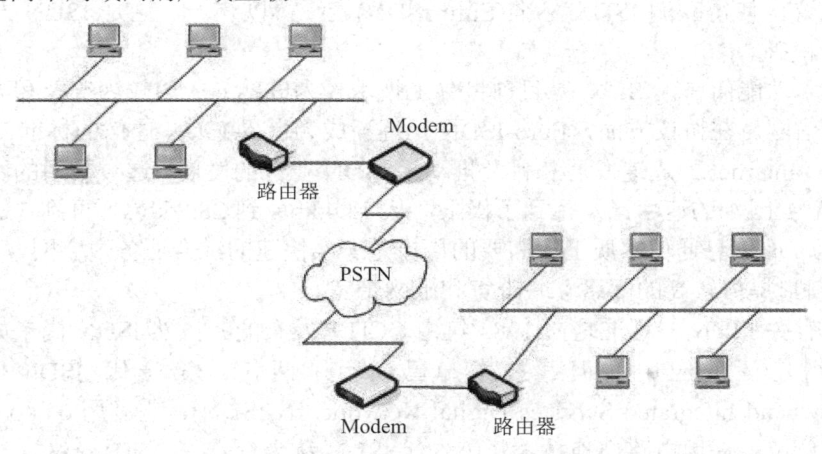

图 5-2　两个局域网通过 PSTN 互联

PSTN 的入网方式比较简单灵活，通常有以下几种选择方式。

(1) 通过普通拨号电话线入网。

选择这种方式时，只要在通信双方原有的电话线上并接 Modem，再将 Modem 与相应的入网设备相连即可。目前，大多数入网设备(如 PC)都提供有若干个串行端口，在串行口和 Modem 之间采用 RS-232 等串行接口规范进行通信。

Modem 的数据传输速率最大能到 56 kb/s。这种连接方式的费用比较经济，收费价格与普通电话的价格相同，适用于通信不太频繁的场合(如家庭用户入网)。

(2) 通过租用电话专线入网。

与普通拨号电话线方式相比，租用电话专线可以提供更高的通信速率和数据传输质量，但相应的费用也比前一种方式高。使用专线的接入方式与使用普通拨号线的接入方式没有太大区别，但是省去了拨号连接的过程。通常，当决定使用专线方式时，用户必须向所在地的电信部门提出申请，由电信部门负责架设和开通。

5.3.2 综合业务数字网 ISDN

1. ISDN 的基本概念

公共电话网络 PSTN 对于非话音业务传输的局限性，使得 PSTN 不能满足人们对数据、图形、图像乃至视频图像等非话音信息的通信需求，而电信部门所建设的网络基本上都只能提供某种单一的业务，比如用户电报网、电路交换数据网、分组交换网以及其他专用网等。尽管花费大量的资金和时间建设的上述专用网在一定程度上解决了问题，但是上述这些专用网由于通信网络标准不统一，仍然无法满足人们对通信的需求。因此，20 世纪 70 年代初，欧洲国家的电信部门开始试图寻找新技术来解决问题，这种新技术称为综合业务数字网(Integrated Services Digital Network，ISDN)。ISDN 的出现立即引起了业界的广泛关注。但由于通信协调和政策方面的障碍，直至 20 世纪 90 年代 ISDN 才开始在全世界范围内得到真正的普及应用。1993 年底，由 22 个欧洲国家的电信部门和公司发起倡议，使得欧洲 ISDN 标准(Euro-ISDN)最终得以统一，这是 ISDN 发展史上的一个重要里程碑。

就技术和功能而言，ISDN 是目前世界上技术较为成熟、应用较为普及和方便的综合业务广域通信网。在协议方面，Euro-ISDN 已逐渐成为世界 ISDN 通信的标准。

近年来，Internet 的迅速发展和普及推动了 ISDN 业务的发展。迄今常用的网络接入方式(即电话拨号上网)的速率已发挥到了极限，从 14.4 kb/s 到 28.8 kb/s，再到 33.6 kb/s，最后到 56 kb/s。而信息通信本质上所需要的恰恰是一个快速的综合业务数字网，ISDN 可以为 Internet 用户提供较高的网络互联带宽和上网带宽。

最早的有关 ISDN 的标准是在 1984 年由 CCITT 发布的。虽然 ISDN 尚未如最初期望的那样获得广泛的应用，但其技术却已经历了两代。第一代 ISDN 称为窄带 ISDN(Narrowband Integrated Services Digital Network，N-ISDN)，它利用 64 kb/s 的信道作为基本交换单位，采用电路交换技术。第二代 ISDN 称为宽带 ISDN(Broadband Integrated Service Digital Network，B-ISDN)，它支持更高的数据传输速率，发展趋势是采用分组交换技术或信元交换技术。

2. ISDN 的技术与组成

ISDN 将多种业务集成在一个网内，为用户提供经济有效的数字化综合服务，包括电话、传真、可视图文及数据通信等。ISDN 使用单一入网接口，利用此接口可实现多个终端(如 ISDN 电话、终端等)同时进行数字通信连接。从某种角度来看，ISDN 具有费用低廉、使用灵活方便、数据传输速率高且传输质量高等优点。

ISDN 的组成部件包括用户终端、终端适配器、网络终端等设备，系统结构如图 5-3 所示。ISDN 的用户终端主要分为两种类型：类型 1 和类型 2。其中，类型 1 终端设备(TE1)是 ISDN 标准的终端设备，通过 4 芯的双绞线数字链路与 ISDN 连接，如数字电话机和 G-4 传真机等；类型 2 终端设备(TE2) 是非 ISDN 标准的终端设备，必须通过终端适配器才能与 ISDN 连接。如果 TE2 是独立设备，则它与终端适配器的连接必须经过标准的物理接口，如 RS-232C、V.24 和 V.35 等。

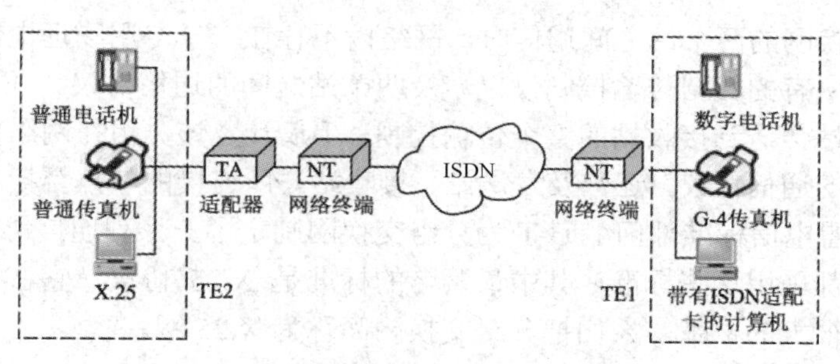

图 5-3　ISDN 系统的组成

ISDN 基本速率接口 BRI 提供两个 B 通道和一个 D 通道，即 2B + D 接口。B 通道的传输速率为 64 kb/s，通常用于传输用户数据。D 通道的传输速率为 16 kb/s，通常用于传输控制和信令信息。因此，BRI 的传输速率通常为 128 kb/s，当 D 通道也用于传输数据时，BRI 接口的传输速率可达 144 kb/s。

ISDN 基群速率接口 PRI 提供的通道情况根据不同国家或地区采用的 PCM 基群格式而定。在北美洲各国和日本，PRI 提供 24B + D 接口，总传输速率为 1.544 Mb/s。在欧洲国家、澳大利亚、中国和其他国家，PRI 提供 30B + D 接口，总传输速率为 2.048 Mb/s。由于 ISDN 的 PRI 提供了更高速率的数据传输，因此，它可以实现可视电话、视频会议或 LAN 间的高速网络互联。

图 5-4 显示了一个 ISDN 应用的典型实例。家庭个人用户通过一台 ISDN 终端适配器连接个人电脑、电话机等。这样个人电脑就能以 64/128 kb/s 的速率接入 Internet，同时可以打电话。对于中小型企业，将企业的局域网、电话机、传真机通过一台 ISDN 路由器连接到一条或多条 ISDN 线路上，就可以以 64/128 kb/s 或更高的速率接入 Internet。

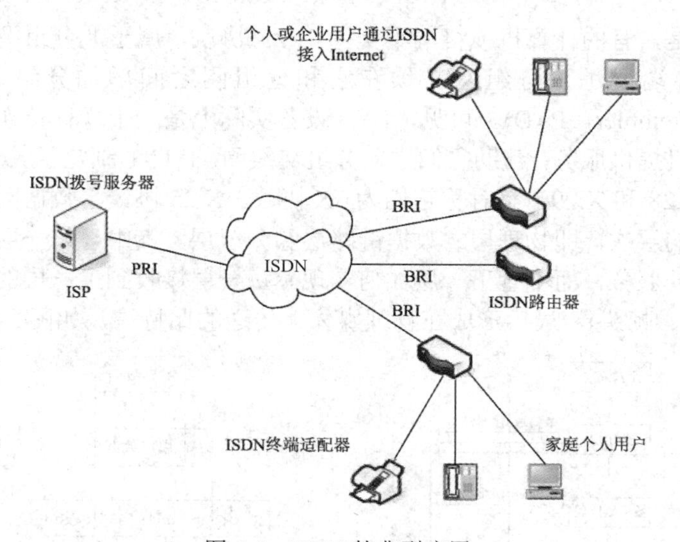

图 5-4　ISDN 的典型应用

5.3.3　公共分组交换数据网 X.25

数据通信网发展的重要里程碑是采用分组交换方式，构成分组交换网。和电路交换网相比，在分组交换网的两个站之间通信时，网络内不存在一条专用物理电路，因此不会像电路交换那样，所有的数据传输控制仅仅涉及两个站之间的通信协议。在分组交换网中，一个分组从发送站传送到接收站的整个传输控制，不仅涉及该分组在网络内所经过的每个节点交换机之间的通信协议，还涉及发送站、接收站与所连接的节点交换机之间的通信协议。国际电信联盟电信标准部门 ITU-T 为分组交换网制定了一系列通信协议，世界上绝大多数分组交换网都采用这些标准。其中最著名的标准是 X.25 协议，它在推动分组交换网的发展中做出了很大的贡献。人们把分组交换网简称为 X.25 网。

1. X.25 协议的应用环境

X.25 协议是作为公用数据网的用户—— 网络接口协议提出的，它的全称是“公用数据网络中通过专用电路连接的分组式数据终端设备 DTE 和数据电路终接设备 DCE 之间的接口”。这里的 DTE 是用户设备，即分组型数据终端设备(执行 X.25 通信规程的终端)，具体可以是一台按照分组操作的智能终端、主计算机或前端处理机；DCE 实际是指 DTE 所连接的网络分组交换机(PS)，如果 DTE 与交换机之间的传输线路是模拟线路，那么 DCE 也包括用户连接到交换机的调制解调器(这种情况在地区用户线上是存在的)。图 5-5 所示为 X.25 协议的应用环境。

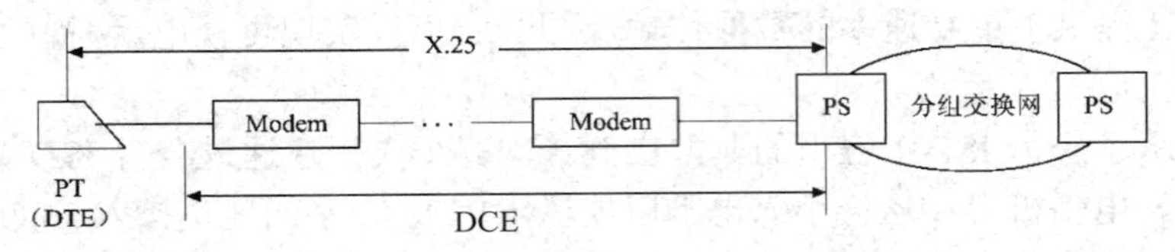

注：PT 为分组型终端，PS 为分组交换机。

图 5-5　X.25 协议的应用环境

需要指出的是，有的计算机或终端不支持 X.25 协议，属于非分组型终端，即字符型终端，这样的终端要进入分组网必须在它和分组网之间增加分组装拆设备(Packet Assembler / Disassembler，PAD)。可见，PAD 设备实际上是一个规程转换器，它向各种不同的终端或计算机提供服务，帮助它们进入分组交换网。ITU-T 制定了关于 PAD 的 3 个协议书，即 X.3、X.28 和 X.29，有时称它们为 3X 协议。X.25 协议将数据网的通信功能划分为 3 个相互独立的层次，即物理层、数据链路层和分组层。其中，每一层的通信实体只利用下一层所提供的服务，而不管下一层如何实现。每一层接收到上一层的信息后，加上控制信息(如分组头、帧头)，最后形成在物理媒体上传送的比特流，如图 5-6 所示。

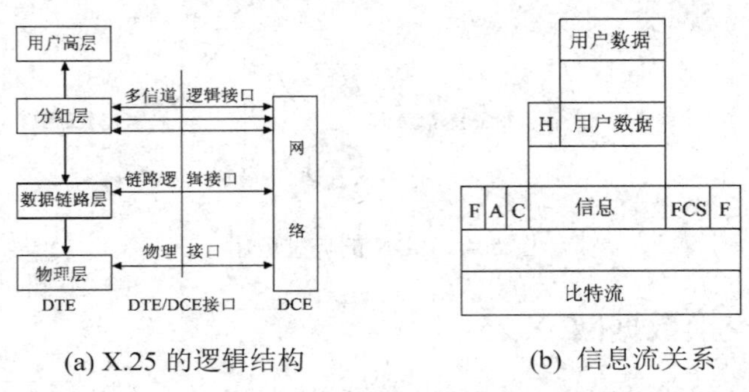

(a) X.25 的逻辑结构　　(b) 信息流关系

图 5-6　X.25 协议的逻辑结构和信息流关系

2. X.25 的层次关系

X.25 的层次关系如图 5-7 所示。物理层主要规定了 DTE 和 DCE 之间接口的电气特性，功能特性和机械特性以及协议的交互流程，采用二进制位流，其数据单位是比特。数据链路层的主要功能是进行帧的组装、拆装和差错检测，其数据单位是帧。分组层的一个主要功能是实现多路复用物理链路，在 DTE 和 DCE 之间可以建立多条逻辑信道，另一个主要功能是纠错和流量控制，它保证了 X.25 的高可靠性。

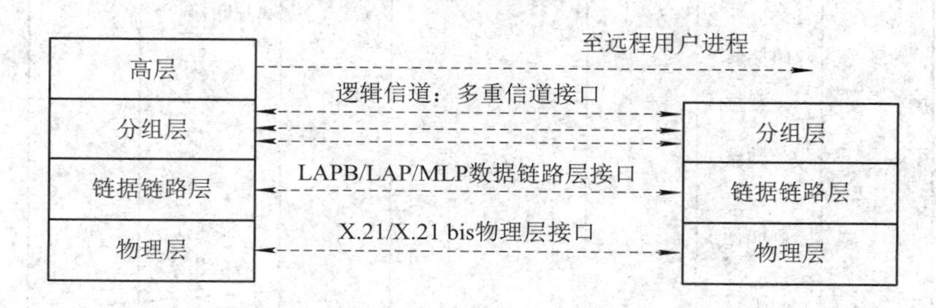

图 5-7　X.25 的层次关系图

1) *X.25 的物理层*

X.25 协议的物理层规定采用 X.21 建议。X.21 建议规定如下：

(1) 具有机械特性：采用 ISO 4903 规定的 15 针连接器和引线分配，通常使用 8 线制。

(2) 具有电气特性：平衡型电气特性。

(3) 进行同步串行传输。

(4) 采用点到点全双工方式。

(5) 适用于交换电路和租用电路。

X.21 是为数字电路的使用而设计的。对于模拟线路(如地区用户线路)，X.25 协议还提供了另一种物理接口标准 X.21 bis，它与 V.24/RS232 兼容。

2) *数据链路层*

链路层具备的功能是：① 差错控制，采用 CRC 进行循环冗余校验，当发现出错时自动请求重发；② 进行帧的装配和拆卸及帧的同步；③ 对帧进行排序，对正确接收的帧进行确认；④ 实现数据链路的建立、拆除、复位控制及流量控制。

X.25 数据链路层采用平衡型数据链路结构和 LAPB 规程(平衡链路访问规程)。这部分参见 HDLC 协议。LAPB 按 HDLC 的格式传送控制信息和数据信息。规定 DTE 和 DCE 之间采用全双工物理链路连接，信息传输只按点到点的方式进行，不采用多点方式。LAPB 操作方式属于 ABM，链路两端都是复合站，任一站只要通过发送一个命令就可以使链路复位或建立新的链路。

3) *分组层*

分组层对应于 OSI/RM 中的网络层，它利用链路层提供的服务在 DTE-DCE 接口交换分组，将一条逻辑链路按统计时分复用 STDM 方式划分为多个逻辑子信道，允许多台计算机或终端同时使用高速的数据通道，以充分利用逻辑链路的传输能力和交换机资源。分组层采用虚电路工作，整个通信过程分为 3 个阶段：呼叫建立阶段、数据传输阶段和虚电路释放阶段。图 5-8 给出了虚电路的建立和清除过程。图中左边部分显示了 DTE A 与 DCE A 之间分组的交换，右边部分显示了 DTE B 和 DCE B 之间分组的交换。DCE 之间分组的路由选择是网络内部功能：

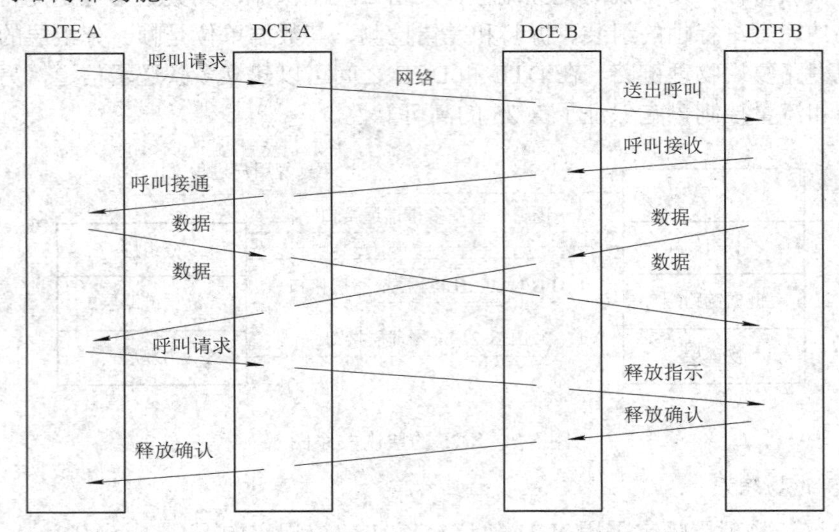

图 5-8　虚电路的建立和清除

虚电路的建立和清除过程叙述如下：

DTE A 对 DCE A 发出一个呼叫请求分组，表示希望建立一条到 DTE B 的虚电路。该分组中含有虚电路号，在此虚电路被清除以前，后续的分组都将采用此虚电路号；网络将此呼叫请求分组传送到 DCE B；DCE B 接收呼叫请求分组，然后给 DTE B 送出一个呼叫指示分组，这一分组具有与呼叫请求分组相同的格式，但其中的虚电路号不同，虚电路号由 DCE B 在未使用的号码中选择；DTE B 发出一个呼叫接收分组，表示呼叫已经接收；DTE A 收到呼叫接通分组(该分组和呼叫请求分组具有相同的虚电路号)，此时虚电路已经建立；DTE A 和 DTE B 采用各自的虚电路号发送数据和控制分组；DTE A(或 DTE B)发送一个释放请求分组，紧接着收到本地 DCE 的释放确认分组；DTE A(或 DTE B)收到释放指示分组，并传送一个释放确认分组。此时 DTE A 和 DTE B 之间的虚电路就清除了。上述讨论的是交换虚电路(SVC)。此外，X.25 还提供永久虚电路(PVC)。永久虚电路是由网络指定的，不需要呼叫的建立和清除。

X.25 的分组可分为两大类，即控制分组和数据分组。虚电路的建立、数据传送时的流量控制、中断、数据传送完毕后的虚电路释放等，都要用到控制分组。关于 X.25 分组的格式参见 X.25 协议的详细说明。

中国的公用分组交换网(CHINAPAC)是由原邮电部组建的以 X.25 为基础，可以满足不同速率、不同型号 DTE 及 LAN 之间通信和资源共享的计算机通信网。全网由全国中心城市 32 个中转和汇接中心的交换机组成，1993 年底投入运行。目前 CHINAPAC 已成为覆盖国内 600 多个城市、与世界 20 多个国家和地区的 40 多个公用分组交换网互联的网络，国内的任何一台计算机均可通过 CHINAPAC 进行国际间的数据传输。虽然 X.25 技术较为成熟，但由于其传输速率较低，因此现在广域网连接中已较少采用 X.25 技术。

5.3.4　帧中继 FR

在 20 世纪 80 年代后期，许多应用都迫切要求提高分组交换服务的速率。然而 X.25 网络的体系结构并不适合于高速交换，因此需要研制一种高速交换的网络体系结构。帧中继(Frame Relay，FR)就是为实现这一目的而提出的，帧中继网络协议在许多方面非常类似于 X.25。

X.25 分组交换技术具有很多优点。例如，采用流量控制可以有效防止网络拥塞，路由选择可建立最佳传输路径，统计时分复用及虚电路可提高信道利用率，差错控制提高了可靠性等，然而这些优点是有代价的。X.25 协议规定的丰富的控制功能，增加了分组交换机处理的负担，使分组交换机的吞吐量和中继线路速率的进一步提高受到了限制，而且分组的传输时延比较大。中继线路上的数据传输速率一般为 64 kb/s，少数达到了 2 Mb/s，用户线路的数据传输速率一般不超过 9600 b/s。但是不能因此说 X.25 不好，因为 X.25 协议是在通信网以模拟通信为主的时代背景下提出的，可提供数据传输的信道大多数是频分制电话信道，信道带宽为 300～3400 Hz，这种信道的数据传输速率一般不超过 9600 b/s，误码率为 10^{-4}～10^{-5}。这样的信道已不能满足发展中数据通信业务的要求。通过 X.25 协议的控制，新的技术一方面实现了信道的多路复用，另一方面把误码率提高到了小于 10^{-11} 的水平，因而满足了绝大多数数据通信的要求，所以说 X.25 协议发挥了巨大的作用。

为了进一步提高分组交换网的吞吐量和传输速率，可从两个方面来考虑：一方面提高信道的传输能力，另一方面发展新的交换技术。分组交换网采用光纤通信技术，具有容量大、质量高的特点。这种通信信道为分组交换的发展提供了极其有利的条件，于是快速分组交换技术迅速发展起来，以满足高容量、高带宽的广域网的要求，适应于多媒体通信、宽带综合业务、局域网高速互联等。目前广泛采用的快速分组交换技术主要有两类，即帧中继和异步传输模式。

1. 帧中继与 X.25 的比较

帧中继将 X.25 网络的下三层协议进一步简化，把差错控制、流量控制推到网络的边界，从而实现轻载协议网络。

X.25 数据链路层采用 LAPB 协议(Link Access Procedure Balanced，平衡链路访问规程)，负责 DTE 与 DCE 之间的通信和数据帧的组织，这是一个可靠的协议，使用窗口机制来实现流量控制，使用后退 N 帧的 ARQ 协议来实现差错控制。帧中继的数据链路层使用 LAPD 协议(Link Access Procedure on the D Channel，D 信道链路访问规程)。与 LPAB 相比，LPAD 协议省去了控制字段，因而更简单。以上两种协议都是 HDLC 的子集。

与 X.25 相比，帧中继在第二层增加了路由的功能，但它取消了其他功能。例如，在帧中继网络中的节点不进行差错纠正，因为帧中继技术建立在误码率很低的传输信道上，差错纠正的功能由端到端的计算机完成。在帧中继网络中的节点将舍弃有错的帧，由终端的计算机负责差错的恢复，这样就减轻了帧中继交换机的负担。

与 X.25 相比，帧中继不需要进行第三层的处理，它能够让帧在每个交换机中直接通过，即交换机在帧的尾部还未收到之前就可以把帧的头部发送给下一个交换机，一些第三层的处理(如流量控制)则留给智能终端去完成。正是因为处理方面工作的减少，给帧中继带来了明显的效果。首先，帧中继有较高的吞吐量，能够达到 E1/T1(2.048/1.544 Mb/s)、E3/T3(34/44.763 Mb/s)的传输速率；其次，帧中继网络中的时延很小，在 X.25 网络中每个节点进行帧校验产生的时延为 5～10 ms，而帧中继节点小于 2 ms。帧中继与 X.25 也有相同的地方。例如，二者采用的均是面向连接的通信方式，即采用虚电路交换，有交换虚电路(Switched Virtual Connection，SVC)和永久虚电路(Permanent Virtual Circuit，PVC)两种。

帧中继就是一种减少节点处理时间的 X.25 协议技术。帧中继的原理很简单，当帧中继交换机收到一个帧的首部时，只要一查出帧的目的地址就立即开始转发该帧。因此在帧中继网络中，一个帧的处理时间比 X.25 网约少一个数量级。这种传输数据的帧中继格式也称为 X.25 的流水线方式，但帧中继网络的吞吐量要比 X.25 网络提高一个数量级以上。

帧中继是一种很重要的广域网技术，它是在需要通信的工作站之间创建虚电路的面向连接的技术，它提供永久虚电路和交换虚电路两种类型的服务。在帧中继中，交换虚电路是一种比永久虚电路新的技术，但目前使用的大多数为永久虚电路。

2. 帧中继的应用

在帧中继出现之前，局域网通过广域网互联只有两种方法：一种是租用专线；另一种是采用 X.25。租用专线一般比较昂贵，特别是国际连接，而且不能很好地适应局域网业务量所具有的突发性特点。X.25 的协议复杂，一般会严重妨碍所支持的上层协议，采用 X.25 通常会严重地降低网络的吞吐量。

在局域网互联时，使用帧中继可以带来很大的方便。在不采用帧中继的情况下，要使任何一个局域网通过广域网和任何一个其他局域网进行有效的通信(即足够小的时延)，就必须在广域网中使用专线。若使用帧中继，每个帧中继交换机之间都会建立一条永久虚电路，其效果与专线一样。此外，帧中继还可以用于文件传输、支持多个低速设备的复用、字符交互、块交互数据等业务。

5.3.5　数字数据网DDN

1. 数字数据网概述

数字数据网(Digital Data Network，DDN)是一种利用数字信道提供数据信号传输的数据传输网，也是面向所有专线用户或专用网用户的基础电信网。它为专线用户提供中、高速数字型点对点传输电路，或为专用网用户提供数字型传输网通信平台。DDN 向用户提供的是半永久性的端到端数字连接，沿途不进行复杂的软件处理，因此延时较短，避免了分组网中传输时延大且不固定的缺点；DDN 采用交叉连接装置，可根据用户需要，在约定的时间内接通所需带宽的线路，信道容量的分配和接续在计算机控制下进行，具有极大的灵活性，使用户可以开通种类繁多的信息业务，传输任何合适的信息。

DDN 由数字通道、DDN 节点、网管控制和用户环路组成。由 DDN 提供的业务又称为数字数据业务 DDS。

DDN 的传输媒介有光缆、数字微波、卫星信道以及用户端可用的普通电缆和双绞线，DDN 主干及延伸至用户端的线路铺设十分灵活、便利，它采用计算机管理的数字交叉连接(PXC)技术，为用户提供半永久性的连接电路。

2. DDN 的特点

(1) DDN 是同步数据传输网，不具备交换功能。但可根据与用户所订的协议，定时接通所需路由(这便是半永久性连接的概念)。

(2) 传输速率高，网络时延小。DDN 采用了同步转移模式的数字时分复用技术，用户数据信息根据事先约定的协议，在固定的时间段以预先设定的通道带宽和速率顺序传输，这样只需按时间段识别通道就可以准确地将数据信息送到目的终端。由于信息是顺序到达目的终端的，免去了目的终端对信息的重组，因此减小了时延。目前 DDN 可达到的最高传输速率为 155 Mb/s，平均时延≤450 μs。

(3) DDN 为全透明网。DDN 是对任何规程都支持、不受约束的全透明网，可支持网络层及其以上的任何协议，从而可满足数据、图像、声音等多种业务传输的需要。

3. DDN 提供的业务和服务

DDN 可提供的基本业务和服务除专用电路业务外，还有多种增值业务，包括帧中继、压缩话音/G3 传真以及虚拟专用网等多种业务和服务。DDN 提供的帧中继业务即为虚宽带业务，它把不同长度的用户数据段包封在一个较大的帧内，加上寻址和校验信息，帧的长度可达 1000 B 以上，传输速率可达 2.048 Mb/s。帧中继主要用于局域网和广域网的互联，适应于局域网数据量大和突发性强的特点。此外，用户可以租用部分公用 DDN 的网络资源构成自己的专用网，即虚拟专用网。用户可以对租用的网络资源进行调度和管理。

5.3.6　数字用户环路技术

随着互联网的普及，对于高速线路的需求已经不再是大型公司的专利，中小企业以及普通家庭用户对此也提出了日益迫切的需求。为了满足人们以更快的速度获取更多信息的要求，各大厂商和标准化组织纷纷提出了多种新的宽带高速接入技术。Bellcore 公司在 1987 年首先提出了 xDSL 技术，它是基于公共电话网的扩充方案，可以最大限度地保护已有的投资。

数字用户环路(Digital Subscriber Line，DSL)是以铜质电话双绞线为传输介质的点到点传输技术。DSL 将软件和电子技术相结合，使用在电话系统中没有被利用的高频信号传输数据以弥补铜线传输的一些缺陷。xDSL 中的 x 可表示为 A/H/S/I/V/RA 等不同数据调制实现方式，利用不同的调制方式使数据或多媒体信息可以以更高的速率在铜质双绞线上传送，避免由于数据流量过大而对中心机房交换机和公共电话网造成拥塞。xDSL 只是利用现有的公用电话网中的用户环路部分，而不是整个网络，采用 xDSL 技术需要在原有话音线路上叠加传输，在电信局和用户端分别进行合成与分解，为此需要配置相应的局端设备。不过应当指出，传输距离越长，信号衰减就越大，也就越不适合高速传输，因此，xDSL 只能工作在用户环路上，其传送距离有限。

目前，xDSL 的发展非常迅速，主要原因在于其可以充分利用已经铺设好的电话线路，无须重新布线和构建基础设施。xDSL 的高速带宽可以为服务提供商增加新的业务。而宽带服务应用主要在于高速的数据传输业务，如高速 Internet 接入、小型家庭办公室局域网访问、异地多点协作、远程教学、远程医疗以及视频点播等。以前 Internet 的接入方式主要采用 56 kb/s 或更为低速的 Modem，其缺点主要表现为传输速率较低，通信建立时间过长，且由于用户上网时间一般都比较长，因此随着上网用户的增加，交换机的阻塞率会大大上升，造成后来的用户无法使用。而采用 xDSL 则可大大提高数据的传输速率，在很短的时间内建立连接。此外，由于数据业务不通过语音交换机承载，因此不会对线路交换产生影响。

xDSL 的主要特点有以下几个方面：

(1) xDSL 支持工业标准。由于 xDSL 处在物理层，因此，它支持任意数据格式或字节流数据业务。在 xDSL 工作的同时不影响打电话，因此，各种数据类型的业务，如视频、图像、多媒体等可以直接应用这种传输介质而无须设计新标准，这是一种新技术无缝连接的关键所在。

(2) xDSL 是一种高速 Modem。xDSL 与 Modem 的相似之处是它也进行调制与解调，在铜线的两端安装 xDSL 设备，接收基带数据，然后通过调制技术形成高速模拟信号进行传输。目前，使用 xDSL 的调制技术有 3 种方式，即 2BIQ、无载波幅相调制(Carder-less Amplitude Phase，CAP)和离散多音频调制(Discrete Multi-Tone，DMT)。xDSL 技术把频率分割成 3 部分，分别用于普通电话服务 POTS、上行和下行高速宽带信号。

(3) 对称与非对称之分。xDSL 有对称与非对称之分，分别用于满足不同用户的需求。所谓对称与非对称，是指上行与下行的带宽是否相同，即是单向还是双向需要高带宽。如果应用于两个局域网之间的互联，则应选择使用对称 xDSL，突出上、下行高速带宽；而如果用户连接 ISP，就可以使用非对称 xDSL。当使用浏览器时，用户发出的查询命令只需较窄的带宽就够了，但从服务器传送的数据则需要高带宽。POTS 也是一种对称需求。

xDSL 技术包括高速数字用户线 HDSL、对称数字用户线 SDSL、非对称数字用户线 ADSL、甚高速数字用户线 VDSL 等技术。它们均立足于提高传统铜线接入网的接入带宽，其中 HDSL 和 SDSL 的接入速率均低于 2 Mb/s，而 VDSL 的接入速率可以达到 52 Mb/s，但相应的线路长度只有几百米，故目前投入有效使用的只有 ADSL。

ADSL 是一种实现用户宽带接入 Internet 的技术，它根据网络和用户间的业务流量特点，在信号调制、数字相位均衡、回波抵消等方面采用了先进的器件和动态控制技术，其技术优势主要有以下五方面：

(1) 在现实中，许多用户的业务流量是明显不对称的，如用户的视频点播和 Internet 网页浏览。在这些情况下，用户的上行流量远远小于下行流量。ADSL 就是基于这类业务的非对称性，可在双绞线介质上为用户提供高达 8 Mb/s 的下行速率和 1 Mb/s 的上行速率，从而可传输多种宽带数据业务，如用于视频业务、电话会议及提高 Internet 接入速率等。

(2) 采用了离散多音频调制 DMT、无载波调幅/调相 CAP、正交幅度调制 QAM 等先进的信号调制技术来提高接入速率和抗干扰能力，并能同时进行数据通信和电话通信。

(3) 采用点到点的网络拓扑结构，用户可独享高带宽，同时提高了信息的安全性、保密性。

(4) 可在一定程度上将数据业务从公共交换电话网转移到数据局域网中，消除由大量 Internet 业务涌入而引起的日益严重的电话网拥塞问题。

(5) ADSL 技术使用现有的铜线电话网络，能充分利用现有的投资和资源。

使用 ADSL 接入技术时，用户端设备由 DSL Modem 和语音分离器组成。DSL Modem 对用户数据包进行 A/D 转换，并提供数据传输接口。目前影响 ADSL 发展的主要因素，一方面是 ADSL 设备的成本较高，另一方面是 ADSL 技术的成熟性，包括 ADSL 技术在实际线路中的传输性能、设备厂家间的兼容性等。随着 ADSL 建设规模的扩大，其成本与市场价格开始下降，标准日臻完善，不同厂家间的兼容性日益成熟，为 ADSL 技术的普及和应用铺平了道路。目前 ADSL 的简化版 G.LiteADSL 已开始投入使用，其最大下行速率为 1.5 Mb/s，最大上行速率为 256 kb/s。

5.3.7　异步传输模式ATM

1. ATM 概述

异步传输方式(Asynchronous Transfer Mode，ATM)以异步时分复用概念为基础，每个时间片没有固定的占有者，各子信道的信息按照优先级和排队规则按需分配时间片，是一种高速交换和多路复用技术。它不仅是 B-ISDN 实现的基础，实际上也是目前多媒体信息传输较佳的支撑技术，它被 ITU-T 确定为传输语音、图像、数据和多媒体信息的新工具。ATM 网络被公认为传输速率达 Gb/s 数量级的新一代局域网的代表。

ATM 以大容量光纤传输介质为基础，以信元(Cell)为基本传输单位，信元长 53 B，其中 5 B 为信元头，48 B 为用户信息。ATM 的信元传递方式大大不同于已沿用 100 年之久的线路交换，这使它成为能真正实现综合业务的有效支持手段。

ATM 的特点如下：

(1) 使用 53 B 的信元作为信息传输单位。

(2) 支持不同速率的各种业务，所有业务在最底层均以面向连接方式传送，因而适应传送实时性强的业务，同时既支持高层用户的实时业务，也支持突发业务。

(3) 由于光纤误码率极低，且容量很大，因此采用光纤作为传输介质的 ATM 不必在数据链路层进行差错控制和流量控制，而是由用户的高层协议完成相应的测控功能，大大地提高了信元的传送速率。

(4) ATM 适用于宽带综合业务。

2. ATM 网络组成

ATM 技术将广域网和局域网综合起来考虑，提供了一个公共的、统一的网络基础平台。ATM 网络的核心是 ATM 交换机，根据处理能力的不同，ATM 交换机可以分为广域 ATM 交换机和局域 ATM 交换机，分别用于构建 ATM 广域网和 ATM 局域网。

1) ATM 广域网

ATM 广域网由广域 ATM 交换机、光纤传输线路和用户接入设备(ATM 终端或路由器)组成，通过广域 ATM 交换机的互联构成 ATM 广域网。

ATM 网是以 ATM 交换机为中心的星形拓扑结构为主、多个 ATM 交换机互联的任意网络结构，如图 5-9 所示。UNI 是用户设备与 ATM 交换机的接口，NNI 是 ATM 交换机之间的接口。

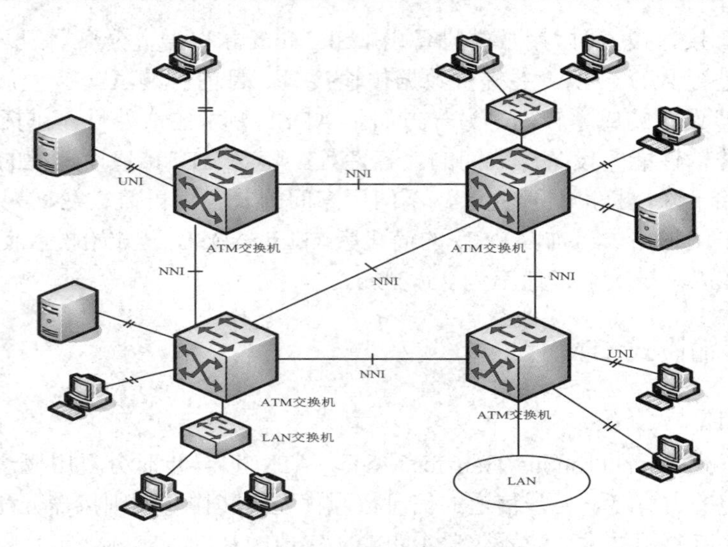

图 5-9　ATM 广域网

ATM 广域网主要提供虚电路交换方式，有呼叫虚电路 SVC 和永久虚电路 PVC 两种方式。在虚电路连接上可以进行点对点双向和点对多点单向的数据传输。由于虚电路连接共享线路资源，因此通过 QoS 机制可以保证网络的带宽和延迟，进而保证网络的服务质量。

2) ATM 局域网

ATM 局域网由 ATM 局域交换机和用户接入设备(ATM 终端或路由器/LAN)组成，构成 ATM 交换网或 LAN-ATM 网络结构，如图 5-10 所示。

在图 5-10(a)中，从用户终端到网络交换机都采用 ATM 技术，构成完全的 ATM 网络体系。用户计算机中必须插有 ATM 网卡，以 ATM 终端方式直接与 ATM 交换机连接。

在图 5-10(b)中，整个网络系统采用层次化结构。主干采用 ATM 技术，分支网采用传统 LAN 技术，构成 LAN-ATM 网络结构。用户计算机使用 LAN 网卡与 LAN 连接，再通过 LAN 接入 ATM 网络。

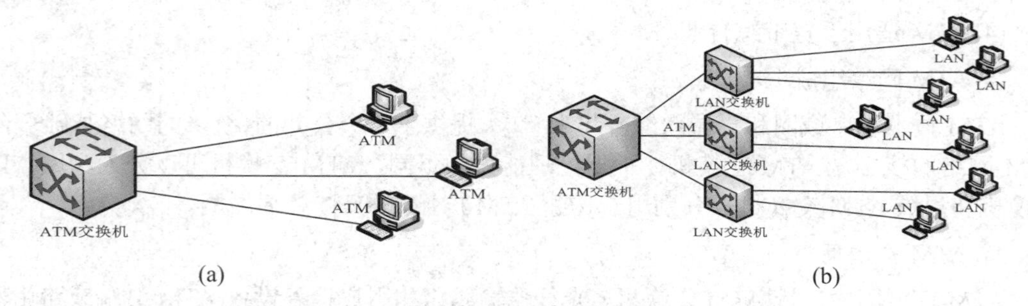

图 5-10　ATM 局域网

3. ATM 网与传统网络的互联

ATM 网络与传统网络相比有很多优点，它可以提供比较理想的网络服务。当传统网络(如 LAN)迁移到 ATM 网络上后，一方面提高了网络性能，另一方面也存在如何保持与基于传统协议(如 TCP/IP)开发的大量网络应用程序相兼容的问题，以保护用户已有投资。要使 ATM 技术真正得到广泛应用，关键问题是在对现有网络不做任何变动的情况下，实现与 ATM 网络的互联互通。所谓互联互通，就是要做到不仅两个现有网络上的终端可以通过 ATM 网络通信，而且现有网上的终端和 ATM 网上的终端之间也可以进行通信。为此，有关国际组织提出了几种在 ATM 网络上应用现有网络技术的协议规范，主要有 IPOA 协议和 LANE 协议，现分别简述如下：

1) IPOA(IP Over ATM)协议

IPOA 协议主要解决在 ATM 终端上支持 TCP/IP 协议的问题。IPOA 是在网络层提供基于 IP 协议的传输服务，使得 IP 数据报能在 ATM 网上传输，并能支持现有的网络应用程序，不需对应用程序做任何修改。尽管局域网仿真协议(LANE)也能支持 IP 协议，但用户将 IP 作为唯一网络协议时，IPOA 可提供更佳的网络性能。

2) LANE(LAN Emulation)协议

LANE 协议即局域网仿真协议，它主要解决现有 LAN 接入 ATM 网的问题。LANE 在 MAC 层上提供 LAN 仿真服务，它不依赖于上层协议的实现，可支持路由和非路由协议。通过 LAN 仿真，LAN 信息流可以按以太网或令牌环网的帧格式(其他 LAN 帧格式必须转换为这两种帧格式之一)在 ATM 网上传输，而上层协议和应用软件可不做任何修改。

ATM 具有高效率、高带宽、低延迟、高服务质量、独立带宽及按需动态分配带宽等特点，能够充分满足不断增长的数据、语音和视频等通信业务的发展需求。但实际上 ATM 的发展并不如当初预期的那样顺利，这是因为 ATM 技术复杂且设备价格较高，同时 ATM 能够支持的应用不多。与此同时，无连接的 IP 协议的 Internet 却发展得非常快，各种应用与 Internet 的衔接非常好且设备比较便宜，而快速以太网和千兆以太网已推向市场，因而 ATM 目前的应用主要局限于 Internet 的高速主干网。

5.4　广域网接入技术

需要接入广域网的用户群体可以分成终端用户和网络用户(一般为 LAN)两大类，其接入目的为：其一，接入 Internet 或 Intranet；其二，经广域互联系统组成互联网络系统。对于传统的铜线介质，用户仅需通过接入链路连接到 WAN 的交换机或业务节点，如 PSTN、DDN 等。当用光纤代替铜线作为用户线时，传输能力大大增强，它可为多个用户终端所共享，光纤及其两侧的 OLT 与 ONT(或光网络单元 ONU)一起可以组成多种拓扑结构(树形、环形、星形等)，使接入链路演变成一个网络，从而提出了接入网(Access Network)的概念。根据国际电信联盟的 G.902 建议和我国的接入网体制规定，接入网是由业务节点接口 SNI 和相关用户网络接口 UNI 组成的为传送电信业务提供所需承载能力的系统，经 Q 接口进行配置和管理。接入网按照数据传输速率可以分为窄带(数据速率≤2 Mb/s)和宽带(数据速率＞2 Mb/s)两大类，按照传输介质分类则有铜线接入、光纤接入、无线接入和混合接入 4 种情况。

5.4.1　窄带接入技术

1. 公用电话拨号接入

公用电话拨号接入是一种历史最悠久的远程接入技术，它基于电话网的铜线回路，以电话拨号方式建立连接。此技术通过公用电话网传输数据，采用 PPP(Point To Point Protocol)协议建立点到点的模拟信道，目前的最高数据传输速率为 33.6 kb/s(主机到主机)或 56 kb/s(主机到 ISP)。其优点是实现方便、成本最低；其缺点是传输速率低，传输质量差，只支持点到点连接。它适用于终端用户低成本接入 Internet/Intranet 以及由 X.25、帧中继、DDN 等组成的广域互联系统的备份链路。以下凡是仅支持点到点连接的接入网都存在一个共同的缺陷，即用于网络互联时只适合实现星形拓扑或网形拓扑结构。

2. X.25 分组交换网接入

X.25 基于分组交换和铜线回路，技术成熟，可靠性高。X.25 的优点为它通过完善的检错纠错功能提供较高的传输可靠性；它通过永久虚电路或交换虚电路功能既可支持点到点连接，也可实现多点之间的连接，从而导致其灵活性非常好，可以很方便地在多个节点之间构造任意的拓扑结构甚至网形结构，这也是所有支持虚电路功能的接入技术(X.25、FR)的共同优点；它的数据传输速率可达到 128 kb/s，但其成本适中。X.25 的主要缺陷在于较大的传输时延和较低的传输速率。因此，X.25 非常适合以数据传输为主、传输可靠性要求高、平均负荷不高、希望综合成本较低的多个局域网互联的环境。

3. 窄带综合业务数字网接入

ISDN 利用公用电话网向用户提供点到点的数字信道连接，在一条电话线路上提供多个分时共享的传输通道，各通道可分别提供语音、数字、视频或传真业务，故又称其为“一线通”。目前普遍开放的 ISDN 业务是 N-ISDN，即窄带 ISDN。N-ISDN 有两种接入速率标准，即基本速率接口 BRI 和一次群速率接口 PRI。BRI 由 2 个独立的 B 信道和 1 个 D 信道(2B+D)组成接口，每个 B 信道的速率为 64 kb/s，一般用于传输语音、数据或图像；而 D 信道的速率为 16 kb/s，以分组交换的方式传输信令或分组信息。PRI 的 D 和 B 信道速率均为 64 kb/s，其信道组合有两种标准，即 24B+D 和 30B+D 接口，分别对应 T1 和 E1 标准。我国采用的是 E1 标准，总的接口速率为 2.048 Mb/s。BRI 的用户设备通过 NT1 设备接入，PRI 的用户设备则需通过 HDSL 设备(利用市话双绞线)或调制解调器和光端机(利用光纤)接入网络。

N-ISDN 的主要优点如下：

(1) 一线多能。可以同时连接多个终端设备，同一时刻能综合传输多种信息流。

(2) 终端可移动性。ISDN 的终端可以在通信过程中暂停正在进行的通信，并在允许的时间内重新恢复通信。

(3) 实现方便。基于已有的电话线路，凡是电话网能覆盖到的地方，只要电话交换机有 ISDN 模块即可为用户提供 ISDN 服务。

(4) 使用灵活。如对于 2B+D 接口，用户既可以将两个 B 信道分别连接两部电话，也可以用一个 B 信道联网而另一个 B 信道连接普通电话，还可以将两个 B 信道组合起来实现 128 kb/s 的网络接入。

(5) 经济实用。对于通信量较少、通信时间较短的用户，其费用远低于 DDN 或帧中继。

N-ISDN 的主要缺陷在于速率较低。例如，一个 BRI 的传输速率最高只能达到 128 kb/s。此外，ISDN 低成本的优点主要体现在点到点连接，并不适用于多点互联的应用。因此，ISDN 主要适合于家庭用户接入 Internet/Intranet 以及中、小规模 Intranet 中点到点的 LAN 互联，或是用做由帧中继、DDN 等组成的广域互联系统的备份链路。

4. 帧中继网接入

帧中继属于快速分组交换技术，是在 X.25 分组交换网的基础上，结合数字专线技术而产生的一种重要的数据业务网。帧中继的主要优势体现在以下方面：

(1) 低时延、高速率。它基于现代通信网的高带宽、低误码率，通过删减 X.25 的层次(网络层)和大量简化 X.25 的链路层功能(删除流量控制和差错控制等)，只完成 OSI7 层协议的物理层功能和链路层的部分功能，从而使传输时延大幅度降低，传输速率提高到 T1 或 E1(1.544/2.048 Mb/s)标准，吞吐量则提高了一个数量级以上。

(2) 基于虚电路交换。帧中继提供 PVC 和 SVC 服务，从而支持点到点和多点连接。

(3) 大容量、高效率。帧中继引入了统计复用技术，使得其每一条线路和物理端口都可由多个终端用户按信息流动态共享，还允许用户在网络较空闲时突发地超过“许诺的 PVC 速率(CIR)”而动态占用更多带宽，从而大大提高了网络资源的利用率。

(4) 较高的性价比。由于采用了上述技术，使其费用相对较低廉，仅为同速率 DDN 的 40%。

目前，帧中继的主要缺陷如下：

(1) 由于没有足够的流量控制功能，因而有可能造成网络拥塞；

(2) 物理端口或线路的故障会导致多条 PVC 同时失效。

帧中继适合用于突发性较强、速率要求较高、时延要求较小且希望经济性较好的场合，如多个 LAN 的互联、电子商务或 VPN 组网等。

5.4.2 宽带接入技术

上述接入技术均属于窄带接入网技术。随着用户对高带宽接入需求的增长和通信技术的发展，数据接入网已开始由现在广泛应用的窄带网逐步向宽带网过渡，其发展大致有两条途径：一是充分利用现有的铜线接入网资源，对其进行技术改造，提高接入带宽，典型的如 xDSL；二是采用高带宽的非铜线接入技术，如 HFC、FTTx 等。

宽带，顾名思义是传输带宽很宽的信息通道，它是指高容量的通信线路或通道。它能实现高速上网，并在同一传输介质上利用不同的频道传输数据、声音和图像等多种信息。

虽然说对宽带并没有具体的规定，只是相对而言，但在不同的时期都有相应的判断标准。国际电信联盟在早些时候召开关于宽带通信的会议，美国提出把 200 kb/s 以上的传输带宽定义为宽带，这是因为 200 kbit/s 的带宽能使计算机上的小窗口图像显示得比较快捷、清晰，而且如果用来传送声音，质量相当高。目前，一般将传输速率超过 2 Mb/s 的带宽称为宽带。这不仅能显著地提高速度，使数据、声音和图像的传递更加连贯，而且能使宽带网络提供的容量显著地支持业务量高峰。

宽带技术正在发展，下面列举的是目前主流的几种实现方法，随着时间的推移，还可能会出现新的宽带接入技术，而且现在的宽带可能会变成将来的窄带。

1. 数字用户环路技术

数字用户环路 xDSL 是一种充分利用现有的铜线(电话用户线)资源，采用各种高速调制和编码方案的接入技术，用来实现最终用户的宽带接入。现在已应用的 xDSL 技术有 HDSL、SDSL、ADSL 和 VDSL 几种。

目前 HDSL 技术已经比较成熟，主要用于替代传统的 T1 或 E1 系统，解决分散用户的接入需求，可传送多路语音、视频和数据。SDSL 是 HDSL 的简化版本，在有负载的一对电话双绞线上可以提供双向高速可变速率连接，速率范围为 160 kb/s～2.084 Mb/s，在 0.4 mm 的双绞线上，最大传输距离是 5 km。这种技术的缺点是实施成本高，不便于对普通用户进行大规模推广应用，其市场局限于企业等高端用户。

ADSL 在无中继用户环路网上，用于负载电话线不对称地高速传输信息，与 HDSL/SDSL 相比，避免了用户侧干扰问题，提高了传输速率，延长了传输距离。

VDSL(甚高速数字用户环路)是 ADSL 的下一代技术，它完全基于以太网。目前 VDSL 可提供的实际速率是对称的 13 Mb/s 传输，其最高传输速率可达 52 Mb/s。相应地，其传输距离也比 ADSL 要短一些。故在实际应用中多与系统中的 FTTB(光纤到楼)、FTTC(光纤到路边)、FTTCab(光纤到交接箱)、FTTZ(光纤到小区)相结合使用。VDSL 的上下行信道频谱是利用频分复用技术分开的，可用频率根据目前标准规定为 1～12 MHz，编码方式采用 QAM(正交幅度调制)方式。与 ADSL 一样，VDSL 仍然在同一对电话线路上为用户同时提供语音和高速数据服务。

另外，xDSL 技术中还有一种 HomePNA 技术，是一种利用电话线组建局域网的技术，用来解决家庭用户的多台设备连接问题，但它不能作为一种独立的接入技术来看待。从频谱来看，HomePNA 物理层信号分布在 5.5～9.5 MHz 之间，中心频率是 7.5 MHz，数据传输速率是 1 Mb/s；在媒体访问控制层上，HomePNA 利用现有的以太网协议；在连接方式上，HomePNA 技术可使网络内的所有节点按菊花链的方式连接，无需中央汇接或交换，这种连接方式有助于简化安装，还可以巧妙地改变家庭电话布线的随机拓扑结构。

2. B-ISDN 接入

B-ISDN(Broadband ISDN)即宽带 ISDN，是基于 ATM 的一种技术，它基本上是一个数字虚电路，以 155 Mb/s 的固定速率把固定大小的分组从源端传送到目的地。

3. 高速以太网接入

高速以太网接入采用千兆位或百兆位以太网交换技术，利用路由器或交换机和 5 类双绞线(UTP-5)方式可以实现千兆位到小区、百兆位到家庭的宽带信息化小区建设方案。它通过交换机或集线器等把同一栋楼内的用户连成一个局域网，再与光纤主干网相连。

4. 光纤接入技术

光纤接入技术用光纤作为主要的传输媒体来取代传统的铜线介质，利用光网络单元(ONU)提供用户的接口，通称 FTTx，其中的 x 表示 ONU 所处的位置。光纤用户网 OAN 是指本地交换局端与用户之间完全以光纤作为传输媒体的接入网，具有带宽大、传输速率高、传输距离远、抗干扰能力强等特点，是未来宽带的发展方向。但由于光纤接入存在技术复杂、成本高昂等制约因素，因此短期内还仅仅以骨干网的形态出现，实现光纤到户宽带接入的广泛应用尚需时日。

光纤接入网又可划分为无光源网络 PON 和有光源网络 AON 两类，其中无光源网络发展较快。基于 ATM 的 APON 是 PON 的发展趋势。ATM 是一种基于信元的传输协议，近年来，被越来越广泛地应用在接入网上以提供视频广播、远程教学等多种业务。这种技术能为接入网提供动态的带宽分配，从而更适合宽带数据业务的需要。ATM 可以运行在多种物理层技术上，DSL 技术和 PON 技术均可为 ATM 的运行提供物理平台。

5. Cable Modem 与 HFC

有线电视 CATV 网的覆盖范围很广，在各个城市中已经建立，已经拥有很多用户，而且同轴电缆的带宽比铜线的带宽要宽得多，因此 HFC 是一种相对比较经济、高性能的宽带接入方案，是光纤逐步推向用户的一种经济的演变策略，尤其在 CATV 网络比较发达的地区，HFC 是一种很好的宽带接入方案。

Cable Modem 与 HFC 是利用有线电视网实现用户宽带数据接入的一种方法，该方案利用光缆作为空间分割上下行信号的独立传输，在光接点转接后的同轴电缆上采用频分制共缆传输，系统终端 CM 完成数据信号的上下行处理。HFC 是宽带接入技术中最早成熟和进入市场的一种，具有带宽和相对经济的特点。HFC 在一个 500 户左右的光节点覆盖区可以提供 60 路模拟广播电视、每户至少 2 路电话、速率高达 10 Mb/s 的数据业务，具有以单个网络提供各种类型的模拟和数字业务的能力。其优点是电缆调制器不依赖 ATM 技术，而是直接采用 IP 技术。同时，它的缺点也是很明显的，其网络结构呈树形，所以当用户增多时，在低频端的回传噪声积累也相应变大，而树形结构的本质是总线共享型，所以当使用 CM 的用户数增多时，在单位时间内分配给用户的带宽变窄，导致用户上网尤其是在进行 VOD、视频会议等需要长时间占用高带宽业务时网络整体性能下降。

该接入技术的主要优点是：其一，与其他宽带接入(如 ADSL)比较，其接入成本很低；其二，单个接入 Internet 通道可达到 6 Mb/s 或更高的速率；其三，具有小型局域网的数据转发(网桥)功能。主要缺点是：其一，前期投资较大，需对现有的有线电视网进行双向改造；其二，有线电视网的带宽为所有用户共享，用户所占的带宽是不固定的，取决于某一时刻共享的用户数，尤其随着用户数的增加，每一用户分得的实际带宽甚至有可能低于用户独享的 ADSL 带宽；其三，上行信道由许多用户共享，必将导致数据包集中到头端而造成传输过载；其四，有线电视网是共享型网络，数据传输基于广播机制，通信的安全性较差，因而限制了其应用领域。

与以太网方式相比，Cable Modem 与 HFC 方式还是具有更多的优势的，首先它不用重新布线，只对原有线路进行改造，按每个光接点 500 个用户计算，每个用户的线路改造费用大概是 400 元。传输距离方面可以达到 1000 m 以上。同时，在设备管理、计费、安全性、带宽管理方面都具有很大优势。但是，在目前产品的可选择性和成熟度上还无法和以太网技术相比。

总之，随着数据和多媒体业务的发展，网络的宽带化、光纤化越来越明显，宽带接入技术的研究和开发也就成为目前通信领域的一个热点。从目前的发展来看，xDSL、Cable Modem 与 HFC Ethernet(3 种不同体系的宽带接入技术)会在近几年内三分天下，而作为光接入技术的 APON 和 SDH 也会在相应的领域内得到发展。

5.4.3　无线接入技术

1. 无线接入技术简介

无线接入是指从交换节点到用户终端部分或全部采用无线手段的接入技术。无线接入系统具有建网费用低、扩容可以按需求而定、运行成本低等优点，所以在发达地区可以作为有线网的补充，迅速及时替代有故障的有线系统或提供短期临时业务。在不是很发达的和边远地区或具有条件制约的情况下可广泛用来替换有线用户环路，可以节省时间和投资。因此，无线接入技术已成为通信领域备受关注的热点。

无线接入技术可分为移动接入和固定接入两大类。移动接入可分为高速和低速两种，高速移动接入一般可用于蜂窝通信系统、卫星移动通信系统、集群通信系统等；低速接入系统可用于 PCN(个人通信)系统，如 CDMA 本地环路等。固定接入从交换节点到固定用户终端采用无线接入，它实际上是 PSTN/ISDN 网的无线延伸。主要的固定无线接入有 3 类，即已经投入使用的多路多点分配业务 MMDS 和直播卫星 DBS 以及刚刚兴起并正在成为热点的新兴宽带接入技术——本地多点分配业务 LMDS。无线接入目前大致有 5 种实现方式。

(1) 移动通信系统。第一代采用模拟技术，第二代采用数字技术，第三代以 CDMA 技术为基础，第四代将 WLAN 技术和 3G 进行结合，能够提供信号更加稳定、传输速度更快的移动通信网络。

(2) 无线本地环路系统。它将有线固定电话用户以无线方式接入 PSTN，基于 CDMA、FDMA、TDMA 技术，主要用于固定无线用户接入，其工作频率不同于公众移动通信网，主要分布在 1.8～2.5 GHz 频段。其主要优点是经济现实、维护成本较低、建设周期较短、设备扩容方便，特别适合远离城市的边远地区。

(3) 无绳电话系统。它属于有线电话终端的延伸，其特点是灵活、方便。这类固定的无线终端可以同时带有几个无线子机，子机与子机之间、子机与母机之间均可通信。

(4) 移动卫星接入系统。通过同步卫星实现移动通信联网是一种理想的无线接入方式，可以利用卫星通信的多址传输方式，真正实现任何地点、任何时间、任何人之间的移动通信，但此类系统要求卫星必须运行在低轨道，所需卫星数量多，投资大。

(5) 无线局域网。它是计算机网络与无线通信技术相结合的产物，解决了有线网布线困难等问题，而且组网灵活，扩容方便。它可以满足各类便携机的入网需求，可实现计算机局域网远端接入、图文传真、电子邮件等多项功能。

无线接入技术正在从窄带、中宽带向宽带方向发展，以本地多点分配(LMDS)业务为代表的宽带无线固定接入技术正日益受到广泛关注。这种系统工作在 20～40 GHz 频带上，传输容量可与光纤相比，可用频带至少为 1 GHz。窄带和中宽带无线接入基于电路交换，而宽带无线接入系统则基于分组交换，是一种点到多点的结构，即一个中心站到许多用户。宽带 LMDS 为最后 1 km 宽带接入和交互式多媒体应用提供了经济和简便的解决方案，因而与其他接入技术相比，LMDS 被认为是最后 1 km 光纤的灵活替代技术。

由于无线通信网络存在着带宽需求和移动网络带宽不足的矛盾、用户地域分布和对应用需求不平衡的矛盾以及不同技术优势和不足共存的矛盾等，因此决定了发展无线通信网络需要综合运用各种技术手段。从全局和长远的眼光出发，应该采取一体化的思路规划和建设网络，发挥不同技术的个性优势，综合布局，解决不同区域、不同用户群对带宽及业务的不同需求，达成无线通信网络的整体优势和综合能力。

目前，全球无线通信产业的两个突出特点：一是公众移动通信保持增长态势，一些国家和地区增势强劲，但存在发展不均衡的现象；二是宽带无线通信技术热点不断，研究和应用十分活跃。近十年来，我国的移动通信市场呈现持续快速增长的局面，据工信部统计，2018 年底，我国移动用户总数已经达到 15.7 亿，用户普及率达到 112.2 部/百人。

2. 无线通信未来的发展趋势

无线接入在未来的通信网中占有十分重要的位置，无线接入技术必然向综合化、宽带化、智能化方向同步发展。通信网络的发展决定无线接入技术的发展方向。未来的通信网也必将向综合化、宽带化、智能化方向发展，电信网、Internet、CATV 网互相融合已是大势所趋。通信网络除提供电话业务外，还要提供视频、高速数据、多媒体业务，最终实现个人通信的目标，即实现任何人可以在任何时间、地点与其他任何人进行任何种类的信息交流。

首先，无线通信领域各种技术的互补性日趋鲜明。不同的接入技术具有不同的覆盖范围、不同的适用区域、不同的技术特点、不同的接入速率。例如，卫星宽带接入系统、第四代/第五代蜂窝移动通信系统、吉比特速率的室内无线系统、无线 ATM 技术、多址技术、自适应天线和多用户检测研究自适应天线(包括智能天线系统)、多用户检测技术等，都可以进一步提高系统容量。因此，各种无线接入技术会得到充分的发展并推进组网的一体化进程，通过建网的接入手段多元化，实现对不同用户群体的需求覆盖，以达到市场细分和业务的多元化。

其次，无线通信系统将在室内接入中得到广泛的应用。未来的无线通信网络将是一个综合的一体化的解决方案。从大范围公众移动通信来看，4G 或超 5G 技术将是主导，从而形成对全球的广泛无缝覆盖；而 WLAN、WiMAX、UWB 等宽带接入技术，将因其自己不同的技术特点，在不同覆盖范围或应用区域内，与公众移动通信网络形成有效互补。

总之，无线接入网是无线通信技术和交换技术发展的产物，也是通信业务发展的产物。现在，有线 ATM 技术高速发展为宽带交换网的核心技术，无线 ATM 技术发展也快。而通信业务已由单一的话音发展为语音、数据、图像和多媒体的集合，发达国家的人们已不能满足于窄带接入网。于是，宽带无线接入网将成为无线接入网的发展方向。

本章小结

广域网通常是指覆盖范围可达一个地区、国家甚至全球的长距离网络。广域网由一些节点交换机(也称通信处理机 IMP)以及连接这些交换机的链路(通信线路)组成，距离没有限制。广域网可以提供计算机软、硬件和数据信息资源共享。Internet 就是最典型的广域网，VPN 也可以属于广域网。可以概括地说，广域网=局域网+广域网服务。广域网提供的服务主要有面向连接的网络服务和无连接的网络服务。

常见的广域网络有公用电话网 PSTN、综合业务数字网 ISDN、公共分组交换数据网 X.25、帧中继 FR、数字数据网 DDN、xDSL 技术、异步传输模式技术等。

广域网接入技术按数据传输速率可以分为窄带和宽带两大类，按传输介质则有铜线接入、光纤接入、无线接入和混合接入 4 种情况。本章最后介绍了无线接入网和无线通信未来的发展趋势。

习　　题

一、选择题

1. 下面(　　)对广域网的描述最合适。

A. 连接分布在很大地理区域内的长距离通信网络

B. 连接城域内的工作站、终端和其他设备的网络

C. 连接大楼内的局域网

D. 连接大楼内的工作站、终端和其他设备的网络

2. 广域网工作在OSI参考模型中的(　　)。

A. 物理层和应用层　　B. 物理层和数据链路层

C. 数据链路层和网络层　　D. 数据链路层和表示层

3. 广域网与局域网的不同表现在(　　)。

A. 广域网典型地存在于确定的地理区域　　B. 广域网提供了高速多重接入服务

C. 广域网使用令牌来调节网络流量　　D. 广域网使用通用的载波服务

4. 下列关于X.25和帧中继说法错误的是(　　)。

A. X.25是由物理层、数据链路层和分组层构成的

B. 帧中继是由物理层、数据链路层和网络层构成的

C. X.25在相邻节点之间保证无差错的数据传输

D. 帧中继中间节点不负责数据帧的差错控制

5. 下面属于宽带网接入方式的是(　　)。

A. 电话拨号上网　　B. ISDN　　C. DDN　　D. ADSL

二、填空题

1. 在大多数的广域网中，通信子网由两个不同的部件组成，即________和________。

2. 面向连接的网络服务包括________和________，而无连接的网络服务就是________。

3. PSTN是一种以________为基础的电路交换网络。

4. X.25协议是作为公用数据网的用户——网络接口协议提出的，它是公用数据网络中通过专用电路连接的________和________之间的接口。

5. DDN由________、________、________和________组成。由DDN提供的业务服务又称为________。

6. DSL是________的简称，它是以________为传输介质的点对点传输技术。

7. Cable Modem与HFC是利用________实现________接入的一种方法。

8. 无线接入技术可分为________和________两大类。

三、问答题

1. 广域网提供哪些服务？

2. 列举常见的广域网络。

3. 什么是ISDN？其特点有哪些？

4. 列举广域网主要的接入技术，简述各自的特点。

5. 无线接入有哪几类实现方式？

第 6 章　Internet 技术及应用

本章教学目标

- 了解 Internet 的形成、发展和作用。
- 了解 IP 地址、子网等相关概念。
- 理解网络互联的概念，了解网络互联设备及 Internet 的接入。
- 了解互联网的常见应用协议(如 HTTP、FTP、SMTP、POP3 等)。

Internet 作为全球最大的互联网络，其规模和用户数量都是其他任何网络所无法比拟的，Internet 上的丰富资源和服务功能更是具有极大的吸引力。本章将以 Internet 为主线，着重介绍与 Internet 相关的一些概念、技术、服务与应用。

6.1　网络互联概述

网络世界发展迅猛，各种技术丰富多彩。在过去的 20 年中最为成功的一项技术就是网络互联(Internetworking)技术。网络互联是指将使用不同链路或 MAC 层协议的单个网络连接成一个整体，使之能够相互通信的一种技术和方法。网络互联有别于网络桥接(Bridging)，桥接只能互联 MAC 层相同的网络。

网络互联的最大优点在于能集合任意多个网络而成为规模更大的网络，并且能够实现互通互联、资源共享与协同工作。

各种网络可能有不同的寻址方案、不同的最大分组长度、不同的超时控制、不同的差错恢复方法、不同的路由选择技术以及不同的用户访问控制等。另外，各种网络提供的服务也可能不同，有的是面向连接模式，有的是面向无连接模式，这种网络特征称作网络的异构性。网络互联技术就是要在不改变原来网络体系结构的条件下，把一些异构型的网络连接成统一的通信系统，以实现更大范围的数据通信与资源共享。

一些网络互联形成的更大的网络叫互联网或网际网，形成的国际范围的互联网称为因特网(Internet)。组成网际网的各个网络称为子网(Subnetwork)，用于连接子网的设备叫作中间系统(Intermediate System，IS)。

6.1.1　网络互联的概念

首先介绍一些与网络互联有关的术语和设备名词。

(1) 互连(Interconnection)：是指网络在物理上的连接，两个网络之间至少有一条在物理上连接的线路，它为两个网络的数据交换提供了物质基础和可能性，但并不能保证两个网络一定能够进行数据交换，这要取决于两个网络的通信协议是不是相互兼容。

(2) 互联(Internetworking)：是指网络在物理和逻辑上，尤其是逻辑上的连接。

(3) 互通(Intercommunication)：是指两个网络之间可以交换数据。

(4) 互操作(Interoperability)：是指网络中不同计算机系统之间具有透明地访问对方资源的能力。

根据网络互联的需要以及设备工作层次的不同，常用的网络设备有以下几类：

(1) 中继器(Repeater)：物理层互联设备。

(2) 网桥(Bridge)：数据链路层互联设备。

(3) 交换机(Switch hub)：介于数据链路层或网络层的互联设备。

(4) 路由器(Router)：网络层互联设备。

(5) 网关(Gateway)或应用网关：网络层以上的互联设备。

6.1.2　网络互联的类型

网络互联的类型有局域网-局域网互联、局域网-广域网互联、局域网-广域网-局域网互联、广域网-广域网互联，如图 6-1 所示。其中，局域网-局域网互联又被分为同构局域网互联和异构局域网互联两种类型。

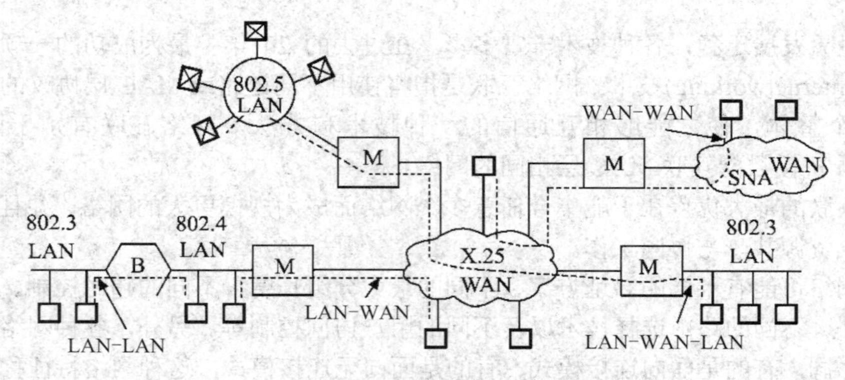

图 6-1　网络互联的类型

6.1.3　常用的网络互联协议

随着 Internet 的飞速发展，各种使用 Internet 技术的网络和软件广为流行，TCP/IP 协议已经得到了所有主流操作系统和众多厂商的广泛支持，越来越多的公司选择了 TCP/IP

协议作为网络的主要协议，使其成为事实上的工业标准。然而，TCP/IP 协议并不是最简单、最快的网络协议。

目前，常用的网络互联协议有 TCP/IP、NetBEUI、IPX/SPX 和 NetBIOS over TCP/IP 等。

1. TCP/IP 协议

TCP/IP 协议是目前最常用的一种网络协议，是 Internet 的基础，也是 UNIX 系统互联的一种标准。TCP/IP 协议为连接不同操作系统、不同硬件体系结构的互联网络提供了通信手段，其目的是使不同厂家生产的计算机能在各种网络环境下通信。

TCP/IP 协议具有很强的灵活性，支持任意规模的网络，几乎可连接所有的计算机服务器和工作站。但其灵活性也给它的使用带来了某些不便，它的设置和管理比 NetBEUI、IPX/SPX 都要更复杂一些。

TCP/IP 协议主要包括两个协议：传输控制协议(TCP)和网际协议(IP)，通常所说的 TCP/IP 协议是指 Internet 协议簇，而不单单是 TCP 和 IP 协议，它包括上百个各种功能的协议，如远程登录、文件传输和电子邮件等。而 TCP 和 IP 协议是保证数据完整传输的两个最基本的协议。

2. NetBEUI 协议

NetBEUI 的全称是 NetBIOS Extended User Interface，就是"NetBIOS 扩展用户接口"的意思。其中 NetBIOS 是指"网络基本输入/输出系统"。

NetBEUI 协议最初是为几台到百余台计算机的工作组而设计的。NetBEUI 协议支持小型局域网络，是一个小巧而高效的协议。它的优点是效率高、速度快、内存开销较少并易于实现。

由于它使用令牌环(Token Ring)形的路由，采用广播方式来发送信息，因此最多只能允许 200 个节点。同时，由于它不能选择路由，不能应用到广域网中，只能限于小型局域网内使用，因此不能单独使用它来构建由多个局域网组成的大型网络。

3. IPX/SPX 及其兼容协议

网际包交换/顺序包交换(Internetwork Packet Exchange/Sequences Packet Exchange，IPX/SPX)是 Novell 公司开发的通信协议集，是 Novell NetWare 网络使用的一种协议，用它可与 NetWare 服务器连接起来。

IPX/SPX 在开始设计时就考虑了多网段的问题，它具有强大的路由功能，在复杂环境下具有很强的适应性，适合大型网络使用。

4. NetBIOS over TCP/IP 协议

NetBIOS over TCP/IP 协议使用 137(UDP)、138(UDP)和 139(TCP)来实现基于 TCP/IP 协议的 NetBIOS 网际互联。由于使用 TCP/IP 协议，因此它在底层与 UNIX 计算机相容，成为 UNIX 和个人计算机系统通信的基础。

在组建网络时，究竟选择何种网络协议，主要取决于用户环境所要支持的应用软件和网络服务。表 6-1 列出了上述各种主要协议的特点和适用场合。

表 6-1　常用网络互联协议的特点和适用场合

协议名称	优　点	缺　点	适用网络环境场合
TCP/IP	受到各种操作系统和 Internet 的广泛支持；具有强寻址能力	管理困难，文件和打印服务效率低，速度慢	大、中规模网络环境，广域网，Internet 应用软件系统
NetBEUI	对局域网来说，具有快速、高效的优点	不可路由，没有得到广泛的支持	中小规模的 Windows 网络环境中的文件和打印服务
IPX/SPX	支持 Netware、自动寻址	不支持 Internet 应用软件	支持 Novell Netware 的中等规模网络环境
NetBIOS over TCP/IP	高效，可路由	在操作系统中没有得到广泛的支持	支持 Windows 网络环境中的局域网通信、文件和打印服务

6.1.4　网络互联的优点

网络互联给整个网络系统带来的益处有以下几点：

(1) 提高系统的可靠性。一个有缺陷的节点会严重破坏网络的运行，通过网络互联，将一个网络分成若干个独立的子网，可以防止因单个节点异常而破坏整个系统。

(2) 改进系统的性能。一般而言，局域网的性能随着网络中节点的增加而下降。有必要将一个逻辑上单独的局域网分为若干个分离的局域网来调节负载，以提高系统性能。

(3) 加强系统的保密性。通过网络互联设备，拦截无须转发的重要信息，以防止信息被窃。

(4) 建网方便。一个单位在地理上可能分散在相距较远的若干个建筑物中，此时直接铺设电缆比较困难，较方便的方法是在各个建筑物内分别建立局域网，用网络互联设备将若干个局域网连接起来。

(5) 扩大地理覆盖范围。一个单位可以在不同的地点建立多个网络，并希望这些网络具有单一集成的特点，这种网络覆盖范围的扩展可以用网络互联技术来实现。

6.1.5　网络互联的要求和准则

1. 网络互联的要求

(1) 在互联的网络之间提供链路，至少有物理线路和数据线路。

(2) 在不同网络节点的进程之间提供适当的路由交换数据。

(3) 提供网络记账服务，记录网络资源的使用情况。

(4) 提供各种互联服务，应尽可能不改变互联网的结构。

2. 网络互联的准则

(1) 不同的子网在性能和访问控制诸多方面存在着差异，网络互联除了应当提供不同子网之间的网络通路之外，还应采取措施屏蔽或者容纳这些差异。

(2) 不能为提高网络之间的传输性能而影响各个子网内部的传输功能和传输性能。从应用的角度看，用户需要访问的资源主要集中在子网内部，一般而言，网络之间的信息传输量远小于网络内部的信息传输量。

6.2　Internet 概述

Internet 是由成千上万的不同类型、不同规模的计算机网络和计算机主机组成的覆盖世界范围的巨型互联网络。在这个全球性的网络上，用户可以了解最新的气象信息、新闻动态、股市行情，可以给远方的朋友发电子邮件，可以在 BBS 上发表个人言论，还可以登录到远程图书馆的各种数据库查询需要的信息，足不出户就可以享受远程教育、远程医疗等服务。网络还提供了各种各样的免费资源，用户可以根据需要进行查询、应用和下载。总之，Internet 几乎使所有人都能共享这些信息，它是知识、信息和概念的巨大集合。它的重要意义可以和工业革命带给人类社会的巨大影响相媲美。

6.2.1　Internet的形成和发展

Internet 是由 Interconnection 和 Network 两个词组合而成的，通常译为“因特网”或“国际互联网”。Internet 是一个国际性的互联网络，它将遍布世界各地的计算机、计算机网络及设备互联在一起，使网上的每一台计算机或终端都像在同一个网络中那样实现信息的交换。

Internet 建立在高度灵活的通信技术之上，正在迅速发展为全球的数字化信息库，它提供了用以创建、浏览、访问、搜索、阅读、交流信息等形形色色的服务。它所涉及的信息范围极其广泛，包括自然科学、社会科学、体育、娱乐等各个方面。这些信息由多种数据格式构成，可以被记录成便笺、菜单、多媒体超文本、文档资料等各种形式。这些信息可以交叉参照，快速传递。

1969 年，美国国防部高级研究计划署(Defense Advanced Research Project Agency，DARPA)建立了一个具有 4 个节点(位于加州大学洛杉矶分校 UCLA、加州大学圣巴巴拉分校 UCSB、犹他大学 Utah 和斯坦福研究所 SRI)的基于存储转发方式交换信息的分组交换广域网——ARPANet，该网是为了验证远程分组交换网的可行性而进行的一项试验工程。1983 年，TCP/IP 协议诞生并在 ARPANet 上正式启用，这就是全球 Internet 正式诞生的标志。从 1969 年 ARPANet 的诞生到 1983 年 Internet 的形成是 Internet 发展的第一阶段，也是研究试验阶段，当时接入 Internet 的计算机约有 220 台。

1983 年到 1994 年是 Internet 发展的第二阶段，核心是 NSFNET 的形成和发展，这是 Internet 在教育和科研领域广泛使用的阶段。1986 年，美国国家科学基金委员会(National Science Foundation，NSF)制定了一个使用超级计算机的计划，即在全美范围内设置若干个超级计算中心，并建设一个高速主干网，把这些中心的计算机连接起来，形成 NSFNET，并成为 Internet 的主体部分。

Internet 最初的宗旨是用来支持教育和科学研究活动的，不是用于营业性商业活动的。但是随着 Internet 规模的扩大、应用服务的发展以及市场全球化需求的增长，人们提出了一个新概念——Internet 商业化，并开始建立了一些商用 IP 网络。1994 年，NSF 宣布不再给 NSFNET 运行、维护提供经费支持，而由 MCI、Sprint 等公司运行维护，这样不仅商业用户可以进入 Internet，而且 Internet 的经营也就自然而然地商业化了。

Internet 从研究试验阶段发展到用于教育、科研的实用阶段，进而发展到商用阶段，反映了 Internet 技术应用的成熟和被人们所认同。

6.2.2 Internet的管理机构

Internet 与局域网的工作原理完全相同。不过，由于规模的不同，其作用就产生了从量变到质变的飞跃。如果用路来作比喻，那么局域网只是村子里的“小街”，Internet 才是四通八达的“高速公路”。由于 Internet 的规模巨大，因此要使 Internet 正常运行，必然要解决一些局域网根本不用考虑的问题。

首先，Internet 的网络结构复杂，需要庞大的投资。网络的架设要根据距离与地理环境的不同而采取不同的结构，有些地段可能采用光纤，有些地段可能采用微波，另一些地段则可能采用卫星信道。通常，这样庞大的架网工程都是由一些电信部门或大型的电话电报公司承担。当用户要连接 Internet 时，只要向电信部门或电话电报公司租用线路就可以了。

其次，Internet 上的计算机五花八门，从一开始就必须考虑不同计算机之间的通信。为了达到这一目的，人们创立了 TCP/IP 协议，并使该协议成为 Internet 中的“世界语”，任何遵守 TCP/IP 协议的计算机都能“读懂”另一台同样遵守 TCP/IP 协议的计算机发来的信息。

Internet 不受某一个政府或个人控制，但它本身却以自愿的方式组成了一个帮助和引导 Internet 发展的最高组织，称为“Internet 体系结构委员会”(Internet Architecture Board，IAB)。Internet 通过 IAB 开展工作。

IAB 负责定义 Internet 的总体结构(框架和所有与其连接的网络)和技术上的管理，对 Internet 存在的技术问题及未来将会遇到的问题进行研究。IAB 下设 Internet 研究任务组 IRTF、Internet 工程任务组 IETF 和 Internet 网络号码分配机构 IANA，现分述如下：

(1) Internet 研究工作组 IRTF 的主要任务是促进网络和新技术的开发与研究。

(2) Internet 工程任务组 IETF 的主要任务是解决 Internet 出现的问题，帮助和协调 Internet 的改革和技术操作，为 Internet 各组织之间的信息沟通提供条件。

(3) Internet 网络号码分配机构 IANA 的主要任务是对诸如注册 IP 地址和协议端口地址等 Internet 地址方案进行分配、控制与管理。

Internet 的运行管理可分为两部分：网络信息中心 InterNIC 和网络操作中心 InterNOC。网络信息中心负责 IP 地址的分配、域名注册、技术咨询、技术资料的维护和提供等。网络操作中心负责监控网络的运行情况以及网络通信量的收集与统计等。

几乎所有关于 Internet 的文字资料都可以在 RFC(Request For Comments)中找到，它的意思是“请求评论”。RFC 是 Internet 的工作文件，其主要内容除了包括对 TCP/IP 协议标准和相关文档的一系列注释和说明外，还包括政策研究报告、工作总结和网络使用指南等。

6.2.3 我国Internet的发展情况

Internet 在我国的发展历史还很短。1987 年，钱天白教授发出了第一封电子邮件“越过长城，通向世界”，标志着我国进入 Internet 时代。1988 年实现与欧洲和北美地区的 E-mail 通信。1994 年正式加入 Internet，并建立了中国顶级域名服务器，实现了网上的全部功能。

自从 1994 年 Internet 进入我国后，它就以强大的优势迅速渗透到人们工作和生活的各个领域，为人们生活、工作带来了极大的方便。Internet 是一个国际性的互联网络，是人类历史上最伟大的成就之一，它第一次使如此众多的人方便地通信和共享资源，自然地沟通和互相帮助，Internet 在人类文明和社会的发展与进步中起到了重大作用。

1993 年底，我国有关部门决定兴建“金桥”“金卡”“金关”工程，简称“三金”工程。“金桥”工程是指国家公用经济信息通信网；“金卡”工程是指国家金融自动化支付及电子货币工程，该工程的目标和任务是用 10 多年的时间，在 3 亿城市人口中推广普及金融交易卡和信用卡；“金关”工程是指外贸业务处理和进出口报关自动化系统，该工程是用 EDI 实现国际贸易的信息化，进一步与国际贸易接轨。后来，有关部门又提出了“金科”工程、“金卫”工程、“金税”工程等，正是这些信息工程的建设，带动了我国电信和 Internet 产业的新发展。

我国已经建立了 4 大公用数据通信网，为我国 Internet 的发展创造了基础设施条件。这 4 大公用数据通信网如下：

(1) 中国公用分组交换数据网(China PAC)：1993 年 9 月开通，1996 年底已经覆盖全国县级以上城市和一部分发达地区的乡镇，与世界 23 个国家和地区的 44 个数据网互联。

(2) 中国公用数字数据网(China DDN)：1994 年开通，1996 年底覆盖到 3000 个县级以上的城市和乡镇。

(3) 中国公用计算机互联网(China Net)：1995 年与 Internet 互联，已经覆盖了全国 30 个省(市、自治区)。

(4) 中国公用帧中继网(China FRN)：该网络已在 8 个大区的省会城市设立了节点，向社会提供高速数据和多媒体通信服务。

目前，我国的 Internet 主要包括 4 个重点项目：

(1) 中国科技网 CSTNet。

CSTNet 的前身是中国国家计算与网络设施(The National Computing and Networking Facility of China，NCFC)，是世界银行贷款“重点学科发展项目”中的一个高技术基础设施项目。NCFC 主干网将中国科学院网络 CASNet、北京大学校园网 PuNet 和清华大学校园网 TuNet 通过单模和多模光缆互联在一起，其网控中心设在中国科学院网络信息中心。到 1995 年 5 月，NCFC 工程初步完成时，已连接了 150 多个网络 3000 多台计算机。NCFC 最重要的网络服务是域名服务，在国务院信息化领导小组的授权下，该网络控制中心运行 CNNIC 职能，负责我国的域名注册服务。

NCFC 连接了一批科学院以外的中国科研单位，如农业、林业、医学、电力、地震、铁道、电子、航空航天、环境保护等近 30 多个科研单位及国家自然科学基金委员会、国家专利局等科技部门，发展成中国科技网 CSTNet。CSTNet 为非盈利性的网络，主要为科技用户、科技管理部门及与科技有关的政府部门服务。

(2) 中国教育和科研网 CERNet(China Education Research Network)。

CERNet 是 1994 年由原国家计委出资、国家科委主持的网络工程。该项目由清华大学、北京大学等 10 所大学承担。CERNet 已建成包括全国主干网、地区网和校园网 3 个层次结构的网络，其网控中心设在清华大学，地区网络中心分别设在北京、上海、南京、西安、广州、武汉、沈阳。

(3) 中国公用计算机互联网 ChinaNet。

ChinaNet 是由邮电部投资建设的，于 1994 年启动。ChinaNet 也分为 3 层结构，建立了北京、上海两个出口，经由路由器进入 Internet。1995 年 6 月正式运营，该网络已经覆盖了全国 31 个省市。

(4) 中国金桥信息网 ChinaGBN。

ChinaGBN 是中国第二个可商业化运行的计算机互联网络。1996 年开始建设，由原电子工业部归口管理。ChinaGBN 是以卫星综合业务数字网为基础，以光纤、微波、无线移动等方式形成的天地一体的网络结构。它是一个把国务院各部委专用网与各大省市自治区、大中型企业以及国家重点工程连接起来的国家经济信息网，可传输数据、语音、图像等。

6.2.4　Internet 的发展趋势

Internet 的发展经历了研究网、运行网和商业网 3 个阶段。至今，全世界都没有人能够知道 Internet 的确切规模。今天，Internet 已经渗透到社会各个方面，用户可以随时了解最新的气象消息、新闻动态和旅游信息，看到当天的报纸和最新的杂志，在家里购物、订机票、租车、订餐，给银行或信用卡公司汇款、转账，相互收发电子邮件，登录到图书馆和各类数据库查询资料，享受远程教学、远程医疗等。

纵观 Internet 的发展，可以看出 Internet 具有如下几个方面的发展趋势。

1. 运营产业化

以 Internet 运营为产业的企业迅速崛起，在美国和其他许多国家，包括我国都出现了很多 Internet 服务提供商(Internet Services Provider，ISP)和 Internet 访问提供商(Internet Access Provider，IAP)。有人预料，Internet 将会形成一个独特而庞大的产业，成为信息产业的一个重要组成部分。

2. 应用商业化

随着 Internet 对商业应用的开放，它已成为一种十分出色的电子化商业媒介。众多的公司不仅把它作为市场销售和客户支持的重要手段，而且把它作为传真、快递及其他通信手段的廉价替代品，借以形成与全球客户的联系。电子商务已经成为目前最时髦的话题，例如，美国的亚马逊网就是最大的网上书店。

3. 互联全球化

Internet 虽然已有 20 多年的历史，但早期主要是在美国的国防和科研部门使用，其国际成员仅限于美国在海外的军事基地和它的盟国。过去，东欧国家由于政策限制，不能与 Internet 连接，第三世界国家没有基础和条件，有能力有条件的西欧国家则认为 TCP/IP 协议可能对西欧文化造成威胁，因而坚持要使用 ISO/OSI 协议，从而妨碍了 Internet 在欧洲的发展。然而现在情况已经大大改观，各个国家都在以最快的速度接入 Internet。

6.2.5　Internet 的功能

从技术角度来看，Internet 包括了各种计算机网络，从小型的局域网、城市规模的城域网到大规模的广域网。计算机主机包括了 PC、专用工作站、小型机、中型机和大型机。这些网络和计算机通过电话线、高速专用线、微波、卫星和光缆连接在一起，在全球范围内构成了一个四通八达的“网间网”。在这个网络中，其核心的几个最大的主干网络组成了 Internet 的骨架，它们主要属于美国的 Internet 服务供应商，如 GTE、MCI、Sprint 和 AOL 等。它们通过主干网络之间的相互连接，建立起一个非常快速的通信网络，承担了网络上的大部分通信任务。每个主干网络间都有许多交汇的通信节点，这些节点将下一级较小的网络和主机连接到主干网络上，这些较小的网络再为其服务区域的公司或个人提供连接服务。

从应用角度来看，Internet 是一个世界规模的巨大的信息和服务资源网络，它能够为每一个 Internet 用户提供有价值的信息和其他相关的服务。也就是说，通过使用 Internet，世界范围的人们既可以互通信息、交流思想，又可以从中获得各方面的知识、经验和信息。

Internet 是世界上最大的资源宝库，也提供了方便快捷的信息交流方式。它的主要功能包括如下几个方面。

1. 信息获取

通过 WWW、FTP、Gopher 等服务可以让用户从浩如烟海的 Internet 上获取科技、教育、商业和娱乐等任何领域的信息。

2. 信息检索

针对网上如此庞大而繁杂的信息资源，Internet 提供了类似于图书馆目录的强大系统。例如，用户可以利用 Yahoo 搜索引擎按照自己习惯的方式查找各种资料线索，最终找到所需信息在 Internet 上的位置。

3. 信息发布

信息发布即采用多种方式将值得提供给他人共享的信息发送到 Internet 上。例如，新闻机构发布电子新闻，商家发布广告、市场调查报告，用人单位发布招聘信息，科研机构发布学术交流信息等。

4. 邮件收发

这种通信方式具有价格低廉、迅速快捷、使用便利、内容多样等优点，现已成为 Internet 上使用最广泛、最频繁的一种服务。邮件的形式不仅可以是文字信息，还能夹寄一些声音、图片等多媒体信息。

5. 专题讨论

利用 Internet 上的新闻组和专题讨论组可以给共同关心某一主题的团体提供论坛，团体中的成员能够相互充分讨论和交流。

6. 网上学习

希望求知的人们可以到网上去上大学，可以从网上了解学校概况和专业课程设置情况，阅读电子课本，在网上多种形式的教学辅导和讨论的帮助下获得技术知识，并完成相应的学业。

7. 网上浏览

旅游前可以上网查找感兴趣的旅游点情况，确定旅游线路和日程表，准备必需品等。对于没有时间出游的旅客也可以在网上领略旅游胜地的风光和风土人情。

8. 网上购物

进入网上商店可以选购自己所需的任何商品，如在网上书店选购书籍，可以像在图书馆中一样先查阅目录，把选中的商品放入购物车，再通过一定的支付手段支付货款(如网上支付电子货币)，商家就会把商品通过物流机构送到用户手中。

9. 网上交流

使用网上的电子公告板 BBS、在线论坛、聊天室等功能，可以帮助人们在交流思想的同时，也结交志趣相投的朋友。

Internet 的应用丰富多彩，除了上述应用之外，还有网上寻医问药、网上炒股、网上听音乐、网上看电影电视、网上打长途电话及传真、网上玩游戏等。

6.3 Internet 的基本原理

6.3.1 Internet 的构成

Internet 连接着全球的计算机，让不同的计算机和计算机网络进行信息交流与共享。它的核心是面向全球开放的，通过数据传输协议 TCP/IP 实现信息交流与使用。Internet 的硬件结构如图 6-2 所示。

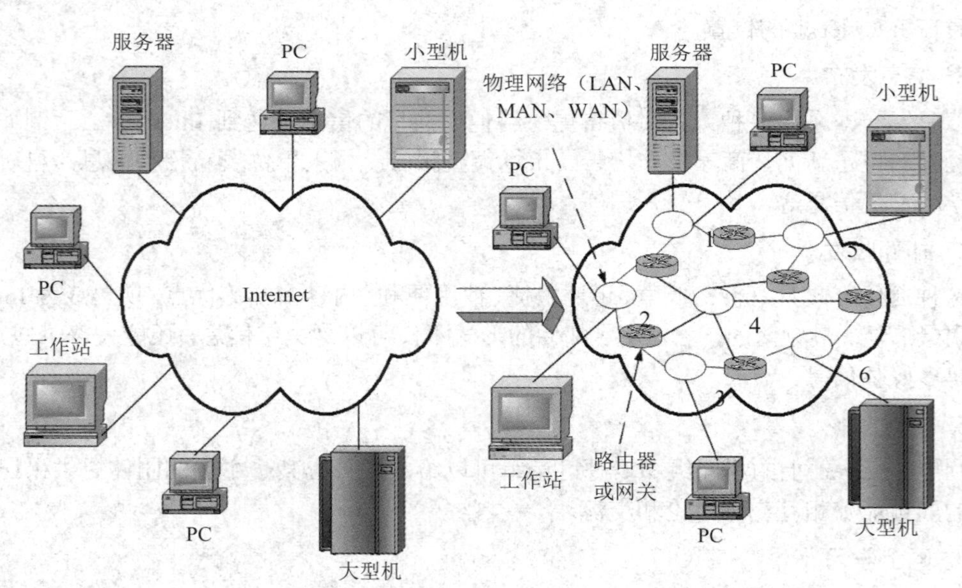

图 6-2　Internet 的硬件结构

1. 物理传输网络

物理传输网络指的是由通信线缆和各种通信网络设备构成的各类通信系统平台，包括PSTN 网、X.25 网、ISDN、Ethernet、FDDI、ATM 以及无线网和卫星网等。Internet 可以建立在任何物理传输网上，构成 Internet 的硬件环境。

2. TCP/IP 协议

Internet 通过 TCP/IP 协议来实现网络数据信息的传输与交付。TCP/IP 协议是 Internet 数据传输协议簇。TCP/IP 协议包括一组协议和网络应用两部分，它是实现 Internet 网络连接和互操作的关键。目前，几乎每一种网络平台都支持 TCP/IP 协议。

在 TCP/IP 协议簇里，TCP 和 IP 只是协议簇中的两个关键协议。TCP 协议提供网络端对端可靠的传输控制。根据通信网络的特点，数据传输控制协议提供可靠传输和不可靠传输，分别由 TCP 协议或 UDP 协议予以实现。

Internet 上的信息是以分组的形式传递的，将遵从 IP 协议规范实现分组 IP 数据报传输。一旦发送方生成一个数据报并且将其发送到 Internet 上后，数据报就按照 IP 的管理发送给指定接收者，实现数据报文的准确交付。

与 IP 协议配套使用的有 3 个协议，即地址解析协议 ARP、逆向地址解析协议 RARP 和 Internet 控制报文协议 ICMP，分别对应解析 IP 地址、域名和 IP 数据报文传输的跟踪监视。

3. Internet 的服务器

Internet 上的信息资源存放在 Internet 服务器上。与局域网不同，Internet 服务器不仅仅存放文件、数据等，还有数据库、数据列表，并且能提供各种 Internet 服务的信息。

在 Internet 上有许多服务器，或叫作主机。其中，有负责域名与 IP 地址转换的 DNS 服务器，有 FTP 文件服务器，有存放电子邮件的 E-mail 服务器，有文件查询工具 Archie 服务器，有分布式文本检索系统 WAIS 服务器，有提供菜单选择功能的 Gopher 服务器以及 Web 服务器等。

Web 服务万维网服务(World Wide Web ，WWW)，是 Internet 服务中最重要的一种服务类型，它具有传输文字、图像、声音等多媒体数据的能力。Internet 若要提供 Web 服务，必须首先建立 Web 服务器。由于操作系统平台不同，因此 Web 服务器的建立也不尽相同。目前，比较流行的有基于 UNIX 操作系统的 Netscape Server 和基于 Windows NT 系统的 IIS(Internet Information Server)等。

6.3.2 Internet 的工作方式和工作原理

1. Internet 的工作方式

Internet 上提供了大量的不同类型的服务，包括电子邮件、文件传输、WWW 服务、远程登录、FTP 服务等，这些服务大多数都采用了客户机/服务器的模式，但是伴随着互联网的快速发展，其他类型的服务不断涌现，随后又出现了浏览器/服务器模式和 P2P 模式等。

(1) 客户机/服务器模式。客户机/服务器模式称为 Client/Server 模式，简称 C/S 模式。采用客户机/服务器模式的网络一般由若干台服务器和大量的客户机组成。其中，服务器采用高性能主机，存储容量大，存储资源丰富，并安装有专用的服务器软件为网络上的其他计算机提供资源；客户机性能较弱，需要安装专用的客户端软件，客户机通过客户端软件与服务器进行信息交互。

(2) 浏览器/服务器模式。浏览器/服务器模式称为Browser/Server模式，简称B/S模式。采用浏览器/服务器模式的网络，客户端无须安装专用的客户端软件，用户只需要安装常见的WWW浏览器，即可通过浏览器与服务器进行信息交互。在浏览器/服务器模式下，网络服务的主要工作一般都是在服务器端实现的，因此该模式使用简单方便，界面统一，被越来越多的网络服务采用。

(3) P2P模式。Peer-to-Peer模式称为对等网，简称P2P模式。它是一种在客户机之间以对等的方式，通过直接交换信息来达到共享计算机资源与服务的工作模式。网络中的每个节点的地位都是平等的，没有服务器和客户端之分，因此与传统的C/S模式和B/S模式相比，P2P网络淡化了服务提供者和服务使用者的界限，所有的客户机同时身兼服务提供者和服务使用者的双重身份。基于资源提供和使用的方式，该模式可以达到扩大网络资源共享范围与深度、提高网络资源的使用效率、使信息共享程度达到最大化的目的。P2P模式与客户机/服务器模式的区别如图6-3所示。

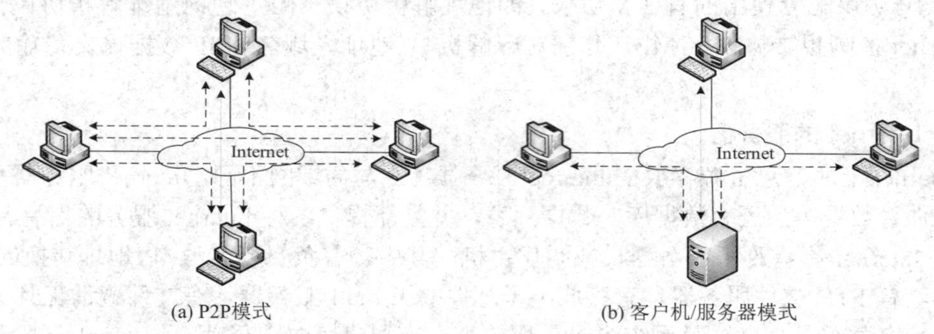

图6-3　P2P模式与客户机/服务器模式的区别

2. Internet的工作原理

Internet是全球信息资源的汇总，它是由数量众多的小的网络或者子网互连而成的一个大型的网络，其中每个子网中都连接着若干计算机或者主机。Internet基于一些共同的协议，以相互交流信息资源为目的，通过许多路由器与公共互联网相互连接而成，它是一个服务与资源共享的网络集合。Internet的特性如下：

(1) 通过全球唯一的逻辑地址将所有主机连接在一起，这个地址建立在互连IP协议的基础上，并按照一定的路由规则来查找和访问主机。

(2) 通过传输控制与互连TCP/IP协议，或者与互连IP协议兼容其他可替换的协议来进行通信。

(3) 通过建立在可靠的寻址通信及相关的基础设施之上，可以让公共用户或者私人用户使用高水平的服务。

Internet是一个具有划时代意义的产物，它不是为了满足某一种需求而设计的，而是一种可以接受任何新的需求的、宽松的基础网络结构。同时，Internet也是一种不断探索、不断发展的技术，是人类迈向网络文明与信息社会的纽带、载体和标志。

6.4　Internet 的网络地址与域名系统

Internet 实质上是把分布在世界各地的各种网络如计算机局域网和广域网、数字数据通信网以及公用电话交换网等互相连接起来而形成的超级网络。然而，单纯的网络硬件互联还不能形成真正的 Internet 网络，互联起来的计算机网络还需要有相应的软件才能相互通信，而 TCP/IP 协议就是 Internet 的核心。本节就对 TCP/IP 协议组中的一些重要内容做出说明。

6.4.1　Internet 地址

1. Internet 地址的意义及构成

Internet 将位于世界各地的大大小小的物理网络通过路由器互连起来，形成一个巨大的虚拟网络。在任何一个物理网络中，各个站点的机器都必须有一个可以识别的地址，才能在其中进行信息交换，这个地址称为物理地址。网络的物理地址给 Internet 统一全网地址带来了两个方面的问题：第一，物理地址是物理网络技术的一种体现，不同的物理网络，其物理地址的长短、格式各不相同，这种物理地址管理方式给跨越网络通信设置了障碍；第二，一般来说，物理网络的地址不能修改，否则，将与原来的网络技术发生冲突。

Internet 针对物理网络地址的现实问题采用由 IP 协议完成“统一”物理地址的方法。IP 协议提供了一种全网统一的地址格式，在统一管理下进行地址分配，保证一个地址对应一台主机，这样物理地址的差异就被 IP 层所屏蔽。因此，这个地址称为 Internet 地址，也称为 IP 地址。

在 Internet 中，IP 地址所要处理的对象比局域网复杂得多，所以必须采用结构编址。地址包含对象的位置信息，采用的是层次型结构。

Internet 在概念上可以分为 3 个层次，如图 6-4 所示。最高层是 Internet；第二层为各个物理网络，简称为网络层；第三层是各个网络中所包含的许多主机，称为主机层。这样 IP 地址便由网络号和主机号两部分构成，如图 6-5 所示。IP 地址结构明显带有位置信息，给出一台主机的地址，马上就可以确定它在哪一个网络上。

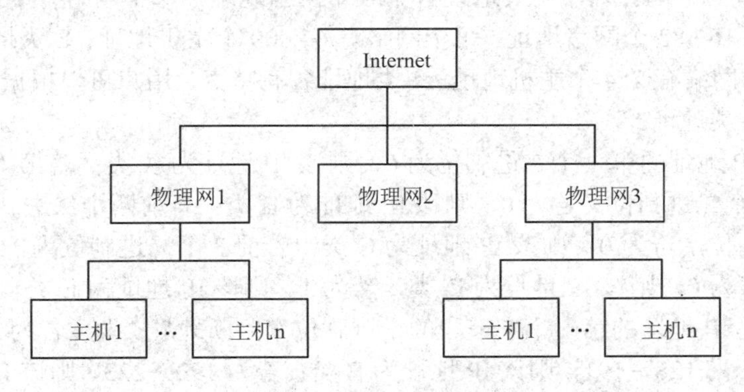

图 6-4　Internet 的层次结构

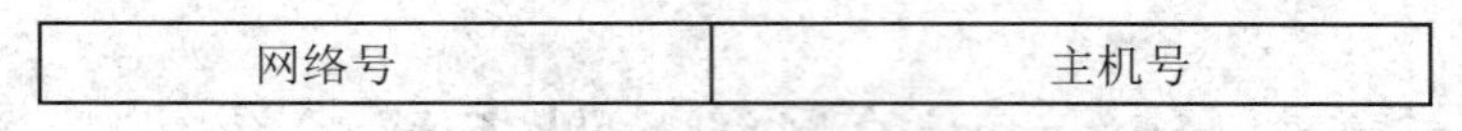

图 6-5　IP 地址结构

2. IP 地址的划分

根据 TCP/IP 协议的规定，IP 地址由 32 位二进制数组成。由图 6-5 可以看出，IP 地址包括网络号和主机号。将这 32 位数合理地分配给网络和主机作为编号看似简单，意义却很重大。因为各部分的位数一旦确定，就等于确定了整个 Internet 中所包含的网络数量以及各个网络所能容纳的主机数量。

在 Internet 中，网络数量是难以确定的，但是每个网络的规模比较容易确定。众所周知，从局域网到广域网，不同种类的网络规模差别很大，必须加以区别。Internet 管理委员会按照网络规模的大小将 Internet 的 IP 地址分为 A、B、C、D、E 五种类型。其中，A、B、C 是 3 种主要类型地址。除此之外，还有两种次要类型地址，一种是专用于多点传送的多点广播地址 D，另一种是扩展备用地址 E。Internet 管理委员会在每类地址中都规定了网络编号和主机编号。这 5 类地址的格式及范围如图 6-6 所示。

31　24	23　16	15　8	7　0	IP 地址的格式及范围
0　网络号	主 机 号			A 类地址：1.0.0.0～127.255.255.255
10　网 络 号		主 机 号		B 类地址：128.0.0.0～191.255.255.255
110　网 络 号			主机号	C 类地址：192.0.0.0～223.255.255.255
1110　多点广播				D 类地址：224.0.0.0～239.255.255.255
11110　保 留				E 类地址：240.0.0.0～254.255.255.255

图 6-6　IP 地址的格式及范围

1) 地址类别

A、B、C 三类是常用地址，D 类为多点广播地址，E 类保留作研究用。IP 地址的编码规定：全 0 地址表示本地网络或本地主机。全 1 地址表示广播地址，任何网站都能接收。所以除去全 0 和全 1 地址外，A 类地址有 126 个网络地址，每个网络有 1600 万个主机地址；B 类地址有 16 382 个网络地址，每个网络有 64 000 个主机地址；C 类地址有 200 万个网络地址，每个网络有 254 个主机地址。5 类地址各有特点，用户可以根据 IP 地址的第一个字节来区分各类地址。

例如，若 IP 地址的第 1 个二进制位为 0，则该 IP 地址为 A 类；若第 1 个二进制位为 1，则再看第 2 个二进制位，若为 0，则该 IP 地址为 B 类；若前两个二进制位为 11，则再看第 3 个二进制位，若为 0，则该 IP 地址为 C 类；若前 3 个二进制位为 111，则再看第 4 个二进制位，若为 0，则该 IP 地址为 D 类，若为 1，则该 IP 地址为 E 类。

也可以通过 IP 地址的第一个字节段的十进制位来判断地址类型。若为 1~126，则该 IP 地址为 A 类；若为 128～191，则该 IP 地址为 B 类；若为 192～223，则该 IP 地址为 C 类；若为 224～239，则该 IP 地址为 D 类；若为 240～254，则该 IP 地址为 E 类。

2) 网络号

网络号的规定如下：

(1) 对于 Internet 来说，网络编号必须唯一。

(2) 网络号不能以十进制数 127 开头，在 A 类地址中，127 开头的 IP 地址留给网络诊断服务专用。

(3) 网络号的第一段不能都设置为 1，此数字留作广播地址使用。第一段也不能都设置为 0，全为 0 表示本地址网络号。

根据规定，用十进制数表示时，A 类地址第一段范围为 1～126，B 类地址第一段范围为 128～191；C 类地址第一段范围为 192～223。

3) 主机号

主机号的规定如下：

(1) 对于每一个网络编号来说，主机号是唯一的。

(2) 主机号的各个位不能都设置为 1，全为 1 的编号作为广播地址使用，主机号各个位也不能都设置为 0。

由于 IP 地址是以 32 位二进制数的形式表示的，这种形式非常不适合阅读和记忆，因此为了便于阅读和理解 IP 地址，Internet 管理委员会采用了点分十进制表示方法来表示 IP 地址，即把整个地址划分为 4 字节，每个字节用一个小于 256 的十进制数字表示，数字之间用点隔开。例如，用二进制数表示的 IP 地址为 01101101.10000000.11111111.11111110，对应的点分十进制数表示的 IP 地址为 109.128.255.254。

3. IP 地址管理

所有 IP 地址都由 Internet 网络信息中心分配。世界上目前有以下 3 个网络信息中心：

(1) Inter NIC：负责美国及其他地区。

(2) Ripen NIC：负责欧洲地区。

(3) APNIC：负责亚太地区。

任何网络如果想加入 Internet，就必须向网络信息中心 NIC 申请一个 IP 地址。

IP 地址的最高管理机构称为 Internet 网络信息中心，即 Inter NIC(Internet Network Information Center)，它专门负责向提出 IP 地址申请的网络分配网络地址，然后各网络在本网络内部对其主机号进行本地分配。Inter NIC 由 AT&T 拥有和控制，读者可以利用电子邮件地址 mailserv@ds.internic.net 访问 Inter NIC。

Internet 的地址管理模式具有层次结构，管理模式与地址结构相对应。层次型管理模式既解决了地址的全局唯一性问题，也分散了管理负担，使各级管理部门都承担着相应的责任。在这种层次型地址结构中，每一台主机均有一个唯一的 IP 地址，全世界的网络正是通过这种唯一的 IP 地址彼此取得联系。因此，用户在入网之前一定要向网络部门申请一个地址，以免造成网络上的混乱。

4. 新一代 IP(IPv6)地址

随着 Internet 的迅速发展，当前使用的地址系统已经不能满足使用要求。为此，Internet 管理机构推出了新一代的 IP 地址，即 IPv6 协议。

当前，在 Internet 上使用的 IP 地址是在 1978 年确定的协议，它由 4 段 8 位二进制数字构成。由于 Internet 协议当时的版本号为 4，因而称为 IPv4。尽管这个协议在理论上有大约 43 亿(2^{32})个 IP 地址，但是并不是所有的地址都能得到充分利用，原因在于 Internet 的信息中心 Inter NIC 把 IP 地址分配给许多机构，而这些机构并没有充分使用所有的分配地址，从而造成了部分 IP 地址浪费。例如，美国的一些大学被划分为 A 类网络，每一个 A 类网络所包含的有效 IP 地址约为 1600 万个，这么多地址显然没有被充分利用。而欧洲国家的大多数 Internet 系统只能被划分为 C 类网络，每一个 C 类网络只有 255 个 IP 地址。这就使得当前的 IP 地址存在着两大相互关联的问题：第一，由于 Internet 的迅猛发展，主机数量正在急剧增加，它正在以很快的速度消耗目前尚未使用的 IP 地址。剩下许多未用地址大多属于 C 类地址，由于已经没有 A 类或 B 类地址可供分配，所以 Inter NIC 只能用几个 C 类网络地址合并分配给一个要求较多 IP 地址的用户。第二，不断增加的网络数目迫使 Internet 干线的路由器存储更多的网络信息，从而使网络的路由速度变得越来越慢。

Internet 工作任务组(Internet Engineering Task Force，IETF)已经提出了增加 IP 地址的两项建议。IETF 为了应付当前不断减少的 IP 地址，建议保留现存的 32 位地址格式 IPv4，不再使用 A、B、C 三类划分方式，允许存在许多大小不同的网络，并允许 Inter NIC 给一个机构分配合适数目的网络地址，而不再局限于某一类中的一组或几组网络地址。这个建议的实施将会要求一些拥有 A 类或 B 类网络地址的用户放弃他们网络中尚未被使用的 IP 地址。与此同时，剩余的 C 类地址空间将被分配掉，这个过程将是缓慢而困难的。

IETF 提出的另一项建议是创建 IP 协议新版本—— IPv6，该版本被称为 IP 下一代。IPv6 把 IP 地址的大小从 32 位增至 128 位，可以支持更多的地址层次、更大数量的节点以及更简单的地址自动配置。近几年来，IPv4 将通过渐进方式过渡到 IPv6，IPv6 与 IPv4 可以共存。IPv6 比 IPv4 在功能方面有了许多提高，包括扩充路由和寻址功能、简化标题格式、加强选项支持、增强保密安全功能等。

尽管 IPv6 建议提出以后，曾经受到一些人的反对，然而，Internet 的发展迫切要求拥有更多地址空间的协议。IPv6 是许多不同的 IETF 协议演变的结果。1992 年冬，开发人员推出了 4 种不同的协议，后来又陆续推出了 3 种。随着时间的推移，各种协议经过合并已于 1994 年 11 月 17 日得到 IETF 批准，成为建议的标准，其主要条款已于 1995 年 2 月作为 RFC1752 正式公布。

IPv6 正在赢得越来越多的支持，很多网络硬件和软件制造商已经表示支持这个协议。开发者正计划为 UNIX、Windows、Novell 和 Macintosh 开发 IPv6 版本软件。然而，由于 Internet 广泛应用的历史原因，从 IPv4 到 IPv6 的过渡将是一个缓慢的过程。

6.4.2　子网技术

出于对网络管理、性能和安全方面的考虑，许多单位把较大规模的单一网络划分为多个彼此独立的物理网络，并使用路由器将它们连接起来。子网划分技术能够使一类网络地址横跨几个物理网络，这些物理网络统称为子网。

1. 划分子网的原因

划分子网的原因主要包括以下几个方面。

1) 充分使用地址

由于 A 类网或 B 类网的地址空间太大，因此造成在不使用路由设备的单一网络中无法使用全部地址。比如，对于一个 B 类网络“172.17.0.0”，可以有 2^{16} 个主机，这么多的主机在单一的网络下是不能工作的。因此，为了更有效地使用地址空间，有必要把可用地址分配给更多较小的网络。

2) 划分管理职责

划分子网更易于管理网络。当一个网络被划分为多个子网时，每个子网就变得更易于控制。每个子网的用户、计算机及其子网资源可以让不同的管理员进行管理，减轻了网络管理员管理大型网络的工作量。

3) 提高网络性能

在一个网络中，随着网络用户数量的增长、主机数量的增加和网络业务的不断增值，网络通信也将变得非常繁忙。而繁忙的网络通信很容易导致冲突、丢失数据包以及造成数据包重传，因而增加了网络开销，降低了主机之间的通信效率。如果将一个大型网络划分为若干个子网，并通过路由器将其连接起来，就可以减少网络拥塞，如图 6-7 所示。这些路由器就像一堵墙把各个子网物理性地隔离开，使本地网的通信不会转发到其他子网中。同一子网中主机之间彼此进行广播和通信，只能在各自的子网中进行。

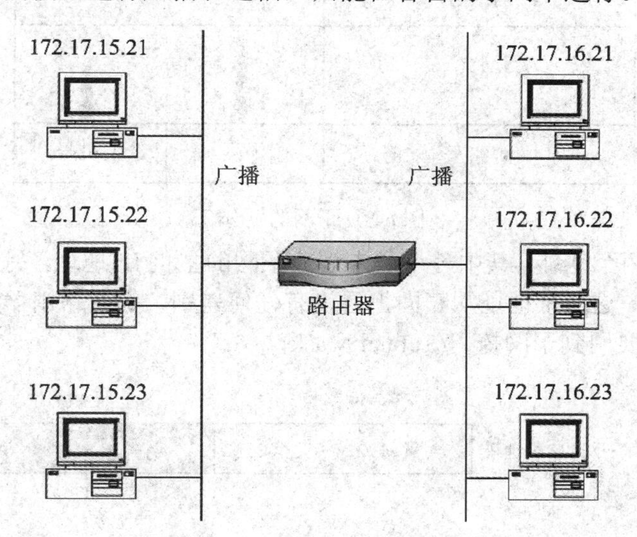

图 6-7 使用路由器划分子网

另外，使用路由器的隔离作用还可以将网络分为内、外两个子网，并限制外部网络用户对内部网络的访问，以进一步提高内部子网的安全性。

2. 子网划分的层次结构和划分方法

1) 子网划分的层次结构

IP 地址总共 32 位，根据对每个位的划分，可以指出某个 IP 地址属于哪一个网络(网络号)以及属于哪一台主机(主机号)。因此，IP 地址实际上是一种层次型的编址方案。对于标准的 A 类、B 类和 C 类地址来说，它们只具有 2 层结构，即网络号和主机号，因此这种 2

层地址结构并不完善。前面已经提过，对于一个拥有 B 类地址的单位来说，必须将其进一步划分成若干个小的网络使得 IP 地址得到充分利用，否则不但会造成 IP 地址的大量浪费，而且太大的网络规模是无法运行和管理的。

2) 子网的划分方法

子网划分的基础是将网络 IP 地址中原属于主机地址的部分进一步划分成网络地址(子网地址)和主机地址。子网划分实际上就产生了一个中间层，形成了一个 3 层地址结构，即网络号、子网号和主机号。通过网络号确定了一个站点，通过子网号确定一个物理子网，而通过主机号则确定了与子网相连的主机地址。因此，一个 IP 数据包的路由就涉及 3 部分：传送到站点，传送到子网，传送到主机。

子网具体的划分方法如图 6-8 所示。为了划分子网，可以将单个网络的主机号分为两个部分，其中一部分用于子网号编址，另一部分用于该子网内的主机号编址。

划分子网号的位数取决于具体的需要。子网号所占的位数越多，则可分配给子网内主机的位数就越少，即在一个子网中所包含的主机就越少。假设一个 B 类网络 172.17.0.0 将主机号分为两部分，其中，8 位用于子网号，另外 8 位用于主机号，那么这个 B 类网络就被分为 254 个子网，每个子网可以容纳 254 台主机。

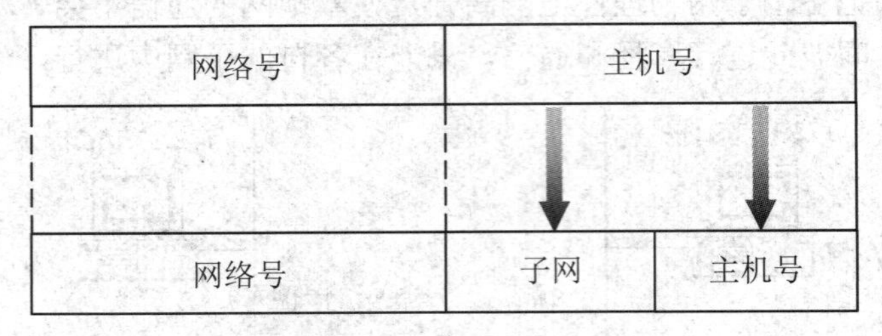

图 6-8　子网的划分

图 6-9 给出了两个地址，其中一个是未划分子网的主机 IP 地址，另一个是划分子网后的 IP 地址。图中，这两个地址从表面上看没有任何差别，那么路由器应该如何区分这两个地址呢？这就需要用到子网掩码(Subnet Mask)。

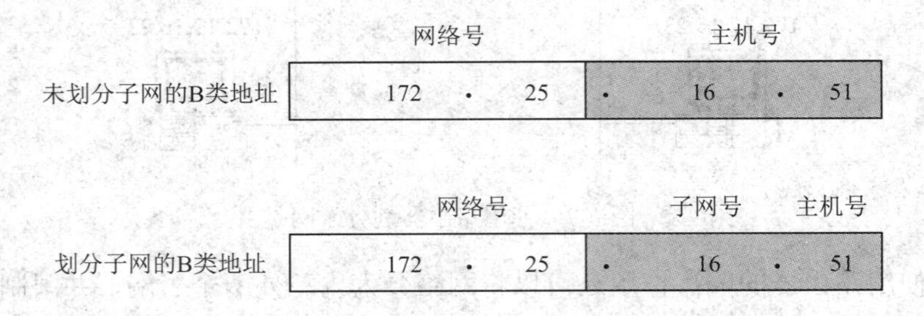

图 6-9　未划分子网的和划分子网的 IP 地址

3. 子网掩码

子网掩码也是一个采用点分十进制表示的 32 位二进制数，通过子网掩码可以指出一个 IP 地址中的哪些位对应于网络地址(包括子网地址)，哪些位对应于主机地址。

对于子网掩码的取值，通常是将对应于 IP 地址中网络地址(网络号和子网号)的所有位都设置为“1”，对应于主机地址(主机号)的所有位都设置为“0”。标准的 A 类、B 类、

C 类地址都有一个默认的子网掩码，如表 6-2 所示。

表 6-2　A 类、B 类和 C 类地址默认的子网掩码

地址类型	点分十进制表示	子网掩码的二进制位			
A	255.0.0.0	11111111	00000000	00000000	00000000
B	255.255.0.0	11111111	11111111	00000000	00000000
C	255.255.255.0	11111111	11111111	11111111	00000000

为了识别网络地址，TCP/IP 对子网掩码和 IP 地址进行“按位与”的操作。针对图 6-9 的例子，在图 6-10 中给出了如何使用子网掩码来识别它们之间的不同。对于标准的 B 类地址，其默认的子网掩码为 255.255.0.0，而划分子网后的 B 类地址其子网掩码为 255.255.255.0(主机号中的 8 位用于子网，因此网络号与子网号共计使用了 24 位)。经过“按位与”运算可以将每个 IP 地址的网络地址取出，从而知道两个 IP 地址所对应的网络。

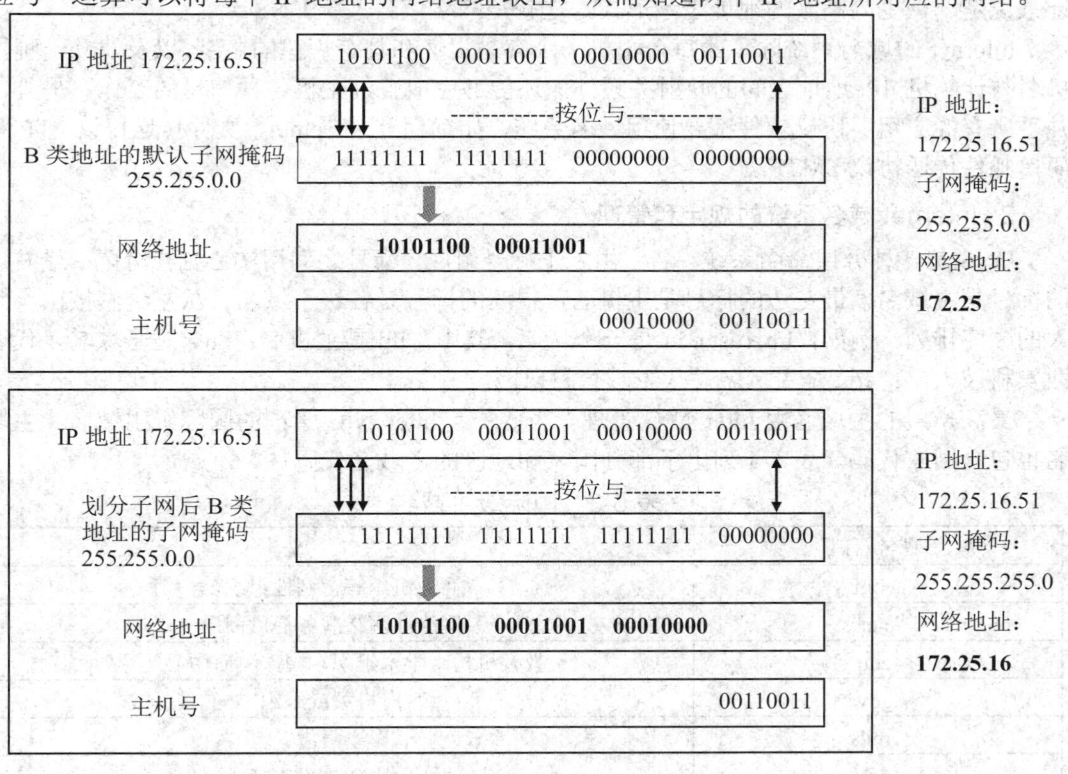

图 6-10　子网掩码的换算及屏蔽作用

上面的例子涉及的子网掩码都属于边界子网掩码，即使用主机号中的整个一个字节划分子网。因此，子网掩码的取值不是 0 就是 255。然而，在实际应用中划分子网时，更多会使用非边界子网掩码，即使用主机号中的某几位划分子网。因此，子网掩码除了 0 和 255 外，还有其他数值。例如，对于一个 B 类网络 172.25.0.0，若将第 3 个字节的前 3 位用于子网号，而将剩下的位用于主机号，则子网掩码为 255.255.224.0。因为使用了 3 位分配子网，所以这个 B 类网络 172.25.0.0 被分为 8 个子网，每个子网有 13 位可用于主机的编址。

6.4.3　域名系统

IP 地址是 Internet 的通用地址，但对于一般用户来说，IP 地址太抽象，而且它使用数字表示，不容易记忆。

1. 域名系统与主机命名

在 Internet 中，正是因为采用了统一的 IP 地址，才使网上任意两台主机的上层软件能够相互通信。这就是说，IP 地址为上层软件提供了极大的方便和通信的透明性。然而，与电话号码一样，IP 地址是一个多位数，它具有 32 位二进制数字，用十进制表示时，一个 IP 地址具有十几位整数，数量范围为 0 到 43 亿。要记住这类抽象数字表示的 IP 地址是十分困难的。为了向一般用户提供一种直观明了的主机识别符，TCP/IP 协议专门设计了一种字符型的主机命名机制，也就是给每台主机一个有规律的名字，这种主机名相对于 IP 地址来说是一种更为高级的地址表示形式，这就是网络域名系统 DNS。

Internet 的域名系统除了给每台主机一个容易记忆和具有规律的名字，以及建立一种主机名与计算机 IP 地址之间的映射关系外，还能够完成咨询主机各种信息的工作。另外，几乎所有的应用层协议软件都要使用域名系统，如远程登录 Telnet、文件传送协议 FTP 和简单邮件传送协议 SMTP 等。

2. Internet 域名系统的规定和管理

DNS 是一种分层命名系统，名字由若干标号组成，标号之间用实心圆点分隔。最右边的标号是主域名，最左边的标号是主机名，中间的标号是各级子域名，从左到右按由小到大的顺序排列。例如，lib.xust.edu 是一个域名，其中，lib 是主机名；xust 是子域名，代表西安科技大学；edu 是主域名，代表教育科研网。

最高一层的主域名由 Inter NIC 管理。表 6-3 是 Inter NIC 管理的国际级主域名。主域名也包含国家代码。表 6-4 列出了部分国家和地区的主域名代码。

表 6-3　国际级主域名

域名标识	含　义
.com	商业组织等营利性组织
.net	网络和网络服务提供商
.edu	教育机构、学术组织、国家科研中心等
.gov	政府机关或组织
.mil	军事组织
.org	非营利组织(如技术支持小组)
.int	国际组织
.firm	商业组织或公司
.shop	提供货物的商业组织
.web	与 Web 有关的组织
.arts	文化娱乐组织
.rec	娱乐消遣组织
.info	信息服务组织
.nom	个人

表 6-4　部分国家和地区的主域名代码

<table>
<tr><th colspan="2">域名代码</th><th colspan="2">国家或地区</th><th>域名代码</th><th>国家或地区</th></tr>
<tr><td colspan="2">at</td><td colspan="2">奥地利</td><td>it</td><td>意大利</td></tr>
<tr><td colspan="2">au</td><td colspan="2">澳大利亚</td><td>fr</td><td>法国</td></tr>
<tr><td colspan="2">ca</td><td colspan="2">加拿大</td><td>gr</td><td>希腊</td></tr>
<tr><td colspan="2">ch</td><td colspan="2">瑞士</td><td>jp</td><td>日本</td></tr>
<tr><td>cn</td><td rowspan="2">中国</td><td colspan="2">大陆</td><td>nz</td><td>新西兰</td></tr>
<tr><td>hk</td><td colspan="2">香港</td><td>uk</td><td>英国</td></tr>
<tr><td colspan="2">dk</td><td colspan="2">丹麦</td><td>us</td><td>美国</td></tr>
<tr><td colspan="2">es</td><td colspan="2">西班牙</td><td>ru</td><td>俄罗斯</td></tr>
<tr><td colspan="2">ie</td><td colspan="2">爱尔兰</td><td>om</td><td>印度</td></tr>
<tr><td colspan="2">il</td><td colspan="2">以色列</td><td>de</td><td>德国</td></tr>
</table>

域名到 IP 地址的变换由域名系统 DNS 的服务器实现。一般子网中都有一个域名服务器，该服务器负责管理本地子网所连接的主机，也为外来的访问提供 DNS 服务。这种服务采用典型的客户机/服务器访问方式。客户机程序把主机域名发送给服务器，服务器返回对应的 IP 地址。有时被询问的服务器不包含查询的主机记录，根据 DNS 协议，服务器会提供进一步查询的信息，也许是包括相近信息的另外一台 DNS 服务器的地址。

特别需要指出的是，域名与网络 IP 地址是两个不同的概念。虽然大多数联网的主机不但有一个唯一的网络 IP 地址，还有一个域名，但是也存在有的主机没有网络 IP 地址，只有域名的情况。这种计算机用电话线连接到一个有 IP 地址的主机上(电子邮件网关)，通过拨号方式访问 IP 主机。

在 Internet 中，域名的管理也是层次型的。由于管理机构是逐层授权的，所以最终整个 Internet 的域名构成一个树状结构，其中树根作为唯一的中央管理机构 NIC 是未命名的，不构成域名的一部分。

由于主域名的数量有限，在目前的 Internet 中，即便考虑到全世界一百多个国家和地区的地理域名，再加上 8 个组织结构型域名，总共也不会超过 200 个，而且这些域名均已做了标准化的规定，使 NIC 对这些域名的管理非常简便，因此，Internet 管理委员会决定将子域名也纳入 NIC 进行集中管理。

3. 域名系统的组成

域名系统是一个分布式的主机信息数据库，采用客户机/服务器模式。当一个应用程序要求把一个主机域名转换成 IP 地址时，该应用程序就成为域名系统中的一个客户。该应用程序需要与域名服务器建立连接，把主机名送给域名服务器，域名服务器经过查找，把主机的 IP 地址回送给应用程序。

域名系统由解析器和域名服务器组成。

(1) 解析器。在域名系统中，解析器为客户方，它与应用程序连接，负责查询域名服务器，解释从域名服务器返回的应答以及把信息传送给应用程序等。

(2) 域名服务器。域名服务器为服务器方，它主要有两种形式：主服务器和转发服务器。主服务器用于保存域名信息。一部分域名信息组成一个区。主服务器负责存储和管理一个或若干个区。为了提高系统的可靠性，每个区的域名信息至少由两个主服务器来保存。转发服务器中记载着它的上级域名服务器，当转发服务器接到地址映射请求时，就将请求送到上一级服务器中，该服务器将依次在表中向再上一级查询，直到查到该数据为止，否则返回无此请求的数据信息。

4. 我国互联网的域名规定

为了适应 Internet 的迅速发展，我国成立了中国互联网络信息中心，并颁布了中国互联网的域名规定。国务院信息化工作领导小组办公室于 1997 年 6 月 3 日在北京主持召开了“中国互联网络信息中心成立暨《中国互联网络域名注册暂行管理办法》发布大会”，宣布了中国互联网络信息中心(China Network Information Center，CNNIC)工作委员会的成立，并发布了《中国互联网络域名注册暂行管理办法》和《中国互联网络域名注册实施细则》。CNNIC 自成立之日起，便开始负责我国境内的互联网络域名注册、IP 地址分配、自治系统号分配、反向域名登记注册等服务，同时还提供有关的数据库服务及相关信息与培训服务。

CNNIC 由国内知名专家和国内 4 大互联网络 ChinaNet、CERNet、CSTNet 和 ChinaGBN 组成。它是一个非营利性的管理和服务机构，负责对我国互联网的发展、方针、政策及管理提出建议，协助国务院信息化工作领导小组办公室实施对中国互联网络的管理。

中国互联网络信息中心的成立和《中国互联网络域名注册暂行管理办法》《中国互联网络域名注册实施细则》的制定，将使我国互联网络的发展进入有序和规范化的发展轨道，并且更加方便地与 Internet 信息中心 InterNIC、亚太互联网络信息中心 APNIC 以及其他国家的 NIC 进行业务交流。

根据已发布的《中国互联网络域名暂行管理办法》，中国互联网络域名体系的最高级为 cn。子域名共有 40 个，分为 6 个类别域名(如 bj、sh、tj 等)。原来一些与此不符的旧的子域名(如 co.cn、or.cn 等)将停止注册并改用新名。子域名中除了 edu 的管理和运行由 CERNet 网络中心负责之外，其余由 CNNIC 负责。有关中国域名规定的详细资料可查询 CNNIC 的 WWW 站点 http://www.cnnic.net.cn。

5. 域名解析过程

域名的解析分为两种：一种是递归查询，另一种是迭代查询。

(1) 递归查询。一般从主机向本地域名服务器的查询都是采用递归查询方式。所谓递归查询，就是指如果主机询问的本地域名服务器无法回答查询域名对应的 IP 地址，那么本地域名服务器就以查询域名的客户身份继续向其他域名服务器发送查询请求报文。

(2) 迭代查询。通常从本地域名服务器向根域名服务器发送的查询使用迭代查询方式。在迭代查询中，当根域名服务器收到本地域名服务器发送的迭代查询请求报文时，如果无法回答查询域名对应的 IP 地址，就应当告知本地域名服务器下一步应当向哪一个域名服务器进行查询。之后本地域名服务器进行后续的查询工作。

6.5　Internet 的接入

从用户数量来说，Internet 接入一般分为单机接入和网络接入两种方式。单机接入一般比较直观，只需按某种方法将计算机接入 Internet 即可；而网络接入比较复杂，它一般是团体用户在拥有内部网的情况下，通过某种接入方式实现与 Internet 的连接，从而实现各种各样的网络服务。当内部局域网接入 Internet 时，一般是内部局域网的一台计算机(服务器)采用高速接入技术连接 Internet，而局域网中的其他计算机则通过该计算机访问 Internet。

从链路速度来讲，Internet 的接入方式可分为普通链路接入和高速链路接入两种方式。普通链路接入一般是指家庭用户或较小的单位利用 Modem 和普通电话线，采用 SLIP/PPP 方式拨号上网；高速链路接入方式比较适合于公司、机关或团体，它可实现局域网和 Internet 的连接，并提供较高的传输速率和多种服务。高速链路接入技术近几年发展迅速，主要有 ISDN 接入、ADSL 接入、DDN 接入等。

6.5.1　普通电话线连接方式

用户通过普通电话线连接方式连接到 Internet 是最常见的接入方式。用户通过拨打 ISP(Internet Service Provider)所提供的电话号码，接通 ISP 的主机服务器，再通过 ISP 的主机服务器连接到 Internet 上去。

采用普通电话线连接方式需要的设备简单，费用较低，非常适合于数据通信量较少的用户使用。采用这种方式连网的用户只需一台计算机、一个调制解调器和一条电话线即可，如图 6-11 所示。

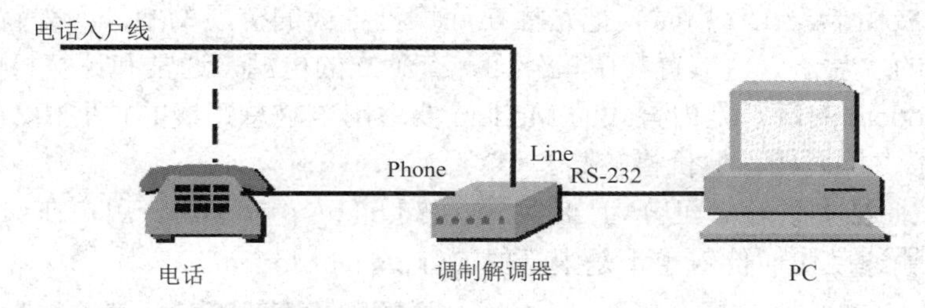

图 6-11　普通电话线连接方式接入 Internet

1. 普通电话线连接方式的两种类型

普通电话线连接方式有两种类型：联机服务方式(也称仿真终端方式)和拨号连接方式(也称 SLIP/PPP 方式)。

如用仿真终端连接方式在用户计算机上要安装通信软件，那么在服务系统上要申请建立账号。用户计算机和 Internet 的连接是没有 IP 协议的间接连接，真正连接到 Internet 上的是 ISP 的服务器。在建立连接期间，通信软件的仿真功能使用户计算机成为服务系统的仿真终端。用户所收到的电子邮件和从 Internet 上获取的文件均存放于服务器中，用户可以联机阅读，如果想把这些文件传到用户的计算机中，需要利用下载软件从服务器中将其取回，而且只能用字符方式访问 Internet，不能使用图形软件方式(如 IE 和 Netscape)。

SLIP/PPP 方式是目前较流行的拨号方式。它是基于 Internet 的两种协议：串行线路协议 SLIP(Serial Line Internet Protocol)和点到点的协议 PPP(Point-to-Point Protocol)。采用这种方式拨号上网的用户计算机，因其运行了 SLIP/PPP 软件而称为 Internet 上的一个节点，拥有自己的 IP 地址，具有访问网络所有服务的能力(即克服了联机服务方式的缺点)。

注意：这两种方式的硬件连接方法是一样的。不同的是一个不支持 SLP/PPP 协议，一个支持。

2. 静态和动态 IP 地址

静态 IP 地址是网络服务系统提供给用户使用的一个固定地址，每次上网时 IP 地址固定不变；动态 IP 地址是指用户的 IP 地址不固定，每次拨号上网时服务系统会自动分配给用户一个未使用的 IP 地址临时占用，以后该地址还可以分配给其他用户使用。动态 IP 地址既提高了 IP 地址的使用效率，也降低了用户费用。

3. 调制解调器

1) Modem 的作用

Modem(Modulator Demodulator)即调制解调器。它是实现数字信号和模拟信号相互转换的设备。在 Internet 中，主机和用户计算机传输的数据都是二进制“0”“1”形式的数字信号，而连接用户计算机和 Internet 之间的线路却是传输模拟信号的电话线。所以，就需要在电话线路的两端各配置一个调制解调器，把数字信号和模拟信号进行转换。所谓调制，就是将计算机中的数字信号转换为电话线路中传输的模拟载波信号；而“解调”正好相反，是将远端传送过来的模拟信号还原为计算机能识别的数字信号。

2) Modem 的类型

常见的Modem按连接方式分为内置式和外置式两种，如图6-12所示。内置式的Modem做成了一块扩展插卡，在使用时要把它插在计算机主板的扩展槽中。而外置式的 Modem 则是一个独立的“盒子”，放置在主机外面，有独立的电源，通常和计算机的串行通信口相连。两种 Modem 的区别是内置式的 Modem 要占用电脑总路线的扩展槽，但价格低；外置式 Modem 不占扩展槽，但价格较高。

Modem 按照数据传输率可分为 28.8 kb/s、33.6 kb/s、56 kb/s。用户在选用 Modem 时应尽量选择传输速度快而价钱也不是很贵的 56 kb/s 的 Modem。

(a) 内置式 Modem

(b) 外置式 Modem

图 6-12　调制解调器

6.5.2 专线连接方式

对于网络业务量大的用户或团体，特别是需要将自己的信息发布到 Internet 上时，采用专线方式入网是最佳选择，这种方式与拨号连接方式相比具有以下四个优点：

(1) 传输速度快，通常最少为 64 kb/s，更高可达到 2 Mb/s 以上，而调制解调器的速度一般都在 56 kb/s 以下。

(2) 网络接通形式具有长期性，而拨号方式只是临时性的连接。

(3) 可靠性高，信号不容易中断。

(4) 用户局域网可作为 Internet 上的一个子网，具有独立管理 IP 地址的能力。

在专线方式下，用户需要配备路由器(Router)或网桥(Bridge)等专用设备，还需要采用或向有关部门(如电信部门)租用光纤、电缆等传输速率高的专用线路。用户单位的计算机或网络通过路由器和专用线路连接到 Internet 骨干网的任意一个路由器上，并安装 TCP/IP 协议。用户计算机与 Internet 直接连接，要申请作为节点机而存在的 IP 地址和域名。图 6-13 即为专线方式入网示意图。

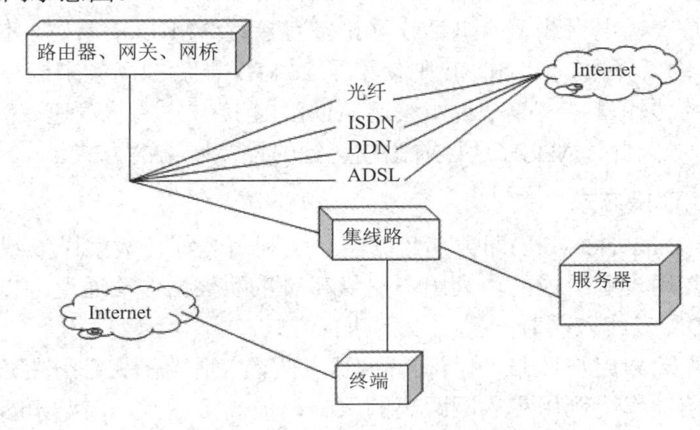

图 6-13 专线方式入网示意图

专线连接一般有 ISDN 拨号方式、ADSL 连接方式、DDN 专线连接方式 3 种。

1. ISDN 拨号方式

ISDN(Integrated Service Digital Network)即综合业务数字网。它是以综合数字电话网为基础发展而成的，能够提供点到点的数字连接。ISDN 把一个用户终端到另一个用户终端之间的数据传输全部数字化，不必再像普通电话拨号那样进行中间的转换，使用户可以获得数字化的优异性能。但是 ISDN 目前还是利用窄带网(传输率在 1.5 Mb/s 以内的网络称为窄带网)进行综合的数据通信。所以，ISDN 工作在最佳频率时所能提供的数据传输率最高为 128 kb/s。

目前使用 ISDN 的用户越来越多，它的优势在于 ISDN 有多个通信信道，用户利用一根 ISDN 线路，就可以在上网的同时拨打电话、收发传真，就像两条电话线一样，故又称“一线通”。

ISDN 的特点如下：

(1) 点到点的数字连接。

(2) 利用一根用户线(1 个用户号码)，就能提供电话、传真、可视图文、数据通信等多种业务，可连接 8 台终端，并且有 3 台终端可以同时工作。

(3) 具有广泛的应用场合。

(4) 为需求式服务，只有在需要时才建立连接，与电话相似。

2. ADSL 连接方式

ADSL(Asymmetrical Digital Subscriber Line)称为非对称式数字用户线路，是 xDSL 的

一种。xDSL 是 DSL(Digital Subscriber Line)的统称，意思是数字用户线路，是以铜质电话线为传输介质的点对点传输技术的组合，并使用在电话系统中没有被利用的高频信号传输数据以弥补铜线传输的一些缺陷。其中“x”代表着不同种类的数字用户线路技术，包括 ADSL、HDSL、VDSL、SDSL 等，利用不同的调制方式使数据或多媒体信息可以更高速地在铜质双绞线上传送，避免由于数据流量过大而对中心机房交换机和公共电话网(PSTN)造成拥塞。各种数字用户线路技术的不同之处主要表现在信号的传输速率和距离上，还有对称和非对称的区别。

ADSL 方案不需要改造电话信号传输线路，它只要求用户端有一个特殊的 Modem，即 ADSL Modem 接到用户的计算机上，而另一端接在电信部门的 ADSL 网络中，用户和电信部门相连的依然是普通电话线。而电话线理论上有接近 2 MHz 的带宽，传统的 Modem 只使用了 0～4 kHz 的低频段，而 ADSL 则使用了 26 kHz 以后的高频来进行传输，所以它极大地提高了数据的传输量。一般来说，采用 ADSL 连接方式的传输速率大约是采用 ISDN 连接方式的 50 倍。因此，ADSL 是目前比较可行的连接网络的方式。

3. DDN 专线连接方式

DDN(Digital Data Network)即数字数据网，是利用光纤、数字微波或卫星等数字传输通道和数字交叉复用设备组成的，为用户提供高质量的数据传输通道，以传输各种数据。

用户采用 DDN 专线入网时一般用以下两种方式：

(1) 通过模拟专线(用户环路)和调制解调器入网，它适用于大部分用户，尤其是光纤未到户的用户。通信速率受到用户入网距离的限制，最高可达到 2.024 Mb/s。

(2) 通过光纤电路入网，这种方法适用于光纤到户的用户，通信速率可灵活选择。

对于通信业务量大并且有很多用户使用 Internet 的单位，利用 DDN 提供的业务构造专用通信网是一种理想的选择，这种连接 Internet 的方式功能最齐全、访问速度最快，但费用昂贵。

6.5.3　无线连接方式

某些 Internet 服务提供者 ISP 可以为便携式计算机、传呼机等提供无线访问。如果用户有一台便携式计算机，而且希望经常在没有电话线路的地方连入 Internet，那么无线连接方式是最合适的。

无线连接方式使用配有蜂窝无线电话的调制解调器，这种无线电话与通常的拨号访问点连接。如果用户有无线电话，那么与 Internet 相连就方便多了。同时，用户无论在哪里都可以使用同样的 Internet 账号。但是，无线连接的费用较高，尤其当用户不在本服务区使用时，需要付“漫游”费用。

无线连接方式一般仅适用于电子邮件和偶尔进行文件传送的情况，对于需要传输图像、音像制品或其他大宗文件的情况，无线连接不是最佳的选择方式。

6.5.4　有线电视网连接方式

用户可以通过有线电视网(CATV)和“电缆调制解调器”或“线缆调制解调器”接入 Internet。有了它，就可以利用有线电视网进行数据传输。以前有线电视网只是单纯地传送电视信号，而现在，利用原来已经建立起来的一组封闭式电缆传输线路，通过“电缆调制解调器”在传输电视信号的同时，也可进行数据传输。“电缆调制解调器”主要是面向计算机用户的终端，它是连接有线电视同轴电缆与用户计算机的中间设备，正因为有线电视采用同轴电缆作为传输数据的载体，所以其数据容量相当大，使用同轴电缆的下载速率可以达到 30 Mb/s。

可以说 Cable Modem 连接方式是今后的发展方向之一，但是目前还有一些问题要解决，所以这种通过有线电视 Cable Modem 的连接方式正处在试点阶段。

6.6　Internet 应用层协议

TCP/IP 的应用层是 OSI 网络模型的最高层，是用户应用程序与网络的接口，即网络用户是通过不同的应用协议来使用网络的。应用进程通过应用层协议为用户提供最终服务。所谓应用进程，是指在为用户解决某一类应用问题时在网络环境中相互通信的进程。应用层协议是规定应用进程在通信时所遵循的协议。在应用层协议工作时一般使用 C/S 模式，即客户/服务器模式。这种模式描述了两个进程间服务与被服务的关系。在两个进程进行通信时，请求服务方称为客户，而提供服务方称为服务器。

目前 Internet 上使用最广泛的应用层协议主要有超文本传输协议 HTTP、文件传输协议 FTP、简单邮件传输协议 SMTP 和 POP3、远程登录协议 Telnet、域名系统 DNS 等。随着网络技术的发展，应用层服务的功能还在不断改进和增加。

6.6.1　万维网

万维网起源于 1989 年欧洲粒子物理研究室 CERN。它是基于 Internet 的信息服务系统，由通过 HTTP 链接起来的无数 Web 服务器中的网页资源组成。万维网通过超级链接，将所有的硬件资源、软件资源、数据资源连成一个网络，用户可以从一个站点轻易地转接到另一个站点，非常方便地获取网络上的丰富信息。它像一个无比巨大的虚拟网络，将全世界都连接在一起。WWW 上提供的信息量大，覆盖面广，信息的刷新速度快。比如，网络可以向用户提供一个以超文本技术为基础的多媒体全图形浏览界面，该界面图文并茂、引人入胜、简单易用，这也是 Internet 上发展最迅速的服务。万维网的出现，极大地推动了 Internet 的发展。

1. 超文本传输协议

超文本传输协议(HyperText Transfer Protocol，HTTP)是万维网客户端进程与服务器端进程交互遵守的协议。人们每天通过浏览器浏览的网页实际就是使用 HTTP 在 Internet 中的 Web 服务器和 Web 浏览器应用之间传输的。所谓超文本(Hypertext)，是指文本与检索项共存的一种文件，即在普通文本中加入若干“超链接”。访问者用鼠标点击超链接就可以轻而易举地进入链接所指向的相关站点、项目和信息。

HTTP 是一个应用层的协议，使用 TCP 连接进行可靠的传输。它是万维网上资源传送的规则，是万维网能正常运行的基础保障。万维网的每个站点都有一个服务进程，它不断监听 TCP 的 80 端口，等待客户端的 TCP 连接请求。在客户端需要运行用户与万维网的接口程序，一般是浏览器软件。

2. 统一资源定位符 URL

Internet 中的网站成千上万，为了能够在 Internet 中方便地找到所需要的网站及所需要的信息资源，它采用了全球统一资源定位符(Uniform Resource Locator，URL)来唯一地标识某个网络资源。

URL 由双斜线分成两部分，前一部分指出访问方式，后一部分指明文件或服务所在服务器的地址及具体存放位置。

格式：

〈协议〉：//主机地址[:端口号] / 路径 / 文件名

说明：

协议——指访问 URL 的方式，可以是 Internet 上的某一种应用所使用的协议方法，如 HTTP、FTP、GOPHER 等。注意：访问 Web 网页使用 HTTP。

主机地址——是被访问网页所在的计算机在 Internet 上的地址或域名，如 www.sina.com.cn。

端口号——是建立 TCP 连接的端口号，使用熟知端口时可以忽略；若在服务器名后面跟有一个数字，如 www.tsinghua.edu.cn:8080，则表示该服务器使用的 TCP 端口是 8080，而不是默认的熟知端口 80。

路径及文件名——构成网页的文件名及所在计算机上的路径名，常常统称为“路径”。“/路径名”类似于 DOS 系统下的子目录，其子目录下还可以有更下一层的子目录。

典型的 URL 有 http://www.sdie.edu.cn/pub/index.html、ftp://rtfm.mit.edu 等。

3. 超文本标记语言

超文本标记语言(HyperText Markup Language，HTML)是万维网页面制作的标准语言，是万维网上页面标准化的基础。HTML 实际上是 SGML 的一个简化版，它包括一套定义文档结构和类型的标记，用来编写 Web 网页，是对超文本信息格式化输出的标记。编写的 Web 网页文件通常以.htm 或.html 为文件扩展名。

以下是在用户屏幕上显示“Welcome to HTML!”信息页面所编写的 HTML 文件。

```
<html>                          <!--声明 HTML 万维网文档开始-->
<head>                          <!--标记页面首部开始-->
<title>TEST</title>             <!--定义页面的标题为"TEST"-->
</head>                      <!--标记页面首部结束-->
<body>                          <!--标记页面主体开始-->
<p>Welcome to HTML! </p>     <!--显示一个段落内容-->
</body>                         <!--标记页面主体结束-->
</html>                      <!--HTML 万维网文档结束-->
```

4. 动态网页技术

所谓动态文档，是指在浏览器访问万维网服务器时，由存储在万维网服务器中的应用程序动态创建的文档。当浏览器请求到达时，万维网服务器需要运行另外一个应用程序，并将控制权转移到此应用程序。

可见动态文档的最大优点就是可发布内容更新较快的信息。例如，可用动态文档发布股市行情、天气预报或民航售票等信息。

动态文档与静态文档的最大区别就在于服务器端文档内容生成的方法不同。而对于浏览器端来说，两种文档都是一样的，都遵循 HTML 所规定的格式，浏览器只是根据 HTML 标记显示文档的内容。

6.6.2　文件传输协议

文件传输协议(File Transfer Protocol，FTP)是 TCP/IP 体系中的一个重要协议，它并不是针对某种具体操作系统或某类具体文件而设计的文件传输协议。它通过一些规程，利用网络底层提供的服务，来完成文件传输的任务。

FTP 服务是由 FTP 服务器提供服务的，它屏蔽了计算机系统的细节。因此，FTP 比较简单且容易使用，它只提供文件传送的一些基本服务，可以在异构网中的任意计算机之间传送文件。

FTP 服务器是指运行 TCP/IP 协议的网络上存储大量文件和数据的计算机主机，它设有公共账号，有公开的资源供用户下载及使用。

在 Internet 诞生的初期，FTP 就已经被应用在文件传输服务上，并且占有大部分的数据流量。FTP 传输的文件类型有文本类型和图像类型。FTP 有严格的权限控制，在请求传输文件前要求用户必须首先向服务器注册用户名和密码，服务器会对用户名和密码进行验证，拒绝非法用户的访问。但对于公共文件资源，FTP 提供了一种称为匿名 FTP 的访问方法，即用户可使用 anonymous 作为用户名，以 guest 为密码，或者以用户的邮箱地址作为密码，就可以建立与 FTP 服务器的会话，下载 FTP 服务器所提供的共享文件。

1. FTP 的主要工作原理

1) 基本概念

FTP 使用 TCP 可靠传输，按 C/S 模式工作。一个 FTP 服务器进程可同时为多个客户进程提供服务。服务器进程主要分为两大部分：一个主进程，负责接收新的客户请求并启动相应的从属进程；若干从属进程，负责处理具体的客户请求。

2) 工作过程

(1) 服务器主进程接收到客户请求后，启动从属的“控制进程”与客户端建立“控制连接”，并将响应信息传送给客户端。

(2) 服务器主进程返回到等待状态，继续等待新的客户请求。

(3) 客户端输入账号、密码及文件读取命令后，通过“控制连接”传送到服务器端的“控制进程”。

(4) 服务器“控制进程”创建“数据传送进程”，并通过端口 20 与客户端建立“数据传输连接”。

(5) 客户端通过建立的“控制连接”传送交互命令，通过“数据连接”接收服务器传来的文件数据。

(6) 传输结束，服务器端释放“数据连接”，“数据传输进程”自动终止。

(7) 客户端输入退出命令，释放“控制连接”。

(8) 服务器端“控制进程”自动终止，至此整个 FTP 会话过程结束。

2. FTP 工作方式

FTP 协议有两种工作方式：主动(PORT)方式和被动(PASV)方式。两种方式的命令链路连接方法是一样的，主要区别是数据链路的建立方法不同。

1) PORT(主动)方式

PORT 方式的连接过程：客户端向服务器的 FTP 端口(默认是 21) 发送连接请求，服务器接受连接，建立一条命令链路。当需要传送数据时，客户端在命令链路上用 PORT 命令通知服务器：“我打开了 XXXX 端口，你过来连接我”。于是服务器从 20 端口向客户端的 XXXX 端口发送连接请求，建立起一条数据链路来传送数据。

2) PASV(被动)方式

PASV 方式的连接过程：客户端向服务器的 FTP 端口(默认也是 21)发送连接请求，服务器接受连接，建立一条命令链路。当需要传送数据时，服务器在命令链路上用 PASV 命令告诉客户端：“我打开了 XXXX 端口，你过来连接我”。于是客户端向服务器的 XXXX 端口发送连接请求，建立起一条数据链路来传送数据。

大部分 FTP 客户端默认使用 PASV 方式，IE 则默认使用 PORT 方式。

6.6.3　电子邮件

1. 电子邮件概述

电子邮件(E-mail)是 Internet 上使用最为广泛的服务之一。由于其快捷、方便和低成本，因此深受个人和企业用户的青睐。欲使用电子邮件的人员可到 Internet 服务提供商(Internet Service Provider，ISP)网站注册申请邮箱，获得电子邮件账号(电子邮件地址)及密码，就可通过专用的邮件处理程序收、发电子邮件了。

在 Internet 上发送和接收电子邮件，实际并不是直接在发送方和接收方的计算机之间传送的，而是通过 ISP 的邮件服务器作为代理环节实现的。邮件发送者可在任何时间将邮件发送到邮件服务器中接收者的电子邮箱中，接收方在需要的时候检查自己的邮箱，并下载自己的邮件。电子邮件可以在两个用户之间交换，也可以向多个用户发送同一封邮件，或将收到的邮件转发给其他用户。

2. 协议支持

目前应用比较多的电子邮件协议是 SMTP、POP3 和 IMAP4 等协议。邮件的发送协议为 SMTP，即简单邮件发送协议。邮件的下载协议为 POP，即邮局协议，目前经常使用的是第 3 版，称为 POP3 协议。

用户通过 POP3 协议将邮件下载到本地计算机进行处理，ISP 邮件服务器上的邮件会自动删除。IMAP 是因特网报文存取协议，也是邮件下载协议，但它与 POP 协议不同，它支持对邮件的在线处理，邮件的检索与存储等操作不必先下载到本地。如果用户不发送删除命令，那么邮件就一直保存在邮件服务器上。

常用的收发电子邮件的软件有 Exchange、Outlook Express、Foxmail 等，这些软件提供了邮件的接收、编辑、发送及管理功能。

3. 电子邮件的工作原理

一个电子邮件系统如图 6-14 所示。

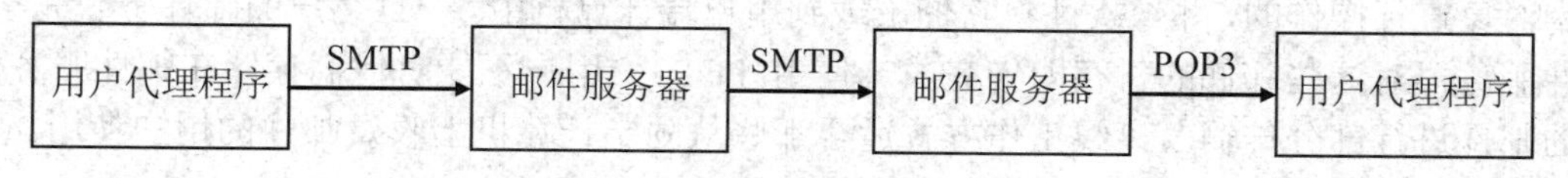

图 6-14　电子邮件系统组成

启动电子邮件系统后，具体工作流程如下：

(1) 撰写完邮件后，单击“发送”按钮，准备将邮件通过 SMTP 协议传送到发送邮件服务器上。

(2) 发送邮件服务器将邮件放入邮件发送缓存队列中，等待发送。

(3) 接收邮件服务器将收到的邮件保存到用户的邮箱中，等待收件人提取邮件。

(4) 收件人在方便的时候，使用 POP3 协议从接收邮件服务器中提取电子邮件，通过用户代理程序进行阅览、保存及其他处理。

4. 简单邮件传输协议

简单邮件传输协议(Simple Mail Transfer Protocol，SMTP)是一个简单的基于文本的电子邮件传输协议，它规定了进行通信的两个 SMTP 进程之间是如何交换信息的。SMTP 作为应用层的服务，可以适应于各种网络系统。

SMTP 是个请求/响应协议，在 TCP 的 25 号端口监听连接请求。SMTP 命令和响应都是基于 ASCII 文本，换行符为 CR/LF，以命令行为单位。SMTP 规定了 14 条命令和 21 种响应信息。每条命令由 4 个字母组成，而响应信息一般由 1 个 3 位数字代码开始，后面附上简单说明。

SMTP 协议的工作过程可分为 3 个步骤实现，即建立连接、邮件传送和连接释放。

5. 邮局协议

电子邮件的收信人使用邮局协议(Post Office Protocol，POP)从邮件服务器自己的邮箱中取出邮件。POP 有两种版本，即 POP2 和 POP3，它们都具有简单的电子邮件存储转发功能。POP2 与 POP3 本质上类似，都属于离线式工作协议，但是由于使用了不同的协议端口，两者并不兼容。POP3 是目前与 SMTP 协议相结合最常用的电子邮件服务协议，目前大多数邮件服务器都支持 POP3。POP3 为邮件系统提供了一种接收邮件的方式，使用户可以直接将邮件下载到本地计算机，在自己的客户端阅读邮件。如果电子邮件系统不支持 POP3，则用户必须通过远程登录，到邮件服务器上查阅邮件。

1) POP3 收发邮件的过程

用户使用 POP3 收发邮件的过程如下：

(1) 通过 POP3 客户程序登录到支持 POP3 协议的邮件服务器，用户可以接收、发送邮件及附件。

(2) 邮件服务器将把该用户收存的邮件传送给 POP3 的客户程序，使用户收到这些邮件，并将这些邮件从服务器上删除。

(3) 邮件服务器再将用户提交的发送邮件转发到运行 SMTP 协议的计算机中，通过它实现邮件的最终发送。

在为用户从邮件服务器收取邮件时，POP3 是以该用户当前存储在服务器上的全部邮件为对象进行操作的，并一次性将它们下载到用户端计算机中。一旦客户的邮件下载完毕，邮件服务器对这些邮件的暂存即告完成。使用 POP3，用户不能对他们存储在邮件服务器上的邮件进行部分传输。离线工作方式适合那些从固定计算机上收发邮件的用户使用。

2) POP3 的连接过程

POP3 操作开始时，服务器通过侦听 TCP 的 110 端口开始服务。当客户主机需要使用服务时，它将与服务器主机建立 TCP 连接。当连接建立后，POP3 发送确认消息。客户和 POP3 服务器相互交换命令和响应，这一过程一直要持续到连接终止。

POP3 遵循存储转发机制。用户可根据需要在客户机与保存邮件的服务器之间建立连接。用户通过客户机上的客户邮件程序或邮件用户代理(Mail User Agent，MUA)程序将邮件服务器上的待处理邮件取回到客户机上，同时删除服务器上已取走的邮件，并断开客户机与服务器的连接。然后，在本地客户机上进行阅读、删除、编辑或回复等脱机邮件处理。对新编辑的待发送和回复的邮件，可通过选择发送操作，再次建立客户机与服务器的连接来实现。

由以上内容可知，POP3 协议是用户计算机与邮件服务器之间的传输协议，SMTP 协议是邮件服务器之间的传输协议。

6. 因特网邮件存取协议

因特网邮件存取协议(Internet Mail Access Protocol，IMAP)是斯坦福大学在 1986 年开发的一个功能更强的电子邮件协议，常用的是版本 4。IMAP4 改进了 POP3 的不足，用户可以通过浏览信件头来决定是否要下载、删除或检索信件的特定部分，还可以在服务器上创建或更改文件夹或邮箱。它除了支持 POP3 协议的脱机操作模式外，还支持联机操作和断开连接操作。它为用户提供了有选择地从邮件服务器接收邮件的功能、基于服务器的信息处理功能和共享信箱功能。IMAP4 提供离线、在线和断开连接 3 种工作方式。

1) 离线工作方式

离线工作方式与 POP3 提供的服务类似，用户在所用的计算机与邮件服务器保持连接的状态下读取邮件。用户的电子邮件可以从服务器全部下载到用户计算机中。

2) 在线工作方式

选择在线工作方式时，用户无论进行怎样的操作，其电子邮件都将被保留在服务器一端。所有邮件都始终存储在可共享的邮件服务器中，并可利用客户机上的邮件程序，对邮件服务器上的邮件进行远程编辑、删除和回复等联机操作和管理。在客户邮件程序对邮件服务器的邮件进行处理的过程中，始终保持与该服务器的连接。在这种操作方式中，客户机对邮件服务器的操作是透明的，操作的结果作用在邮件服务器上，而操作过程显示于本地客户机上。

3) 断开连接方式

断开连接方式是一种脱机与联机操作的混合模式。在这种方式中，客户机先与邮件服务器建立连接，客户邮件程序选取相关的邮件，在本地客户机上生成一种高速缓存。与此同时，所选邮件的主拷贝仍保存在邮件服务器上，然后断掉与邮件服务器的连接，对客户机高速缓存的邮件进行“脱机”处理，客户机与邮件服务器再次连接时，进行再同步处理使邮件状态相一致。在断开连接操作中，联机和断开连接操作相互补充，彼此交替进行。

断开连接操作中的“脱机”处理不同于脱机操作模式，因为脱机操作模式会从邮件服务器中删除被取走的邮件，而断开连接操作在邮件服务器仍保存被移出邮件的拷贝。在断开连接工作方式下，用户的一部分邮件保留在服务器一端，另一部分下载到用户计算机后，如果用户还需要下载其他信件，可以将用户计算机再次与服务器建立连接，下载指定的信件，然后在用户计算机显示下载的信件复本。

选择使用 IMAP4 协议提供邮件服务的代价是要提供大量的邮件存储空间。受磁盘容量的限制，管理员要定期删除无用的邮件。为了用户邮件的安全，管理员还要定期进行操作。这样，即使用户计算机中的邮件被删除，也不至于造成邮件丢失。IMAP4 服务为那些希望灵活进行邮件处理的用户带来了很大方便，但是用户登录浏览邮件的联机会话时间将增加。

与 POP3 协议类似，IMAP4 协议仅提供面向用户的邮件收发服务，邮件在 Internet 上的收发是借助运行 SMTP 协议的计算机完成的。有时可以把 IMAP4 看成是一个远程文件服务器，把 POP3 可以看成是一个存储转发服务。

6.6.4　远程登录

1. 远程登录概述

以前人们使用的个人计算机功能比较弱，为了能够运行一些大程序，就采用一种称为 Telnet 的程序把自己的计算机连接到远程性能好的大型计算机上，一旦连接上，这些个人计算机就好像是远程计算机的一个终端，可以像使用自己的计算机一样输入命令，运行远程计算机中的程序。这种把用户计算机连接到远程计算机的操作方式称为“远程登录”。

远程登录的目的在于访问远程计算机的系统资源，就像远程服务器的一个当地用户。一个本地用户通过远程登录进入远程系统后，远程系统内核并不将它与本地用户登录相区别。也就是说，远程登录和远程系统的本地登录一样可以访问权限允许的远程系统资源。远程系统提供给用户与本地登录几乎完全相同的界面。但远程登录也有其限制，即当 Internet 的网络通信量大时，来自远程主机的响应较慢。

远程登录程序 Telnet 的作用就是让用户以模拟终端的方式登录到网络或 Internet 上的一台主机，进而使用该主机上的资源与服务。远程登录为本地用户共享远程主机资源的实现提供了手段。

当使用 Telnet 登录到远程计算机时，实际上启动了两个程序，一个是 Telnet 客户程序，它运行在用户的本地计算机上；一个是 Telnet 服务器程序，它运行在登录的远程计算机上。用户只需要了解客户程序的使用即可。Telnet 远程登录的服务过程分为如下 3 个步骤：

(1) 本地用户在本地终端上登录远程系统。

(2) 本地终端上的键盘输入逐渐传到远程服务器。

(3) 将远程服务器输出信息传回本地终端。

提供 TCP/IP 支持的系统通常都提供 Telnet 服务程序，如 UNIX、Windows 9x 下都带有 Telnet 程序。通过 Telnet 登录到其他计算机上时，作为终端的计算机用户只能以命令符的方式而不是窗口的方式使用远程计算机上的资源。

2. Telnet 的使用

Telnet 本身也是一个应用程序，通过运行它，本地用户可实现访问远程资源的愿望。Windows 内置有 Telnet 程序，使用该程序可以使运行 Windows 操作系统的计算机登录到网络或 Internet 的其他计算机上。

在 Windows 的桌面上，单击“开始”按钮，选择“运行”命令，在打开的“运行”对话框中输入 Telnet 后，单击“运行”按钮，就可以打开 Telnet 窗口。

选择“连接”菜单中的“远程系统”命令，打开“连接”对话框。在“主机名”栏中输入远程主机的 IP 地址或主机的域名地址，端口号选择 Telnet(或输入 23)，终端类型 TermType 选择 vt100，然后单击“连接”按钮。连接成功后，屏幕上出现与主机连接成功的界面。一旦 Telnet 建立连接，在登录窗口中输入用户名及密码就可以登录上该主机。当用户完成工作后，只需以通常的方式退出登录，如 Exit 或 Logout，也可以在主窗口菜单中选择“断开连接”命令。连接断开后，Telnet 程序将等待下一次连接。

用户也可以不需要在远程主机上有自己的账号，登录到一些提供公共信息服务的主机上，如电子布告栏系统 BBS 等。这样的系统对于任何人都是可用的，并且通常不需要密码。

6.7　即 时 通 信

即时通信又名实时传讯(Instant Messenging，IM)，是基于计算机网络的一种新兴应用，它最基本的特征就是信息的即时传递和用户的交互性，并可将音、视频通信、文件传输及网络聊天等业务集成为一体，为人们开辟了一种新型的沟通途径。简单地讲，即时通信是一种使人们能在网络上方便快捷识别在线用户并与他们实时交换信息的技术，它逐渐成为继电子邮件之后最受欢迎的在线通讯和交流方式。与传统通信方式相比，即时通信具备快捷、廉价、隐秘性高的特点，在网络中可以跨年龄、身份、行业、地域的限制，达到人与人、人与信息之间的零距离交流。网络即时通信的出现改变了人们的沟通方式和交友文化，大大拓展了个人生活交流的空间。

6.7.1　即时通信机制

1. 即时通信网络服务模型和特点

即时通信是一种基于 Internet 的通信技术，涉及 IP/TCP/UDP/Sockets、P2P、C/S、多媒体音视频编解码/传送、Web Service 等多种技术手段。无论即时通信系统的功能如何复杂，它们大都基于相同的技术原理，主要包括客户/服务器(C/S)通信模式和对等通信(P2P)模式。

C/S 结构以数据库服务为核心将连接在网络中的多个计算机形成一个有机的整体，客户机(Client)和服务器(Server)分别完成不同的功能。但在客户/服务器结构中，多个客户机并行操作，存在更新丢失和多用户控制问题。因此，在设计时要充分考虑信息处理的复杂程度来选择合适的结构。

P2P 模式是非中心结构的对等通信模式，每一个客户(Peer)都是平等的参与者，承担服务使用者和服务提供者两个角色。客户之间进行直接通信可充分利用网络带宽，减少网络的拥塞状况，使资源的利用率大大提高。同时，由于没有中央节点的集中控制，系统的伸缩性较强，也能避免单点故障，提高系统的容错性能。但 P2P 网络的分散性、自治性、动态性等特点，也造成了某些情况下客户的访问结果是不可预见的。

当前使用的 IM 系统大都组合使用了 C/S 和 P2P 模式。在登录 IM 服务器进行身份认证阶段工作在 C/S 方式上，随后如果客户端之间可以直接通信则使用 P2P 方式工作，否则以 C/S 方式通过 IM 服务器通信。这种模型构架简单、灵活，实际的 IM 软件一般都采用这种模型。

2. 即时通信的传输协议

为了解决即时通信的标准问题，互联网工程任务组(Internet Engineering Task Force，IETF)成立了专门的工作小组，研究和开发与 IM 相关的协议。目前 IM 有四种协议：即时信息和空间协议(IMPP)、空间和即时信息协议(PRIM)、针对即时通信和空间平衡扩充的进程开始协议 SIP(SIMPLE)以及 XMPP。PRIM 与 XMPP、SIMPLE 类似，但已经不再使用了。

IMPP 主要定义必要的协议和数据格式，用来构建一个具有空间接收、发布能力的即时信息系统。

SIP 是目前为止制定的较为完善的一个，它不仅仅能用在语音中，也可以用于视频。SIMPLE 小组利用 SIP，致力于进程模式的操作，以便提升运行效率，使基于 SIP 的机制能够进行会议和三方电话交谈控制，并能和未来提供的许多新特性实现兼容。有了进程模式，SIMPLE 使用 SIP 来建立一次进程，再利用 SDP(进程描述协议)来实际传输 IM 数据。

XMPP 是一种基于 XML 的协议，它继承了在 XML 环境中灵活的发展性，这样 XMPP 是可扩展的，可以通过发送扩展的信息来处理用户的需求。此外，XMPP 协议还可以通过网关进行不同即时通信系统之间的协议转换，满足和其他的即时通信系统之间交换信息的要求。

6.7.2　即时通信软件

IM 软件的历史并不久远，1996 年 11 月，四位以色列籍年轻人开发出世界上第一个即时通信软件 ICQ，其网上信息实时交流的功能一举改变了整个互联网的交流方式，使之变得更加及时和方便。ICQ 迅速在网民之间流传，也使得个人对个人的网络聊天真正开始崛起。随后便出现各种各样的 IM 软件，如雅虎公司(Yahoo!)与微软公司分别推出 Yahoo! Messenger 和 MSN Messenger。

在国内，如今排在前两位的依次是 QQ 和微信，第二阵营包括网易 PoPo、阿里钉钉、阿里旺旺、新浪 UC、Skype、飞信、百度 Hi、ICQ、51 挂挂、GTalk、MSN 等。这些即时通信工具都有着各自特点，同时又并存，拥有大量的使用人群。其中，腾讯公司的 QQ 和微信作为本土化的即时通信工具拥有国内最多的用户，阿里巴巴的钉钉也在逐步成为企业职员们相互通信和协同工作的主流工具。另外，飞信借助中国移动通信网络优势具有广泛的覆盖面，阿里旺旺借助淘宝网平台占据电子商务市场，Skype 专注于提供高质量的语音通话，这些工具均在即时通信领域占有一席之地。

即时通信最初的定义只是互联网上一种实时传递消息的服务。经过近年来的不断发展，即时通信已经不再局限于简单的通信功能，而是拓展了越来越多的服务，逐渐集成了电子邮件、博客、音乐、电视、游戏和搜索等多种功能。它已经发展成集交流、资讯、娱乐、搜索、电子商务、办公协作和企业客户服务等于一体的综合化信息平台。现在人们普遍认为即时通信是一种网络社区和一种在线生活方式。

本 章 小 结

Internet 是由美国的 ARPANet 发展和演化而成的目前全球最大的互联网络，它通过网络互联设备和通信网络将许许多多的局域网互联在一起，为用户提供了丰富的资源和服务功能。

网络互联的最大优点在于实现数据通信、资源共享、均衡工作负荷与协同工作。网络互联的类型有局域网-局域网互联、局域网-广域网互联、局域网-广域网-局域网互联、广域网-广域网互联。根据网络进行网络互联所在的层次，常用的互联设备有中继器(Repeater)、网桥(Bridge)或交换机(Switch)、路由器(Router)、网关(Gateway)或应用网关等。

Internet 的运行管理可分为两部分：网络信息中心 InterNIC 和网络操作中心 InterNOC。网络信息中心负责 IP 地址分配、域名注册、技术咨询、技术资料的维护和提供等。网络操作中心负责监控网络的运行情况以及网络通信量的收集与统计等。

我国已经建立了 4 大公用数据通信网，为我国 Internet 的发展创造了基础设施条件。这四大公用数据通信网是中国公用分组交换数据网(China PAC)、中国公用数字数据网(China DDN)、中国公用计算机互联网(ChinaNet)、中国公用帧中继网(China FRN)。

目前，我国的 4 个 Internet 是中国科技网 CSTNet、中国教育和科研网 CERNet、中国公用计算机互联网 ChinaNet 和中国金桥信息网 ChinaGBN。

TCP/IP 协议是支持 Internet 互联与通信的协议簇。传输控制协议(TCP)提供端对端的可靠传输协议，网际协议 IP 负责网络路由与地址解析。IP 协议是 TCP/IP 协议中的核心协议，与之配套使用的还有 3 个协议：地址解析协议(ARP)、逆向地址解析协议(RARP)和 Internet 控制报文协议(ICMP)。TCP/IP 中的协议还有网络互联控制信息协议(ICMP)、用户数据报协议(UDP)、路由选择信息协议(RIP)、简单网络管理协议(SNMP)等。

Internet 是基于分组交换与客户机/服务器模式进行工作的。

Internet 的 IP 地址分为 A、B、C、D、E 五种类型，其中 A、B、C 三类是常用地址。IP 地址格式为网络地址+主机地址，每类都包含了许多网络和主机地址。当需要物理划分子网时，通过子网掩码将 IP 分为 3 个部分，即网络地址、子网地址和主机地址。

域名是 IP 地址对应的符号表示形式，对应 IP 与域名管理与转换的是 DNS 域名系统。Internet 的域名系统除了给每台主机一个容易记忆和具有规律的名字，以及建立一种主机名与计算机 IP 地址之间的映射关系外，域名系统还能够完成咨询主机各种信息的工作。另外，几乎所有的应用层协议软件都要使用域名系统。例如，远程登录 Telnet、文件传送协议 FTP 和简单邮件传送协议 SMTP 等。

目前 Internet 上使用最广泛的应用层协议主要有超文本传输协议 HTTP、文件传输协议 FTP、简单邮件传输协议 SMTP 和 POP3、远程登录协议 Telnet、域名系统 DNS 等。随着网络技术的发展，应用层服务的功能还在不断改进和增加。

习　　题

一、选择题

1. (　　)是我国 Internet 主干网的管理机构。

A. CSTNet　　B. ChinaGBN　　C. CERNet　　D. CNNIC

2. 在 IP 地址的分类中，(　　)IP 地址所包含的主机数量最多。

A. A 类　　B. B 类　　C. C 类　　D. D 类

3. IPv4 地址的长度固定为(　　)位，IPv6 地址的长度固定为(　　)位。

A. 16　　B. 32　　C. 64　　D. 128

4. (　　)是为用户提供 Internet 接入的服务提供商。

A. ISP　　B. ASP　　C. JSP　　D. PHP

二、填空题

1. Internet 使用的标准通信协议是_______。

2. 我国 4 个重点 Internet 项目是________、________、________和________。

3. IP 地址采用的是________结构，它由________与________两部分组成。

4. IP 地址按取值范围可以分为_______类，其中________、_______与_______地址是基本的 IP 地址。

5. Internet 域名的一般格式为________、________、________、________。

三、问答题

1. 阐述 Internet 的特点和工作原理。

2. Internet 使用的是什么通信协议？

3. 有人说 IP 地址等于域名，这种说法对吗？为什么？

4. 一台拥有 A 类 IP 地址的主机肯定比拥有 B 类或 C 类 IP 地址的主机性能高，这种说法是否正确？

5. 网页是用什么语言来描述的？

6. 列出 4 种用于网络互联的设备，以及它们对应工作的 OSI 协议层。

7. 假如 ISP 提供的邮件服务器域名为 public.ty.sx.cn，IP 地址为 202.102.134.100，那么在设置浏览器时其 SMTP 和 POP3 对话框应填写什么内容？

8. 什么是即时通信，常用的即时通信软件有哪些？

第 7 章 无线通信与网络技术

本章教学目标

- 无线通信技术概述。
- 无线计算机网络技术。
- 无线网络应用。

所谓无线网络(Wireless Network)，指的是任何形式的无线电计算机网络，它普遍和电信网络结合在一起，不需电缆即可在节点之间相互连接。无线电信网络一般应用在使用电磁波传播信息的传输系统，像将无线电波作为载波和物理层的网络，既包括允许用户建立远距离无线连接的全球语音和数据网络，也包括为近距离无线连接进行优化的红外线技术及射频技术。无线网络与有线网络的用途十分类似，最大的不同在于传输媒介的不同。灵活布局和可移动性是无线网络的最大优点。利用无线电技术取代网线组网，可以和有线网络互为备份。

7.1 无线通信技术概述

7.1.1 概述

无线通信是利用电波信号在自由空间中传播的特性进行信息交换的一种通信方式。在移动中实现的无线通信又通称为移动通信，人们把二者合称为无线移动通信。简单地讲，无线通信是仅利用电磁波而不通过线缆进行的通信方式。与有线传输相比，无线传输具有许多优点：信号通过空气中的电磁波传播，具备灵活性和可移动性，多径传输使信号直达目标位置为止。无线信号可以从一个发射器发出，被许多接收器接收，而不需要电缆。

在电子学理论中，电流通过导体时，导体周围会形成磁场，而交变电流通过导体时，导体周围就会形成交变的电磁场，称为电磁波。当电磁波的频率高于 100 kHz 时，电磁波可以经过大气层外缘的电离层反射，在空气中进行传播，形成远距离的通信系统。

1. 无线频谱

无线频谱是用于远程通信的电磁波连续体，这些波具有不同的频率和波长。无线频谱包括了 9 kHz 到 300 000 GHz 之间的频率。每一种无线服务都与某一个无线频谱区域相关联。例如，AM 广播涉及无线通信波谱的低端频率，使用 535～1605 kHz 的频率。

无线频谱是所有电磁波谱的一个子集。在自然界中还存在频率更高或者更低的电磁波，但是它们没有被用于远程通信。低于 9 kHz 的频率有专门的应用，如野生动物跟踪或车库门开关。频率高于 300 000 GHz 的电磁波对人类来说是可见的，正是由于这个原因，它们不能用于通过空气进行通信。例如，我们将频率为 428 570 GHz 的电磁波识别为红色。

2. 无线传输的特征

正如有线信号一样，无线信号也源于沿着导体传输的电流。电子信号从发射器到达天线，然后天线将信号作为一系列电磁波发射到空气中。信号通过空气传播，直到它到达目标位置为止。在目标位置，另一个天线接收信号，一个接收器将它转换回电流。

注意：在无线信号的发送端和接收端都使用了天线，而要交换信息，则连接的每一个天线上的收发器都必须调整为相同的频率。

3. 天线

每一种无线服务都需要专门设计的天线。服务的规范决定了天线的功率输出、频率及辐射区域。天线的辐射区域描述了天线发送或接收的所有电磁能的三维区域上的相对长度。定向天线沿着一个单独的方向发送无线电信号，如应用于点对点连接的系统。定向天线还可以用在多个接收节点排列在一条线上的情况。或者，它可以用在维持信号在一定距离上的强度比覆盖一个较广的地理区域更重要时，因为天线可以使用它的能量在更多的方向上发送信号，也可以在一个方向上发送更长的距离。

与之相比，全向天线在所有的方向上都以相同的强度和清晰度发送和接收无线信号。这种天线用在许多不同的接收器都必须获得信号时，或者用在接收器的位置高度易变时。电视台和广播站使用全向天线，大多数发送移动电话的发射塔也是如此。

无线信号传输中的一个重要优势是：在天线将信号进行远距离传输的同时，还能够保证信号具有足够的强度，能够被接收机清晰地接收。无线传输的一个简单特性是：较强的信号比较弱的信号传播距离更远。

正确的天线位置对于确保无线系统的最佳性能也是非常重要的。用于远程信号传输的天线经常安装在塔上或者高层的顶部，从高处发射信号确保了更少的障碍和更好的信号接收效果。

4. 信号传播

在理想情况下，无线信号直接在从发射器到预期接收器的一条直线中传播。这种传播被称为视线(Line Of Sight，LOS)，它使用很少的能量，但可以接收到非常清晰的信号。不过，因为空气是无制导介质，而发射器与接收器之间的路径并不是很清晰，所以无线信号通常不会沿着一条直线传播。当遇到障碍物挡住了信号的路线时，信号可能会绕过该物体或被该物体吸收，也可能发生以下任何一种现象：反射、衍射或者散射。物体的几何形状决定了将发生这三种现象中的哪一种。

无线信号传输中的反射与其他电磁波(如光或声音)的反射没有什么不同。当电磁波遇到一个障碍物时会反射或者弹回到其来源处。对于尺寸大于信号平均波长的物体，无线信号将会弹回。在衍射中，无线信号在遇到一个障碍物时将分解为次级波，次级波继续在它们分解的方向上传播。如果能够看到衍射的无线电信号，就会发现它们在障碍物周围弯曲。

散射就是信号在许多不同方向上扩散或反射。在户外，树木、路标都会导致移动电话信号的散射。另外，环境状况(如雾、雨、雪)也可能导致反射、散射和衍射。

由于反射、衍射和散射的影响，无线信号会沿着许多不同的路径到达其目的地。这样的信号被称为多路径信号。多路径信号的产生并不取决于信号是如何发出的。它们可能从来源开始在许多方向上以相同的强度辐射，也可能从来源开始主要在一个方向上辐射。不过，一旦发出了信号，由于反射、衍射和散射的影响，它们就将沿着许多路径传播。

无线信号的多路径性质既是一个优点，又是一个缺点。一方面，因为信号在障碍物上反射，所以它们可能更容易到达目的地。在办公楼这样的环境中，无线服务依赖于信号在墙壁、天花板、地板以及家具上的反射，这样最终才能到达目的地。

多路径信号传输的缺点是由于采用不同的路径，多路径信号将在发射器与接收器之间的不同距离上传播。因此，同一个信号的多个实例将在不同的时间到达接收器，导致衰落和延时。

5. 窄带、宽带及扩展频谱信号

传输技术根据其信号特点的不同使用的无线频谱资源也有所不同。窄带和宽带的区别在于无线通信系统使用窄带还是宽带进行传输。在窄带，发射器在一个单独的频率或者非常小的频率范围上集中信号能量；与窄带相反，宽带是指一种使用无线频谱的相对较宽频带的信号传输方式。

使用多个频率来传输信号称为扩展频谱技术。换句话说，在传输过程中，信号从来不会持续停留在一个频率范围内。在较宽的频带上分布信号的一个结果是它的每一个频率需要的功率比窄带信号传输更小。信号强度的这种分布使扩展频谱信号更不容易干扰在同一个频带上传输的窄带信号。

在多个频率上分布信号的另一个结果是提高了安全性。因为信号是根据一个只有获得授权的发射器和接收器才知道的序列来分布的，所以未获授权的接收器更难以捕获和解码这些信号。

实现扩展频谱通信通常有两种方式。一种是跳频扩展频谱(Frequency Hopping Spread Spectrum，FHSS)。在 FHSS 传输中，信号与信道的接收器和发射器采用同一种同步模式在一个频带的几个不同频率之间跳跃传输。另一种是直接序列扩展频谱(Direct Sequence Spread Spectrum，DSSS)。在 DSSS 中，信号的各位同时分布在整个频带上，对每一位都进行了编码，这样接收器就可以在接收到这些位时重组原始信号。

6. 固定和移动

每一种无线通信都属于以下两个类别之一：固定或移动。在固定无线系统中，发射器和接收器的位置是不变的。传输天线将它的能量直接对准接收器天线，因此，就有更多的能量用于该信号。对于必须跨越很长距离或者复杂地形的情况，固定无线连接比铺设电缆更经济。

而移动通信中，移动用户不能使用要求他们停留在一个位置来接收一个信号的服务。例如，移动电话、寻呼、无线 LAN 以及其他许多服务都在使用移动无线系统。在移动无线系统中，接收器可以位于发射器特定范围内部的任何地方。这就允许接收器从一个位置移动到另一个位置，同时继续接收信号。

7.1.2　无线通信的分类与常用技术

1. 分类

无线通信主要包括微波通信和卫星通信。微波是一种无线电波，它传送的距离一般只有几十千米。但微波的频带很宽，通信容量很大。微波通信每隔几十千米要建一个微波中继站。卫星通信利用通信卫星作为中继站在地面上两个或多个地球站之间或移动体之间建立微波通信联系。

2. 常用技术

1) 4G、5G 技术

4G、5G 技术指第四代、第五代移动电话的通信标准，缩写为 4G、5G。该技术包括 TD-LTE 和 FDD-LTE 两种制式。4G 集 3G 与 WLAN 于一体，能够提供高速率、高质量的数据、音频、视频和图像服务。4G 能够以 100 Mb/s 以上的速度下载，比家用宽带 ADSL(4 Mb/s)快 25 倍，能够满足几乎所有用户对于无线服务的要求。

5G 是目前正在快速发展中的新一代移动电话的通信标准，也是 4G 技术之后的延伸，目前世界各国都在研究中，预计网速可达 4G 移动通信系统的 10 倍及以上，适用于物联网应用标准。

2) ZigBee 技术

ZigBee 技术主要用于无线个域网(WPAN)，其基于 IEE 802.15.4 无线标准研制开发，是一种介于 RFID 和蓝牙技术之间的技术提案，主要应用在短距离并且数据传输速率不高的各种电子设备之间。ZigBee 协议比蓝牙、高速率个域网或 802.11x 无线局域网更简单易用，可以认为是蓝牙的同族兄弟。

3) WLAN 与 WiFi/WAPI

WLAN(无线局域网)是一种借助无线技术取代以往有线布线方式构成局域网的新手段，可提供传统有线局域网的所有功能，是计算机网络与无线通信技术相结合的产物。它是通用无线接入的一个子集，支持较高的传输速率(2～54 Mb/s，甚至更高)，利用射频无线电或红外线，借助直接序列扩频(DSSS)或跳频扩频(FHSS)、GMSK、OFDM 等技术，甚至应用将来的超宽带传输技术 UWBT，可实现固定、半移动及移动的网络终端对 Internet 网络进行较远距离的高速连接访问。它主要适用于手机、掌上电脑等小巧的移动终端。1997 年 6 月，IEEE 推出了 802.11 标准，开创了 WLAN 先河。WLAN 领域现在主要有 IEEE802.11x 系列与 HiperLAN/x 系列两种标准。

WiFi 俗称无线宽带，全称为 Wireless Fidelity。无线局域网又常被称作 WiFi 网络，这一名称来源于全球最大的无线局域网技术推广与产品认证组织——WiFi 联盟(WiFi Alliance)。作为一种无线联网技术，WiFi 早已得到了业界的关注。WiFi 终端涉及手机、PC、平板电视、数码相机、投影机等众多产品。目前，WiFi 网络已应用于家庭、企业以及公众热点区域，其中在家庭中的应用是较贴近人们生活的一种应用方式。WiFi 网络能够很好地实现家庭范围内的网络覆盖，适合充当家庭中的主导网络，家里的其他具备 WiFi 功能的设备，如电视机、影碟机、数字音响、数码相框、照相机等，都可以通过 WiFi

网络这个传输媒介与后台的媒体服务器、电脑等建立通信连接，从而实现了整个家庭的数字化与无线化，使人们的生活变得更加方便与丰富。目前，除了用户自行购置 WiFi 设备建立无线家庭网络外，运营商也在大力推进家庭网络覆盖。比如，中国电信的“我的 E 家”将 WiFi 功能加入家庭网关中，与有线宽带业务绑定。今后 WiFi 的应用领域还将不断扩展，在现有的家庭网、企业网和公众网的基础上向自动控制网络等众多新领域发展。

WAPI 是 WLAN Authentication and Privacy Infrastructure 的缩写。WAPI 作为我国首个在计算机网络通信领域的自主创新安全技术标准，能有效阻止无线局域网不符合安全条件的设备进入网络，也能避免用户的终端设备访问不符合安全条件的网络，实现了“合法用户访问合法网络”的目标。WAPI 的无线网络本身所蕴含的“可运营、可管理”等优势已被以中国移动、中国电信为代表的极具专业能力的运营商积极挖掘并推广、应用，运营市场对 WAPI 的应用进一步促进了其他行业市场和消费者关注并支持 WAPI。以中国移动为例，到目前为止已实际部署了数十万个 WAPI 热点。这意味着 WAPI 的生态系统已基本建成，WAPI 商业化的大门已经打开。

4) 短距离无线通信(蓝牙、RFID、IrDA)

蓝牙(Bluetooth)技术实际上是一种短距离无线电技术。利用蓝牙技术，能够有效地简化掌上电脑、笔试本电脑和移动电话(手机)等移动通信终端设备之间的通信，也能够成功地简化这些设备与因特网之间的通信，从而使这些现代通信设备与因特网之间的数据传输变得更加迅速高效，进而为无线通信拓宽道路。蓝牙采用分散式网络结构以及快跳频和短包技术，支持点对点及点对多点通信，工作在全球通用的 2.4 GHz ISM(即工业、科学、医学)频段，其数据速率为 1 Mb/s，采用时分双工传输方案实现全双工传输。蓝牙技术为可免费使用的全球通用规范，在现今社会中的应用范围相当广泛。

RFID 是 Radio Frequency Identification 的缩写，即射频识别，俗称电子标签。射频识别技术是一项利用射频信号通过空间耦合(交变磁场或电磁场)实现无接触信息传递并通过所传递的信息达到识别目的的技术。目前 RFID 产品的工作频率有低频(125～134 kHz)、高频(13.56 MHz)和超高频(860～960 MHz)，不同频段的 RFID 产品有不同的特性。射频识别技术被广泛应用于工业自动化、商业自动化、交通运输控制管理、防伪等众多领域，如 WalMart、Tesco、美国国防部和麦德龙超市都在它们的供应链上应用 RFID 技术。在将来，超高频的产品会得到大量的应用。

IrDA 是一种利用红外线进行点对点通信的技术，也是第一个实现无线个人局域网(PAN)的技术。目前其软硬件技术都很成熟，在小型移动设备(如 PDA、手机)上广泛使用。事实上，当今每一个出厂的 PDA 及许多手机、笔记本电脑、打印机等产品都支持 IrDA。IrDA 的主要优点是无须申请频率的使用权，因而红外通信成本低廉。它还具有移动通信所需的体积小、功耗低、连接方便、简单易用的特点，且由于数据传输率较高，因此适于传输大容量的文件和多媒体数据。此外，红外线发射角度较小，传输安全性高。IrDA 的不足在于它是一种视距传输，2 个相互通信的设备之间必须对准，中间不能被其他物体阻隔，因而该技术只能用于 2 台(非多台)设备之间的连接(蓝牙就没有此限制，且不受墙壁的阻隔)。IrDA 目前的研究方向是如何解决视距传输问题和如何提高数据传输率。

5) WiMAX

WiMAX 的全称为 World wide Interoperability for Microwave Access，即全球微波接入互操作系统，可以替代现有的有线和 DSL 连接方式来提供最后一英里的无线宽带接入，其技术标准为 IEEE 802.16，其目标是促进 IEEE 802.16 的应用。与其他无线通信系统相比，WiMAX 的主要优势体现在具有较高的频谱利用率和传输速率上，因而它的主要应用是宽带上网和移动数据业务。

6) 超宽带无线接入技术 UWB

UWB(Ultra Wideband)是一种无载波通信技术，利用纳秒至微微秒级的非正弦波窄脉冲传输数据。通过在较宽的频谱上传送极低功率的信号，UWB 能在 10 m 左右的范围内实现数百 Mb/s 至数 Gb/s 的数据传输速率。UWB 具有抗干扰性能强、传输速率高、带宽极宽、消耗电能小、发送功率小等诸多优势，主要应用于室内通信、高速无线 LAN、家庭网络、无绳电话、安全检测、位置测定、雷达等领域。

对于 UWB 技术，应该看到，它以其独特的速率以及特殊的范围将在无线通信领域占据一席之地。由于具有高速、窄覆盖的特点，因此 UWB 很适合组建家庭的高速信息网络。它对蓝牙技术具有一定的冲击，但对当前的移动技术、WLAN 等的威胁不大，反而可以成为其良好的补充。

7) EnOcean

EnOcean 无线通信标准被采纳为国际标准 ISO/IEC14543-3-10，这也是世界上唯一一个使用能量采集技术的无线国际标准。EnOcean 能量采集模块能够采集周围环境产生的能量，从光、热、电波、振动、人体动作等获得微弱电力。这些能量经过处理以后，用来供给 EnOcean 超低功耗的无线通信模块，实现真正的无数据线、无电源线、无电池的通信系统。EnOcean 无线标准 ISO/IEC14543-3-10 使用 868 MHz、902 MHz、928 MHz 和 315 MHz 频段，传输距离在室外是 300 m，在室内为 30 m。

8) Z-Wave

Z-Wave 是由丹麦公司 Zensys 所主导的无线组网规格，是一种新兴的基于射频的低成本、低功耗、高可靠、适于网络的短距离无线通信技术，工作频带为 908.42 MHz(美国)、868.42 MHz(欧洲各国)，数据传输速率为 9.6 kb/s，信号的有效覆盖范围在室内是 30 m，在室外可超过 100 m，适合于窄带宽应用场合。Z-Wave 技术也是低功耗和低成本的技术，有力地推动着低速率无线个人区域网的发展。

通过表 7-1，可以更直观全面地对比上述几种主流的无线通信技术各自的特点。

表 7-1　部分主流无线通信技术比较

比较项目	EnOcean	ZigBee	Z-Wave	WLAN
频段	315 MHz/868 MHz 902 MHz/928 MHz	2.4 GHz (868 MHz/915 MHz)	868.42 MHz/ 908.42 MHz	2.4 GHz
无线标准	IEC14543-3-10	IEEE 802.15. 4	私有协议	IEEE802.11x
无须电池及维护	是 能量采集	否 电池，几月至几年	否 电池，几月至几年	否 电源

续表

比较项目	EnOcean	ZigBee	Z-Wave	WLAN
报文长度	0.6 ms	4 ms	20 ms	—
最大传输速率	125 kb/s	250 kb/s	9.6 kb/s、40 kb/s	11～54 Mb/s
互相干扰概率	极低	中等	低	较低
睡眠模式电流/μA	0～0.08	1～10	2.5～10	—
兼容性	是	不同版本不兼容	可能	是
成功应用领域	楼宇自动化 智能家具 工业控制	试用阶段 智能抄表 RF4-4CE	高端私人住宅	电脑、手机

表 7-2 列出了世界上目前最流行的无线通信技术、应用和规范，包括各种无线通信技术的适用频段、调制方式、最大作用距离、数据率和应用领域等，以便于在实际应用中参考。

表 7-2　常用无线通信技术、应用和规范

技术	频率	调制	标准	最大距离	数据率	应用
Bluetooth	2.4 GHz	FHSS/GMSK	Bluetooth	30 m	1.3,3.0 Mb/s	缆线替代、手机、外设
CDMA200-1xRTT-EV-DO	800/900&1800/1900 MHz	DSSS,BPSK	TM	10 km(平均值)	157 kb/s，2 Mb/s	电邮、图片、SMS，Internet 接入
GSM-GPRS-EDGE	850 MHz	GMEX,BPSK	ETSUTU	10 km(平均值)	384 kb/s	电邮、图片、SMS，Internet 接入
ISM band	3.1~10.7 GHz	FSKAAKBP5K with DSSS/FH55	无	10 m～1 km	100 kb/s 以下	远程控制、遥测
RFID	125,134 kHz;13.56,915 MHz	ASK	ANSUSOIEC, EPCGlobal	1 m	小于 100 kb/s	标签、ID、跟踪、清单
UMTS/3GP-pW/HFDSA	2.1 GHz	WCDMC,EPSK	ITU/3GPP	10 km	2,10 Mb/s	电邮、图片、SMS、Internet 接入
UWB	3.1～10.7 GHz	DS,OFDM	无	10 m	1000 Mb/s	视频
WiMAX	2.3,3.5,5. 8 GHz	BPSK,OPSK，I6CAM 640AM	802.16	10 km	75 Mb/s	Internet 接入
WiFi	2.4,5. 8 GHz	DSSS,CCK, OFDM	802.11	100 m	11,54 Mb/s	Internet 接入
ZigBee	868,915,2400 MHz	OQPSK,DSSS	802.15. 4	100 m	20,40, 250 kb/s	家庭、建筑、工业监视和控制

7.2　无线计算机网络

7.2.1　无线网的分类

无线网络(Wireless Network)是指采用无线通信技术和无线传输介质实现的无线数据传输网络。这种网络不需要使用任何物理介质，采用电磁波传输信号。由于无线网络具有良好的移动性、便捷性、低成本、组网便捷等特点，因此它在金融、医疗、工业、军事、矿山、海洋、农业、健康和环境监测等领域拥有极其广泛的应用前景。

按照无线网络的覆盖范围进行划分，常见的无线网有无线个域网(WDAN)、无线局域网(WLAN)、无线城域网(WMAN)和无线广域网(WWAN)。四种无线网络的通信范围的比较如图 7-1 所示。

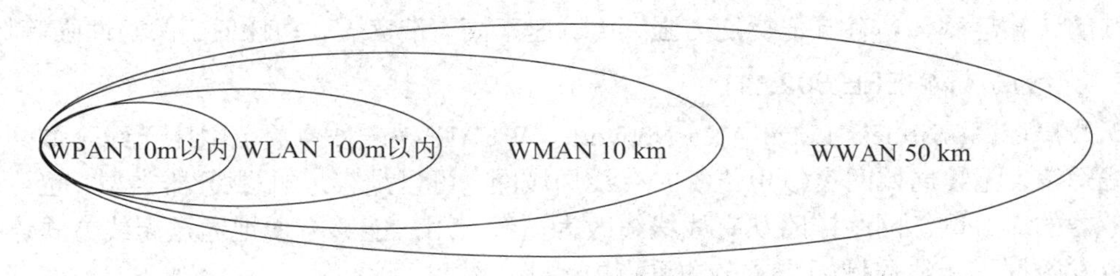

图 7-1　四种无线网络的通信范围

1. 无线个域网(IEEE 802.15)

无线个域网(Wireless Personal Area Network，WPAN)是一种活动半径小、业务类型丰富、无线无缝连接的新型网络技术。如图 7-2 所示，无线个域网可以通过短距离无线电技术，将包括显示器、鼠标、键盘、手机、相机、耳机、音箱、扫描仪、打印机和存储设备与 PC 进行连接，解决“最后一米”的接入问题。

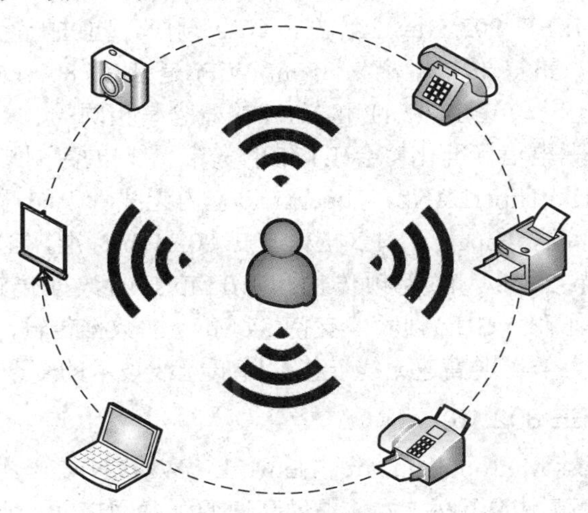

图 7-2　无线个域网示意图

常见的无线个域网技术有 IrDA 红外、蓝牙、ZigBee 和超宽带等技术。红外线通信是以红外作为载体进行数据传输的通信方式。1993 年，红外数据协会(IrDA)成立，统一规定了红外数据通信协议及规范，提供快速(4 Mb/s)和慢速(115.2 kb/s)两种通信方式。红外具有体积小、功耗低、连接方便、简单易用、成本低廉、安全性高等特点。

蓝牙(Blue tooth)是目前较为流行的无线个域网技术。蓝牙标准(IEEE 802.15.1)由 IBM、爱立信、诺基亚等公司在 1998 年共同推出。它能够在 10 m 范围内提供 720 kb/s 的传输速率，具有低功耗、低代价、组网灵活等特点，可在移动电话、PAD、无线耳机、笔记本电脑和相关外设之间交换信息。

ZigBee 是一种短距离、低功耗、低速率的无线接入技术，其命名源于蜜蜂之间的通信方式。ZigBee 工作在 2.4 GHz 频段，可在 10～100 m 的传输距离提供 20～250 kb/s 的传输速率。ZigBee 比蓝牙更简单，传输速率和功耗更低，可以通过休眠减少能源的消耗。

超宽带(Ultra Wide Band，UWB)是一种基于 IEEE 802.15.3 的超高速、短距离的无线接入技术。它能够在较宽的频谱上传输极低的功率信号，可在 10 m 的范围内提供数百兆比特每秒的传输速率，具有抗干扰能力强、传输速率高、带宽大、功耗低、保密性强等特点。

2. 无线局域网(IEEE 802.11)

无线局域网(Wireless Local Area Network，WLAN)是一种覆盖范围比无线个域网更大的无线网络。无线局域网类似于传统的有线局域网，可以是客户机/服务器类型，也可以是无服务器的对等网。网络链路从有线线缆改为无线，用户能够方便地通过无线方式连接网络和收发数据。无线局域网是本节的重点内容。

目前，无线局域网领域主要有两个典型标准：IEEE 802.11 和 HiperLAN。

IEEE 802.11 系列标准由 IEEE 802.11 工作组提出。自 1990 年 IEEE 802.11 工作组成立，1993 年形成基础协议以来，协议标准一直不断发展更新，到目前为止形成了许多子集。目前较为常见的标准有 IEEE 802.11g/n/ac 等。IEEE 802.11g 工作在 2.4 GHz 频段，可提供最高 54 Mb/s 的速率，室内传输距离为 30 m，室外传输距离为 100 m；IEEE 802.11n 采用双频模式，工作在 2.4/5 GHz 频段，可提供最高 600 Mb/s 的速率，室内传输距离为 70 m，室外传输距离为 250 m；IEEE 802.11ac 工作在 5 GHz 频段，通过配置不同数量的天线，AP 的最高传输速率为 6.77 Gb/s，传输距离为 35 m。WiFi 是 IEEE 802.11 的商业名称，由 WiFi 联盟持有，在很多场合下，IEEE 802.11 和 WiFi 的概念是相同的。

HiperLAN 是由欧洲电信标准化协会(ETSI)的宽带无线电接入网络(BRAN)小组着手制定的，包括 HiperLAN1、HiperLAN2、HiperLink(室内无线骨干网)和 HiperAccess(室外接入有线基础设施)4 个标准。HiperLAN1 对应 IEEE 802.11b 标准，工作在 5 GHz 频段，覆盖范围为 50 m，支持 2 Mb/s 的视频传输和 10 Mb/s 的数据传输；HiperLAN2 对应 IEEE802.11a 标准，工作在 5 GHz 频段，支持 54 Mb/s 的数据传输，能够更好地支持多媒体应用。HiperLAN 致力于实现高速无线连接，降低无线技术的复杂性。

3. 无线城域网(IEEE 802.16)

无线城域网(Wireless Metropolitan Area Network，WMAN)是一种以无线方式构建可以覆盖城市和郊区的较大范围的组网技术，提供高速的互联网接入，它是在无线局域网的基础上发展而来的，其目的是解决城域网的最后“一公里”接入问题。IEEE802.16 也称为

WiMAX(Wold wide interoperability for Microwave Access，全球微波接入互操作性)，被产业联盟称为 WiMAX 论坛。WiMAX 能够提供 30～100 Mb/s 或者更高的速率，其移动性优于 WiFi。

目前，较为成熟的无线城域网标准有 IEEE 802.16、IEEE 802.16a、IEEE 802.16d 和 IEEE 802.16e。四个标准的特性比较如表 7-3 所示。

表 7-3　无线城域网标准比较

比较项目	IEEE802.16	IEEE802.16a	IEEE802.16d	IEEE802.16e
发布年份	2001 年	2003 年	2004 年	2005 年
覆盖范围	几千米	几千米	几千米	几千米
工作频段/GHz	10～66	2～11	2～11/11～66	<3.5
信道条件	视距	非视距	非视距/视距	非视距
移动性	固定	固定	游牧/固定	移动
传输速率/(Mb/s)	32～134	75	75	15

4. 无线广域网(IEEE 802.20)

无线广域网(Wireless Wide Area Network，WWAN)进一步拓展了传统无线网络的范围，是一种覆盖范围更大的无线网络。为提供高效、灵活和便捷的无线接入，2002 年 11 月，IEEE802 委员会成立了 802.20 工作组，其目的是制定无线广域网移动宽带接入标准，但由于各种技术和市场原因，标准的制定和应用进展得并不顺利。

目前典型的无线广域网有卫星通信网络、蜂窝移动通信系统(2G/3G/4G/5G)等。卫星通信网络是空间范围最大的无线广域网络，而蜂窝移动通信网络由于覆盖了地球绝大部分有人居住的区域，因此也是一种典型的无线广域网络。

7.2.2　无线局域网的特点

1. 无线局域网的优点

(1) 经济性好。传统的有线局域网需要在大范围的区域内架设有线传输介质，并需要租赁昂贵的专用线路来实现网络互联，这样会造成高昂的人力和经济成本，而无线网络在省去布线工序时间的同时，还可节省线缆、附件和人力等费用，实现快速组网和快速使用，成本效益显著。

(2) 移动性好。无线局域网的最大优点就是可移动，只要在无线信号覆盖的范围内，就可以提供网络接入功能，用户可随时随地获取数据，不受地理环境和线路环境的限制。

(3) 伸缩性好。传统的有线局域网在进行扩展时受到设备和线路的影响，而无线局域网可以通过放置或者添加无线接入点(Access Point，AP)或者扩展点(Extend Point，EP)进行扩展组网。

(4) 灵活性好。无线局域网组网设备安装简单，组网灵活，尤其是在一些地理环境复杂的区域，无线局域网可将网络延伸到传统线缆难以到达的地方。

2. 无线局域网的不足

(1) 可靠性。传统的有线局域网的可靠性和稳定性极高，信道误码率小于 10^{-9}。但是无线局域网的无线信道易受到各种干扰和噪声的影响，引起网络吞吐性能的下降和不稳定。此外，无线网络传输存在盲点，有时即使采用多种措施也难以解决信号盲点区域难以通信的问题。

(2) 兼容性。兼容性问题包括无线局域网兼容传统的有线局域网，兼容现有的操作系统和网络软件，不同无线局域网标准之间的相互兼容，不同生产厂商无线设备之间的兼容。

(3) 共存性。共存性问题包括同一频段的不同通信系统制式和标准的共存，不同频段、不同制式通信系统的共存。

(4) 安全性。只要在无线局域网信号覆盖范围内，任何用户都可以接入无线网络，侦听无线信号，即使采用数据加密技术，也难以保障无线局域网的信息安全。

(5) 干扰性。现有的无线通信系统繁多，且使用的频段管理也不是非常严格，这样就会造成无线局域网络信号非常容易受到外界干扰而影响无线网络数据的正常传输。

(6) 能耗。无线局域网终端多为便携式设备，如笔记本电脑、手机、PAD 等，这些终端的使用时间受限于电池的寿命。

7.2.3 无线局域网的组成

无线局域网一般由站(Station，STA)、无线介质(Wireless Medium，WM)、无线接入点(Access Point，AP)或者基站(Base Station，BS)和分布式系统(Distribution System，DS)等部分组成。

1. 站

站也称为主机或者终端，它是无线局域网中的基本组成单元。具备无线网卡的计算机设备称为无线客户端。站按照移动性可以分为固定站、半移动站和移动站。固定站的位置固定不变；半移动站可以改变地理位置，但是移动时并不要求保持网络连接；移动站则要求在移动时保持网络连接。站能够直接相互通信或者通过 AP 进行通信。

2. 无线介质

无线介质是无线局域网中站或者 AP 之间通信的传输介质，空气是无线电波传播的良好载体。

3. 无线接入点

无线接入点类似于移动通信网络中的基站，一般处于网络的中心位置，固定不动。它是无线局域网的核心设备，用于无线局域网的无线交换机。其基本功能是完成同一个无线网络中各站之间的通信和管理，以及站点对分布式系统的接入访问。

4. 分布式系统

在无线局域网中，我们将一个无线网络所覆盖的区域称为业务区域(Service Area，SA)，将由无线收发机及地理环境所确定的通信覆盖区域称为基本业务区(Basic Service Area，BSA)，它是构成无线局域网的最小单元。但是一个 BSA 的覆盖区域是有限的，为了扩大覆盖区域，需要将多个 BSA 通过分布式系统进行连接，从而形成覆盖范围更大的扩展业务区(Extended Service Area，ESA)。所以，分布式系统就是用来连接不同 BSA 的通信信道，它可以是有线信道，也可以是无线信道。

7.2.4　无线局域网的拓扑结构

无线局域网中常见的拓扑结构分为对点对结构和集中式基础结构两种，即无中心的对等模式拓扑和有中心的基础模式拓扑。

1. 点对点结构

点对点拓扑结构也称为分布对等式拓扑结构，它是一种典型的自治方式单区网，任意站点之间可直接通信，无需依赖 AP 的转接，点对点拓扑结构如图 7-3 所示。由于没有 AP，这种网络具有各站之间对等、无中心和分布式的特点，适合小规模、小范围、临时性组网使用，早期多用于军事通信。

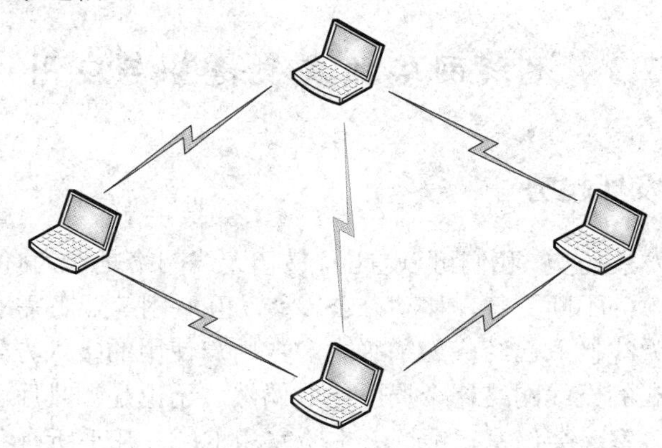

图 7-3　点对点拓扑结构

2. 集中式基础结构

集中式基础结构是无线局域网组网时常用的拓扑结构。这种拓扑结构需要一个接入点 AP 和若干个移动站，具有无线网卡的终端通过连接接入点 AP 与另一台终端进行通信，集中式基础拓扑结构如图 7-4 所示。该拓扑结构具有易扩容、环境局限性小、可控性好等优点，但是相比点对点结构，存在成本高、可靠性差、延迟高等局限。

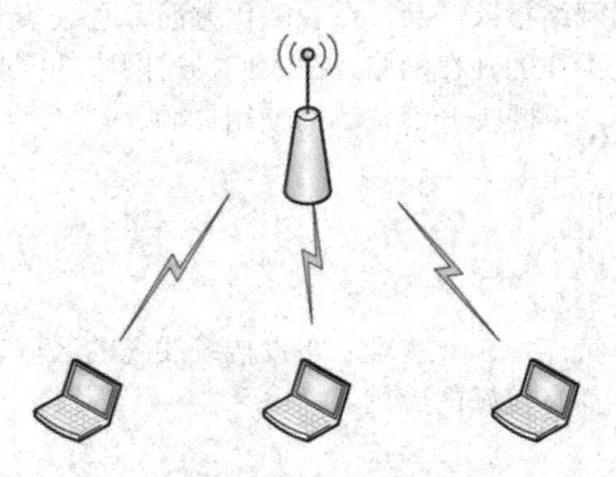

图 7-4　集中式基础拓扑结构

7.2.5 无线局域网的组建

目前，高速无线网还无法像移动通信网络那样进行大范围的覆盖，多数以中小范围组网为主，如一个学校、公司、实验室、宿舍和家庭等。传统的有线局域网在组建时，通常是用网线将计算机和网络端口相连，或者将多台计算机连接到与网络端口相连的集线器/交换机上。而无线局域网组网，网线实际连接的是接入点 AP 和网络端口，计算机则是通过无线网卡收发 AP 发射的信号接入网络，因此，AP 实际上所起的作用是将有线网中从计算机到集线器/交换机之间的有线介质用无线信号替代。

简单地讲，无线局域网的组网需要两个步骤：

(1) 将接入点 AP 通过网线与网络端口连接；

(2) 为具有无线网卡的终端设备配置网络连接信息。

7.3 无线网络的发展趋势与应用

7.3.1 无线网络的发展趋势

纵观无线网络的发展历史，我们可以看出，最初无线网络是作为有线网络的一种补充，但是随着无线网络技术的不断更替，移动办公、移动互联网等业务需求的不断增长，时至今日在网络的接入端无线接入已经成为了绝大多数用户使用的接入方式。

形成如今无处不在的无线网络这个局面绝非偶然。无论是咖啡厅、快餐店、商场、电影院和酒店，还是办公室、会议室、银行、实验室和工厂，几乎所有我们能够想到的地方都有无线网络的影子。不可否认的是，随时随地使用无线已经成为人们日常生活的一个习惯，同时无线网络凭借其与有线网络相当的大带宽、高速率、灵活性的优势，将对人们生活、工作、学习的方方面面继续产生更为深远的影响。

然而，对于今天的无线网络而言，它所发挥的作用不仅仅局限于网络接入本身，更多地向着“场景化”和“智能化”的方向发展。在场景化方面，无线网络提供商纷纷引入了场景化概念，针对不同行业的特点及需求对标准无线网络进行优化及改造，力求打造能够更好适应行业业务特点的网络接入产品。在智能化方面，通过条形码、RFID 和 WiFi 等无线网络技术形成一种无处不在的凡在网络，在人们畅游网络的同时，通过数字化的手段智能地收集和分析用户数据，不断提升消费者的使用体验。

7.3.2 无线网络的应用

1. 无线局域网

无线局域网因其自身特点，在一些难以布设传统线缆的区域、需要临时搭建网络或者人员流动性较大的场合，都有较好的应用。

1) 矿山采掘

在采矿行业中，煤矿井下地理条件复杂、地形多变，存在很多传统有线网络难以到达的区域，这就造成了监控的盲区。而无线网络如无线局域网具有的优势，使网络布设不受传输介质的限制，为现代的智慧化矿山提供了良好的基础网络平台。

2) 物流运输

在物流运输行业的货仓或者码头等场所中，因大型吊车、货车、运输道路和货物通道等因素的影响，使得传统有线局域网难以适应该场景下的应用要求。而无线局域网可以通过无线介质将物流信息和资料快速传输到计算机系统，有效地提高了工作效率和服务质量。

3) 移动办公

通过在办公环境中部署无线局域网，使得办公计算机具备了移动的能力，只要在无线网络覆盖的范围内，任何人都可以随时随地通过接入无线局域网获取和处理信息，极大地提高了办公的效率和灵活性。

2. 无线城域网和无线广域网

随着社会的发展和人员流动性的增加，一方面，许多设备需要在一个较大的区域范围内接入网络；另一方面，人们在移动的同时对于网络访问的需求也在不断地提高。而无线城域网和无线广域网可以很好地满足这方面的需求。

1) 视频监控在无线城域网中的应用

目前，在一些人员密度较高、流动性较大或者重点安全区域，对于视频监控的应用需求越来越多。伴随计算机、通信、网络和图像处理等技术的不断发展，视频监控系统迅速普及。凭借数字化、压缩编码、流媒体和实时传输等技术优势，视频监控已经成为公共安全、生产自动化、智慧交通、环境监测等系统的重要组成部分。但是受限于传统有线网络的介质和成本问题，基于无线城域网的接入方式就成为了部署视频监控系统的不二之选。无线城域网凭借其无线传输特性，可使视频监控系统在接入层部署更加便捷的同时，减少施工对于环境的影响，降低系统的建设成本。

2) 无线广域网的应用

随着无线移动通信系统技术的不断发展，在即将到来的 5G 时代，无线广域网凭借超高的传输带宽、极低的传输时延和海量的设备接入数量，使得它在各行各业中具有极其广泛的应用前景。在一些没有光纤抵达的居民区或者经济不发达的偏远地区，通过 5G 通信系统解决传统“最后一公里”的入户难题，满足用户超大容量、Gb/s 级别速率的接入要求，提供 IPTV、Internet、AR/VR、基于云端的实时在线游戏等丰富的宽带业务。在传统的直播应用中，一辆满足现场直播要求的车辆在 8000 万元左右，同时还需要卫星等传输系统，但是通过 5G + 直播的方式，一个 5G CPE 直播背包只需要 1 万元，而且具有即插即用、机位灵活的特点，可满足多路 4K/8K 信号要求。在传统的采矿行业中，矿区工作环境恶劣，每辆运输车辆都需要配属一名专职司机，车速往往低于 10 公里/小时。而通过 5G + 采矿的方式，驾驶员可在办公室通过 5G 系统远程操作，在一人分时操作多个车辆时，车速可达到 35 公里/小时，在安全、成本和效率方面都具有质的提升。此外，5G 系统还可用在智慧工业、智慧医疗、智慧教育、智慧交通、智能电网、智能农业、城市安防等多个行业中。

作为覆盖面积最大的广域网——卫星通信系统也具有十分丰富的应用场景。在具有高震动环境、热挑战环境、恶劣电环境、高磁场环境、网络频繁切换环境的轨道交通中，列车可以通过卫星和地面站接入 Internet，在列车高速移动的同时，为用户提供良好的网络范围能力。卫星网络还可以为广大用户提供导航定位功能，尤其是在我国自主建设、具有完全知识产权的北斗卫星导航系统上线后，可为用户提供高精度的导航定位服务。除此之外，卫星系统还可以应用在需要广播、指挥调度、音频、视频、数据交互、遥感等要求的场景。

3. 其他无线网络

1) 无线自组织网络

由于无线自组织网络具有临时性、无中心、不需要任何基础设施的特性，因此在很多场景中具有广泛的应用。在军事领域中，它可为因无法提前建设基站的战场环境提供网络支持，满足各个作战单位之间的通信；在智慧交通领域中，它可为各个交通单位和乘客提供实时交通信息；在家庭环境中，它可以将所有家电(如电脑、电话、厨房家电、安保系统等)连接成网络，方便交流，资源共享；它也可在商务会议区、医院等场所组建灵活应用的独立网络。

2) 无线传感器网络

无线传感器网络综合了传感器、嵌入式计算、分布式信息处理、无线通信等技术，可满足用户在任何时间、任何地点和任何环境条件下获得大量翔实可靠的物理世界真实信息的需求。在军事领域中，无线传感器网络可以协助实现监视敌军状况、实时监视战场、定位目标、评估战场、监测核攻击和生化攻击、搜索等功能；在农业领域中，它可以监测灌溉、土壤空气、畜禽环境、地表变化等参数；在环境监测领域中，它可以广泛应用于生态环境监测、生物种群研究、气象和地理研究、洪水、火灾检测等方面；在建筑领域中，它可以对摩天大楼、大型场馆、跨海大桥、地下隧道、海洋石油平台、海底管线等设施进行监控。除此之外，无线传感器网络还可以应用在医疗监护、智能家居、电网管理、空间和海洋探索等领域中。

3) 无线个域网

无线个域网具有组网价格低、体积小、易操作和功耗低等优点，现阶段得到越来越多的重视和应用。基于无线个域网的医疗监护系统可以满足日常活动监测、跌倒动作检测、定位跟踪、服药监测等要求。另外，基于低时延、低功耗、高稳定的高性能 ZigBee 系统已经在智慧超市、智慧工厂、智能家居、智能路灯、商用照明等行业拥有广泛的应用。

4) 物联网

物联网集成了多种技术，它是通信、计算机、电子、控制和社会科学等多领域相互协调和相互作用的产物。物联网可以满足物流交通、近场通信、手机支付、医疗保健、辅助驾驶、移动票务、环境检测、识别跟踪、数据收集、舒适家居、建设娱乐、社交网络和设备管理等众多不同场景的应用需求。

本章小结

本章主要阐述了无线通信和无线计算机网络的相关概念和技术，包括无线通信的概念、分类与常用技术，无线计算机局域网的分类、特点、拓扑结构和组建方式，无线网络的发展趋势和典型应用。

习　题

一、选择题

1. 无线网络使用的传输介质是(　　)。

A. 光纤　　B. 双绞线　　C. 同轴电缆　　D. 无线电磁波

2. 无线通信中常用的技术包括(　　)。

A. WiFi　　B. RFID　　C. UWB　　D. 以上都是

3. 覆盖范围最小的无线网络是(　　)。

A. WPAN　　B. WLAN　　C. WMAN　　D. WWAN

4. 以下不属于无线网络优点的是(　　)。

A. 经济性好　　B. 灵活性好　　C. 安全性好　　D. 移动性好

二、填空题

1. 按照辐射信号方向划分，天线可分为____________与____________两类。

2. 扩频通信可以分为____________和____________两种。

3. 无线局域网有两个典型的标准，分别是____________标准和____________标准。

4. 无线局域网一般由________、________、________和________四个组分组成。

三、问答题

1. 简述什么是无线信号的多径现象。多径的优点和缺点是什么？

2. 什么是 UWB 技术？UWB 技术的优势是什么？

3. 无线局域网常见的拓扑结构有几种？各自具有什么特点？

4. 简述什么是基本业务区和扩展业务区。基本业务区如何组成扩展业务区？

第 8 章　网络安全与管理

本章教学目标

- 了解网络安全概念和一般安全策略。
- 了解常见的网络安全技术(加密解密、用户认证、数字签名、SSL 与 Web 安全、防火墙等)。
- 理解和掌握数字证书的概念及其应用。
- 了解计算机网络管理的概念、管理模式、网管协议和常见的网络管理工具。
- 掌握操作系统内置的网络管理工具。

随着网络应用的发展，网络在各种信息系统中的作用变得越来越重要，人们也越来越关心网络安全和网络管理的问题。对于任何一种系统，安全性的作用在于防止未经过授权的用户使用甚至非法破坏系统中的信息或干扰系统的正常工作。本章将介绍安全网络概念和一般安全策略，常见的网络安全技术原理、Web 安全、防火墙的概念，计算机网络管理的概念、管理模式、网管协议和常见的网络管理工具。

8.1　网络安全概述

在当今时代，经济的发展、社会的进步以及国家的安全都依赖于对信息的占有和保护，信息已经成为人类最宝贵的资源之一，而以 Internet 为代表的网络系统已成为承载、传播信息的主要媒体。网络的开放性、自由性和全球性使人们在最大限度拥有信息的同时，也为如何确保网络系统的安全以及其上信息的自身安全提出了新的挑战。

8.1.1　网络面临的安全性威胁

1. 安全威胁

计算机网络安全所面临的威胁大体可分为两种：对网络中信息的威胁和对网络中设备的威胁。威胁网络安全的因素很多，有些是人为有意造成的破坏，也有些是误操作导致的不安全因素。

(1) 人为无意失误。例如，操作用户安全配置不当、用户安全意识不强、用户密码选择过于简单、将自己的账号随意转借他人与别人共享等都会给网络安全带来威胁。

(2) 人为有意攻击。人为有意攻击是网络安全最大的威胁。这种攻击分为两种：一种是被动攻击，它以各种方式更改信息和拒绝用户使用资源，破坏信息的有效性和完整性；另一种是主动攻击，它在不影响网络正常工作的情况下，截获、窃取、破译信息，如图 8-1 所示。

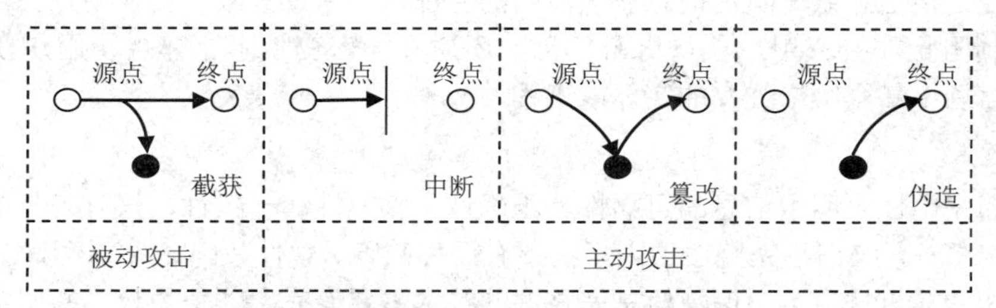

图 8-1　对网络的被动攻击和主动攻击

(3) 用户安全意识性差。此外，用户安全意识性差也是造成网络不安全的一个很重要的因素。例如，系统发现许多安全漏洞，往往是管理员对系统配置不当导致的，或者没有及时对系统使用“补丁”软件修补，或没有及时按照厂商要求升级有安全隐患的系统。

2. 带来安全威胁的因素

计算机网络之所以出现不安全因素，主要是因为网络自身存在着安全漏洞。其主要表现在以下方面：

(1) 软件自身存在漏洞。网络软件包括操作系统本身都不可能是完美无缺和无漏洞的，特别是很多软件设计时需注重的是应用方面的功能，而对软件的安全性重视不够。即便一些软件考虑到产品的安全性，但由于开发人员缺乏经验，还是会造成软件存在安全漏洞。

(2) 物理安全性。只要是能够让非法授权机器物理接入的地方都可能存在潜在的安全问题，也就是能让接入用户做本不允许做的事情，这都会产生安全漏洞。

(3) 来自内部网用户的安全威胁。

(4) 不兼容产生安全漏洞。当系统管理员把软件和硬件捆绑在一起时，从安全方面来讲，可认为系统有可能产生安全隐患。

(5) 系统安全设计有问题，防火墙存在安全缺陷。

(6) 缺乏有效的手段监视、评估网络的安全性。

8.1.2　网络安全的概念

网络安全是一门涉及计算机科学、网络技术、通信技术、密码技术、信息安全技术、应用数学、数论、信息论等多种学科的综合性学科。

1. 网络安全的定义

从本质上讲，网络安全就是网络上信息的安全，是指网络系统的硬件、软件和系统中的数据受到保护，不受偶然的或是恶意的攻击而遭受破坏、更改、泄露，确保系统连续可靠地运行，网络服务不中断。从广义上讲，凡是涉及网络信息的保密性、完整性、可控性和不可否认性的相关技术和理论都是网络安全所要研究的领域。

2. 网络安全的基本要素

网络安全的基本要素，实际上就是网络安全的目的，即保密性、完整性、可用性、可控性和不可否认性。

1) 保密性

保密性是指信息系统防止信息非法泄露的特征，使信息只限于授权用户使用。通常通过访问控制阻止非授权用户获得机密信息，还通过加密变换阻止非授权用户获知信息内容，确保信息不暴露给未授权的实体或进程。

2) 完整性

信息的完整性表明了信息的可靠性、正确性、有效性和一致性，只有完整的信息才是可信任的信息。影响信息完整性的因素主要有硬件故障、软件故障、网络故障、灾害事件、入侵攻击和计算机病毒等，保障信息完整性的技术主要有完全通信协议、密码校验和数字签名等。实际上，数据备份是防范信息完整性受到破坏的最有效的恢复手段。

3) 可用性

可用性是信息资源服务功能和性能可靠性的度量，涉及物理、网络、系统、数据、应用和用户等多方面的因素，是对信息网络总体可靠性的要求。即授权用户根据需要可以随时访问所需信息，攻击者不能占用所有的资源而阻碍授权者的工作。通过访问控制机制，阻止非授权用户进入网络。

4) 可控性

可控性主要指对危害国家信息(包括利用加密的非法通信活动)的监视审计，控制授权范围内的信息的流向及行为方式。使用授权机制控制信息传播的范围和内容，必要时能恢复密钥，实现对网络资源及信息的可控制能力。

5) 不可否认性

不可否认性是对出现的安全问题提供调查的依据和手段。使用审计、监控、防抵赖等安全机制，使得攻击者和抵赖者“逃不脱”，并进一步对网络出现的安全问题提供调查依据和手段，实现信息安全的可审查性，一般通过数字签名等技术来实现不可否认性。

8.1.3 网络安全策略

网络安全策略是保障机构网络安全的指导文件，一般而言，网络安全策略包括总体安全策略和具体安全管理实施细则。总体安全策略用于构建机构网络安全框架和战略指导方针，包括分析安全需求、分析安全威胁、定义安全目标、确定安全保护范围、分配部门责任、配备人力物力、确认违反策略的行为和相应的制裁措施。总体安全策略只是一个安全指导思想，还不能具体实施，在总体安全策略框架下针对特定应用制定的安全管理细则才规定了具体的实施方法和内容。

1. 安全策略总则

无论是制定总体安全策略，还是制定安全管理实施细则，都应当根据网络的安全特点遵守均衡性、时效性和最小限度原则。

1) 均衡性原则

由于存在软件漏洞、协议漏洞、管理漏洞，因此网络威胁永远不可能消除，网络安全是计算机网络的永恒主题。无论制定多么完善的网络安全策略，还是使用多么先进的网络安全技术，网络安全也只是一个相对概念，因为世上没有绝对的安全系统。此外，网络易用性和网络效能与安全是一对天生的矛盾。夸大网络安全漏洞和威胁不仅会浪费大量投资，而且会降低网络易用性和网络效能，甚至有可能引入新的不稳定因素和安全隐患。忽视网络安全比夸大网络安全更加严重，有可能造成机构或国家重大经济损失，甚至威胁到国家安全。因此，网络安全策略需要在安全需求、易用性、效能和安全成本之间保持相对平衡，科学制定均衡的网络安全策略是提高投资回报和充分发挥网络效能的关键。

2) 时效性原则

影响网络安全的因素随时间有所变化，导致网络安全问题具有显著的时效性。例如，网络用户增加、信任关系发生变化、网络规模扩大、新安全漏洞和攻击方法不断暴露都是影响网络安全的重要因素。因此，网络安全策略必须考虑环境随时间的变化。

3) 最小限度原则

网络系统提供的服务越多，安全漏洞和威胁也就越多。因此，应当关闭网络安全策略中没有规定的网络服务，以最小限度原则配置满足安全策略定义的用户权限，及时删除无用账号和主机信任关系，将威胁网络安全的风险降至最低。

2. 安全策略内容

一般而言，大多数网络都是由网络硬件、网络连接、操作系统、网络服务和数据组成的，网络管理员或安全管理员负责安全策略的实施，网络用户则应当严格按照安全策略的规定使用网络提供的服务。因此，在考虑网络整体安全问题时应主要从网络硬件、网络连接、操作系统、网络服务、数据、安全管理责任和网络用户几方面着手。

1) 网络硬件物理管理措施

核心网络设备和服务器应设置防盗、防火、防水、防毁等物理安全设施以及温度、湿度、洁净、供电等环境安全设施，每年因雷电击毁网络设施的事例层出不穷，位于雷电活动频繁地区的网络基础设施必须配备良好的接地装置。

核心网络设备和服务器最好集中放置在中心机房，其优点是便于管理与维护，也容易保障设备的物理安全，更重要的是能够防止直接通过端口窃取重要资料。防止信息空间扩散也是规划物理安全的重要内容，除光纤之外的各种通信介质、显示器以及设备电缆接口都不同程度地存在电磁辐射现象，利用高性能电磁监测和协议分析仪有可能在几百米范围内将信息复原，对于涉及国家机密的信息必须考虑电磁泄漏防护技术。

2) 网络连接安全

网络连接安全主要考虑网络边界的安全，如内部网与外部网、Internet 有连接需求时，可使用防火墙和入侵检测技术双层安全机制来保障网络边界的安全。内部网的安全主要通过操作系统安全和数据安全策略来保障，由于网络地址转换(Network Address Translator，NAT)技术能够对 Internet 屏蔽内部网地址，因此必要时也可以考虑使用 NAT 保护内部网私有的 IP 地址。

对网络安全有特殊要求的内部网最好使用物理隔离技术保障网络边界的安全。根据安全需求，可以采用固定公用主机、双主机或一机两用等不同物理隔离方案。固定公用主机与内部网无连接，专用于访问 Internet 的控制，虽然使用不够方便，但能够确保内部主机信息的保密性。双主机在一个机箱中配备了两块主板、两块网卡和两个硬盘，双主机在启动时由用户选择内部网或 Internet 连接，较好地解决了安全性与方便性的矛盾。一机两用隔离方案由用户选择接入内部网或 Internet，但不能同时接入两个网络。这样虽然成本低廉、使用方便，但仍然存在泄露的可能性。

3) 操作系统安全

操作系统安全应重点考虑计算机病毒、特洛伊木马和入侵攻击威胁、漏洞(bug)检测等。计算机病毒是隐藏在计算机系统中的一组程序，具有自我繁殖、相互感染、激活再生、隐藏寄生、迅速传播等特点，以降低计算机系统性能、破坏系统内部信息或破坏计算机系统运行为目的。截至目前，已发现有两万多种不同类型的病毒。病毒传播途径已经从移动存储介质转向 Internet，病毒在网络中以指数增长规律迅速扩散，诸如邮件病毒、Java 病毒和 ActiveX 病毒都给网络病毒防治带来了新的挑战。

特洛伊木马与计算机病毒不同，特洛伊木马是一种未经用户同意私自驻留在正常程序内部、以窃取用户资料为目的的间谍程序。目前并没有特别有效的计算机病毒和特洛伊木马程序防治手段，主要还是通过提高病毒防范意识，严格安全管理，安装防杀病毒软件、特洛伊木马专杀软件来尽可能减少病毒与木马入侵的机会。操作系统漏洞为入侵攻击提供了条件，因此，经常升级操作系统、防病毒软件和木马专杀软件是提高操作系统安全性最有效、最简便的方法。

漏洞扫描是指基于漏洞数据库，通过扫描等手段对指定的远程或者本地计算机系统的安全脆弱性进行检测，发现可利用漏洞的一种安全检测(渗透攻击)行为。

4) 网络服务安全

目前，网络提供的电子邮件、文件传输、Usenet 新闻组、远程登录、域名查询、网络打印和 Web 服务都存在着大量的安全隐患，虽然用户并不直接使用域名查询服务，但域名查询通过将主机名转换成主机 IP 地址为其他网络服务奠定了基础。由于不同网络服务的安全隐患和安全措施不同，因此应当在分析网络服务风险的基础上，为每一种网络服务分别制定相应的安全策略细则。

5) 数据安全

根据数据机密性和重要性的不同，一般将数据分为关键数据、重要数据、有用数据和普通数据，以便针对不同类型的数据采取不同的保护措施。关键数据是指直接影响网络系统正常运行或无法再次得到的数据，如操作系统和关键应用程序等；重要数据是指具有高度机密性或高使用价值的数据，如国防或国家安全部门涉及国家机密的数据，金融部门涉及的用户账目数据等；有用数据一般指网络系统经常使用但可以复制的数据；普通数据则是很少使用而且很容易得到的数据。由于任何安全措施都不可能保证网络绝对安全或不发生故障，因此在网络安全策略中除考虑重要数据加密之外，还必须考虑关键数据和重要数据的日常备份。

目前，数据备份使用的介质主要是磁带、硬盘和光盘。因磁带具有容量大、技术成熟、成本低廉等优点，大容量数据备份多选用磁带存储介质。随着硬盘价格不断下降，网络服务器都使用硬盘作为存储介质，目前流行的硬盘数据备份技术主要有磁盘镜像和冗余磁盘阵列 RAID(Redundant Arrays Of Independent Disks)技术。磁盘镜像技术能够将数据同时写入型号和格式相同的主磁盘和辅助磁盘，RAID 是专用服务器广泛使用的磁盘容错技术。大型网络常采用光盘库、光盘阵列和光盘塔作为存储设备，但光盘特别容易划伤，导致数据读出错误，因此数据备份使用更多的还是磁带和硬盘存储介质。

6) 安全管理责任

因为人是制定和执行网络安全策略的主体，所以在制定网络安全策略时，必须明确网络安全管理责任人。小型网络可由网络管理员兼任网络安全管理职责，但大型网络、电子政务、电子商务、电子银行或其他要害部门的网络应配备专职网络安全管理责任人。网络安全管理采用技术与行政相结合的手段，主要针对授权、用户和资源配置，其中授权是网络安全管理的重点。安全管理责任包括行政职责、网络设备、网络监控、系统软件、应用软件、系统维护、数据备份、操作规程、安全审计、病毒防治、入侵跟踪、恢复措施、内部人员和网络用户等与网络安全相关的各种功能。

7) 网络用户的安全责任

网络安全不只是网络安全管理员的事，网络用户对网络安全也负有不可推卸的责任。网络用户应特别注意不能私自将调制解调器接入 Internet，不要下载未经安全认证的软件和插件，确保本机没有安装文件和打印机共享服务，不要使用脆弱性密码，要经常更换密码等。

8.1.4　网络安全防护体系

在网络建设的初期，网络结构和攻击手段相对简单，网络安全体系以防护为主体，依靠防火墙、加密技术和身份验证等手段来验证。随着攻击手段的不断提高，检测和响应等环节在现代网络中的地位越来越重要，并且逐渐成为构建网络安全体系中的重要部分。而且网络安全防护体系不仅仅是单纯的网络运行过程防护，还包括网络安全评估、性能评价以及使用安全防护技术等服务体系。一个完整的网络安全体系如图 8-2 所示，在以下的内容中将逐步介绍这个防护体系中有关的主要安全技术。

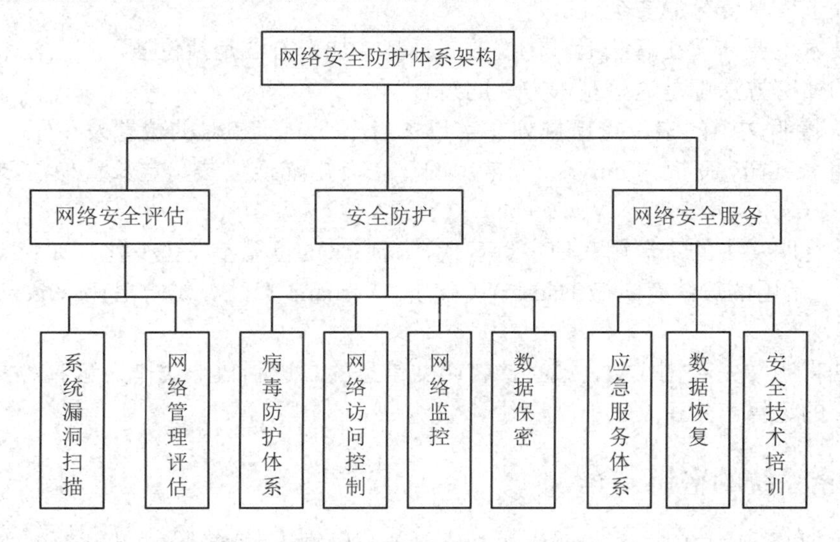

图 8-2　网络安全防护体系

8.2　数据加密技术

计算机网络使得人们相互间通信更加方便，但通信的安全问题也越来越严重。为了使信息安全稳定地传输，对信息加密显得十分重要。

8.2.1　密码技术

信息安全的核心是数据保密，也就是人们常说的密码技术。一个完善的密码系统应包括 5 个要素：明文信息空间、密文信息空间、密钥空间、加密变换 E 和解密变换 D，它们的关系如图 8-3 所示。

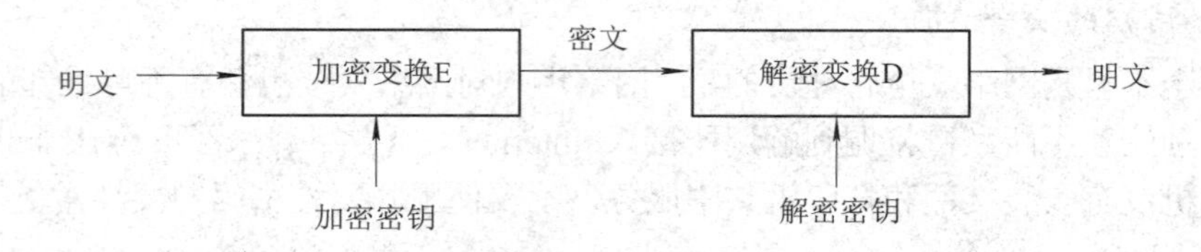

图 8-3　密码系统示意图

明文：加密前的原始信息。

密文：加密后的密文信息。

加密：将明文的数据变成密文的过程。

解密：利用加密的逆变换将密文恢复成明文的过程。

密钥：控制加密和解密运算符号序列化的数学模型。

利用密码技术，即使信息在传输过程中被窃取或截获，窃取者也不能了解信息的内容，这样就保证了信息传输的安全性。

加密技术主要体现在算法上。传统的 3 种基本加密方法是换位法、代替法和代数法。一般使用的加密方法都是这些基本方法的组合。

换位法将明文中的字母重新排列，字母本身不变，但相对的位置发生了一定规律的变化。如将 security 变换为 cutyrsie。常用的算法有矩阵换位法、定长置换法、栅栏加密法等。

代替法将明文中的字母用其他字母替代，而原来的位置不发生变化。如将 secret 变换为 mgdfgp。常用的算法有凯撒(Caesar)代替法、Vernam 算法、维吉尼亚(Vigenere)密码、Hill 加密算法等。

代数法将明文先转化成数，或直接将明文信息的二进制数形式作为运算对象，然后对其进行特定的运算产生密文。

8.2.2　加密系统的密钥

按密钥划分，密码可分为对称密码和非对称式密码。对称密码是指通信收发双方使用相同密钥的密码，如传统的密码；非对称式密码是指通信收发双方使用不同密钥的密码，如现代密码中的公共密码。

按信息形态划分，密码可分为模拟型密码和数字型密码。模拟型密码是指用来加密模拟信息的密码；数字型密码是指用于加密数字信息的密码。

按编制原理划分，密码可分为代替、移位和置换 3 种及其组合形式。密码的形式繁杂、变化多样，但密码都是按照这 3 种基本原理编制出来的。

密码体制包括传统的保密密钥方法和公开/私有密钥。

(1) 保密密钥方法。传统的加密方法使用的是对称式密码或称单钥加密法，即加密者和解密者使用相同的密钥，这类算法有 DES 和 IDEA。这种加密算法的优点是有很强的保密性，且经受得住攻击和时间的检验。可它有一个前提条件是其密钥在传送过程中的途径必须安全。所以，其密钥管理成为系统安全的重要因素。传统加密的缺点是密钥的生成、注入、存储、管理、分发等相当复杂，尤其是用户的增加导致密钥也要成倍增加。这样在计算机网络通信中，大量密钥的生成、管理、分发是很难处理的。另外，由于用户必须让接收者知道自己所使用的密钥，这就要求密钥的收发双方共同保密，任何一方的失误都会造成机密的泄露。在告诉收件人密钥时，要防止被任何人发现或偷听密钥，这个过程称为密钥发布。尽量在会话初期用密文传送密钥，这样会减少密钥被截获的可能性。

(2) 公开/私有密钥。随着现代电子技术和密码技术的发展，公开/私有密钥在网络安全方面将是一种很有前途的加密体制。

8.2.3　加密算法

随着数据加密技术的发展，现代密码学主要有两种基于密钥的加密算法，分别是对称加密算法和公开密钥算法。

1. 对称加密算法

如果在一个密码体系中，加密密钥和解密密钥相同，就把它称为对称加密算法。在这种算法中，加密和解密的具体算法是公开的。它要求信息的发送者和接收者在安全通信之前商定一个密钥。因此，对称加密算法的安全性完全依赖于密钥的安全性，如果密钥丢失，那就意味着任何人都能够对加密信息进行解密了。

对称加密算法根据其工作方式可以分成两类，一类是一次只对明文中的一个位(有时是对一个字节)进行运算的算法，称为序列加密算法；另一类是每次对明文中的一组位进行加密的算法，称为分组加密算法。现代典型分组加密算法的分组长度是 64 位。这个长度既方便使用，又足以防止被分析破译。

DES(Data Encryption Standard，数据加密标准)算法是一种最为典型的对称加密算法，它是按分组方式进行工作的算法，通过反复使用替换和换位两种基本的加密组块的方法来达到加密的目的。DES 算法将输入的明文分成 64 位的数据组块进行加密，密钥长度为 64 位，有效密钥长度为 56 位(其他 8 位用于奇偶校验)。其加密过程大致分成 3 个步骤：初始置换、16 轮的迭代变换和逆置换，如图 8-4 所示。

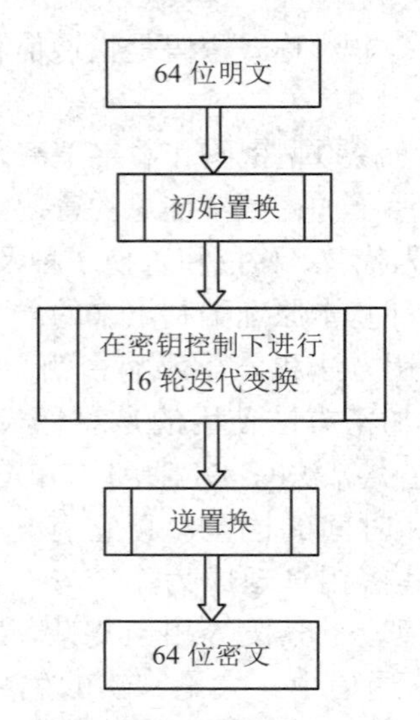

图 8-4 DES 算法的加密过程

DES 的解密过程和加密过程完全类似，只是在 16 轮的迭代过程中所使用的子密钥刚好和加密过程中的相反。

DES 算法在网络安全中有着比较广泛的应用。但是由于对称加密算法的安全性取决于密钥的保密性，在开放的计算机通信网络中如何保管好密钥是个严峻的问题。因此，在网络安全的应用中，通常是将 DES 等对称加密算法和其他的算法结合起来使用，形成混合加密体系。在电子商务中，用于保证电子交易安全性的 SSL 协议的握手信息中也用到了 DES 算法来保证数据的机密性和完整性。另外，在 UNIX 系统中，也使用了 DES 算法用于保护和处理用户密码的安全。

2. 公开密钥算法

在对称加密算法中，使用的加密算法简单高效，密钥简短，但破解起来比较困难。但是，由于对称加密算法的安全性完全依赖于密钥的保密性，在公开的计算机网络上传送和保管密钥就成为一个严峻的问题。

公开密钥算法很好地解决了这个问题。它的加密密钥和解密密钥完全不同，不能通过加密密钥推算出解密密钥。它之所以称为公开密钥算法，是因为其加密密钥是公开的，任何人都能通过查找相应的公开文档得到，而解密密钥是保密的，只有得到相应的解密密钥才能解密信息。因此，在这个系统中，加密密钥也称为公开密钥(Public Key，简称公钥)，解密密钥也称为私人密钥(Private Key，简称私钥)。

RSA 算法是在 1977 年由美国的 3 位教授 R.L.Rivest、A.Shamirt 和 M.Adleman 在题为“获得数字签名和公开密钥密码系统的一种方法”中提出的，算法的名称取自 3 位教授名字的首字母。RSA 算法是第一个公开密钥算法，也是至今为止最为完善的公开密钥算法之一。

RSA 算法的安全性基于大数分解的难度。其公钥和私钥是一对大素数的函数。从一个公钥和密文中恢复出明文的难度等价于分解两个大素数的乘积。RSA 算法的安全性取决于从 n 中分解出 p 和 q 的困难程度。为了增加 RSA 算法的安全性，最实际的做法就是增加 n

的长度。随着 n 的位数的增加，分解 n 将变得非常困难。

公开密钥算法由于解决了对称加密算法中的加密和解密密钥都需要保密的问题，因此在网络安全中得到了广泛的应用。

但是，以 RSA 算法为主的公开密钥算法也存在一些缺陷。例如，公钥密钥算法比较复杂，在加密和解密的过程中，由于都需要进行大数的幂运算，其运算量一般是对称加密算法的几百、几千甚至上万倍，导致了加、解密速度比对称加密算法慢很多。所以，在网络上传送信息时，一般没有必要都采用公开密钥算法对信息进行加密，一般采用的方法是混合加密体系。

3. 混合加密体系

在混合加密体系中，使用对称加密算法(如 DES 算法)对要发送的数据进行加、解密，同时，使用公开密钥算法(最常用的是 RSA 算法)来加密对称加密算法的密钥。这样，就可以综合发挥两种加密算法的优点，既加快了加、解密的速度，又解决了对称加密算法中密钥保存和管理的困难，是目前解决网络上信息传输安全的一个较好的方法。

8.3　访问控制、数字签名与数字证书

8.3.1　访问控制

访问控制的作用是对访问系统及其数据的用户进行识别，并检验其身份。它是防止入侵的重要防线之一，涉及两个主要的问题：用户是谁和身份是否真实。

访问控制的实质就是控制对计算机系统或网络访问的方法。如果没有访问控制，任何人只要愿意都可以进入到整个计算机系统，并做其想做的任何事情。

实现对一个系统进行访问控制的常用方法是对没有合法用户名及密码的任何人进行限制，并禁止访问系统。

1. 基于密码的访问控制技术

密码是只有系统管理员和用户自己才知道的简单字符串。它是实现访问控制的一种最简单和有效的方法。没有一个正确的密码，入侵者就很难闯入计算机系统。所以，只要保证密码机密，非授权用户一般就无法使用该账户。

但是密码只是一个字符串，一旦被别人获取，密码就不能提供任何安全保障了。因此，尽可能选择较安全的密码是非常必要的。系统管理员和系统用户都有保护密码的职责。管理员为每个账户建立一个用户名，而用户必须建立“有效”的密码并对其进行保护。管理员可以告诉用户什么样的密码是最有效的。另外，依靠系统中的安全系统，管理员能对用户的密码进行强制性修改。设置密码的最短长度限制以及使用时限，可以防止用户采用太容易被猜测的密码或一直使用同一个密码。

1) 密码的选用

设置一个有效的密码时应遵循下列规则。

(1) 选择长密码。密码越长，要猜出它或尝试所有的可能组合就越难。大多数系统接

受 5 到 8 个字符串长度的密码，还有许多系统允许更长的密码，长密码有助于增强系统的安全性。

(2) 不要简单地使用个人名字，特别是用户的实际姓名、家庭成员的姓名或生日等，这样太容易被猜测。

(3) 采用字母和数字字符的组合。将字母和数字组合在一起可以提高密码的安全性。

(4) 在用户访问的各种系统上不要使用相同的密码。如果其中的一个系统安全出了问题，就等于所有系统都不安全了。

(5) 不要使用有明确意义的英语单词。用户可以将自己熟悉的一些单词的首字母组合在一起，或者使用汉语拼音的首字母。对于该用户来说很容易记住这个密码，但对其他人来说却很难想得到。

(6) 不要选择不容易记住的密码。若密码太复杂或太容易混淆，就会促使用户将它写下来以帮助记忆，从而引起不安全问题。

2) 密码安全性

在有些系统中，可以使用一些面向系统的控制方式，以减小由于非法入侵造成的对系统的改变。这些特性称为登录/密码控制，对增强用户密码的安全性很有效，其特性如下：

(1) 最短长度。密码越长就越难猜测，而且使用随机字符组合的方式猜测密码所需的时间也随着字符个数的增加而加倍增长。系统管理员能指定密码的最短长度。

(2) 系统生成密码。可以使用计算机自动为用户生成的密码。这种方法的主要缺点是自动生成的密码难以记住。

(3) 密码更换。用户可以在任何时候更换密码。密码的不断变化可以防止有人用偷来的密码继续对系统进行访问。

(4) 系统要求密码更换。系统要求用户定期改变密码，如一个月换一次。这就可以防止用户一直使用同一个密码，如果该密码被非法得到就会引起安全问题。在有些系统中，密码使用超过一定时间(密码时限)后，系统将自动提醒用户更新密码，用户再次进入系统时就必须进行更改。另外，在有些系统中，设有密码历史记录特性能将以前的密码记录下来，并且不允许重新使用原来的密码而必须输入一个新的密码，这样可以增强系统的安全性。

3) 其他方法

除了以上方法之外，还可以采用如下方法对系统的访问进行严格控制：

(1) 登录时间限制。用户只能在某段特定的时间(如工作时间内)才能登录到系统中。

(2) 限制登录次数。为了防止非法用户对某个账户进行多次输入密码尝试，系统可以限制登录尝试的次数。例如，如果有人连续 3 次登录都没有成功，终端与系统的连接就会自动断开。这样可以防止有人不断地尝试不同的密码和登录名。

(3) 最后一次登录。该方法可以报告出用户最后一次登录系统的日期和时间以及最后一次登录后发生过多少次未成功的登录尝试。这样可以提供追踪线索，查看是否有人非法访问过用户的账户。

4) 注意事项

为了确保密码的保密性和安全性，用户应该注意以下事项：

(1) 不要将密码随意告诉别人。

(2) 不要将密码写在其他人可以接触到的地方。

(3) 不要采用系统指定的密码(如 root、demo 或 test 等)。

(4) 在第一次进入账户时修改密码，不要沿用系统给新用户的默认密码，如 1234 或 password 等。

(5) 经常改变密码，可以防止有人获取密码并企图使用它而出现问题。

2. 选择性访问控制技术

选择性访问控制的思想在于明确规定了对文件和数据的操作权限。对于进入系统的授权用户，需要限制该用户在计算机系统中所能访问的内容和访问的权限，也就是说，规定用户可以做什么或不能做什么，比如，能否运行某个特别的程序、能否阅读某个文件、能否修改存放在计算机上的信息或删除其他人创建的文件等。

从安全性的角度考虑，很多操作系统都内置了选择性访问控制功能。通过操作系统，可以规定个人或组(Group)的权限以及对某个文件和程序的访问权限。此外，用户对自己创建的文件具有所有的操作权限，而且还可以规定其他用户访问这些文件的权限。系统通常采用 3 种不同种类的访问权限控制：

(1) 读(R，读权)：允许读一个文件。

(2) 写(W，写权)：允许创建和修改一个文件。

(3) 执行(E，执行权)：运行程序。如果拥有执行权，就可以运行该程序。

使用这 3 种访问权就可以确定谁可以读文件、修改文件和执行程序。用户可能会决定只有某个人才可以创建或修改自己的文件，但其他人都可以读它，即具有只读的权限。

例如，在大多数 UNIX 系统中，有三级用户权限：超级用户(root)、用户集合组(group)以及系统的普通用户(user)。超级用户(root)账户在系统上拥有所有的权限，而且其中的很多权限和功能是不提供给其他用户的。由于 root 账户几乎拥有所有操作系统的安全控制手段，因此保护该账户及其密码是非常重要的。从系统安全角度讲，超级用户被认为是 UNIX 系统上最大的安全隐患，因为它赋予了超级用户对系统无限的访问权。

组的概念是将一批用户集合起来构成为一个组。通过继承原则很方便地为组中的所有用户设置权限、特权和访问限制。例如，对于特定的应用程序开发系统，可以限制只有经过培训使用它的人才可以访问。对于某些敏感的文件，可以规定只有被选择的组用户才有权读这些信息。在 UNIX 系统中，一个用户可以属于一个或多个组。

最后，普通用户在 UNIX 系统中也具有自己的账户。尽管所有的用户都有用户名和密码，但每个用户在系统中能做些什么取决于该用户在 UNIX 文件系统中拥有的权限。

8.3.2　数字签名

在现代的经济生活中，大量的信息交换是通过计算机网络进行的，伪造和抵赖行为是威胁电子商务安全性的重要因素，也是法律所关注的问题。在这种情况下，迫切需要一种技术手段来防止通信中的抵赖和欺骗行为。数字签名技术为此提供了一种解决方案。

1. 数字签名的基本概念

所谓数字签名就是附加在数据单元上的一些数据，或是对数据单元所作的密码变换。这种数据或变换允许数据单元的接收者用以确认数据单元的来源和数据单元的完整性并保护数据，防止被人(如接收者)伪造。它是对电子形式的消息进行签名的一种方法，一个签名消息能在一个通信网络中传输。

数字签名的签名算法至少要满足以下条件：签名者事后不能否认自己的签名；接收者只能验证签名；任何人不能伪造(包括接收者)签名；当双方对签名的真伪发生争执时，能够在公正的仲裁者面前通过验证签名来确认其真伪。目前数字签名技术的研究主要是基于公钥密码体制，比较著名的数字签名算法包括 RSA 数字签名算法等。

2. 数字签名的原理

数字签名能保证信息完整性的原理是将要传送的明文通过一种单向散列函数运算转换成信息摘要(不同的明文对应不同的摘要)，信息摘要加密后与明文一起传送给接收方，接收方将接收的明文产生新的信息摘要，再与发送方发来的信息摘要相比较。比较结果一致，则表示明文未被改动，信息是完整的；如果不一致，则表示明文被篡改，信息的完整性受到破坏。

3. 数字签名的过程

数字签名通常包括两个过程：数字签名的创建和数字签名的验证，分别由报文的发送方和接收方执行。

1) 数字签名的创建

数字签名的创建过程如下：

(1) 发送方首先用 Hash 函数从原报文中生成一个散列值(信息摘要)。

(2) 发送方用自己的私钥对这个散列值进行加密来形成发送方的数字签名；所得到的数字签名唯一用来创建它的消息和私有密钥。

(3) 发送方将该数字签名作为报文的附件和报文一起发送给报文的接收方。

2) 数字签名的验证

验证过程通过使用与创建数字签名时所用的相同散列函数对原始消息计算新的散列结果而实现，其过程如下：

(1) 接收方首先从接收到的原始报文中计算出散列值(信息摘要)。

(2) 接收方用发送方的公开密钥对报文附加的数字签名进行解密得到原散列值；如果这两个散列值相同，则接收方就能确认该数字签名是发送方的。

采用数字签名能确认以下两点：第一，信息是由签名者发送的；第二，信息自签发到收到为止未曾作过任何修改。这样数字签名就可用来防止电子信息因易被修改而有人作伪，或冒用别人名义发送信息，或发出(收到)信件后又加以否认等情况的发生。

8.3.3 数字证书

基于 Internet 网的电子商务系统技术使在网上购物的顾客能够极其方便轻松地获得商家和企业的信息，但同时也增加了对某些敏感或有价值的数据被滥用的风险。买方和卖方在因特网上进行的一切金融交易运作都必须是真实可靠的，并且要使顾客、商家和企业等交易各方都具有绝对的信心，由此可见，信任是每个网上交易(交换)实体(网络用户)进行各种网上行为的基础。构架一个安全可信的网络环境是各种网上操作顺利开展的有力保障。

也就是说，必须保证网络安全的四大要素，即信息传输的保密性、数据交换的完整性、发送信息的不可否认性、交易者身份的确定性。对此，国际上已经有比较成熟的安全解决方案，那就是建立安全证书体系结构。以数字证书为核心的加密技术可以对网络上传输的信息进行加密和解密、数字签名和验证，确保网上传递信息的保密性、完整性，以及交易实体身份的真实性、签名信息的不可否认性，从而保障网络应用的安全性。

1. 数字证书的概念

数字证书是由权威机构——CA 机构(又称为证书授权中心)发行的，包含用户身份信息、用户公钥信息以及身份验证机构数字签名的数据。数字签名可以确保证书信息的真实性，用户公钥信息可以保证数字信息传输的完整性，用户的数字签名可以保证数字信息的不可否认性。数字证书是各类终端实体和最终用户在网上进行信息交流及商务活动的身份证明，在电子交易的各个环节，交易的各方都需验证对方数字证书的有效性，从而解决相互间的信任问题。其作用类似于现实生活中的居民身份证，所不同的是数字证书不再是纸质的证照，而是一段含有证书持有者身份信息并经过认证中心审核签发的电子数据，可以更加方便灵活地运用在电子商务和电子政务中。

证书的格式通常遵循 ITU-TX.509 国际标准，但并非一定如此。X.509 实际上是一个 ITU-T 建议，也就是说没有被正式地定义或批准。因此，各家公司可以按不同的方式来实现这个标准。例如，Netscape 和 Microsoft 都在它们的 Web 服务器和浏览器中使用 X.509 证书实现 SSL，但 Netscape 生成的 X.509 证书不能被 Microsoft 的产品读取，反之亦然。

数字证书利用一对互相匹配的密钥进行加密和解密。每个用户自己设定一个特定的仅为本人所知的私钥，用它进行解密和签名；同时设定一个公钥并公开以便为公众所共享，用于加密和验证签名。当发送一份保密文件时，发送方使用接收方的公钥对数据加密，而接收方则使用自己的私钥解密，这样信息就可以安全无误地到达目的地。通过数字的手段保证加密过程是一个不可逆过程，即只有用私钥才能解密。

数字证书通常有个人证书、企业证书、服务器证书和信用卡身份证书等类型。

2. CA 认证的概念

1) CA 认证中心

CA 的英文全称是 Certificate Authority，即证书授权中心，也叫认证中心，它作为电子商务交易中权威的、可信赖的、公正的第三方，承担公钥体系中公钥的合法性检验的责任。CA 中心为每个使用公开密钥的用户发放一个数字证书，数字证书的作用是证明证书中列出的用户合法拥有证书中列出的公开密钥。CA 机构的数字签名使得攻击者不能伪造和篡改证书。CA 认证中心是发放、管理、废除数字证书的机构，因此是安全电子交易的核心环节。

2) X.509 标准

X.509 是国际电信联盟 ITU-T 建议作为 X.500 目录检索的一部分，提供安全目录检索服务，是一种行业标准或行业解决方案。在 X.509 方案中，默认的加密体制是公钥密码体制。为进行身份认证，X.509 标准及公共密钥加密系统提供了数字签名方案。用户可生成一段信息及其摘要(信息“指纹”)，再用专用密钥对摘要加密以形成签名，接收者用发送者的公钥对签名解密，并将其与收到的信息“指纹”进行比较，以确定其真实性。

CA 认证中心颁发的数字证书均遵循 ITU-T 的 X.509 V3 标准。X.509 证书包含的内容有 X.509 版本号、证书持有人的公钥、证书的序列号、主题信息、证书的有效期、认证机构(证书发布者)、发布者的数字签名和签名算法标识符。

3) CA 的功能

CA 安全认证体系的主要功能包括签发数字证书、管理下级审核注册机构、接受下级审核注册机构的业务申请、维护和管理所有证书目录服务、向密钥管理中心申请密钥、实体鉴别密钥器的管理等。而具体的 CA 认证中心具有六项基本功能：证书发放功能、证书查询功能、证书更新功能、证书吊销功能、制定相关政策功能、保护数字证书安全功能。

一般来说，CA 认证中心都采用层次结构，包含多个带有清楚定义的上下级关系的 CA。在这种模型中，下级子 CA 由它们的上级 CA 颁发的证书认证，上级 CA 颁发的证书将证书颁发机构的公钥绑定到它的标识中。层次结构的顶级(国家级)CA 称为根颁发机构或根 CA。它负责对整个系统的安全进行加强和控制，其子 CA 称为下级 CA，最下一级的认证中心直接面向最终用户。

3. 数字证书的工作过程

数字证书采用公钥体制，即利用一对互相匹配的密钥进行加密、解密。每个用户自己设定一把特定的仅为本人所知的私有密钥(私钥)，用它进行解密和签名；同时设定一把公共密钥(公钥)，并由本人公开，为一组用户所共享，用于加密和验证签名。

数字证书颁发过程一般为：用户(个人、公司、机构或代表它们的网络服务器)首先产生自己的密钥对，并将公共密钥及部分个人身份信息传送给 CA 认证中心；CA 认证中心在核实身份后，将执行一些必要的步骤，以确信请求确实由用户发送而来，然后认证中心将发给用户一个数字证书，该证书内包含用户的个人信息和公钥信息，同时还附有认证中心的签名信息。之后，用户就可以使用自己的数字证书进行相关的各种活动了。数字证书各不相同，每种证书可提供不同级别的可信度。CA 必须将自己的公开密钥向公众发布或从因特网上获取。

当发送方要向接收方传输数字信息时，为了保证信息传送的真实性、完整性和不可否认性，需要对要传送的信息进行数字加密和数字签名，其传送过程如下：

(1) 发送方准备好要传送的数字信息(明文)。

(2) 发送方对数字信息进行哈希(Hash)运算，得到一个信息摘要。

(3) 发送方用自己的私钥对信息摘要进行加密得到发送方的数字签名，并将其附在数字信息上。

(4) 发送方随机产生一个临时加密密钥，并用此密钥对要发送的信息进行加密，形成密文。

(5) 发送方用接收方的公钥对刚才随机产生的加密密钥进行加密，将加密后的临时密钥连同密文一起传送给接收方。

(6) 接收方收到发送方传送过来的密文和加过密的临时密钥，先用自己的私钥对加密的临时密钥进行解密，得到临时密钥。

(7) 接收方用临时密钥对收到的密文进行解密，得到明文的数字信息，然后将临时密钥抛弃(即临时密钥作废)。

(8) 接收方用发送方的公钥对发送方的数字签名进行解密，得到信息摘要。接收方用相同的 Hash 算法对收到的明文再进行一次 Hash 运算，得到一个新的信息摘要。

(9) 接收方将收到的信息摘要和新产生的信息摘要进行比较，如果一致，说明收到的信息没有被修改过。

4. 数字证书的应用

数字证书可应用于网络上的行政管理和商务活动，如用于发送安全电子邮件、访问安全站点、网上证券、网上招投标、网上签约、网上办公、网上缴费、网上纳税等网上安全电子事务处理和安全电子交易活动。其应用范围涉及需要身份认证及数据安全的各个行业，包括传统的商业、制造业、流通业的网上交易，以及公共事业、金融服务业、工商、税务、海关、教育科研单位、保险、医疗等网上作业系统。例如，在进行网上交易时，可以利用数字证书的认证技术对交易双方进行身份确认以及资质的审核，确保交易者信息的唯一性和不可抵赖性，保护交易各方的利益，实现安全交易。

8.4 Web 的安全性

8.4.1 Web的安全性威胁

随着计算机技术的迅速发展和广泛应用，特别是 Web2.0、微博等新型互联网产品的出现，基于 Web 环境的互联网应用越来越广泛，Web 服务已成为 Internet 上的主要服务。无论是单位还是个人，都越来越倾向于将各种应用架设在 Web 平台上。Web 业务的迅速发展也引起了黑客们的强烈关注，Web 安全风险达到了前所未有的高度。

Web 服务所面临的安全威胁大致可归纳为以下两种：一种是机密信息所面临的安全威胁，一种是 WWW 服务器和浏览器主机所面临的安全威胁。其中，前一种安全威胁是 Internet 上各种服务所共有的，而后一种威胁则是由扩展 Web 服务的某些软件带来的，是用户在浏览网页时能切身感受到的。安全威胁的类别主要有以下几种。

1. CGI 带来的威胁

CGI 是英文 Common Gateway Interface(通用网关接口)的缩写，CGI 在服务器端与 Web 服务器相互配合，响应远程用户的交互性请求。Web 服务器一般使用环境变量传输有关的请求信息到 CGI 程序，这些环境变量包括服务器的名字，CGI 和服务器使用协议的版本号，客户端的 IP 地址和域名，客户端的请求方式、请求内容及编码方式，合法性访问信息及用户的输入信息等。其安全漏洞存在于以下三个方面：

(1) 泄露主机系统的信息，帮助黑客入侵；

(2) 当服务器处理远程用户输入的某些信息(如表格)时，容易被远程的用户攻击；

(3) 不规范的第三方 CGI 程序或存有恶意的客户发布给 Web 服务器的 CGI 程序，会对 Web 服务器造成物理或逻辑上的损坏，甚至可以将 Web 服务器上的整个硬盘信息拷贝到 Internet 的某一台主机上。

2. Java 小程序带来的威胁

Java 是由美国 Sun MicroSystems 公司于 1995 年推出的一种跨平台和具有交互能力的计算机程序语言。其中 Java Applet(Java 小程序)为 Web 服务提供了相当好的扩展能力，并且为各种通用的浏览器(如 Internet Explorer、Netscape)所支持。Java 小程序由浏览器进行解释并在客户端执行，因此它把安全风险直接从服务器端转移到了客户端。Java 程序中可能出现很多由 Bug 引起的安全漏洞，同时 Java Script 作为 Java Applet 在浏览器中实现的语言，也存在着以下一些安全漏洞：

(1) 可以欺骗用户，将本地硬盘或网络上的文件传输给 Internet 上的任意主机；

(2) 能获得用户本地硬盘和任何网络盘上的目录列表；

(3) 能监视用户某段时间内访问过的所有网页，捕捉 URL 并将它们传送到 Internet 上的某台主机中。

3. ActiveX 控件带来的威胁

ActiveX 是微软在 COM(Component Object Model，组件对象模型)之上建立的一种理论和概念，同时也是一种新的编程标准。这种控件也可以嵌入 HTML 文件中，形成具有一定功能的程序模块。

由于 ActiveX 控件被嵌入到 HTML 页面中，并下载浏览器端加以执行，因此会给浏览器造成一定程度的安全威胁。此外，目前已有证据表明，在客户端的浏览器(如 IE)中插入某些 ActiveX 控件，也将直接对服务器造成意想不到的安全威胁。

为了确保 Web 服务的安全，通常采用的技术措施有在现有的网络上安装防火墙，对需要保护的资源建立隔离区；对机密敏感的信息进行加密存储和传输；在现有网络协议的基础上，为 C/S 通信双方提供身份认证并通过加密手段建立秘密通道；对没有安全保证的软件实施数字签名，提供审计、追踪手段，保证一旦出现问题，可立即根据审计日志进行追查等。

8.4.2　安全套接字层协议SSL

1. SSL 协议概述

安全套接字层协议 SSL(Secure Socket Layer)是由 Netscape 公司设计并开发的安全协议，主要用于基于 Web 服务的各种网络应用中客户端与服务器之间的安全数据传输和用户认证。它为 TCP/IP 连接提供数据加密、服务器认证、消息完整性以及可选的客户机认证服务。SSL 协议所采用的加密算法和认证算法使它具有较高的安全性，因此它很快成为了事实上的工业标准。

SSL 采用对称密码技术和公开密码技术相结合的数据保密技术，提供了三种基本的 Web 安全服务：

(1) 用户和服务器的合法性认证。认证用户和服务器的合法性能够确信数据将被发送到正确的客户机和服务器上。为了验证证书持有者是其合法用户，SSL 要求证书持有者在握手时相互交换数字证书，通过验证来保证对方身份的合法性。

(2) 数据加密。在客户机与服务器进行数据交换之前，SSL 客户机和服务器之间通过密码算法和密钥的协商，建立起一个安全通道，在安全通道中传输的所有信息都经过了加密处理，这样就可以防止非法用户进行破译。

(3) 数据的完整性。SSL 协议采用 Hash 函数和机密共享的方法提供信息的完整性服务，通过对传输信息特征值的提取来保证信息的完整性，可以避免服务器和客户机之间的信息内容受到破坏。

2. SSL 协议的组成

SSL 内容主要包括协议简介、记录协议、握手协议、协议安全性分析及应用等，由多个协议构成两个层次，即握手层和记录层。具体协议包括：

(1) 握手协议。负责协商用于客户机和服务器之间会话的加密参数。当一个 SSL 客户机和服务器第一次开始通信时，它们在一个协议版本上达成一致，选择加密算法，选择相互认证，并使用公钥技术来生成共享密钥。

(2) 记录协议。用于交换应用层数据。应用程序消息被分割成可管理的数据块并压缩，然后应用一个 MAC(消息认证代码)使结果被加密并传输。接收方接收数据并对它解密，校验 MAC，解压缩并重新组合，最后把结果提交给应用程序协议。

(3) 警告协议。这个协议用于指示在什么时候发生了错误或两个主机之间的会话在什么时候终止。

3. SSL 协议的应用

SSL 协议主要使用公开密钥体制和 X.509 数字证书技术保护信息传输的保密性和完整性，但不能保证信息的不可抵赖性。它主要适用于点对点之间的信息传输。

SSL 是基于 Web 应用的安全协议，它包括服务器认证、客户认证(可选)、SSL 链路上的数据完整性和 SSL 链路 L 的数据保密性。电子商务应用使用 SSL 可保证信息的真实性、完整性和保密性。但由于 SSL 不对应用层的消息进行数字签名，因此不能提供交易的不可否认性，这是 SSL 在电子商务中使用的最大不足。

另外，在电子商务交易过程中，按照 SSL 协议，客户的购买信息首先发往商家，商家再将信息转发给银行，银行验证客户信息的合法性后，通知商家付款成功，商家再通知客户购买成功，并将商品寄送客户。在上述流程中，客户的信息首先传到商家，商家阅读后再传至银行，这样，客户资料的安全性便受到威胁，因为在整个过程中，缺少了客户对商家的认证。在电子商务的开始阶段，参与电子商务的公司大都是一些大公司，信誉较高，这个问题没有引起人们的注意。但随着电子商务参与的厂商迅速增加，对厂商的认证问题越来越突出，SSL 协议的缺点就暴露出来了。SSL 协议将逐渐被新的电子商务协议所取代。

8.5 防火墙技术

8.5.1 防火墙的概念

防火墙是保护计算机网络安全的一种重要技术措施，它利用硬件平台和软件平台在内部网和外部网之间构造一个保护层障碍，用来检测所有内、外部网络的连接，限制外部网络对内部网络的非法访问或者内部网对外部网的非法访问，并保障系统本身不受信息穿越的影响。换句话说，它通过在网络边界上设立的响应监控系统来实现对网络的保护功能。防火墙属于被动式防卫技术。图 8-5 给出了防火墙的结构示意。

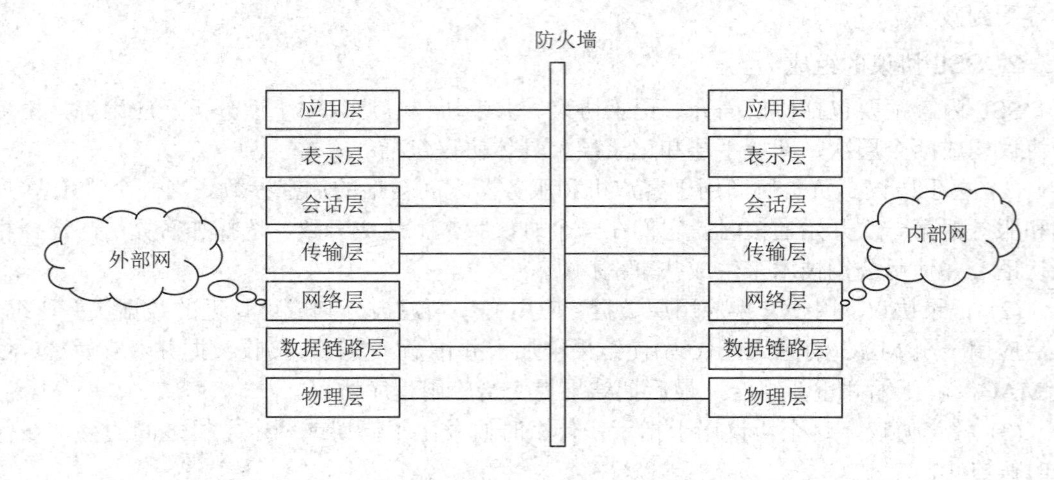

图 8-5　防火墙的结构示意

不同的防火墙其侧重点不同。实际上，一个防火墙体现出一种网络安全策略，即决定哪类信息可以通过，哪类信息不可以通过。

1. 防火墙的功能

(1) 保护内部网络信息。防火墙可以过滤不安全服务项目，降低非法攻击的风险。

(2) 控制特殊站点的访问。一方面，某些主机限制外部站点的访问，如只提供 E-mail、Web 功能，而禁止其他访问服务等；另一方面，封锁某些外部站点，禁止内部网络对其的访问，如封锁某些反动言论站点和色情站点等。

(3) 集中安全管理。通常将安全软件集中存放在防火墙上，而不是分散在内部网络站点上。

(4) 对网络访问进行记录统计。因为所有内外网连接必须经过防火墙，所以防火墙可以记录与统计访问者的实际情况。

2. 防火墙的优点

防火墙管理着一个单位的内部网络与 Internet 之间的访问。当一个单位与 Internet 连接以后，问题就不是是否会发生攻击，而是何时会被攻击。如果没有防火墙，内部网络上的每个主机系统都有可能受到来自 Internet 上其他主机的攻击。内部网的安全取决于每个主机的安全性能的“强度”，只有当这个最薄弱的系统自身安全时，整个网络才会安全。

防火墙允许网络管理员在网络中定义一个控制点，它将未经授权的用户(如黑客、攻击者、破坏者或间谍)阻挡在受保护的内部网络之外，禁止易受攻击的服务进、出受保护的网络，并防止各类路由攻击。Internet 防火墙通过加强网络安全来简化网络管理。

防火墙是一个监视 Internet 安全和预警的方便端点。网络管理员必须记录和审查进出防火墙的所有值得注意的信息。如果网络管理员不能花时间对每次警报做出反应并按期审查记录的话，那就没有必要设置防火墙，因为网络管理员根本不知道防火墙是否已受到攻击，也不知道系统安全是否受到损害。

防火墙是审查和记录 Internet 使用情况的最佳点，它可以帮助网络管理员掌握 Internet 连接费用和带宽拥塞的详细情况，并提供了一个减轻部门负担的方案。

在过去的几年中，Internet 经历了地址空间危机，它造成了注册的 IP 地址没有足够的地址资源，因而使一些想连接 Internet 的机构无法获得足够的注册 IP 地址来满足其用户总数的需要。防火墙则是设置网络地址翻译器(NAT)的最佳位置，网络地址翻译器有助于缓解地址空间不足的问题，并可以使一个机构更换 Internet 服务提供商时不必重新编号。

防火墙还可以作为向客户或其他外部伙伴发送信息的中心联系点。防火墙也是设置 Web 和 FTP 服务的理想地点。防火墙可以配置为允许 Internet 访问这些服务器而又禁止外部对受保护网络上的其他系统的访问服务功能。

3. 防火墙的局限性

目前的防火墙存在着许多不能防范的安全威胁。例如，Internet 防火墙还不能防范不经过防火墙产生的攻击。比如，如果允许内部网络上的用户通过调制解调器不受限制地向外拨号，就可以形成与 Internet 直接相连的 SLIP 或 PPP 连接。由于这个连接绕开了防火墙而直接连接到外部网络(Internet)，这就存在着一个潜在的后门攻击渠道，因此，必须使管理者和用户知道，绝对不允许存在这类连接，以免造成对系统的威胁。

防火墙不能防范由于内部用户不注意所造成的威胁，此外，它也不能防止内部网络用户将重要的数据复制到软盘或光盘上，并将这些数据带到外边。对于上述问题，只能通过对内部用户进行安全保密教育，使其了解各种攻击类型以及防护的必要性。

另外，防火墙很难防止受到病毒感染的软件或文件在网络上传输，这是因为目前存在的各类病毒、操作系统以及加密和压缩文件的种类繁多，所以不能期望防火墙逐个扫描每份文件查找病毒。因此，内部网中的每台计算机设备都应该安装反病毒软件，以防止病毒从软盘或其他渠道流入。

最后着重说明一点，防火墙很难防止数据驱动式攻击。当有些从表面看来无害的数据被邮寄或复制到 Internet 主机上并被执行发起攻击时，就会发生数据驱动式攻击。例如，一种数据驱动攻击可以造成一台主机上与安全有关的文件被修改，从而使入侵者下一次更容易入侵该系统。

8.5.2　防火墙的设计

设计系统的防火墙时需要从以下几个方面进行全面考虑。

1. 防火墙的安全模型

为网络建立防火墙，首先需要决定采用哪种安全模型。安全模型有以下两种。

(1) 禁止没有被列为允许访问的服务。该安全模型需要确定所有可以被提供的服务以及它们的安全特性，开放这些服务并封锁所有未被列入的服务。此模型能提供较高的安全性，但比较保守，即只提供能够穿过防火墙的服务，无论是数量还是类型都将受到很大的限制。

(2) 允许没有被列为禁止访问的服务。该安全模型与上述模型相反，它首先需要确定哪些是不安全服务，系统将封锁这些服务，除此之外的其他服务则被认为是安全的并允许访问。此模型能提供较灵活的服务方案，但风险较大，随着网络规模的扩大，其监控难度会更大。

2. 机构的安全策略

防火墙并不是孤立的，它是系统安全中不可分割的组成部分。安全策略必须建立在认真的安全分析、风险评估和商业需要分析的基础之上。如果一个机构没有一项完备的安全策略，则大多数精心制作的防火墙可能形同虚设，使整个内部网暴露给攻击者。

3. 防火墙的费用

防火墙的费用取决于它的复杂程度以及需要保护的系统规模。一个简单的包过滤式防火墙的费用可能最低，因为包过滤本身就是路由器标准功能的一部分。也就是说，一台路由器本身就可以兼作一个防火墙。商业防火墙系统提供的安全度更高，价格也非常昂贵。如果一个机构内部有懂行的人，可以采用公开的软件自行研制防火墙，但从系统开发和设置所需的时间看，其代价太高。另外，所有防火墙均需要持续的管理支持、一般性维护、软件升级、安全策略修改和事故处理，这也会产生一定的费用。

4. 防火墙的体系结构

在对防火墙的基本准则、安全策略和预算问题做出决策后，就可以决定防火墙的设计标准。防火墙是由一组硬件设备(包括路由器、主计算机，或者路由器、计算机)和配有适当软件的网络设备组合而成的。防火墙中的所用主计算机通常被称为堡垒主机。由于网络结构是多种多样的，各站点的安全要求也不尽相同，目前还没有一种统一的防火墙设计标准，防火墙的体系结构也有很多种，因此在设计过程中应该根据实际情况进行考虑。下面介绍几种主要的防火墙体系结构。

1) 双宿主主机体系结构

双宿主主机是指有两个网络接口的计算机系统，一个接口连接内部网，另一个接口连接外部网。在这种体系结构中，双宿主主机位于内部网和因特网之间，起隔离内、外网段的作用。一般来说，这台机器上需要安装两块网卡，分别对应两个 IP 地址，分别属于内、外两个不同的网段。防火墙内部的系统能与双宿主主机之间通信，防火墙外部的系统也能与双宿主主机之间通信，但是内部与外部系统之间不能直接相互通信。这种体系结构非常简单，能提供级别很高的控制，但也存在着一些缺点，如用户账号本身会带来很多安全问题，登录过程也会使用户感到麻烦。

2) 被屏蔽的主机体系结构

堡垒主机是指一台配置了安全防范措施的网络上的计算机，为网络之间的通信提供了一个阻塞点。如果没有了堡垒主机，网络之间将不能相互访问。在这种体系结构中，堡垒主机被安排在内部局域网中，同时在内部网和外部网之间配备屏蔽路由器，外部网络必须通过堡垒主机才能访问内部网络中的资源，而内部网络中的计算机则可以通过屏蔽路由器访问外部网络中的资源。通常在路由器上设立过滤规则，并使堡垒主机成为从外部网络唯一可以直接到达的主机，这样就确保了内部网络不受未授权的外部用户的攻击。如果堡垒主机与其他主机在同一个子网，一旦堡垒主机被攻破或被越过，整个内部网和堡垒主机之间就再也没有任何阻挡了，它将完全暴露在 Internet 之上。因此，堡垒主机必须是高度安全的计算机系统并被安排在内部网中。

屏蔽主机防火墙保证了网络层和应用层的安全，因此比单独的包过滤或应用网关代理更安全。在这一方式下，过滤路由器是否配置正确是这种防火墙安全与否的关键。如果路由表遭到破坏，堡垒主机就可能被越过，使内部网完全暴露。

3) 被屏蔽的子网体系结构

与被屏蔽的主机体系结构相比，被屏蔽的子网体系结构添加了周边网络，在外部网络与内部网络之间加上了额外的安全层。在这种体系结构中，有内、外两个路由器，每一个都连接到周边网络上，称为周边网或者非军事化区。一般对外的公共服务器、堡垒主机放在该子网，使这一子网与 Internet 及内部网络分离。内部网络和外部网络均可访问屏蔽子网，但禁止它们穿过屏蔽子网通信。在这一配置中，即使堡垒主机被入侵者控制，内部网仍受到内部包过滤路由器的保护。可以设置多个堡垒主机运行各种代理服务，从而更有效地提供服务。在被屏蔽的子网体系结构中，堡垒主机和屏蔽路由器共同构成了整个防火墙的安全基础，如果黑客想入侵这种体系结构构筑的内部网络，则必须通过两个路由器，这就增加了一定难度。

8.5.3 防火墙的应用

选用防火墙首先要明确哪些数据是必须保护的，这些数据被入侵会导致什么样的后果以及网络不同区域需要什么等级的安全级别。不管采用原始设计还是使用现成的防火墙产品，对于防火墙的安全标准，首先需根据安全级别确定；其次，选用防火墙必须与网络接口匹配，要防止可以预料到的各种威胁。防火墙可以是软件或硬件模块，并能集成于网桥、网关或路由器等设备之中。

选用防火墙时应注意以下问题：

(1) 防火墙自身的安全性。大多数人在选用防火墙时都将注意力放在防火墙如何控制连接以及防火墙支持哪些服务上，往往忽略了防火墙自身的安全问题。防火墙如果不能确保自身安全，则其控制功能再强，也终究不能完全保护内部网络。

(2) 用户的特殊需求。要考虑用户有哪些特殊需求(比如，用户可能需要将内部使用的和保留的 IP 地址转换成公网 IP 地址；用户可能没有单独的防病毒系统，需要防火墙实现病毒扫描功能；有时候企业会有特别的控制需求，如限制特定使用者发送 E-mail，限制同时上网人数、使用时间等)，依需求不同选择不同的防火墙。

在选用防火墙软件时，要明确：防火墙应是一个整体网络的保护者，必须能弥补整个系统的不足，应为使用者提供不同平台的选择，应能向使用者提供完善的售后服务等。

8.6 网络管理概述

随着信息技术的飞速发展，计算机网络的应用规模不断增长，网络本身也日趋庞大和复杂，要想保证计算机网络能够持续、稳定、安全、可靠并高效地运行，就必须要对运行的网络进行有效管理。

8.6.1　网络管理的基本概念

网络的正常运行离不开有效的管理，网络管理的重要性体现在如下几方面：

(1) 网络的规模日益庞大，网络设备的复杂化和动态性使网络管理变得复杂。网络管理复杂化有两个含义：一是功能复杂；二是生产厂商众多，产品规格不统一。这种复杂性使得网络管理无法用传统的手工方式完成，必须利用先进有效的自动管理工具和手段。另外，网络是动态变化的系统，它会随着用户的增加不断增添新的设备，升级系统，对出现故障的设备进行更换，加大网络带宽，优化网络结构，进行网络配置调整等。因此，对于一个运行的网络系统来说，必须有足够先进有效的管理技术手段对其进行管理，才能确保网络在正常状态下工作。

(2) 网络的经济效益越来越依赖网络的有效管理。现代网络已经成为一个极其庞大而复杂的系统，它的运营、管理、维护和开通逐渐成为一个专门学科。如果没有一个有力的网络管理系统作为支撑，则难以在网络运营中有效地疏通业务量，提高接通率，难以避免发生诸如拥塞、故障等问题，使网络经营者在经济上受到损失，给用户带来麻烦。同时，现代网络在业务增值服务能力等方面具有很大的潜力，这种潜力也要靠有效的网络管理来挖掘。

(3) 先进可靠的网络管理也是网络本身发展的必然结果。当今时代，人们对网络的依赖越来越强，个人通过网络打电话、发传真、发 E-mail、网上购物、网上学习，企业通过网络发布产品信息、获取商业情报甚至组建企业专用网，政府可以实现电子政务，通过网络宣传国家的法律法规和政策。在这种情况下，用户不能容忍网络的故障，同时也要求网络有更高的安全性，使得通话内容不被泄露，数据不被破坏，专用网不被侵入，电子商务能够可靠地进行。一般来讲，网络管理是指通过一定的方式对网络进行调整与控制，从而使网络中的各种资源得到更加有效的利用，以保证网络正常有效地运行，当网络出现故障时能够及时报告，并进行有效处理。

那么，什么是网络管理呢？ 网络管理的定义随着用户的管理要求不同而不同，不同组织的网络管理的定义也有些差异。例如，对于某些用户来说，网络管理仅要求完成对网络管理系统中网络硬件设备的监控和管理；但对某些用户来说，除了上述要求外，还希望对上网客户进行流量或时间的记载，并给出上网费用等。通俗地讲，网络管理就是指监督、组织和控制计算机网络通信服务以及信息处理所必需的各种活动的总称。

8.6.2　网络管理的目标和内容

网络管理的根本目标就是满足运营者及用户对网络的有效性、可靠性、开放性、综合性、安全性和经济性的要求，具体表现在以下几个方面：

(1) 网络应是有效的。网络应能够准确及时地传递信息，使网络的服务质量得到保证。

(2) 网络应是可靠的。网络必须保证能够稳定地运转，不能时断时续，要对各种故障以及自然灾害有较强的抵御能力和一定的自愈能力。

(3) 现代网络要具备开放性。网络要能够兼容多个厂商生产的异种设备，这样才能促进网络技术的高速发展。

(4) 现代网络要具备综合性。网络的业务不能单一化。要从电话网、电报网、数据网分立的状态向综合业务过渡，并要进一步加入图像、视频点播等宽带业务。

(5) 现代网络要有很高的安全性。用户要对网络经常进行检测、维护等工作，以保证网络的安全。

(6) 网络要有经济性。对网络管理者而言，网络的建设、运营、维护等费用要求尽可能少。

网络运行是指在各种网络设备的基础之上，按照一定的网络协议规则在传输介质上对数据进行有序传递和交换。这时网络中的运行情况会直接通过网络设备的各种运行状态值反映出来，如交换机端口每一时刻进出数据包的多少、数据到达目的地的路由信息等。也就是说，只有对这些数据进行及时监测，才能有效地判断网络当前的运行状态是否正常，是否存在瓶颈和潜在的危机，并且在发现不正常情况时通过控制来对网络状态进行合理调整，以提高网络性能，保证网络所提供的服务能正常执行。

因此，网络管理包含两个任务：一是对网络的运行状态进行检测，了解当前状态是否正常，是否存在瓶颈和潜在危机；二是对网络的运行状态进行控制，即对网络的状态进行合理调节，提高效率。由此可见，检测是控制的前提，控制是检测的结果。

8.6.3　网络管理的功能

通常来讲，网络的管理功能分为 5 大类。

1. 故障管理

故障管理是网络管理中最基本的功能之一。用户希望有一个可靠的计算机网络。当网络中某个组成部分发生故障时，网络管理器必须迅速查找到网络故障并及时排除。故障管理的主要任务是发现和排除网络故障。故障管理用于保证网络资源无障碍、无错误的运营状态，包括障碍管理、故障恢复和预防保障。障碍管理的内容有告警、测试、诊断等；故障恢复的内容有业务恢复和故障更换等；预防保障为网络提供自愈能力，在系统可靠性下降、业务经常受到影响的准故障条件下实施。在网络的监视中，故障管理参考配置管理的资源清单来识别网络元素。如果维护状态发生变化、故障被替换、通过网络重组迂回故障，则要与资源库 MIB 互通。当故障有质量承诺的业务时，故障管理要与计费管理开通，以补偿用户的损失。

通常情况下，不大可能迅速隔离某个故障，因为网络故障的产生原因往往比较复杂，特别是当故障是由多个网络组成部分共同引起时。在此情况下，一般先将网络修复，再分析引起网络故障的原因。分析故障原因对于防止类似故障的再次发生相当重要。网络故障管理包括故障检测、故障隔离和故障纠正 3 个方面，应具有以下典型功能：

(1) 维护并检查错误日志。

(2) 接收错误检测报告并做出响应。

(3) 跟踪、辨认错误。

(4) 执行诊断测试。

(5) 纠正错误。

网络故障的检测依据是对网络组成部件的检测。那些不严重的简单故障通常被记录在错误日志中，并不做特别处理；而严重一些的故障则需要通知网络管理器，这就是警报。一般网络管理器应根据有关信息对警报进行处理，排除故障。当故障比较复杂时，网络管理器应能执行一些诊断测试来辨别故障原因。

2. 配置管理

配置管理是最基本的网络管理功能，负责网络的建立、业务的展开以及配置数据的维护。配置管理功能主要包括资源清单管理、资源开通以及业务开通。资源清单管理是配置管理的基本功能；资源开通是指为了满足新业务的需要及时地配备资源；业务开通是指为端点用户分配业务或功能。配置管理初始化网络，并配置网络，以使其提供网络服务。配置管理的目的是实现某个特定功能或使网络性能达到最优。

配置管理是一个长期的活动。它要管理的是网络增容、设备更新、新技术应用、新业务开通、新用户加入、业务撤销、用户迁移等原因导致的网络配置变更。配置管理包括：

(1) 配置开放系统中有关路由操作的参数。

(2) 管理被管理对象和被管理对象组的名字。

(3) 初始化或关闭被管理对象。

(4) 根据要求收集系统当前状态的有关信息。

(5) 获取系统重要的变化信息。

(6) 更改系统配置。

3. 计费管理

计费管理是指通过记录网络资源的使用情况，控制和监测网络操作的费用和代价。它可以估算出用户使用网络资源可能需要的费用和代价。网络管理员还可以规定用户能够使用的最大费用，从而控制用户过多地占用和使用网络资源，这也从另一方面提高了网络的效率。另外，当用户为了一个通信目的需要使用多个网络中的资源时，计费管理应能计算出总费用。

计费管理根据业务及资源的使用记录制作用户收费报告，确定网络业务和资源的使用费用并计算成本。计费管理保证向用户无误地收取使用网络业务应交纳的费用，也进行诸如管理控制的直接运用和状态信息的提取一类的辅助网络管理服务。在一般情况下，收费机制的启动条件是业务的开通。

计费管理的主要目的是正确地计算和收取用户使用网络服务的费用。但这并不是唯一的目的，计费管理还要进行网络资源利用率的统计和网络的成本效益核算。对于以盈利为目的的网络经营者来说，计费管理功能无疑是非常重要的。

在计费管理中，首先要根据各类服务的成本、供需关系等因素制订资费政策(资费政策包括根据业务情况制订的折扣率)；其次要收集计费收据，如针对所使用的网络服务的占用时间、通信距离、通信地点等计算其服务费用。

通常计费管理包括以下几个主要功能：

(1) 计算网络建设及运营成本，主要成本包括网络设备器材成本、网络服务成本、人工费用等。

(2) 统计网络及其所包含的资源利用率，为确定各种业务在不同时间段的计费标准提供依据。

(3) 联机收集计费数据，这是向用户收取网络服务费用的根据。

(4) 计算用户应支付的网络服务费用。

(5) 账单管理，即保存收费账单及必要的原始数据，以备用户查询和置疑。

4. 性能管理

性能管理的目的是维护网络服务质量(Quality of Service，QoS)和提高网络运营效率。为此，性能管理要提供性能监测功能、性能分析功能以及性能管理控制功能。同时，还要提供性能数据库的维护以及在发现性能严重下降时启动故障管理系统的功能。

网络服务质量和网络运营效率有时是相互制约的。较高的服务质量通常需要较多的网络资源(带宽、CPU 时间等)，因此在制订性能目标时要在服务质量和运营效率之间进行权衡。在网络服务质量必须优先保证的场合，就要适当降低网络的运营效率指标；相反，在强调网络运营效率的场合，就要适当降低服务质量指标。但一般在性能管理中，维护服务质量是第一位的。

性能管理用于评估系统资源的运行状况及通信效率等系统性能，包括监视和分析被管网络及其所提供服务的性能机制。性能分析的结果可能会触发某个诊断测试过程或重新配置网络以维护网络的性能。性能管理收集分析有关被管网络当前状况的数据信息，并维持和分析性能日志。

性能管理的一些典型功能包括：

(1) 收集统计信息。

(2) 维护并检查系统的状态日志。

(3) 确定自然和人工状况下系统的性能。

(4) 改变系统操作模式以进行系统性能管理的操作。

5. 安全管理

安全性一直是网络的薄弱环节之一，而用户对网络安全的要求又相当高，因此网络安全管理非常重要。在网络中主要有几大安全问题值得考虑：网络数据的私有性(保护网络数据不被侵入者非法获取)、授权(防止侵入者在网络上发送错误信息)、访问控制(控制对网络资源的访问)。

安全管理采用信息安全措施保护网络中的系统、数据以及业务。安全管理与其他管理功能有着密切的关系。安全管理要调用配置管理中的系统服务对网络中的安全设施进行控制和维护。当网络发现有安全方面的故障时，要向故障管理通报安全故障事件以便进行故障诊断和恢复；安全管理功能还要接收计费管理发来的与访问权限有关的计费数据和访问事件的通报。

安全管理的目的是提供信息的隐私、认证和完整性保护机制，使网络中的服务、数据以及系统免受侵扰和破坏。一般的安全管理系统包含风险分析功能、安全服务功能、告警、日志和报告功能以及网络管理系统保护功能等。

需要明确的是，安全管理系统并不能杜绝所有对网络的侵扰和破坏，它的作用仅在于最大限度地防范，以及在受到侵扰和破坏后将损失减到最低。具体地说，安全管理系统的主要作用有以下几点：

(1) 采用多层防卫手段，将受到侵扰和破坏的概率降到最低。

(2) 提供迅速检测非法使用和非法侵入初始点的手段，核查并跟踪侵入者的活动。

(3) 提供恢复被破坏数据和系统的手段，尽量降低损失。

(4) 提供查获侵入者的手段。

相应地，网络安全管理应包括对授权机制、访问控制、加密和加密关键字的管理，另外还要维护和检查安全日志，具体包含以下 3 方面内容：

(1) 创建、删除、控制安全服务和机制。

(2) 与安全相关信息的分布。

(3) 与安全相关事件的报告。

8.7　网络管理体系结构

网络管理体系结构定义了网络管理系统的结构及系统成员间相互关系的一套规则，它是建立网络管理系统的基础。

8.7.1　网络管理的基本模型

传统的网络管理系统是与具体业务和设备相对应的，不同的业务、不同厂商的设备需要不同的网络管理系统。各种网络管理系统之间没有统一的操作平台，相互之间也不能互通。许多管理操作都是直接针对物理设备的操作。

国际标准化组织(ISO)提出的基于远程监控的管理框架是现代网络管理体系结构的核心。这一管理框架的目标是打破不同业务和不同厂商设备之间的界限，建立统一的综合网络管理系统，将现场的物理操作转化为远程的逻辑操作。在这种体系结构中，采用了网络管理者——网管代理模型，其核心是一对相互通信的系统管理实体。一个系统中的管理进程担当管理者角色，而另一个系统中的对等实体担当代理角色，代理负责提供对被管对象的访问，前者称为网络管理者，后者称为网管代理。在系统管理模型中，网络管理者角色与网管代理角色不是固定的，而是由每次通信的性质所决定的。网络管理者—网管代理模型如图 8-6 所示。

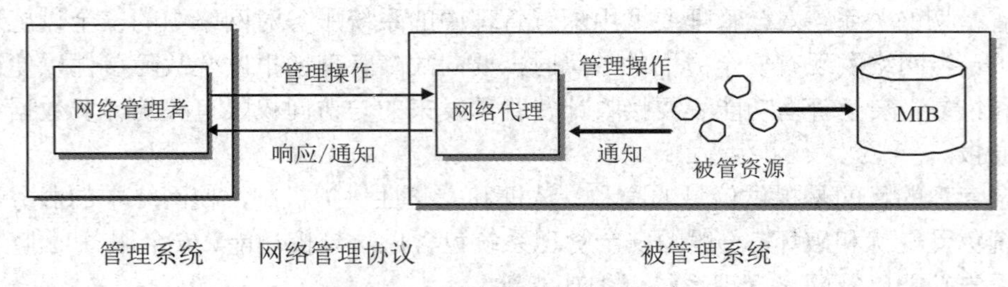

图 8-6　网络管理的基本模型

目前，这些观点已被普遍接受，并形成了两种主要的网络管理体系结构，即基于 OSI 模型的公共管理信息协议(Common Management Information Protocol，CMIP)体系结构和基于 TCP/IP 模型的简单网络管理协议(Simple Network Management Protocol，SNMP)体系结构。

CMIP 体系结构是一个通用的模型，它是国际标准化组织 ISO 针对 OSI 七层协议的传输环境而设计的网络管理通信标准。ISO 的成果是 CMIS(公共管理信息服务)和 CMIP。CMIS 支持管理进程和管理代理之间的通信要求，CMIP 则是提供管理信息传输服务的应用层协议，二者规定了 OSI 系统的网络管理标准。CMIP 体系结构能够对应各种开放系统之间的管理通信和操作，开放系统之间既可以是平等关系，也可以是主从关系，因此它既能够进行分布式的管理，也能够进行集中式的管理。

SNMP 体系结构最初是一个集中式模型。在一个系统中只有一个顶层管理站，管理站下面设有多个代理，管理站中运行管理进程，代理中运行代理进程，两者的角色不能互换。从 SNMPv2 起开始采用分布式模型。在这种模型中可以有多个顶层管理站，这些管理站被称为管理服务器。在管理服务器和代理之间又加入了中间服务器。管理服务器运行管理进程，代理运行代理进程，中间服务器在与管理服务器通信时运行代理进程，在与代理通信时运行管理进程。

CMIP 体系结构和 SNMP 体系结构具有各自的优点。CMIP 的优点是它的通用性和完备性，而 SNMP 的优点是它的简单性和实用性。CMIP 在电信网管理标准中得到了应用，而 SNMP 在计算机网络管理尤其是 Internet 的管理中得到了应用。随着 Internet 的迅猛发展，SNMP 的影响也日益强大，其自身也得到了较大的改善。

不论是 OSI 的网络管理，还是 IETF 的网络管理，都认为现代计算机网络管理系统基本上由 4 大要素组成，即网络管理者(Network Manager)、网管代理(Managed Agent)、网络管理协议(Network Management Protocol，NMP)和管理信息库(Management Information BASE，MIB)。网络管理者(管理进程)是管理指令的发出者，网络管理者通过各网管代理对网络内的各种设备、设施和资源实施监测和控制；网络代理负责管理指令的执行，并以通知的形式向网络管理者报告被管对象发生的一些重要事件，它一方面从管理信息库中读取各种变量值，另一方面在管理信息库中修改各种变量值；管理信息库是被管对象结构化组织的一种抽象，它是一个概念上的数据库，由管理对象组成，各个网管代理通过管理 MIB 中的数据实现对本地对象的管理，各网管代理对象控制的管理对象共同构成全网的管理信息库；网络管理协议是最重要的部分，它定义了网络管理者与网管代理间的通信方法，规定了管理信息库的存储结构和信息库中关键词的含义以及各种事件的处理方法。

8.7.2 网络管理模式

网络系统在发展过程中自然形成了两个不同的管理模式：集中式网络管理模式和分布式网络管理模式。它们各有特点，适应于不同的网络系统结构和不同的应用环境。

1. 集中式网络管理模式

集中式网络管理模式是所有网管代理在管理站的监视和控制下协同工作以实现集中网络管理的模式。如图 8-7 所示，在该模式中，通过委托网管代理来进行协议转换，管理一个或多个非标准设备。

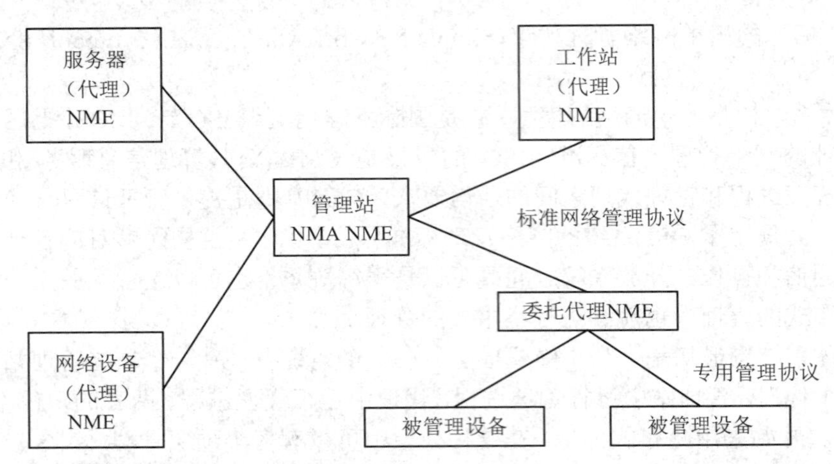

图 8-7　集中式网络管理模式

在集中式网络管理模式中至少有一个节点担当管理站的角色，其他节点在网管模块(Network Management Entity，NME)的控制下与管理站通信。其中 NME 是一组与管理有关的软件，它的作用有 4 个，即收集统计信息，记录状态信息，存储有关信息、响应请求、传送信息，根据指令设置或改变参数。

集中式网络管理模式在网络系统中设置专门的网络管理节点。管理软件和管理功能主要集中在网络管理节点上，网络管理节点与被管一般节点是主从关系。网络管理节点通过网络通信信道或专门的网络管理信道与节点相连，可以对所有节点的配置、路由器等参数进行直接控制和干预；可以实施监视全网所有节点的状态，统计和掌握全网的信息流量情况；可以对全网进行故障测试、诊断和修复处理；还可以对被管一般节点进行远程加载、转存以及远程启动等功能。被管一般节点定时向网络管理节点提供自己的位置信息和必要的管理信息。

集中式网络管理模式的优点是管理集中，有专人负责，有利于从整个网络系统的全局对网络实施较为有效的管理；缺点是管理信息集中汇总到网络管理节点上，导致网络管理信息比较拥挤，管理不够灵活，管理节点如果发生故障有可能影响全网正常工作。

集中式网络管理模式主要适用于以下网络：小型局域网络、部门专用网络、统一经营的公共服务网络、专用 C/S 结构网络和企业互联网络等。

2. 分布式网络管理模式

分布式网络管理将数据采集、监视以及管理分散开来，它可以从网络上的所有数据源采集数据而不必考虑网络的拓扑结构。相对于集中式网络管理，分布式网络管理为网络管理员提供了更有效的、大型的、地理分布广泛的网络管理方案。这种管理模式的特点如下：

(1) 自适应基于策略的管理。

(2) 分布式查找与监视设备。

(3) 智能过滤。

(4) 分布式阈值监视。

(5) 轮询引擎。

(6) 分布式管理任务引擎。

分布式网络管理模式主要适用于以下网络：通用商业网络，对等 C/S 结构网络，跨地区、跨部门的互联网络等。

3. 集中式与分布式管理模式的结合

当今的计算机网络正在向局域网与广域网结合、专用网与公用网结合、专用 C/S 与互动 B/S 结构结合的综合互联网方向发展。这就促使网络管理模式向着集中式与分布式管理模式结合的方向发展，以便取长补短，更有效地对各种网络进行管理。

8.7.3　网络管理对象

计算机网络管理涉及的网络中的各种资源分为两大类：硬件资源和软件资源。

硬件资源是指物理介质、计算机设备和网络互联设备。物理介质通常是物理层和数据链路层设备，如网卡、双绞线、同轴电缆等；计算机设备包括处理机、打印机和存储设备及其他计算机外围设备；常用的网络互联设备有中继器、交换机、路由器、网关等。

软件资源主要包括操作系统、应用软件和通信软件。通信软件指实现通信协议的软件，例如，FDDI、ATM 和 FR 这些主要依靠软件的网络就大量采用了通信软件。另外，软件资源还有路由器软件、网桥软件等。

网络中的资源一般都采用被管对象来描述，被管对象的集合称为 MIB，即管理信息库，所有相关的网络被管对象都放在其中。但是，MIB 只是一个概念上的数据库，在实际的网络中并不存在。网络管理系统的实现主要依靠被管对象和 MIB。

8.8　网络管理协议

网络管理中最重要的部分就是网络管理协议，它定义了网络管理者与网管代理间的通信方法。

在网络管理协议产生以前相当长的时间里，管理者要学习各种不同网络设备获取数据的方法，因为各个生产厂家使用专用的方法收集数据。采用相同功能的设备，不同的生产厂商提供的数据采集方法可能大相径庭。在这种情况下，制定行业标准的紧迫性越来越明显。

首先开始研究网络管理通信标准的是国际标准化组织 ISO。ISO 主要针对 OSI7 层协议的传输环境来进行设计。其成果是公共信息管理系统 CIMS 和公共管理信息协议 CMIP，它们是 OSI 提供的网络管理协议族。CMIS 定义了每个网络组成部件提供的网络管理服务，CMIP 则是实现 CMIS 服务的协议。基于 OSI 标准的产品有 DEC 公司的 EMA 系统等。HP 公司的 OpenView 最初也是按照 OSI 标准设计的。

后来，Internet 工作组 IETF 为了管理以几何级数增长的 Internet，对已有的 SGMP(简单网关监控协议)进行了修改，开发出了著名的简单网络管理协议 SNMP，也称为 SNMPv1。相对于 OSI 标准，SNMP 简单实用。为了增加安全性，在 SNMPv1 的基础上又出现了 SNMPv2 和 SNMPv3，目前 SNMPv3 已经是 IETF 提议的标准，并得到了供应商的有力支持。

8.8.1　公共管理信息协议

公共管理信息协议 CMIP 是 ISO 针对 OSI 模型的传输环境而设计的。在网络管理过程中，CMIP 不是通过轮询而是通过事件报告进行工作的，由网络中的各个监视设施在发现被检测设备的状态和参数发生变化后及时向管理进程进行事件报告。管理进程先对事件进行分类，根据事件发生时对网络服务影响的大小来划分事件的严重等级，再产生相应的故障处理方案。

CMIP 的所有功能都要映射到应用层的相关协议上实现，管理联系的建立、释放和撤销是通过联系控制协议(Association Control Protocol，ACP)实现的。操作和事件报告是通过远程操作协议(Remote Operation Protocol，ROP)实现的。CMIP 所支持的服务是 7 种 CIMS 服务。它定义了一套规则，在 CMIP 实体之间按照这种规则交换各种协议数据单元(Protocol Data Unit，PDU)。PDU 的格式是按照抽象语法描述 1(ASN.1)的结构化方法定义的。

CMIP 与 SNMP 相比，两者的管理各有所长。SNMP 是 Internet 组织用来管理 TCP/IP 互联网和以太网的，由于实现、理解和排错很简单，因此得到很多产品的广泛支持，但安全性较差。CMIP 是一个更为有效的网络管理协议，一方面，CMIP 采用了报告机制，具有及时性；另一方面，CMIP 把更多的工作交给管理者去做，减轻了终端用户的工作负担。此外，CMIP 建立了安全机制，提供授权、访问控制、安全日志等功能。因为 CMIP 设计面很广又大而全，所以实施起来比较复杂而且花费较高。

8.8.2　简单网络管理协议

简单网络管理协议 SNMP 是由一系列协议组和规范组成的，它们提供了一种从网络上的设备中收集网络信息的方法。

SNMP 的体系结构分为 SNMP 管理者(SNMP Manager)和 SNMP 代理者(SNMP Agent)，每一个支持 SNMP 的网络设备中都包含一个网管代理，网管代理随时记录网络设备的各种信息，网络管理程序再通过 SNMP 通信协议收集网管代理所记录的信息。从被管理设备中收集数据有两种方法：一种是轮询(Polling)方法，另一种是基于中断(Trap)的方法。

SNMP 使用嵌入到网络设施中的代理软件来收集网络的通信信息和有关网络设备的统计数据。代理软件不断地收集统计数据，并把这些数据记录到一个管理信息库中，网络管理员通过向代理的 MIB 发出查询信号可以得到这些信息，这个过程就叫轮询。为了能够全面地查看一天的通信流量和变化率，网络管理人员必须不断地轮询 SNMP 代理，每分钟就要轮询一次。这样，网管员可以使用 SNMP 来评价网络的运行状况，并揭示出通信的趋势。例如，哪一个网段的通信量接近负载的最大值等。先进的 SNMP 网管站甚至可以通过编程来自动关闭端口或采取其他矫正措施来处理历史的网络数据。

如果只是用轮询的方法，那么网络管理工作站总是在 SNMP 管理者控制之下，但这种方法的缺陷在于信息的实时性，尤其是错误的实时性。多长时间轮询一次，轮询时选择什么样的设备顺序都会对轮询的结果产生影响。轮询的间隔太小，会产生太多不必要的通信量；间隔太大而且轮询时顺序不对，那么关于一些大的灾难性事件的通知又会太慢，这就违背了积极主动的网络管理目的。与之相比，当有异常事件发生时，基于中断的方法可以立即通知网络管理工作站，实时性很强，但这种方法也有缺陷。产生错误或自陷需要系统资源，如果自陷必须转发大量的信息，那么被管理设备可能不得不消耗更多的时间和系统资源来产生自陷，这将会影响到网络管理的主要功能。

而将以上两种方法结合的陷入制导轮询方法(Trap-directed Polling)可能是执行网络管理最有效的方法。一般来说，网络管理工作站轮询在被管理设备中的代理来收集数据，并在控制台上用数字或图形的表示方法来显示这些数据；被管理设备中的代理可以在任何时候向网络管理工作站报告错误情况，而并不需要等到管理工作站获得这些错误情况而轮询它的时候再报告。

8.8.3　网络管理技术的发展

随着电信网、计算机网和有线电视网的不断融合，新一代网络已成为人们目前研究的热点和重点。一个公认的观点是新一代网络应拥有先进的、强大的网络管理能力。因此，在研究新一代网络的同时，必须着重研究新一代网络的管理技术。目前，新一代网络管理技术已有多个研究和应用发展方向，其中比较有代表性的是 RMON 技术和基于 Web 的网络管理技术。

1. RMON 技术

网络管理技术的一个新的趋势是使用 RMON(远程网络监控)。RMON 规范是由 SNMP MIB-Ⅱ扩展而来的，其目标是使 SNMP 更为有效、更为积极主动地监控远程设备。

RMON MIB 由一组统计数据、分析数据和诊断数据构成，利用许多供应商生产的标准工具都可以显示出这些数据，结果数据可用来监控网络利用率，以用于网络规划、性能优化和协助网络错误诊断。当前 RMON 有两种版本：RMON v1 和 RMON v2。RMON v1 定义了 9 个 MIB 组，服务于基本网络监控；RMON v2 是 RMON 的扩展，专注于 MAC 层以上更高的流量层，它主要强调 IP 流量和应用程序层流量。RMON v2 允许网络管理应用程序监控所有网络层的信息包，而 RMONv1 只允许监控 MAC 及其以下层的信息包。

RMON 探测器和 RMON 客户机软件结合在一起在网络环境中实施 IDAON。RMON 的监控功能关键在于其探测器要具有存储统计历史数据的能力，这样就不需要不停地轮询才能生成一个有关网络运行状况趋势的视图。

RMON 监视系统由两部分构成：探测器(代理或监视器)和管理站。RMON 代理在 RMON MIB 中存储网络信息，它们被直接植入网络设备(如路由器、交换机等)，同时也可以是 PC 上运行的一个程序。当一个代理发现一个网段处于一种不正常状态时，它会主动与管理站联系，并将描述不正常状况的捕获信息转发。

2. 基于 Web 的网络管理技术

WBM(Web-Based Management)技术融合了 Web 功能与网管技术，允许管理人员通过任何 Web 浏览器，在网络的任何节点上方便迅速地配置、控制以及存取网络和它的各种部分。这使得管理人员对网络的管理不再只拘泥于网管工作站，而是能够解决很多由于多平台结构产生的互操作性问题。

WBM 有两种基本的实现方法。第一种是代理方式，也就是将一个 Web 服务器加到一个内部工作站(代理)上，工作站轮流与端设备通信，浏览器用户通过 HTTP 协议与代理通信，同时代理通过 SNMP 协议与端设备通信。在这种方式下，网络管理软件成为操作系统上的一个应用，它介于浏览器和网络设备之间。在管理过程中，网络管理软件负责将收集到的网络信息传送到浏览器，并将传统管理协议(如 SNMP)转换成 Web 协议(如 HTTP)。

第二种是嵌入式。它将 Web 功能嵌入到网络设备中，每个设备有自己的 Web 地址，管理员可通过浏览器直接访问并管理该设备。在这种方式下，网络管理软件与网络设备集成在一起。网络管理软件无需完成协议转换，所有的管理信息都是通过 HTTP 协议传送。嵌入方式给各独立设备带来了图形化的管理，对于不需要网络全面视图的小规模网络环境较为理想。

在未来的 Intranet 中，基于代理方式与基于嵌入式的两种网络管理方案都将被应用。大型企业通过代理来进行网络监视与管理，而且代理方案也能充分管理大型机构的纯 SNMP 设备。内嵌 Web 服务器的方式对于小型办公室网络则是理想的管理方式。将两种方式混合使用更能体现二者的优点。

8.9　网络管理工具

8.9.1　网络管理系统的基本概念

随着计算机网络广泛深入地发展与应用，网络规模越来越大，其功能越来越强。与此同时，网络的管理工作也愈来愈复杂。因此，网络管理系统上升到了极为重要的地位，成为计算机网络系统的灵魂。

网络管理系统提供了一组进行网络管理的工具，网络管理系统能对整个网络系统的部署和配置信息进行主动的探索、维护和监视，能对发生的故障进行自动修复，并能对网络运行期间复杂的数据流量情况进行检查和分析，能主动地发现违反使用规则而引发安全问题的用户。利用网络管理系统，使得保证网络系统安全可靠、稳定、高效地运行有了可能。网络管理软件可以位于主机中，也可以位于传输设备内(如交换机、路由器、防火墙等)。网络管理系统应具备 OSI 网络管理标准中定义的网络管理五大功能，并提供图形化的用户界面。

网络管理的需求决定网络管理系统的组成和规模，任何网络管理系统无论其规模大小，基本上都是由支持网络管理协议的网络管理软件平台、网络管理支撑软件、网络管理工作平台和支撑网络管理协议的网络设备组成。

针对网络管理的需求．许多厂商开发了自己的网络管理产品，并有一些产品形成了一定的规模，占有了大部分的市场。它们采用了标准的网络管理协议，提供了通用的解决方案，形成了网络管理平台。与传统的管理工具不同，网络管理平台提供了一个基础结构，在这个结构内可以集成不同的管理应用程序。网管平台正在向着标准化的方向发展，这就意味着网络管理平台在一定程度上是独立于厂商和功能的。

8.9.2　典型的网络管理平台

当前，许多著名通信与网络公司都推出了各自的网络管理平台，其中在市场和技术上占主导地位的产品有惠普(HP)公司的 OpenView、SUN 公司的 Net Manager、IBM 公司的 NetView 等，它们在支持本公司网络管理方案的同时，也可以通过 SNMP 对网络设备进行管理。

1. HP OpenView

HP 是最早开发网络管理产品的厂商之一，其著名的 HP OpenView 已经得到了广泛的应用。OpenView 集成了网络管理和系统管理双方的优点，并把它们有机地结合在一起，形成一个单一而完整的管理系统。OpenView 的功能强大，既可以用于 TMN 网管系统的开发，也可用于其他专用网管系统的开发，同时支持 SNMP 协议和 CMIP 协议。需要明确的是 HP OpenView 不是一个特定的产品，而是一个产品系列，它包括一系列管理平台，一整套网络和系统管理应用开发工具。它采用开放式网络管理标准，不仅 OpenView 内部各个产品可以相互集成共同操作，而且集成了第三方的许多管理系统，可以提供较完整的企业网管理解决方案。

目前 HP 网络和系统管理工具可以涉及系统资源和资产管理，数据库管理，故障和事件管理，Internet 业务管理，应用管理，PC 桌面管理，性能管理，网络结构管理，存储管理，用户账号管理，安全管理，软件分发管理等多方面。其特色是能提供用户灵活的设置功能、丰富的应用程序接口，方便用户开发自己的网络管理程序。目前该产品主要应用在金融、电信、交通、政府、公用事业和制造业等领域。

2. SUN Net Manager

SUN 公司的 Net Manager 是 SUN 平台上杰出的网络管理软件，有众多第三方的支持，可与其他管理模块连用，可管理更多的异构环境，尤其在国内的电信网络管理领域中有十分广泛的应用。

SUN Net Manager 的分布式结构和协同式管理独树一帜，具有如下特点：

(1) 分布式管理结构，具有较好的系统可扩展性。它可以将管理处理开销分散到整个网络上，具有较好的负载平衡特性。

(2) 支持协同式管理，包括信息的分布采集、信息的分布存储和应用的分布执行。用户可以将一个大型企业网络按其业务组织或按地域划分成为若干个区，每个区都有独立的网管系统，相关区之间可以协调工作。

(3) 较完整地支持 SNMP，而且允许将 SNMP Trap 配置为不同的优先级。

目前该产品主要应用在政府、教育科研、金融、互联网和制造业等领域。

3. IBM NetView

IBM 公司的 NetView 是一种面向企业和服务提供商的网络管理平台，主要适用于较成熟的网络环境。它可以实现的功能主要包括自动检测 TCP/IP 网络、显示网络拓扑、监控事件关联情况、管理事件和 SNMP 陷阱、监测网络运行情况和收集网络性能数据。NetView 可以为各种系统平台提供管理，具有较为全面的企业资源管理功能，其特色是基于策略的管理、CISCO 集成、自动化的事件响应以及路由器故障隔离等。

此外，其他一些国际知名的网络设备公司也纷纷推出了自己的网络管理解决方案，包括 CISCO 公司的 Ciscoworks、3Com 公司的 Transcend。

8.9.3　基于Windows的网络管理

1. Microsoft SNMP 服务

随着 SNMP 在网络管理上的广泛应用以及 Windows 操作系统的广泛流行，Windows 已经成为 SNMP 应用和开发的一个重要平台。为此，了解和掌握 SNMP 在 Windows 中的配置和应用非常必要。

首先来看一下 SNMP 在 Windows 平台中的应用。基于 Windows 的 SNMP 使用由管理系统和代理组成的分布式体系结构，其中管理系统可以基于 SNMP 的网络管理系统，代理可以是运行 SNMP 服务的计算机、小型或大型计算机、路由器、网桥或有源集线器。

Microsoft SNMP 服务向运行 SNMP 管理软件的任何 TCP/IP 主机提供 SNMP 代理服务。SNMP 服务包括处理多个主机对状态信息的请求；当发生重要事件(陷阱)时，向多个主机报告这些事件；使用主机名和 IP 地址来标识向其报告信息和接收其请求的主机；启用计数器监视 TCP/IP 性能。有了 SNMP 服务，基于 Windows 的计算机就可以向网络上的 SNMP 管理系统报告其状态。当主机发送请求状态信息或发生重大事件(如主机的硬盘空间不足)时，SNMP 服务就会把状态信息发送到 SNMP 管理系统上。

Windows 是 SNMP 理想的开发平台，它支持 TCP/IP 网络和图形用户接口，也支持并发的 SNMP 系统服务。SNMP API 是 Microsoft 为 SNMP 协议开发的应用程序接口，是一组用于构造 SNMP 服务、扩展代理和 SNMP 管理系统的库函数。利用这些特性开发 SNMP 管理系统和代理软件非常方便。

2. Windows 下 SNMP 服务的安装与配置

1) 安装 SNMP 服务

(1) 以管理员身份登录，在“控制面板”中选择“添加/删除程序”，在“添加/删除程序”对话框的左窗格中，单击“添加/删除 Windows 组件”，出现“Windows 组件向导”，如图 8-8 所示。

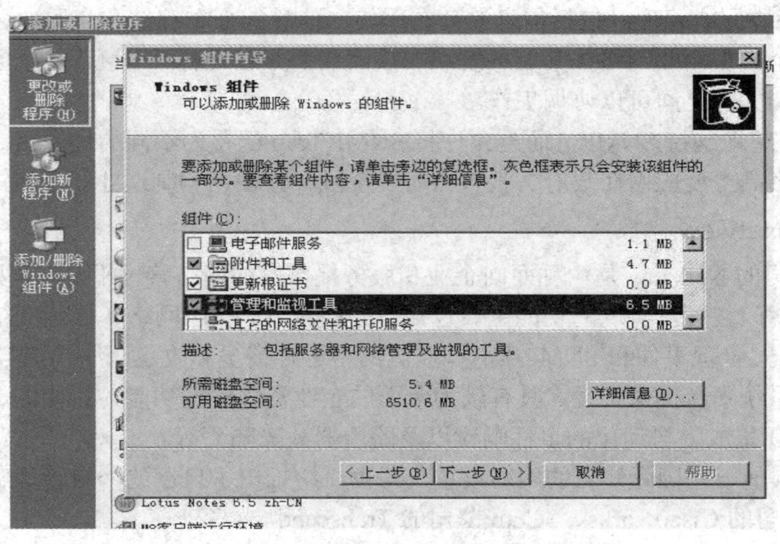

图 8-8　Windows 组件向导

(2) 在“Windows 组件向导”中选择“管理和监视工具”。根据系统提示插入“Service Pack3 光盘”，将相应的光盘放入 CD-ROM 后，系统自动从 Service Pack3 光盘中添加 SNMP 服务，并完成 SNMP 服务的安装，如图 8-9 所示。

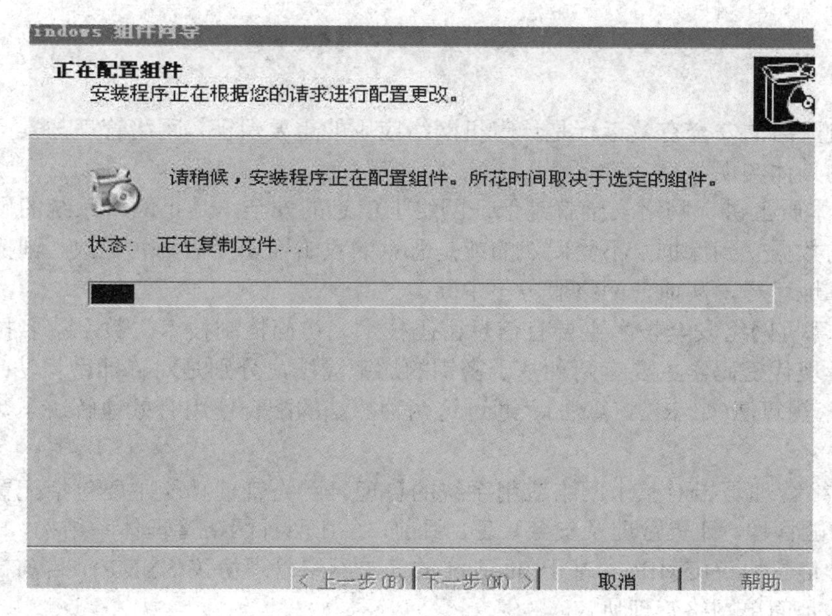

图 8-9　添加 SNMP 服务

一旦安装了 SNMP，计算机上就会运行两项服务：SNMP Service 和 SNMP Trap Service。

2) 配置 SNMP 服务

(1) 在“控制面板”中双击“管理工具”选项，弹出管理工具窗口。在管理工具窗口中双击“服务”选项，弹出如图 8-10 所示的服务窗口。

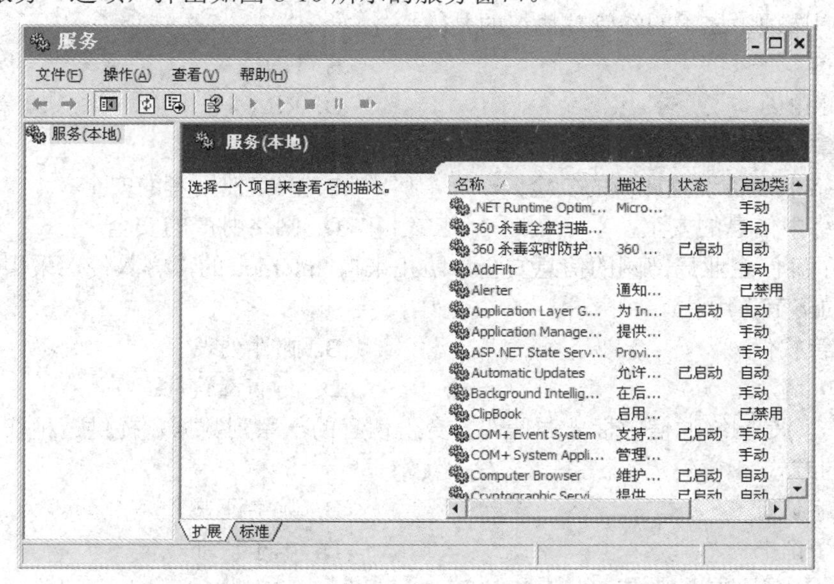

图 8-10　Windows 服务窗口

(2) 在服务窗口中选择 SNMP Service，对所示的“SNMP 服务属性”窗口中配置 SNMP 服务的主要信息，如添加团体名、添加陷阱目标的 IP 地址等。

本章小结

计算机网络的安全有效运行是计算机网络应用的重要保证，网络管理与安全维护就是这种保证的具体实现。

(1) 从本质上讲，网络安全就是保证网络上信息的安全，是指网络系统的硬件、软件和系统中的数据受到保护，不受偶然的或是恶意的攻击而遭受破坏、更改、泄露，保证系统连续可靠地运行，从而使网络服务不中断。

(2) 计算机网络安全技术主要有信息密码技术、访问控制技术、数字签名技术、数字证书技术。现代密码学主要有两种基于密钥的加密算法，分别是对称加密算法(如 DES 算法)和公开密钥算法(如 RSA 算法)。通过这两种算法的配合使用有效地解决了数据传输的安全问题。

(3) 网络管理是指对整个网络应用系统的管理。网络管理功能主要包括配置管理、故障管理、性能管理、计费管理及安全管理。目前，存在两种网络管理体系结构，即基于 ISO 的公共管理信息协议(CMIP)和基于 Internet 的简单网络管理协议(SNMP)，目前计算机网络广泛使用的是简单网络管理协议。

习　　题

一、选择题

1. 下列选项中属于网络管理协议的是(　　)。

A. DES　　B. UNIX
C. SNMP　　D. RSA

2. 计算机网络安全是指(　　)。

A. 网络中设备设置环境的安全　　B. 网络使用者的安全
C. 网络中信息的安全　　D. 网络财产的安全

3. 为了确保企业局部网的信息安全，防止来自 Internet 的黑客入侵，采用(　　)可以实现一定的防范作用。

A. 网管软件　　B. 邮件列表
C. 防火墙　　D. 防病毒软件

4. (　　)是网络通信中标志通信双方身份信息的一系列数据，提供一种在 Internet 上验证身份的方式。

A. 数字认证　　B. 数字证书
C. 电子证书　　D. 电子认证

5. (　　)不是防火墙的功能。

A. 过滤进出网络的数据包　B. 保护存储数据的安全
C. 封堵某些禁止访问行为　D. 记录通过防火墙的信息内容和活动

6. SSL 产生会话密钥的方式是(　　)。
A. 从密钥管理数据库中请求获得
B. 从每一台客户机分配一个密钥
C. 由客户机随机产生，加密后通知服务器
D. 由 CA 认证中心产生并分配给客户机

7. SNMP 实现其管理功能的方式是(　　)。
A. 仅使用轮询的方式　B. 仅使用中断的方式
C. 使用轮询和中断结合的方式　D. 以上都不是

二、填空题

1. 目前计算机网络面临的主要安全威胁有________、________和__________。
2. 所谓________密码体制，即加密密钥与解密密钥是相同的密码体制。
3. 为了适应不同的网络系统结构和不同的应用环境。网络系统在发展过程中自然形成了两种不同的管理模式，分别是________和________。
4. OSI 管理标注的 5 大管理功能是__________、__________、__________、__________和__________。
5. 数字签名是利用__________和密码算法生成密码进行签名，来代替书写签名和印章。
6. SNMP 的组成有__________、________和__________。

三、问答题

1. 对网络安全的威胁有哪些？
2. 一般来说，有哪些加密算法？它们各自有什么特点？
3. 访问控制技术有哪些？各有什么特点？
4. 何谓数字证书？它包含哪些内容？
5. Web 安全协议 SSL 包含哪些主要内容？
6. 什么是防火墙？采用的两种安全模式是什么？
7. 什么是网络管理？网络管理的功能是什么？
8. 画出网络管理通信的体系结构。
9. 说明 CMIP 和 SNMP 的主要特点。
10. 简述 Windows 系统中安装和配置 SNMP 服务的过程。

第 9 章 计算机网络方案设计

本章教学目标

- 了解计算机网络建设的一般过程。
- 理解和掌握计算机网络需求分析。
- 理解和掌握计算机网络设计方法。
- 理解通用计算机网络的设计模式。
- 理解典型网络案例。

计算机网络系统方案设计是一项涉及理论、技术、管理和应用方面的复杂工程，从系统工程的角度出发，需要按照严格的工程技术规范规划、分析和设计出一套过硬的具有高可行性、高性价比、用户适用性强的网络系统方案，通过严格的工程项目管理过程，把设计方案变成用户需求的现实系统，从而满足用户的应用目标。网络方案设计决定着网络工程的成败，如果网络技术方案出差错，就会造成难以挽回的损失。本章基于工程项目设计开发的自然顺序，从技术理念和工程实践入手，深入探讨网络系统设计的步骤、技术和方法，阐述了网络系统需求分析、方案设计的基本内容，并给出了典型案例。

9.1 计算机网络设计与开发的一般步骤

计算机网络系统设计与开发可采用如图 9-1 所示的流程。该流程总体上可分为 3 个阶段，每个阶段又可分解为若干个步骤。

1. 网络系统方案设计阶段

设计阶段的具体步骤如下：

(1) 用户建网需求分析。系统设计方网络工程技术人员应全面了解用户网络系统构建的现有条件，准确定义用户建网的需求问题。

(2) 网络系统方案设计。从工程项目设计的规范出发，系统设计方网络工程技术人员提供各种可能的解决方案，并选择最可行的解决方案。

(3) 设计方案论证。由计算机网络专家、建网单位用户代表和系统设计方组成方案论证评审组，对网络系统设计方案进行可行性论证。系统设计方要认真听取专家的建议和用户的意见，认真、全面、细致地检查网络建设问题的界定并增补方案遗漏的内容。如有必要，系统设计方网络工程技术人员会进行反复修改，直到方案论证通过为止。

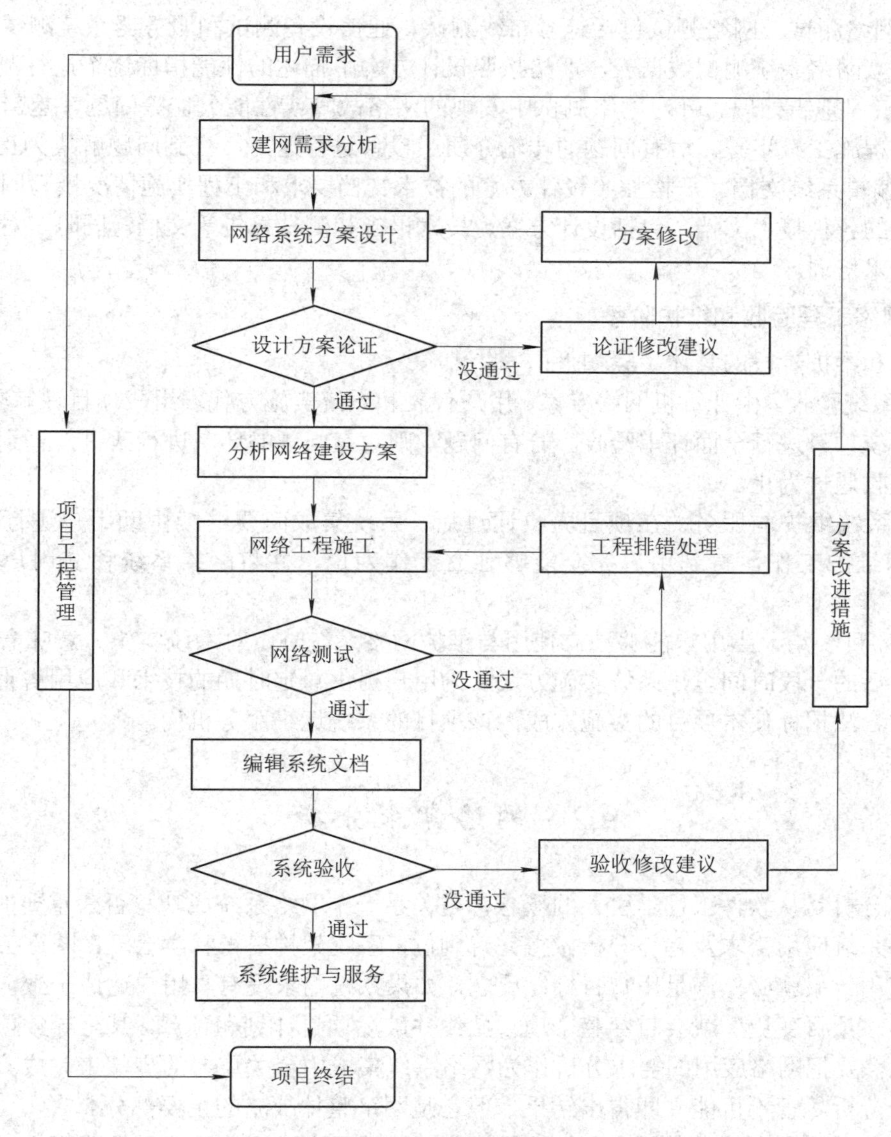

图 9-1　计算机网络系统设计与开发流程

2. 网络工程实施阶段

实施阶段的具体步骤如下：

(1) 分析网络建设方案。组织参加本项目的网络施工人员解读方案，可使每一位施工者(包括项目经理、综合布线工程师、通信系统集成工程师、信息系统集成工程师、网络安全和网络管理工程师)明确自己的岗位和职责，树立“优质、高效和低成本”的施工理念，建立项目进度一览表。

(2) 网络工程施工。系统实施人员应严格按照设计方案中技术文档的要求和项目进度一览表进行工程实施。在施工过程中要注重项目工序的独立性和相关性，同时还要注重施工人员的协作性。

(3) 网络测试。网络测试包括综合布线测试、通信设备测试和服务器系统测试。在测试时要建立网络系统测试数据表，严格按照设计方案中描述的性能指标逐个进行测试。

(4) 工程排错处理。针对网络测试中发现的网络故障或性能欠佳等问题，重新返回到“网络工程施工”步骤，对有问题的传输介质或设备进行返工，直到问题解决为止。

(5) 编辑系统文档。严格按照设计方案的技术文档要求和工程实施情况撰写网络工程项目验收的各种技术文档，包括设计方案、技术报告和测试报告等文档。同时，对用户进行网络技术培训。

3. 网络工程验收和维护阶段

验收和维护阶段的具体步骤如下：

(1) 系统验收。由计算机网络专家、用户代表和系统实施方代表组成项目评审验收组，对网络系统项目进行全面评审验收。若有问题，则对有问题的环节进行改进，直到网络整体工程验收通过为止。

(2) 系统维护与服务。在项目验收通过后，系统集成商要继续协助用户进行网络系统管理和维护工作，直到用户完全能够独立工作为止，并将网络系统移交用户管理与维护。

(3) 项目终结。当用户能够独立使用与维护网络系统时，对系统实施方意味着项目终结。在往后的一段时间里，系统实施方还要为用户提供一定时期的技术和应用咨询服务，或者通过合法招标使本项目的实施方成为该项目的系统运维服务机构。

9.2 网络需求分析

需求分析是从软件工程学引入的概念，是关系一个网络系统成功与否最重要的环节。如果网络系统应用需求及趋势分析做得完善到位，系统架构搭得科学合理，网络工程实施及网络应用效果就必然满足用户目标；反之，如果系统需求没有与用户达成一致，“蠕动需求”和“项目变更”就会贯穿整个项目始终并破坏项目计划和预算，甚至导致项目的失败。因此，要把网络应用的需求分析作为网络系统集成中至关重要的步骤来完成。应当清楚，需求分析尽管不可能立即得出结果，但它是网络整体战略的主要部分。

需求分析阶段主要完成用户网络系统调查，了解用户建网的功能需求或用户对原有网络升级改造的要求等，包括综合布线系统、网络平台、网络应用的需求分析，为下一步制订网络方案打好基础。需求分析是整个网络设计过程中的关键和难点，需要由经验丰富的系统分析员来完成。

9.2.1 需求调查与分析

需求调查与分析的目的是从实际出发，通过现场实况调研，收集第一手资料，取得对整个工程的总体认识，为系统总体规划设计做好基础工作。

1. 网络用户调查

对于在已有网络基础上改造的项目，与直接用户进行调研交流这个环节尤为重要。必须明白用户需求一般是笼统的，无法直接给出技术描述，但可把用户需求归纳为以下几个方面：

(1) 网络延时与可预测响应时间。比如，用户希望 5 分钟内从 FTP 服务器下载一个 100 MB 的文件，希望从流文件服务器接收 31 帧/秒的视频等，就是延时度量指标。又如，在基于事务的应用系统(如火车售票系统)中，信息检索的可预测响应时间是很重要的参数。

(2) 可靠性/可用性，即系统不停机运行。

(3) 伸缩性，即网络能否适应用户不断增长的需求。

(4) 高安全性，即保护用户信息和物理资源的完整性，包括数据备份、灾难恢复等。

概括起来，系统分析员对网络用户调查时，可通过填写如表 9-1 所示的调查表来完成基础需求数据的收集。

表 9-1　网络用户调查表示例

用户服务需求	目前需求/服务描述
地点	售票大厅
用户数量	54
今后 3 年的增长期望值	124
延时/响应时间需求	票务检索≤0.5 s，售票打印处理＜2 min
可靠性/可用性	365 天不停机运行
安全性	数据安全，链路安全
可伸缩性	满足业务发展要求
其他	从技术角度的其他要求

2. 应用调查

用户建立网络归根结底是为了应用，不同的行业有不同的应用要求。应用调查就是要弄清用户建网的真正目的。一般的应用，从单位 OA 系统、人事档案、工资管理到企业 MIS 系统、电子档案系统、ERP 系统，从文件信息资源共享到 Intranet、Internet 信息服务和专用服务，从单一 ASCII 数据流到音频(如 IP 电话)、视频(如 VOD 视频点播)多媒体流传输应用等，只有对用户的实际需求进行细致的调查，并从中得出用户应用类型、数据量的大小、数据的重要程度、网络应用的安全性及可靠性、实时性等要求，才能据此设计出切合用户实际需要的网络系统。

一般而言，经过多年的信息化建设，建网单位往往已经有了一定的计算机系统和网络基础，这时需按对方的网络化水平和财力区分对待，对于不能满足未来 3 年需要的原有信息设施，应建议用户推翻重建，反之可提出在原有网络设施上升级或扩充的思路。对于用户即将选择的行业应用软件或已经在用的外购业务应用系统，需了解该软件对网络系统服务器或特定网络平台的系统要求。

应用调查的通常做法是由网络工程师或网络用户 IT 专业人员填写应用调查表。设计和填写应用调查表要注意颗粒度，如果不涉及应用开发，则不要过细，只要能充分反映用户比较明确的主要需求、没有遗漏即可。应用调查表示例如表 9-2 所示。

表 9-2　应用调查表示例

业务部门	人数(站点)	业务内容及第 3 方业务应用软件	业务产生的结果数据	需要网络提供的服务
财务部	35	业务包括结算、账务处理和固定资产管理等； 软件包括用友财务软件(C/S)等	总账、明细账、财务报表等数据，每年发生业务约 8000 笔	数据要求万无一失，可供有关领导实时查看账目，需要高可用性，并需要进行安全认证
档案室	7	业务包括纸介质档案及底图、电子文档、CAD 电子图等的保存等； 软件包括企业档案管理软件等	需保存 30 年之久的珍贵共享档案数据库，共约 17 000 份，200 GB	需要海量存储、高带宽，并进行安全认证
设计部	58	业务包括产品研发、产品设计和产品试验等； 软件包括企业产品研发、设计、试验管理软件，CAD 软件等	CAD 图档、设计文档	需要提供软件资源、设计资源和信息资源的共享，以及图书资料和行业各类标准资料的查询阅读服务
市场营销部	11	业务包括市场推广、传统营销与电子商务等； 软件包括销售费用结算与合同管理软件等	客户资料数据、产品资料、销售记录	电子商务系统(企业内部网和 Internet 协同)与财务部费用结算系统挂接 E-mail

3. 地理布局勘察

对建网单位的地理环境和机构布局进行实地勘察是确定网络规模、网络拓扑结构和进行综合布线系统设计与施工等不可或缺的环节，主要包括以下几项内容：

(1) 用户数量及其位置是网络规模和网络拓扑结构的决定因素。对于楼内局域网，应详细统计出各层每个房间有多少个信息点，所属哪些部门，网络中心机房(网络设备间)在什么位置等，具体调查表如表 9-3 所示。

表 9-3　某公司用户信息点调查表示例

工作部门	楼层层次	信息站点数
总经理办公室	8	2
市场部	8	20
产品开发部	7，8	34

对于园区网 / 校园网，初期调研重点应放在各个建筑物的总信息点数上，如表 9-4 所示，布线设计阶段再进行详细的室内信息点统计分析。

表 9-4　校园网用户信息点调查表示例

楼　宇	层　数	信息点数
教学楼	9	250
实验楼	4	34
办公楼	5	51

(2) 建筑群调查。建筑群调查包括确定建筑物群的位置分布，估算建筑物内和建筑物之间的最大距离，以及建筑物中心点(设备间)与网络中心所在的建筑物之间的距离，中间有无马路、现成的电缆沟、电线杆等。建筑群调查是网络整体拓扑结构、骨干网络布局尤其是综合布线系统需求分析与设计的最直接依据。图 9-2 所示为某学院校园网建筑群位置丈量示意图。

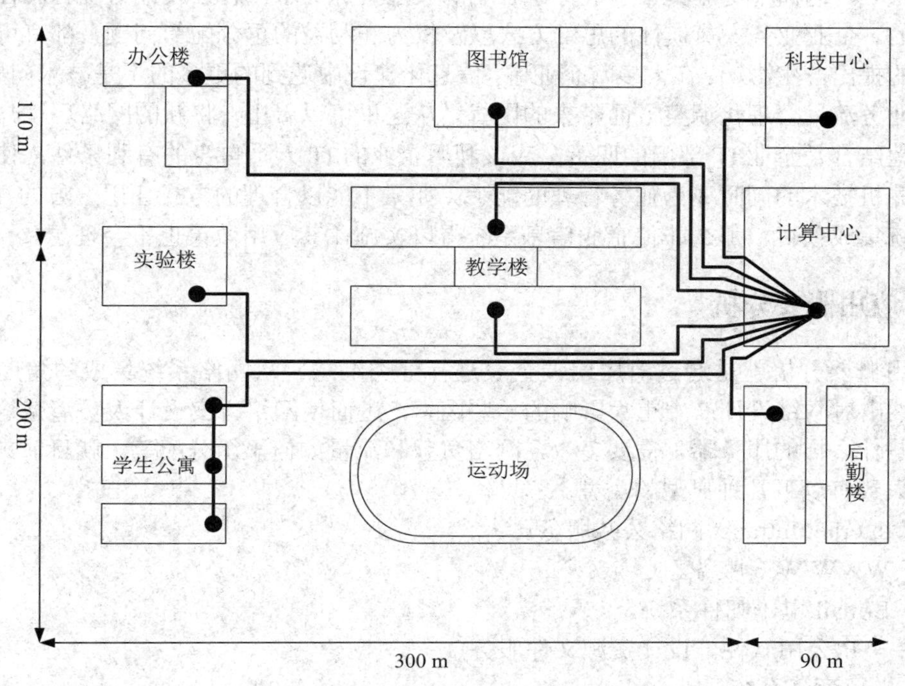

图 9-2　某学院校园网建筑群位置丈量示意图

(3) 在建筑物局部，最好能找到主要建筑物的图纸，绘制分层图，以便于确定网络局部拓扑结构与室内布线系统走向和布局，以及采用的传输介质。图 9-3 所示为某建筑物室内布局示意图。

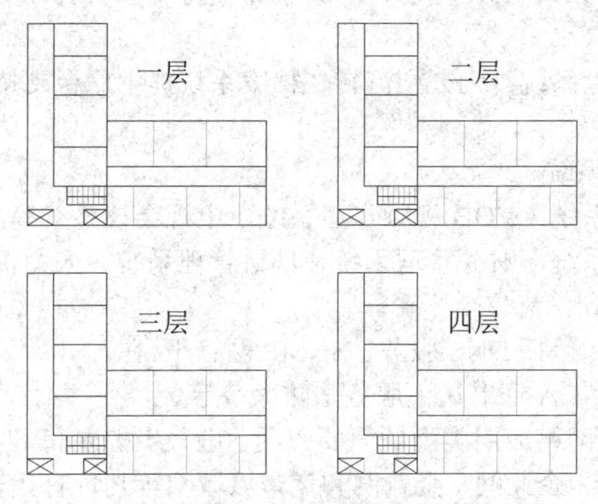

图 9-3　某建筑物室内布局示意图

4. 用户培训

需求分析离不开用户的参与。一般企业、政府和学校机关都有负责信息化建设的部门或 IT 专业人员，通过让对方 IT 人员参与调研分析，双方才能建立交流的基础。

诚然，系统集成商为企业提供服务，应该了解企业各方面的需求，但系统集成商不是企业的领导，他们不可能真正了解每家企业的某些特殊需求，有些设计与现有流程不匹配是难免的。企业业务人员惯性的思维方式以及权力和利益的再分配等问题，都有可能对系统需求的提出产生影响。在大多数企业中，信息化建设中遇到的更多的不是技术问题，90%都是在业务流程合理化调整方面带来的困扰。从这里可以看出，将新的网络环境与传统业务更好地结合是企业 IT 部门的职责，应该利用企业的 IT 人员自身的有利条件，使他们在精通计算机技术的同时成为业务管理的能手。如果不能以合理的方式让用户方的 IT 人员参与系统集成项目，那么即使企业信息系统得以实施，其应用效果也不会理想。

9.2.2　应用概要分析

应用概要分析就是通过对应用调查表进行分类汇总，从网络系统集成的角度进行分析，归纳出对网络设计产生重大影响的一些因素，进而使网络方案设计人员清楚这些应用需要一些什么样的服务器，需要多少，网络负载和流量如何平衡分配等。就目前来说，网络应用大致有以下几种典型的类型。

(1) Internet/Intranet 网络公共服务。

① WWW/Web 服务。

② E-mail 电子邮件系统。

③ FTP(公用软件、设计资源文件服务)。

④ 电子商务系统。

⑤ 公共信息资源在线查询系统。

(2) 数据库服务。

① 关系数据库系统：为很多网络应用(如 MIS 系统、OA 系统、企业 ERP 系统、学籍考绩管理系统、图书馆系统等)提供后台的数据库支持，如 Oracle、Sybase、IBM DB2、MS-SQL Server 等。

② 非结构化数据库系统：为公文流转、档案系统提供后台支持，如 Lotus Domino、MS Exchange Server 等。

(3) 网络专用服务系统。

① 公共专用服务系统：VOD 视频点播系统、电视会议系统等。

② 部门专用服务系统：财务管理系统、项目管理系统、人力资源管理系统等。

(4) 网络基础服务和信息安全平台。

① 网络基础服务：包括 DNS 服务、SNMP 网管平台等。

② 信息安全平台：CA 证书认证服务、防火墙等。

我们可通过对上述网络应用类型的简要归纳，进一步扩展和引申出各类网络的具体应用类型。下面是校园网、企业网、金融网和宽带城域网等几种有代表性的网络应用情况的概要分析实例。

1. 校园网应用分析

校园网应能适应多种不同的数据传输类型，体现出以下不同的应用特点：

(1) 网络负荷大。校园网络应用与普通的企业办公室网络有很大的区别，主要表现在：网络应用复杂，需要实现网络中资源的共享，实施基于软件的多媒体教学，对网络带宽提出了更高的要求；用户数量较大，包括学校管理端口、教学工作端口、学生机房。

(2) 网络管理及维护量大。随着学生平均上网时间的增多以及课堂教学的逐步网络化，网络管理工作及维护工作变得越来越重要，降低网络的维护费用及运营成本是校园网络在实际运行当中不可忽视的环节。

(3) 网络利用率高。计算机联网后将被逐步应用到日常的教学当中，对网络设备及计算机的利用率将越来越高。

(4) 学校网络的操作系统应界面友好，易操作，易维护。

随着网络应用的发展，各信息点上网以及访问 Internet 的频率增加，网络的安全性越来越重要，如何预防病毒，抵御黑客入侵，提高文档的保密性，成为了校园网络在运行中不可忽视的问题。

同时，网络设计要尽量简单化、模块化，既可节省资金投入，又方便了网络管理和升级的工作量。一般大学的校园网应用需求主要有以下几种类型：

(1) Internet 公共服务：电子邮件系统主要进行与同行交往，开展技术合作、学术交流等活动；文件传输 FTP 用以获取重要的科技资料和技术文档；通过 Web 服务，学校可建立自己的主页，利用外部网页来进行学校宣传，提供各类咨询信息等，同时利用内部网页进行管理(如发布通知、收集学生意见等)。

(2) 计算机辅助教学：包括多媒体教学课件制作、管理和网上分发系统，基于 Web、NetMeeting 或 VOD 视频点播/组播的远程教学系统，学生学籍、考绩管理系统和教师人力资源信息系统等。

(3) 图书馆访问系统：用于计算机查询、检索、在线阅读等。

(4) 办公自动化(OA)系统：包括财务、资产、教宿舍管理、档案管理等。

2. 企业网应用分析

企业计算机网络主要指大型的工业、科研、商业、交通企业等各类公司和企业的计算机网络。企业网的宗旨是以效率促管理，向管理要效益。企业种类繁多，规模各异，但企业网应用的主线都是围绕产品、市场营销和管理进行的。产品包括产品开发设计、标准化控制、质量控制、产品档案、生产等环节；市场营销包括原料/器材采购、市场推广、产品销售、库存等环节；管理包括财务管理、物流管理、人力资源管理、生产资料管理等环节。企业网的应用应以此为主进行规划。

企业竞争激烈，涉及很多经济技术机密，信息安全比校园网要重要得多。对于一些核心部门，如设计部、财务部、企业领导办公子网等，除了划分 VLAN 外，还应采取用户身份安全认证措施。

企业网应用的类型主要有以下几种：

(1) Internet 公共服务。电子邮件系统用于企业内部文件发布和传递、企业内外信息交流、客户联络等；文件传输 FTP 用于标准资料、设计规范、科技资料、技术文档、CAD

文档、公用源程序等文件的共享服务；Web 服务用于内部管理信息公共平台和面向 Internet 的电子商务系统平台。

(2) 数据系统。数据系统包括企业数据库及企业数据资源系统。

(3) 专有应用系统。企业管理系统包括 PDM(产品数据管理)系统和 ERP(企业资源管理)系统；产品设计开发生产系统包括 CAA/CAD(计算机辅助分析/计算机辅助设计)系统、CIMS(集成制造)系统和文献情报信息服务系统等。

3. 宽带城域网应用分析

宽带城域网可称得上是城市的信息高速公路。它融合了各种宽、窄带业务，为政府、企业、家庭提供各种不同类型的宽带接口和应用服务系统。随着技术的发展，当前宽带城域网能承载各种不同的宽带应用，具体包括以下类型：

(1) 广播业务：包括模拟音频视频广播、数字音频视频广播、数据广播、图文电视等业务。

(2) 点播业务：包括视频点播、音频点播等业务。

(3) 信息检索业务：包括数据库、电子图书馆、电子报刊、气象、新闻、体育、股票、金融、交通、旅游等信息检索业务。

(4) 交互式业务：包括远程教学、政府联网、远程医疗、专家会诊。

(5) 电子商务业务：包括电视购物、网上交易、EDI。

(6) 通信业务：包括电话、传真、可视电话、电视会议、电子邮件。

(7) 其他业务：包括各种远程监控，交互式游戏，防火防盗报警，遥感遥测，水、电、气能源管理等。

9.2.3 详细需求分析

1. 网络费用分析

网络系统的建设需要巨大的资金投入。构成网络主体的网络通信设备和服务器资源设备等硬件，可以说是“一分价钱一分货”。事实上，每个网络方案都是在满足一定的网络应用需求的前提下网络性能与用户方所能承受的费用之间折衷的产物。

首先要估算建网单位的投资规模和可能投入的经费额度。投资规模会影响网络设计、施工和服务水平。就网络项目而言，用户都想在经济方面最省、工期最短，从而获得投资者和单位上级的好评，但必须让用户懂得为保证网络性能、工程质量和售后服务是必须以相应的资金作为基础的。

网络工程项目本身的费用主要包括：

(1) 网络设备硬件费用，包括交换机、路由器、集线器、网卡等的费用。

(2) 服务器及客户机设备硬件费用，包括服务器群、海量存储设备、网络打印机、客户机等的费用。

(3) 网络基础设施费用，包括 UPS 电源、机房装修、综合布线系统及器材等的费用。

(4) 软件费用，包括网管系统、网络操作系统、数据库、外购应用系统、网络安全与防病毒软件、集成商开发的软件等的费用。

(5) 远程通信线路或电信租用线路费用。

(6) 系统集成费用，包括网络设计、网络工程项目集成和布线工程施工费用。

(7) 培训费和网络维护费。

只有知道用户对网络投入的底细，才能据此确定网络硬件设备和系统集成服务的“档次”高低，产生与此相匹配的网络规划与设计方案。

2. 网络总体需求分析

网络总体需求分析是指通过以上需求调研，综合各部门人员(信息点)及其地理位置的分布情况，结合应用类型以及业务密集度分析，大致分析估算出网络数据负载、信息包流量及流向、信息流特征等，从而得出网络带宽要求，并勾勒出网络所应当采用的网络技术和骨干拓扑结构，从而确定网络总体需求架构。

(1) 网络数据负载分析。根据当前的应用类型，网络数据主要有 3 个级别。第一，MIS/OA/Web 类应用，数据交换频繁，但负载很小；第二，FTP 文件传输/CAD/位图图档传输，数据发生不多且负载较大，但无同步要求，容许数据延时；第三，流式文件，如 RM/RAM/会议电视/VOD 等，数据随即发生且负载巨大，而且需要图像、声音同步。数据负载以及这些数据在网络中的传输范围决定着网络带宽和传输介质。

(2) 信息包流量及流向分析。信息包流量及流向分析主要为应用“定界”，即为网络服务器指定地点。分布式存储和协同式网络信息处理是计算机网络的优势之一。把服务器群集中放置在网管中心有时并不是明智的做法，其很明显的缺点就有两个：第一，信息包过分集中在网管中心子网以及网卡上会形成拥塞；第二，天灾人祸若发生在网管中心，则数据损失严重，不利于容灾。分析信息包的流向就是为服务器定位提供依据。比如，对于财务系统服务器，信息流主要在财务部，少量流向领导子网，可以考虑放在财务部。

(3) 信息流特征分析。信息流特征分析主要包括信息流实时性要求、有无信息最大响应时间和延时时间的要求、信息流的批量特性(如每月数据定时上报等)、信息流的交互特性、信息流的时段性等特征描述。

(4) 拓扑结构分析。对于拓扑结构，可从网络规模、可用性要求、地理分布和房屋结构等方面来考虑。比如，其建筑物较多，建筑物内点数过多，交换机端口密度不足，就需要增加交换机的个数和连接方式。当网络的可用性要求高、不允许网络有停顿时，就要采用双星结构。又如，一个单位分为两处，业务必须一体化，就要考虑特殊连接方式的拓扑结构，如图 9-4 所示。

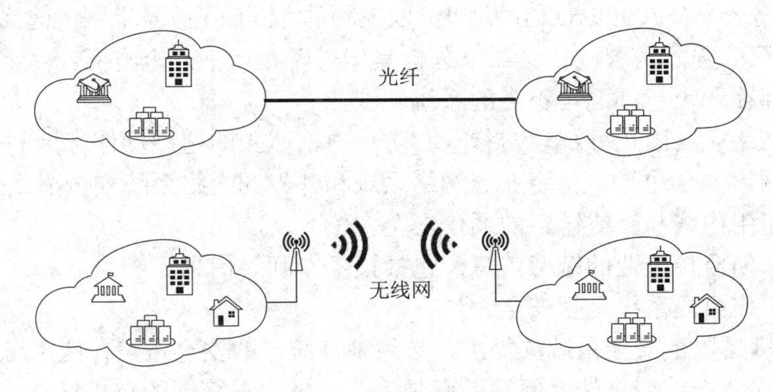

图 9-4　特殊拓扑结构

(5) 网络技术分析：一些特别的实时应用(如工业控制、数据采样、音频视频流控制等)需要采用面向连接的网络技术。面向连接的网络技术能够保证数据实时传输。传统技术(如IBM Token Bus)、现代技术(如 ATM 等)都可较好地实现面向连接网络。除此之外，应选择当前主流的网络技术，如千兆以太网、快速/交换式以太网等技术。

3. 综合布线需求分析

通过对用户实施综合布线的相关建筑物进行实地考察，根据用户提供的建筑工程图，可以了解相关建筑物的建筑结构，分析出施工的难易程度，并估算大致费用。需了解的其他数据包括中心机房的位置、信息点数、信息点与中心机房的最远距离、电力系统的供应状况、建筑的接地与避雷情况等。

综合布线需求分析主要包括以下内容：

(1) 根据造价、建筑物距离和带宽要求确定线缆的类型和光缆的芯数。6 类和超 5 类线较贵，5 类线价格稍低，单模光缆的传输质量高，距离远，但模块价格昂贵。光缆的芯数与价格成正比。

(2) 根据调研中得到的建筑群间距离、马路隔离情况、电线杆、地沟和道路状况等信息为建筑群间的光缆布线方式的选择提供分析依据，为光缆采用架空、直埋还是地下管道的方式铺设找到直接依据。

(3) 对各建筑物的规模信息点数和层数进行统计，以确定室内布线方式和配线架的位置。当建筑物楼层较高、规模较大、点数较多时宜采用分布式布线方式。

4. 网络可用性/可靠性需求分析

证券、金融、铁路、民航等行业对网络系统可用性的要求最高，网络系统的崩溃或数据丢失会造成巨大损失，宾馆和商业企业次之。可用性要求的高低，需要有相应的网络高可用性设计来保障，如采用磁盘双工和磁盘阵列、双机容错、异地容灾和备份减灾措施等。另外，还可采用大中小型 UNIX 主机(如 IBM、SUN 和 SGI)，但这样做会导致费用呈指数级增长。

5. 网络安全性需求分析

一个完整的网络系统会渗透到用户业务的方方面面，其中包括比较重要的业务应用、关键的数据服务器、公共 Internet 出口和难以控制的 Modem 拨号上网，这就使得网络在安全方面有着普遍的强烈需求。安全需求分析具体表现在以下几个方面：

(1) 分析存在弱点、漏洞与不当的系统配置。

(2) 分析网络系统阻止外部攻击行为和防止内部职工的违规操作行为的策略。

(3) 划定网络安全边界，使企业的网络系统和外界的网络系统安全隔离。

(4) 确保租用电路和无线链路的通信安全。

(5) 分析如何监控企业的敏感信息，包括技术专利等信息。

(6) 分析工作桌面系统是否安全。

为了全面满足以上安全系统的需求，必须制订统一的安全策略，使用可靠的安全机制与安全技术。安全不单纯是技术问题，而是策略、技术与管理的有机结合。

6. 需求分析报告论证

需求分析完成后，应产生成文的需求分析报告或可行性报告，并深入与用户交互和修改，最终应该经过由用户方组织的专家评审。评审通过后，还要根据评审意见再次进行补充完善，形成最终的需求分析报告。

9.3　网络系统方案设计

有了需求分析报告，就可以开始进行网络系统方案设计。这个阶段的内容包括网络总体目标和设计原则的确定、网络总体架构设计、网络拓扑结构选择、网络设备选型、网络安全设计等内容。

9.3.1　网络总体目标和设计原则

1. 确立网络总体实现的目标

网络建设的总体目标是：明确采用哪些网络技术和网络标准，构筑一个满足哪些应用的多大规模的网络。如果网络工程分期实施，应明确分期工程的目标、建设内容、所需工程费用、时间和进度计划等。

不同的网络用户其网络设计目标大相径庭。除应用外，主要限制因素是投资规模。任何设计都会有权衡和折衷，计算机网络设备性能越好，技术越先进，成本就越高。网络设计人员不仅要考虑网络实施的成本，还要考虑网络的运行成本。有了投资规模，在选择技术时就会做到心中有数。

2. 总体设计原则

计算机信息网络关系着现在和将来用户单位的网络信息化水平和网上应用系统设计的成败，在设计前对主要设计原则进行选择和平衡，并确定其在方案设计中的优先级，对网络的设计和工程实施将具有指导意义。

1) 实用性原则

计算机信息设备、服务器设备和网络设备在技术性能逐步提升的同时，其价格却在逐年下降，不可能也没必要实现“一步到位”。所以，网络方案设计中应把握“够用”和“实用”原则，网络系统应采用成熟可靠的技术和设备，达到实用、经济和有效的结果。

2) 开放性原则

网络系统应采用开放的标准和技术，如 TCP/IP 协议、IEEE 802 系列标准等。其目的有两个：第一，有利于未来网络系统扩充；第二，有利于在需要时与外部网络互通。

3) 高可用性/可靠性原则

前面提到过，对于像证券、金融、铁路、民航等行业的网络系统应确保很高的平均无故障时间和尽可能低的平均故障率。在这些行业的网络方案设计中，高可用性和系统可靠性应优先考虑。

4) 安全性原则

在企业网、政府行政办公网、国防军工部门内部网、电子商务网站以及 VPN 等网络方案设计中应重点体现安全性原则，确保网络系统和数据的安全运行。在社区网、城域网和校园网中，安全性的考虑相对较弱。

5) 先进性原则

建设一个现代化的网络系统，应尽可能采用先进而成熟的技术，应在一段时间内保证其主流地位。网络系统应采用当前较先进的技术和设备，符合网络未来发展的潮流。比如，目前较主流的是千兆以太网和全交换以太网，几乎没有人再去用 FDDI 和 Token Ring 了。但太新的技术也会存在一些问题：一是不成熟，二是标准还不完备不统一，三是价格高，四是技术支持力量接济不上，因此还是小心，不要碰它为妙。

6) 易用性原则

整个网络系统必须易于管理、安装和使用，网络系统必须具有良好的可管理性，并且在满足现有网络应用的同时，也要为以后的应用升级奠定基础。网络系统还应具有很高的资源利用率。

7) 可扩展性原则

网络总体设计不仅要考虑到近期目标，也要为网络的进一步发展留有扩展的余地，因此需要统一规划和设计。网络系统应在规模和性能两方面具有良好的可扩展性。由于目前网络产品标准化程度较高，因此可扩展性要求基本不成问题。

9.3.2 通信子网规划设计

1. 拓扑结构确立与网络总体规划

网络拓扑结构对整个网络的运行效率、技术性能发挥、可靠性、费用等方面都有着重要的影响。因此，确立网络的拓扑结构是整个网络方案规划设计的基础，拓扑结构的选择往往和地理环境分布、传输介质、介质访问控制方法、网络设备选型等因素紧密相关。选择拓扑结构时，应该考虑的主要因素有以下几点：

(1) 费用：不同的拓扑结构所配置的网络设备不同、设计施工安装工程的费用也不同。要关注费用，就需要对拓扑结构、传输介质、传输距离等相关因素进行分析，选择合理的方案。比如，冗余环路可提高可靠性，但费用也高。

(2) 灵活性：在设计网络时，考虑到设备和用户需求的变迁，拓扑结构必须具有一定的灵活性，能被容易地重新配置。此外，还要考虑信息点的增删等问题。

(3) 可靠性：网络设备损坏、光缆被挖断、连接器松动等这类故障是有可能发生的，网络拓扑结构设计应避免因个别节点损坏而影响整个网络正常运行的情况。

在快速交换以太网和千兆以太网占主导地位的今天，计算机局域网/区域网一般采用星形/树形拓扑结构或其变种。广域网采用的网络技术种类较多，结构比较多样，但还是以点对点组合成的网状结构为主。

网络拓扑结构的规划设计与网络规模息息相关。一个规模较小的星形局域网没有主干网和外围网之分，而规模较大的网络通常采用倒树状分层拓扑结构，如核心层、汇聚层(也称分布层)和接入层。主干网络称为核心层，用以连接服务器群、建筑群到网络中心，或在一个较大型建筑物内连接多个交换机管理间到网络中心设备间，它是网络信息的主要传输通路；汇聚层一般通过交换机上连核心层交换机，下连接入层交换机，作为分布信息点的汇聚连接；接入层用以连接网络终端设备，如用户工作站，称为信息点的“毛细血管”线路。星形拓扑结构树状分层网络如图 9-5 所示。

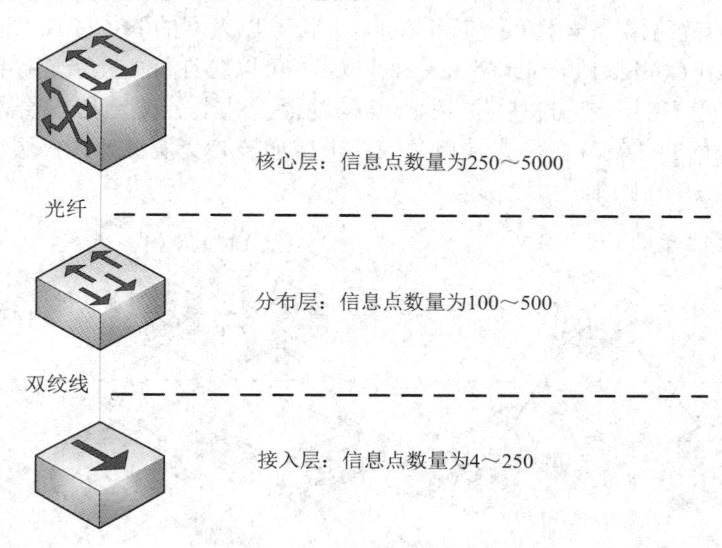

图 9-5　星(树)形网络的分层结构示意

分层设计规划的好处是可有效地将全局通信问题分解考虑，就像软件工程中的结构化程序设计一样。分层还有助于分配和规划带宽，除非网络信息流不平衡，网络工程师一般按照 1:20 的原则来分配带宽，即

交换机上联带宽 = 交换机所有端口带宽之和 ÷ 20

打个比方，接入层交换机有 24 个 10/100 Mb/s 端口，其上联带宽应为 24 × 100 ÷ 20 = 120 Mb/s，可用双线路 200 Mb/s 上联，其上面的汇聚层交换机下联 16 个接入层交换机，那么其上联带宽应为 16 × 200 ÷ 20 = 160 Mb/s。

2. 主干网络(核心层)设计

主干网技术的选择，要根据需求分析中的地理距离、信息流量和数据负载的轻重而定。一般而言，主干网用来连接建筑群和服务器群，可能会容纳网络上 40%～60%的信息流，是网络大动脉。连接建筑群的主干网一般以光缆作传输介质，典型的主干网技术主要有万兆以太网、千兆以太网、100Base-FX、ATM、FDDI 等，一般根据用户的网络用途和规模确定。

FDDI 基本已属于昨天的技术，支持它的厂商越来越少。ATM 是面向连接的网络，能保证一些突发重负载在网上传输，但由于 ATM 在局域网的所有应用需要 ELAN 仿真来实现，不仅技术难度大，且带宽效率低，已证明不适宜用作局域网或园区网，但如果建网单位对实时传输要求极高，也可以考虑选用。

如果经费不足，可以采用 100Base-FX 代替千兆以太网，即用光传输介质连入快速以太网。它的端口价格低，对光缆的要求也不高，是一种非常经济实惠的选择。如果不局限于经费，一般可以选择千兆以太网乃至万兆以太网作为主干网。

主干网的核心设备是核心交换机(或路由器)。如果考虑提供较高的可用性，而且经费允许，主干网可采用双星(树)形拓扑结构，即采用两台同样的交换机冗余，与汇聚层／接入层交换机分别连接。双星(树)形结构解决了单点故障失效的问题，不仅抗毁性强，而且通过采用最新的链路聚合技术(Port Trunking)，如快速以太网的FEC(Fast Ethernet Channel)、千兆以太网的GEC(Giga Ethernet Channel)等技术，可以允许每条冗余连接链路实现负载分担。图9-6对双星(树)形结构和单星(树)形结构进行了对比。双星(树)形结构会占用比单星(树)形结构多一倍的传输介质和光端口，除要求增加核心交换机外，二层上连的交换机也要求有2个以上的光端口。

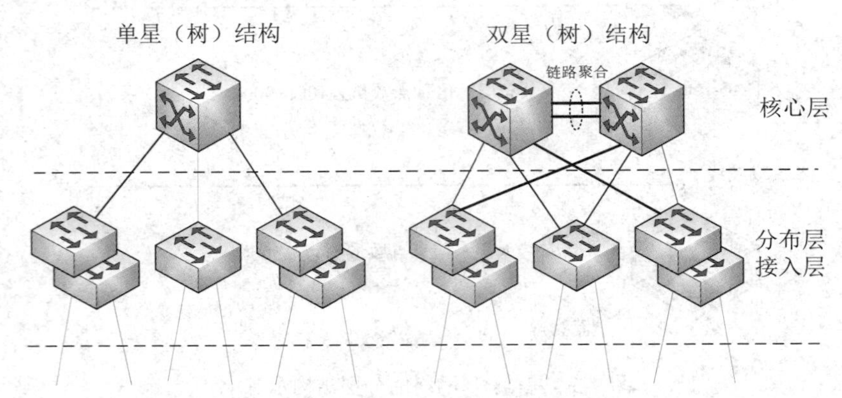

图9-6　主干网拓扑结构

千兆以太网一般采用光缆作传输介质。多种波长的单模和多模光纤分别用于不同的场合和距离。由于建筑群布线具有路径复杂的特殊性，因此一般直线距离超过300 m的建筑物之间的千兆以太网线路就必须要用单模光纤。单模光纤本身价格不高，昂贵的是光端口及组件。

骨干网及核心交换机经常会利用下列技术来改善设计或对旧网络进行升级改造。

(1) FEC/GEC(Fast/Giga Ethernet Channel)：即快速以太网/千兆以太网链路聚合技术，来自Cisco产品。多个以太网链路组合起来组成一个逻辑链路，提供多倍100/1000 Mb/s的全双工连接。FEC/GEC不仅提高了连接带宽，而且提高了链路可靠性，逻辑链路中任一物理链路失效仅降低链路带宽，不影响正常工作。

(2) CGMP(分组管理协议)：一种在Cisco交换机上智能发送组播(multicast)包的技术，它保证组播包仅送到应该接收的站点，使交换机能够向目标终端有选择地动态传输被发送过来的IP多点广播流量，从而降低了网络的总体通信流量。尤其是在多媒体应用中，可避免不必要的数据包在网络上流动，占用其他用户的可用带宽。

(3) GBIC(千兆位集成电路)：千兆以太网接口一般有一个GBIC卡槽，可插SX、LX/LH或ZX GBIC卡。LX/LH GBIC在单模光纤上的传输距离不小于10 km，ZX GBIC的传输距离为50～80 km。

(4) HSKP(热等待路由协议)：Cisco的一种专有技术，HSRP提供自动路由热备份技术。

在局域网上有两台以上的路由器时，这个局域网上的主机只能有一个默认路由器，当这个路由器失效时，HSRP 可以使另一个路由器自动承担失效路由器的工作。

3. 汇聚层和接入层设计

接入层即直接连接信息点、使网络资源设备(PC 等)接入网络的部分。

是否需要汇聚层取决于外围网采用的扩充互联方法。当建筑物内信息点较多(比如 220 个)，超出一台交换机所容纳的端口密度而不得不增加交换机扩充端口密度时，如果采用级联方式，那么将一组固定端口交换机上联到一台背板带宽和性能较好的二级交换机上，再由二级交换机上联到主干核心交换机；如果采用多个并行交换机堆叠方式扩充端口密度，其中一台交换机上联，则网络中就只有接入层，没有汇聚层。汇聚层与接入层的两种形态如图 9-7 所示。

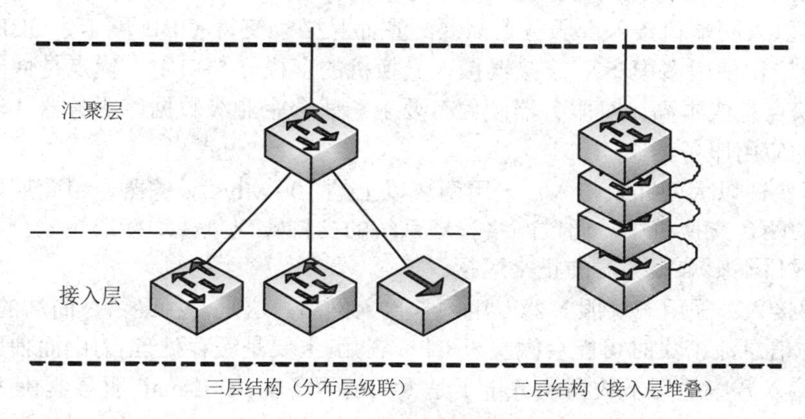

图 9-7　汇聚层与接入层的两种形态

采用级联(汇聚层)还是堆叠(不需要汇聚层)，要根据网络信息流和负载特点与要求来确定。堆叠体内部能够有充足的带宽保证，适宜本地(楼宇内)信息流密集、全局信息负载相对较轻的情况；级联适于全网信息流较平均的场合，且汇聚层交换机大都具有组播和初级 QoS(服务质量)管理能力，适合处理一些突发的重负载(如 VOD 视频点播)，但增加汇聚层的同时也会使成本提高。

目前，汇聚层/接入层一般采用 100Base-T(X)快速(交换式)以太网或 10/100 Mb/s 自适应传输速率到桌面计算机，传输介质则基本上是双绞线。Cisco Catalyst3500/4000 系列交换机就是专门针对汇聚层设计的。接入层交换机可选择的产品很多，但一定注意接入层交换机必须支持 1~2 个光端口模块，必须支持堆叠。如果主干为千兆以太网，则接入层交换机还必须支持 GBE 模块。例如，Cisco Catalyst2948(背板带宽达 24 Gb/s)、Intel Express 510T、3Com SuperStack II Switch3100/3300、Lucent Cajun-330 等，均为比较优秀的接入层交换机。

4. 远程接入访问的规划设计

由于布线系统费用和实现上的限制，因此对于零散的远程用户接入，一般采用 PSTN 市话网络进行远程拨号访问方式。远程拨号访问需要规划远程访问服务器(RAS)和 Modem 设备，并申请一组中继线(校园或企业内部有 PABX 电话交换机则最好)。Modem 是整个网络中唯一的窄带设备，这一部分在未来的网络中可能会逐步减少使用。远程访问服务器和 Modem 组的端口数目一一对应，一般按一个端口支持 20 个用户来配置。

9.3.3　资源子网规划设计

1. 服务器接入

服务器系统是网络的信息中心。服务器在网络中“摆放”位置的合适与否直接影响网络应用的效果和网络运行效率。服务器一般分为两类：一类为全网提供公共信息服务、文件服务和通信服务，为企业网提供集中统一的数据库服务，由网络中心管理维护，服务对象为网络全局，适宜放在网管中心；另一类是部门业务和网络服务相结合，主要由部门管理维护的服务器，如大学的图书馆服务器和企业的财务部服务器，适宜放在部门子网中。服务器是网络中信息流较集中的设备，其磁盘系统数据吞吐量大，传输速率也高，要求绝对的高带宽接入。服务器接入方案主要有以下几种：

(1) 千兆以太网端口接入：服务器需要配置而且必须支持 GBE 网卡，GBE 网卡采用 PCI(V2.1) 接口，使用多模 SX 连接器接入交换机的多模光端口中。优点是性能好、数据吞吐量大，缺点是成本高、对服务器硬件有要求。适合企业级数据库服务器、流媒体服务器和较密集的应用服务器。

(2) 并行快速以太网冗余接入：采用两块以上的 100 Mb/s 服务器专用高速以太网卡分别接入网络的两台交换机中。通过网络管理系统的支持实现负载均衡或负载分担，当其中一块网卡失效后不影响服务器的正常运行。

(3) 普通接入：采用一块服务器专用网卡接入网络。这是一种经济、简洁的接入方式，但可用性低，信息流密集时可能会因主机 CPU 占用(主要是缓存处理占用)而使服务器性能下降。这种接入方案适用于数据业务量不是太大的服务器(如 E-mail 服务器)使用。

2. 服务器子网连接方案

通常服务器子网连接的两种方案如图 9-8 所示。图(a)方案为直接接入核心交换机，优点是可以直接利用核心交换机的高带宽，缺点是需要占用太多的核心交换机端口，使成本上升；图(b)方案是在两台核心交换机上外接一台专用服务器子网交换机，优点是可以分担带宽，减少核心交换机端口占用，可为服务器组提供充足的端口密度，缺点是容易形成带宽负载瓶颈，且存在单点故障隐患。

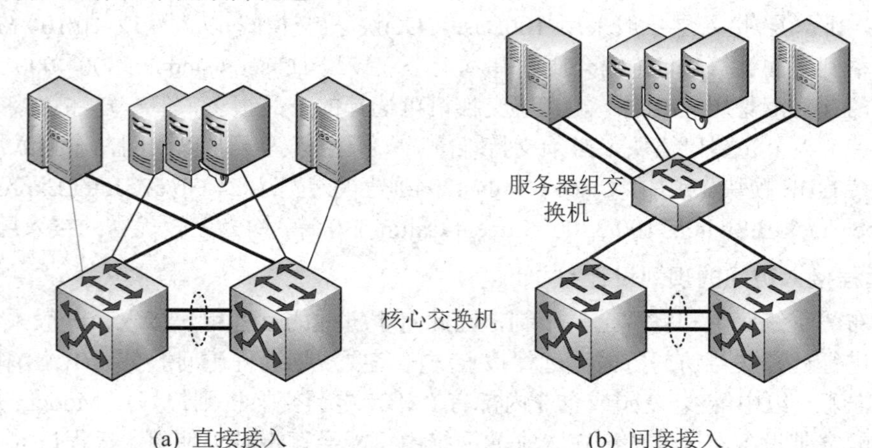

(a) 直接接入　　(b) 间接接入

图 9-8　服务器子网的两种接入方案

9.3.4　网络设备的选型原则

关于网络设备的选型方法和指标参数这里不再重复，在此仅就网络方案规划设计中所涉及的设备选型总原则及注意事项展开讨论。

1. 网络设备选型原则

(1) 厂商的选择：所有网络设备应尽可能选取同一厂家的产品，这样在设备可互联性、协议互操作性、技术支持、价格等各方面都更有优势。从这个角度来看，产品线齐全、技术认证队伍力量雄厚、产品市场占有率高的厂商是网络设备品牌的首选。其产品经过更多用户的检验，成熟度高，而且这些厂商出货频繁，生产量大，质保体系更完备。但作为系统集成商，不应依赖于任何一家的产品，而是要根据需求和费用公正地评价各种产品，选择最优的。在制定网络方案之前，应就用户承受能力确定好网络设备品牌。国内厂商的网络产品价格不错，但产品线太短。

(2) 扩展性考虑：在网络的层次结构中，主干设备选择应预留一定的能力，以便于将来扩展，而低端设备则够用即可。因为低端设备更新较快，且易于扩展。

(3) 根据方案实际需要选型：主要是在参照整体网络设计要求的基础上，根据网络实际带宽性能需求、端口类型和端口密度选型。如果是旧网改造项目，应尽可能保留并延长用户对原有网络设备的投资，减少在资金投入方面的浪费。

(4) 选择性能价格比高、质量过硬的产品：为使资金的投入产出达到最大，需要以较低的成本、较少的人员投入来维持系统运转；网络开通后，会运行许多关键业务，因而要求系统具有较高的可靠性。全系统的可靠性主要体现在网络设备的可靠性，尤其是 GBE 主干交换机的可靠性以及线路的可靠性。

2. 核心网络骨干交换机的选型策略

核心网络骨干交换机是宽带网的核心，应具备以下性能：

(1) 高性能和高速率。第二层交换最好能达到线速交换，即交换机背板带宽≥所有端口带宽的总和。如果网络规模较大，需要配置 VLAN，则要求必须有较出色的第三层(路由)交换能力。

(2) 定位准确，便于升级和扩展。具体来说，250 个信息点以上的网络适合采用模块化(插槽式机箱)交换机；500 个信息点以上的网络，交换机还必须能够支持高密度端口和大吞吐量扩展卡；一般 250 个信息点以下的网络，为降低成本，应选择具有可堆叠能力的固定配置交换机作为核心交换机。

(3) 具有高可靠性。除考核、调研产品本身品质外，还应根据经费许可选择采用冗余设计的设备，如冗余电源等；且设备扩展卡应支持热插拔，以易于更换维护。

(4) 具有强大的网络控制能力，提供 QoS 和网络安全，支持 RADIUS、TACACS+等认证机制。

(5) 具有良好的可管理性，支持通用网管协议，如 SNMP、RMON、RMON2 等。

3. 汇聚层/接入层交换机的选型策略

汇聚层/接入层交换机亦称外围交换机或边缘交换机，一般都属于可堆叠/可扩充式固定端口交换机。在大中型网络中，它用来构成多层次的结构灵活的用户接入网络；在中小型网络中，它也可能用来构成网络骨干交换设备。它应具备的要求如下：

(1) 灵活性。汇聚层/接入层交换机提供多种固定端口数量搭配供组网选择，可堆叠、易扩展，以便可以随着信息点的增加而从容地进行扩容。

(2) 高性能。作为大型网络的二级交换设备，汇聚层/接入层交换机应支持千兆/百兆高速上连(最好支持 FEC/GEC)以及同级设备堆叠，当然还要注意与核心交换机品牌的一致性；如果用作小型网络的中央交换机，则要求具有较高的背板带宽和三层交换能力。

9.3.5　网络操作系统与服务器资源设备

有关服务器产品选型已有过详细介绍。在网络方案设计中服务器的选择配置以及服务器群的均衡技术是非常关键的技术之一，也是衡量网络系统集成商水平的重要指标。很多系统集成商的方案偏重的是网络集成而不是应用集成，在应用问题上缺乏高度认识和认真细致的需求分析，待昂贵的服务器设备购进来后才发现与应用软件不配套，或不够用，或造成资源浪费，使预算超支，直接导致网络方案失败。因此，这里就网络应用与操作系统的关系、服务器群的综合配置等构筑网络服务器体系的关键问题与大家探讨。

1. 网络应用与网络操作系统

选择服务器，首先要看具体的网络应用。网络应用的架构结构如图 9-9 所示，由底层到高层依次为服务器硬件、网络操作系统、基础应用平台(工具)和应用系统。

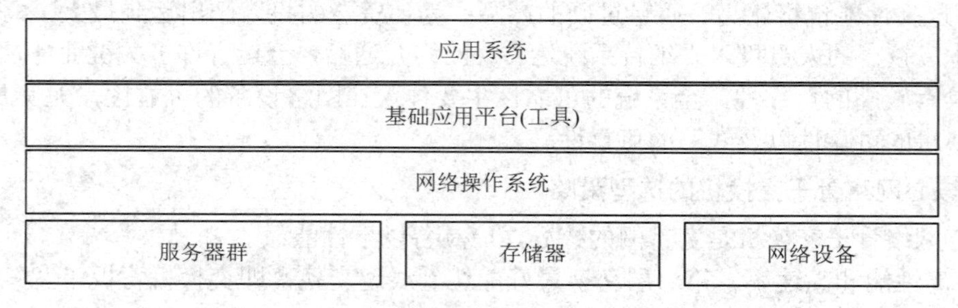

图 9-9　网络应用的架构结构

虽然从理论上讲应用系统与服务器硬件无关，但应用系统所采用的开发工具和运行环境建立在基础应用平台的基础上，基础应用平台与网络操作系统关系紧密，其支持是有选择的(如 SQL Server 数据库不支持 Tru64 UNIX 操作系统等)，有时基础应用平台甚至是网络操作系统的有效组成部分(如 IIS Web 服务平台就是 OS 的一部分)。众所周知，不同的服务器硬件支持的操作系统大相径庭，因此，在选服务器硬件之前，首先要把网络操作系统确定下来。

从自身的利益来看，系统集成商在网络项目中要完成基础应用平台以下 3 层的搭建，选择什么操作系统要视公司内部的系统集成工程师以及用户方系统管理员的技术水平和对网络操作系统的经验而定。除非不得已，否则选一些大家都比较生疏的服务器和操作系统是不明智的，这样做会使工期延长，不可预见性费用加大，可能还要请外援，系统培训、维护的难度和费用也要增加。

网络操作系统分为两个大类，即面向 IA 架构 PC 服务器的操作系统族(Windows/Linux)和 Unix 操作系统家族，它们各自具备其应用特点。

2. 网络操作系统的选择要点

与网络设备选型不同，在同一个网络内不需要非用一致的操作系统，在选择中可结合 Windows、Linux 和 UNIX 的特点，在网络中使用混合平台。通常，在应用服务器上采用 Windows NT/2X 平台(目前主流是 Windows Server 2X)，在 E-mail、Web、Proxy 等 Internet 应用上可使用 Linux/UNIX。这样，既可以享受到 Windows 应用丰富、界面直观、使用方便的优点，又可以享受到 Linux/UNIX 稳定、高效的好处。因此，网络方案设计中操作系统的选择要考虑的重要因素如下：

1) 服务器的性能和兼容性

Windows NT/2X、Linux、NetWare 网络操作系统将网络操作系统构建于主流 PC 芯片上，既节约成本又便于扩展，在系统兼容性和丰富应用软件支持上占有优势，几种系统间均有互通互联协议(如 Windows NT/2X 通过 NFS 与 Linux 系统共享资源，通过 NWLink 与 NetWare 服务器互通)，彼此间的互操作性较好。而 UNIX 虽然在性能、可靠性和稳定性方面具有优势，但只兼容某些型号的专用芯片及服务器，使其注定只能用于金融、电信、政府、工业企业等少数拥有资金优势的行业来用作大型数据库服务器和应用服务器。事实上，现在 NT 服务器的性能和可用性指标与 UNIX 已不相伯仲了，如 HP NetServer LPr 服务器能支持每天 10 亿次页面 Internet 访问，完全满足非常密集的大型应用需求，而价格却远远低于 UNIX 服务器。

2) 安全因素

微软公司树大招风，黑客、病毒都喜欢找 Windows NT 做文章。它的密码加密方式 ACL 很严密，但加密步骤过于简单，容易被破解。Linux 继承了 UNIX 在安全方面成功的技术，表现更为优异。然而，若想取得人们的信任，首先得改变人们对免费产品的怀疑态度，也许大厂商们的加盟能带来这种信任。使用 NetWare 操作系统的用户对其安全性、可靠性、运行稳定性方面的怨言很少。

3) 价格因素

价格因素对中小型网络尤为重要，因为与网络操作系统绑定的还有服务器硬件本身的价格。一般的市场价格由高至低依次为 UNIX>NetWare>Windows NT/2X>Linux。选择的同时也要关注用户所需要引进或开发的应用软件成本，不要买了一件便宜衣服，打补丁却花了更多的钱。另外，培训的难易程度也是必须要考虑的，许多培训会带来不必要的支出。

4) 第三方软件支持

Windows NT/2X 的开放式结构是其成功之处，第三方软件十分丰富，其他操作系统没有这么好的条件。Linux 的各种应用软件都能在网上找到，升级很快并且免费，只是用惯 Windows 界面的网络工程师和管理员必须要学会适应它的交流方式。

5) 市场占有率

市场占有率是衡量操作系统逐步成熟和保持良好发展势头的标尺。人们不愿意看到在下一代强有力的应用程序出现的时候还用着一个不能支持它的操作系统。继 Windows 2000 之后，Windows NT 将成为网络操作系统事实上的标准配置。Linux 也是网络操作系统选择的对象之一。

3. NT 服务器的配置要点

UNIX 服务器品质较高，但价格昂贵，装机量少而且可选择性也不高。与 UNIX 服务器相比，NT 服务器的品牌和产品型号数量众多，在网络配置选型中令人颇费脑筋。

首先要根据需求(比如网络规模、客户数据流量、数据库规模、所使用的应用软件的特殊要求等)决定需要采用的 NT 服务器的档次、配置。比如，如果是做部门的文件、打印服务器，那么普通单处理器 NT 服务器就可以应付自如；如果是做小型数据库服务器，那么服务器上至少要有 128 MB 的内存；作为中型数据库服务器或者 E-mail、Internet 服务器，内存至少要达到 256 MB，而且一定要使用 ECC 内存。对于中小型企业来说，一般的网络要求是有数十个至数百个用户，使用的数据库规模不大，此时选择部门级服务器，即 1～2 路 CPU、256 MB 以上 ECC 内存、两个 18 GB 或者 36 GB 硬盘的服务器就可以充分满足网络需求。如果希望以后扩充的余地大一些，或者这台服务器还要做 E-mail 服务器、Web 服务器，网络规模比较大，用户数据量大，那么要选择企业级服务器，即 2 路或 4 路 SMP 结构，带有热插拔 RAID 磁盘阵列、冗余风扇和冗余电源的系统。

其次，选择 NT 服务器时，对服务器上几个关键部件一定要把好关，因为 NT 虽然是兼容性相对很不错的操作系统，但兼容并不保证 100%可用。第一，NT 服务器的内存必须是支持 ECC 的，如果使用非 ECC 的内存，则 SQL 数据库等应用就很难保证稳定、正常地运行；第二，NT 服务器的主要部件如主板、网卡一定要是通过了微软 NT 认证的，只有通过了微软 NT 部件认证的产品才能保证其在 NT 下 100%的可用性；第三，就是服务器的电源是否可靠。

最后，在升级已有的 NT 服务器时，要仔细分析原有网络服务器的瓶颈所在，此时可简单借用 NT 系统中集成的软件工具(比如 NT 系统性能监视器等)查看系统的运行状况，分析系统各部分资源的使用情况。一般来说，可供参考的 NT 服务器系统升级顺序是扩充服务器内存容量、升级服务器处理器、增加系统的处理器数目。之所以这样是因为，对于 NT 服务器上的典型应用(如 SQL 数据库、E-mail 服务器)来说，这些服务占用的系统主要资源开销是内存开销，对处理器的资源开销要求并不多，通过扩充服务器内存容量提高系统可用内存资源将大大提高这些服务的性能。反过来，由于多处理器 NT 系统其内核本身占用的系统资源开销大大高于单处理器内核占用的，因此，若仅仅为了保证系统的正常运行，就要增加系统的内存资源，相对来说，增加系统处理器的升级方案的花费与收益比要比扩充内存容量方案的大。因此，增加系统处理器数目往往要放到整个升级计划的最后考虑。

4. 服务器群的综合配置与均衡

所谓的 PC 服务器、UNIX 服务器、小型机服务器，其概念主要限于物理服务器(硬件)范畴。在网络方案、资源系统集成及以后的应用中，通常会把在服务器硬件上安装各类服务程序的服务器系统冠以相应的服务程序的名字，如数据库服务器、Web 服务器、E-mail 服务器等，其概念属于逻辑服务器(偏向软件)范畴。根据网络规模、用户数量和应用密度的需要，有时一台服务器硬件专门运行一种服务，有时一台服务器硬件需安装两种以上的服务程序，有时两台以上的服务器硬件安装和运行同一种服务系统。也就是说，服务器硬件与其在网络中的职能并不是一一对应的，小到只能有 1～2 台服务器的局域网，大到规模可达数十台的企业网和校园网/园区网，如何根据应用需求、费用承受能力、服务器性能和不同服务程序之间对硬件占用的特点，合理搭配和规划服务器分配，在最大限度地提高效率和性能的基础上降低成本，是经常被系统集成商忽略的问题。

有关服务器群配置与均衡的建议有以下 3 点：

(1) 小型网络侧重功能齐全。

中小型企业由于缺乏专业的技术人员，资金相对紧张，因此要求服务器组必须易于维护，功能齐全，而且还必须考虑资金的限制。建议在费用许可情况下，应尽可能提高硬件配置，利用硬件占用互补特点，均衡网络应用负载，把网络中所需的所有服务压缩到 1～2 台物理服务器的范围内。比如，把对磁盘系统要求不高、对内存和 CPU 要求较高的 DNS、Web、IP Phone(IP 电话)和对磁盘系统及 I/O 吞吐量要求高、对缓存和 CPU 要求较低的文件服务器(含 FTP)安装在一台配置中等的部门级物理服务器内，而把对硬件整体性能要求均较高的数据库服务和 E-mail 服务安装在一台较高配置的高档部门级或企业入门级物理服务器中。当然，Web 服务器对系统 I/O 的需求也较高，当用户访问数量增加时，系统的实时响应和 I/O 处理需求也会急剧增加，但 FTP 访问偶发性强，Web 访问密度比较均匀，二者正好可以互补。另外，如果采用 Linux 操作系统，利用其资源占用低、Internet 服务程序丰富的特点，可将所有 Internet 服务集中到一台服务器上，另外再配置一套应用服务器，网络效率可能会成倍提高。

(2) 中型网络侧重特色应用。

中型网络注重实际应用，可选择将应用分布在更多的物理服务器上，宜采用功能相关性配置方案，将相关应用集中在一起。比如，当前网络应用重心已开始转移到 Web 平台，Web 服务器需要频繁地与数据库服务器交换信息，把 Web 服务和数据库服务安装在一台高档服务器内，毫无疑问会提高效率，减轻网络 I/O 负担。对于企业网络，可能一些工作流应用系统(如公文审批流转、文件下发等)需要借助底层 E-mail 服务，可以采用集群服务器(如 Lotus Notes Domino)把 E-mail 和 News 服务集成进去。对于像 VOD 这样的流媒体专用服务器，必须要单列。

(3) 大型网络或 ISP/ICP 的服务器群方案。

大型网络应用场合讲究安全可靠、稳定高效、功能强大。大型企业网站和 ISP 供应商需要向用户提供全面的服务，建设先进的电子商务系统，甚至需要向用户提供免费 E-mail 服务、免费软件下载、免费主页空间等，所以要求网站必须能够满足各方面的需求，功能完备，且具有高度的可用性和可扩展性，保证系统连续稳定地运行。如果物理服务器数量过多，则会为管理和运行带来沉重负担，导致环境恶劣(仅机房噪声就令人无法忍受)。为此，建议采用机架式服务器，其 Web、E-mail、FTP 和防火墙等应用均采用负载均衡集群系统，以提高系统的 I/O 能力和可用性；数据库及应用服务器系统采用双机容错高可用性(HA)系统，以提高系统的可用性；专业的数据库系统为用户提供了强大的数据底层支持，专业 E-mail 系统可提供大规模邮件服务；防火墙系统可以保证用户网络和数据的安全。服务器集群/负载均衡系统示意图如图 9-10 所示。

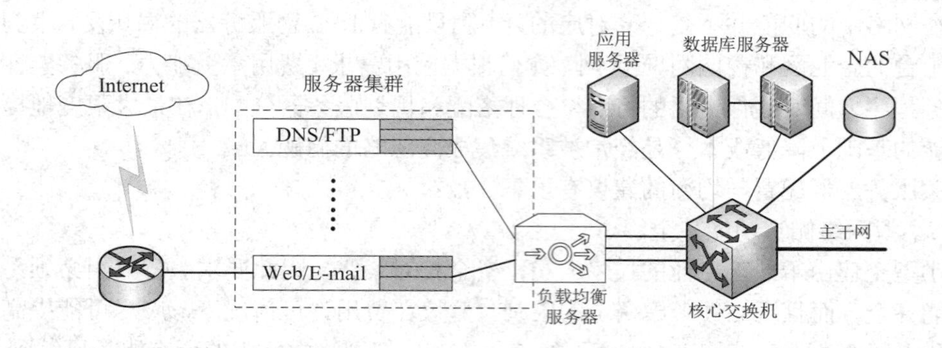

图 9-10　服务器集群/负载均衡系统示意图

9.3.6　网络安全设计

网络安全涉及的内容既有技术方面的问题，也有管理方面的问题，两方面相互补充，缺一不可。技术方面主要侧重于防范外部非法用户的攻击，管理方面则侧重于内部人为因素的管理。如何更有效地保护重要的信息数据、提高计算机网络系统的安全性已经成为所有计算机网络应用必须考虑和必须解决的一个重要问题。

网络安全体系设计的重点在于根据安全设计的基本原则，制定出网络各层次的安全策略和措施，然后确定出应选用什么样的网络安全系统产品。

1. 网络安全设计原则

尽管没有绝对安全的网络，但是，如果在网络方案设计之初就遵从一些合理的原则，那么相应网络系统的安全和保密就更加有保障。设计时如不全面考虑，将安全和保密措施寄托在网管阶段事后“打补丁”的思路是相当危险的。从工程技术角度出发，在设计网络方案时，应该遵守以下原则：

(1) 网络信息系统安全与保密的“木桶原则”。强调对信息均衡、全面地进行安全保护。“木桶的最大容积取决于最短的一块木板”。网络信息系统是一个复杂的计算机系统，它本身在物理上、操作上和管理上的种种漏洞构成了系统的安全脆弱性，尤其是多用户网络系统自身的复杂性、资源共享性使单纯的技术保护防不胜防。攻击者使用的是“最易渗透原则”，必然在系统中最薄弱的地方进行攻击。因此，充分、全面、完整地对系统的安全漏洞和安全威胁进行分析、评估和检测(包括模拟攻击)，是设计网络安全系统的必要前提条件。

(2) 网络安全系统的整体性原则。强调安全防护、监测和应急恢复。要求在网络发生被攻击、破坏事件的情况下，必须尽可能快地恢复网络信息中心的服务，减少损失。所以网络安全系统应该包括 3 种机制，即安全防护机制、安全监测机制、安全恢复机制。安全防护机制是根据具体系统存在的各种安全漏洞和安全威胁采取相应的防护措施，避免非法攻击的进行；安全监测机制是监测系统的运行情况，及时发现和制止对系统进行的各种攻击；安全恢复机制是在安全防护机制失效的情况下，进行应急处理和尽量及时地恢复信息，减少攻击的破坏程度。

(3) 网络安全系统的有效性与实用性原则。网络安全应以不能影响系统的正常运行和合法用户的操作活动为前提。网络中的信息安全和信息利用是矛盾的双方。为健全和弥补系统缺陷的漏洞，会采取多种技术手段和管理措施。但这就势必给系统的运行和用户的使用造成负担和麻烦，“越安全就意味着使用越不方便”。尤其在网络环境下，实时性要求很高的业务不能容忍安全连接和安全处理造成的延时和数据扩张。如何在确保安全性的基础上，把安全处理的运算量减小或分摊，减少用户记忆、存储工作和安全服务器的存储量、计算量，是一个急需解决的问题。

(4) 网络安全系统的“等级性”原则。良好的网络安全系统必然是分为不同级别的，包括对信息保密程度分级(绝密、机密、秘密、普密)，对用户操作权限分级(面向个人及面向群组)，对网络安全程度分级(安全子网和安全区域)，对系统实现结构的分级(应用层、网络层、链路层等)，从而针对不同级别的安全对象，提供全面的、可选的安全算法和安全体制，以满足网络中不同层次的各种实际需求。

(5) 设计为本原则。强调安全与保密系统的设计应与网络设计相结合。即在进行网络总体设计时考虑安全系统的设计，二者合二为一，以避免因考虑不周出了问题之后拆东墙补西墙，这不仅会造成经济上的巨大损失，而且也会对国家、集体和个人造成无法挽回的损失。由于安全与保密问题是一个相当复杂的问题，因此必须搞好设计才能保证安全性。

(6) 自主和可控性原则。网络安全与保密问题关系着一个国家的主权和安全，所以网络安全产品不能依赖国外进口产品。

(7) 安全有价原则。网络系统的设计是受经费限制的，因此在考虑安全问题解决方案时必须考虑性能价格的平衡，而且不同的网络系统所要求的安全侧重点各不相同。例如，国家政府首脑机关、国防部门计算机网络系统安全侧重于存取控制强度，金融部门侧重于身份认证、审计、网络容错等功能，交通、民航侧重于网络容错等。因此必须有的放矢，具体问题具体分析，把有限的经费花在刀刃上。

2. 网络信息安全设计与实施步骤

1) 确定面临的各种攻击和风险

网络安全系统的设计和实现必须根据具体的系统和环境，考察、分析、评估、检测(包括模拟攻击)和确定系统存在的安全漏洞和安全威胁。

2) 明确安全策略

安全策略是网络安全系统设计的目标和原则，是对应用系统完整的安全解决方案。安全策略要综合以下几方面优化确定：

(1) 系统整体安全性，由应用环境和用户需求决定，包括各个安全机制的子系统的安全目标和性能指标。

(2) 对原系统的运行造成的负荷和影响(如网络通信延时、数据扩展等)。

(3) 便于网络管理人员进行控制、管理和配置。

(4) 具有可扩展的编程接口，便于更新和升级。

(5) 具有用户界面的友好性和使用方便性。

(6) 考虑投资总额和工程时间等。

3) 建立安全模型

模型的建立可以使复杂的问题简化，更好地解决和安全策略有关的问题。安全模型包括网络安全系统的各个子系统。网络安全系统的设计和实现可以分为安全体制、网络安全连接和网络安全传输 3 部分。

(1) 安全体制包括安全算法库、安全信息库和用户接口界面。

① 安全算法库：包括私钥算法库、公钥算法库、Hash 函数库、密钥生成程序、随机数生成程序等安全处理算法。

② 安全信息库：包括用户口令和密钥、安全管理参数及权限、系统当前运行状态等安全信息。

③ 用户接口界面：包括安全服务操作界面和安全信息管理界面等。

(2) 网络安全连接包括安全协议和网络通信接口模块。

① 安全协议：包括安全连接协议、身份验证协议、密钥分配协议等。

② 网络通信接口模块：网络通信模块根据安全协议实现安全连接。一般有两种方式实现：第一，安全服务和安全体制在应用层实现，经过安全处理后的加密信息送到网络层和数据链路层，进行透明的网络传输和交换，这种方式的优点是实现简单，不需要对现有系统做任何修改，用户投资数额较小；第二，对现有的网络通信协议进行修改，在应用层和网络层之间加一个安全子层，以实现安全处理和操作的自动性和透明性。

(3) 网络安全传输包括网络安全管理系统、网络安全支撑系统和网络安全传输系统。

① 网络安全管理系统：安全管理系统安装于用户终端或网络节点上，是由若干可执行程序组成的软件包，提供窗口化、交互化的“安全管理器”界面，由用户或网管人员配置、控制和管理数据信息的安全传输，兼容现有通信网络管理标准，实现安全功能。

② 网络安全支撑系统：整个网络安全系统的可信方是由网络安全管理人员维护和管理的安全设备和安全信息的总和。密钥管理分配中心负责身份密钥、公开钥和秘密钥等密钥的生成、分发、管理和销毁；认证鉴别中心负责对数字签名等信息进行鉴别和裁决。网络安全支撑系统的物理和逻辑安全都是至关重要的，必须受到最严密和全面的保护。同时，也要防止管理人员内部的非法攻击和误操作，在必要的应用环境，可以引入秘密分享机制来解决这个问题。

③ 网络安全传输系统：包括防火墙、安全控制、流量控制、路由选择、审计报警等。

4) 选择并实现安全服务

(1) 物理层的安全：物理层信息安全主要是防止物理通路的损坏、物理通路的窃听以及对物理通路的攻击(干扰等)。

(2) 链路层的安全：链路层的网络安全需要保证通过网络链路传送的数据不被窃听,主要采用划分 VLAN(局域网)、加密通信(远程网)等手段。

(3) 网络层的安全：网络层的安全需要保证网络只给授权的客户使用授权的服务，保证网络路由正确，避免被拦截或监听。

(4) 操作系统的安全：操作系统的安全要求保证客户资料、操作系统访问控制的安全，同时能够对该操作系统上的应用进行审计。

(5) 应用平台的安全：应用平台指建立在网络系统之上的应用软件服务，如数据库服务器、电子邮件服务器、Web 服务器等。由于应用平台的系统非常复杂，通常采用多种技术(如 SSL 等)来增强应用平台的安全性。

(6) 应用系统的安全：应用系统是用来完成网络系统的最终目的——为用户服务。应用系统的安全与系统设计和实现关系密切。应用系统使用应用平台提供的安全服务来保证基本安全，如保证通信内容安全的方式包括通信双方的认证、审计等。

5) 安全产品的选型测试

安全产品的测试选型工作严格按照企业信息与网络系统安全产品的功能规范要求，利用综合的技术手段，对参测产品进行功能、性能与可用性等方面的测试，为企业测试出符合功能规范的安全产品。测试工作原则上应该由中立组织进行；测试方法必须科学、准确、公正，必须有一定的技术手段；测试标准应该是国际标准、国家标准与企业信息与网络系统安全产品功能规范的综合；测试范围是产品的功能、性能与可用性。

9.4 通用网络方案设计思路

9.4.1 校园网

目前，校园网已成为各学校必备的信息基础设施，其规模和应用水平已成为衡量学校教学与科研综合实力的一个重要标志。我国从 1994 年开始启动中国教育科研计算机网 CERNET，现已基本完成了国内绝大部分重点高校的联网。

对于校园网建设来说，其应用是核心，网络环境是基础，网络教学资源是根本，而使用网络的人是关键。评价一个校园网是否成功，可从 4 个环节来考虑：网络基础平台是否满足通信需要，网络应用系统是否成功实施，网络教学资源是否丰富，教育科研信息活动对网络依赖到什么程度。

校园网是一个宽带、具有交互功能和专业性很强的计算机局域网络。教学管理系统、多媒体教室、教育视频点播系统、电子阅览室以及教学、考试资料库等，都可以通过网络运行工作，校园网应用体系模型如图 9-11 所示。

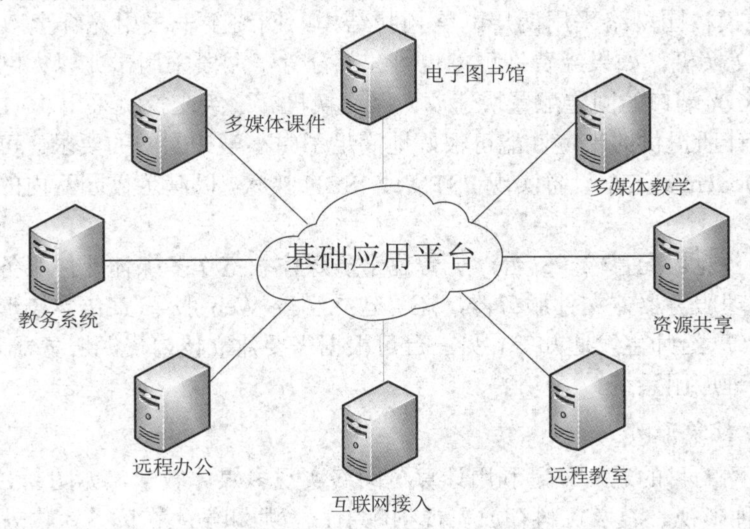

图 9-11 校园网应用体系模型

概括起来校园网有 4 个方面的典型应用：

(1) 学习活动：校园网是为学生学习活动服务的，是一种学习工具。它不但是学生与他人之间的交流工具，同时也是学习资源的提供者，有利于学生进行探索学习和协作学习。

(2) 教学科研活动：校园网是为教师的教学和科研活动服务的，如提供教学资源、辅助教师备课，参与课堂教学活动和支持教师再学习活动等。

(3) 教务管理：校园网是为学校教育教学管理服务的，如辅助学校的学生学籍管理、人事管理、财务管理等。

(4) 信息交流：校园网是沟通学校与外面的窗口，利用它既可以从校外获取各种信息，也可以向外发布各种信息。

虽然同样称为校园，但一方面中小学校园网、中等专业/职业学校校园网和高等院校校园网无论在经费、规模、技术水平、应用、建设内容上都有很大不同；另一方面没有两个校园网的需求是一模一样的。因此，必须根据校园网的具体情况进行量身订制。一般地，我们把校园网归纳为 3 类：小规模校园网、中等规模校园网和大型校园网。

1. 小规模校园网

小规模校园网主要应用于中小学教学，应用规模多在 150 个用户以内，信息点主要集中在多媒体教室、电子阅览室和学校管理部门。校园网跨度规模一般不超过 5 栋建筑物。

1) 应用需求

(1) 多媒体教室开课时应用密集，要求采用全双工交换网络，服务器性能要靠得住。

(2) 因本地教学资源有限，电子阅览室要求能够接入 Internet，宜采用 PSTN 或 ISDN 连接方式，按需建立连接以降低链路费用。

(3) 管理简单，无须专门培训。

2) 网络方案设计思路

中小学校园网建设经费一般都比较紧张，用户维护能力较低，网络方案应重在采用成熟技术，提供较高的性价比，提高网络免维护性。

建议小规模校园网络采用两层网络拓扑结构，网络主干采用光纤全双工快速以太网(100Base-FX)交换机。如果经费许可，也可在部分骨干网段采用千兆以太网，即采用可扩展 1000Base-X 光端口的固定配置快速以太网交换机。二级交换机采用 10/100M 自适应交换机，这种设计所提供的带宽性能可很好地满足了中小学校园网的要求。可通过拨号访问服务器连接 Modem 或 TA 设备实现 PSTN 或 ISDN 接入，以满足校园网内的部分用户共同访问 Internet。

服务器设备建议配置 2～3 台。一台位于多媒体教室作多媒体课件服务器；一台在电子阅览室作代理服务器兼文件服务器，还可建立学校 Web 服务(宣传学校形象、招生、网上公布考试成绩、给师生发通知等)；另一台可根据需要建立校内资源服务器兼应用服务器，运行教学和管理应用系统。

3) 多媒体教学子网

校园网建网的目的之一，是利用计算机网络实现多媒体教学，如图 9-12 所示。

(1) 把各种影视、教学资料存放在视频库中，教师和学生在阅览室内就可以利用计算机网络观看。教师在办公室内，可以利用网络观看放在视频库中的教学示范或为备课查看视频资料。

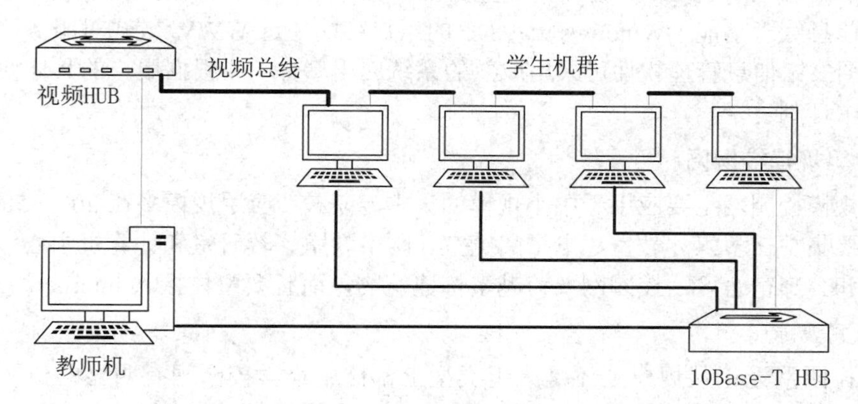

图 9-12　采用专用视频总线的多媒体教室方案

(2) 交互式多媒体课堂。学生自己可以查找文本、视频资料，进行主动的学习，老师起到引导和把握方向的作用。在多媒体教室中，由于多媒体在图片、声音等方面具有优势，因此利用网络进行教学、管理和辅助教学具有传统教学模式无法比拟的效果。

(3) 教学功能。可实现“教师演示、学生练习、教师讲评、学生举手”等功能。

(4) 管理功能。可对教师、学生等的档案、年级班组、课件、课程等进行管理。

(5) 辅助功能。如电子教鞭、教师备忘及发送通知等。

(6) 对教师教学质量和学生学习效果进行评估。利用网络技术可以方便快捷地反映出学生的学习效果，并进行智能的分析和评估。

要实现多媒体教学，其技术上的难点在于实现视频信号和音频信号的同步传输，可以选用专用视频流媒体服务器予以解决。还有就是如何保证图像和声音的质量，以太网使用的 CSMQ/CD 介质访问规程使得传送的视频信号不能同步，进而产生噪声和图像失真。为了解决这个问题，H.323 标准应运而生。它规定所有数据包所占用时间的长度是相同的，这就为在局域网上传送视频创造了条件。

在教学过程中，大量传送的是文本、图像和视频等数据，对速度要求较高，所以我们推荐主要端口至少采用 100M 交换式以太网端口，交换上连主干端口也最好能采用 1000M 交换式以太网端口。

4) 图书馆子网

利用网络技术实现校园图书馆的管理是校园网建设的重要内容，主要包括如下两方面内容：

(1) 图书查询和管理：利用网络技术后，图书的查询工作将变得很便捷。教师和学生可以按照多种关键信息来对图书进行索引查询，既节约时间，又能更准确地找到需要的书目。由于各种借阅信息可以及时地在计算机上显示出来，因此极大地方便了图书馆的管理工作。

(2) 通过 IC 卡可以对学校阅览室进行更有效的管理：图书馆是一个相对独立的系统，其内部可以专门配备一套主机连接光盘库服务器以及若干查询终端，用于教师及学生对图书及目录通过相应的索引软件进行查找。光盘库服务器采用专用 SCSI 光驱，以实现各种光盘图书、杂志、文献的存储与访问。为了提高访问检索速度，在光盘库服务内部还配有大容量、高可靠性的 RAID 硬盘作为光盘库的映像。工作组服务器提供馆藏图书的电子检索及动态信息管理功能。Windows 95/98 下的用户终端通过 WWW 方式对服务器进行多媒体访问。图书馆信息管理软件可采用成熟的系统应用软件，或根据用户的具体要求在项目实施过程中订制。

2. 中等规模校园网

中等规模校园网主要应用于中小规模的大中专院校，应用规模多在 200～500 个用户，信息点主要集中在多媒体教室、电子阅览室、网络教室、教研室和计算机中心，辐射到管理办公区和公寓宿舍区。校园网要跨越多栋建筑物，而且要整体接入 Internet。

1) 应用需求

这类校园网无论从规模上还是应用类型上都比中小学校园网有明显的延伸。其所传输的数据可分为 3 类：第 1 类为普通图文数据(包括超文本、位图、矢量图等)，如图书资料信息、数据库信息、CAD 文档、电子邮件和共享软件等，此类信息对校园网带宽要求不高；第 2 类为多媒体数据，如高质量的图片、声音和动态视频素材等，对网络传输带宽和延时性能要求极高；第 3 类为局域网要求，主要是将学院已建成的图书馆、计算机教研室和新闻报纸编辑实验室等局域网接入校园网，信息传输集中且信息量大，对网络入口要求极高。

从学院信息资源特点来看，这类校园网功能需求具有如下特点：

(1) 为实现网上多媒体信息的实时播放，要求主干网具有 100 Mb/s 以上的网络传输带宽。

(2) 为了让电化教学室实现多媒体教学，信息需要以 100 Mb/s 的速度交换到桌面。

(3) 从各局域网的安全性和数据传输效力考虑，要求系统能以多种方式实现虚网设置，即具有很强的虚网技术。

(4) 具有方便地从 100 Mb/s 的网络向 ATM 网或千兆位以太网升级的能力。

(5) 高性能全交换，千兆主干，满足较大负荷网络的运行需求。

(6) 支持多媒体应用，包括多媒体教室、电子阅览室、多媒体教学和办公自动化。

(7) 专线接入 Internet，实现校园网内所有用户高速访问广域网。

2) 方案设计要点

为便于组织管理，发挥网络设备的整体效能，网管中心应设在学院比较靠中间的主楼上。核心交换机应选用 2 台千兆以太网模块化交换机，其中一台带有三层交换，核心交换机之间采用聚合链路冗余连接(Port Trunking)，以保证核心交换机之间的千兆无阻塞且冗余容错连接。核心交换机的插槽可灵活配置，根据建筑物的多少，可配置 1～2 块千兆以太网模块插板，用于建筑群和网管中心之间的校园主干；其余选用 10/100 M 以太网交换模块插板，用于网管中心所在主楼的信息点连接。高端口密度的 10/100 M 可以适用各种不同的网络应用要求。服务器群(其中包括文件服务器、数据库服务器、应用服务器、Web 服务器等)以千兆或百兆带宽高速连接，重要的服务器及主干链路还可采用动态生成树(Spanning Tree)冗余链路连接。接入层交换机选用 10/100 M 可堆叠交换机，便于扩展，以满足建筑物内信息点对固定配置端口密度的需要。此外，配置单口或双口的千兆模块以便上连主干网络，路由器设备可选用一款为中小规模级别用户提供方便、快速、灵活、安全的网际互联的路由设备，用于连接上级主管机构、分校、邻近的友校或实现 Internet 接入。

中型校园网应用系统基本可分为多媒体教学、电子图书馆、资源共享和网上办公等内容。在学校的日常工作过程中，有越来越多的工作方式和流程是可以通过网络来简化并提高效率的。例如：

(1) 校内公文流转和发布各种通知等。传统的打印、张贴等方式已经显得复杂和没有效率，利用网络可以使这类工作快捷和便利地完成。

(2) 教务信息管理，包括对各种和教务相关的问题进行处理。例如，课程安排、任课教师安排、学籍管理、考绩管理等。利用网络来对这些信息进行管理，比传统的方式更为高效、准确。

(3) 通过办公子网能提供面向学校的各级领导以及各职能部门的多种服务(如办公管理、思教管理、教务管理、总务管理、财务报表管理等)，促进学校现代化管理的发展。

鉴于学校办公计算机所实现的功能主要是对网络数据的查询、修改、添加、删除等操作，因此对带宽要求不是很高，采用交换式 10/100 M 连接即可。另外，办公子网有共享打印需求，可适当配置一套网络打印机。

3. 大型校园网

大型校园网定位在高等院校，应用规模为 500～10 000 个用户，信息点分布整个校园。

大学校园网建设的目标是既能满足学生即将进入社会、面临网络信息时代激烈的知识竞争的需要，又能满足教师教学活动和研究人员迅速吸收最新知识、进行学术交流和创造的需要，同时还能达到在面积较大、环境较为复杂的校园内，进行行政、生活、教务管理以及开展多种业务活动的目的。这些需求使大学校园网应能适应多种不同的数据传输类型，体现出不同的应用特点。同时，网络设计要尽量简单化、模块化，既可节省资金投入，又便于网络管理和升级。

1) 网络应用特点

大学校园网一般的应用主要有如下几种：

(1) 电子邮件系统：主要进行与同行交流、开展技术合作、学术交流等活动。

(2) 文件传输 FTP：用以获取重要的科技资料和技术文档。

(3) www 服务：通过 Internet 服务，学校可建立自己的主页，利用外部网页来进行学校宣传、提供各类咨询信息等，利用内部网页进行管理(如发布通知、收集学生意见等)。

(4) 计算机教学：包括多媒体教学和远程教学。

(5) 图书馆访问系统：用于计算机查询、检索、阅读等，还有其他应用，如大型分布式数据库系统、超性能计算资源共享/管理系统、视频会议系统等。

(6) 教务办公：使校领导能及时、全面、准确地掌握全校的教学、科研、学籍考绩、一般管理、财务、人事等方面的情况。

(7) Internet 接入：通过路由器实现与 CERNET、ChinaNET 的互联，使教职员工和学生能在校园内上网，从事家庭办公、课外学习和资料查询。

2) *需求分析*

大学是一个小社会，网络应用类型非常复杂，信息媒体类型较多，且具有信息流猝发的特点。在大学校园网建设中，应充分兼顾信息资源共享与服务、多媒体教学和教务管理等因素对网络的需求。大学建设校园网，一般经费比较充裕，在网络技术上应该留有一定的发展空间。校园网设计应该满足以下条件：

(1) 网络应具有传递语音、图形、图像等多种信息媒体的功能，二级以上交换机应支持组播功能。

(2) 具备性能优越的资源共享功能，以及校园网中各信息点之间的快速交换功能。

(3) 由于大学校园网规模较大，教学与科研部门众多，如果所有信息点在同一冲突域中，网上广播风暴就会使网络性能严重下降。因此，中心系统交换机应支持 VLAN 和第三层交换技术，支持 QoS，对网络用户具有分类控制功能，对网络资源的访问提供完善的权限控制，以提高网络的安全与性能。

(4) 校园网与 Internet 网相连后，应具有“防火墙”过滤功能，以防止网络黑客入侵网络系统。

(5) 能够对接入因特网的各网络用户进行权限控制和计费管理。

3) *方案设计要点*

大学校园网建设的目标就是要在校内构筑一套高性能、全交换、以千兆以太网结合全双工快速以太网为主体、以双星(树)形结构为主干的遍布整个校园的信息网络系统，以满足大负载网络访问需求。在校外，采用宽带接入方案连接到 CERNET，以实现高校与外部之间的高效率资源共享和学术交流。当前，各地城域网建设已开始逐步升温。作为“高新技术孵化器”的高校，知识、人才资源十分丰富，应该开辟更宽的渠道以获得各种各样的信息来促进自身在研究、学术上的进步，同时把学术信息资源投放到地方，因此还应考虑与当地城域网的连接。校园网与企业网不同，它一般采用开放的网络结构，在广域网连接的安全性考虑上稍弱。因此，国内一般采用的是路由器防火墙，即包过滤功能防火墙，而不是企业网的物理防火墙。

布线系统是网络通信基础设施，可以说是“十年大计”，应当一步到位，尤其是主干光缆，铺设费用较高，如果几年内改造将造成巨大浪费。布线时应当埋足芯数，单路 GBE 需要 2 芯光纤，传输速率在 622 Mb/s 的 ATM 则需 6 芯光纤。我们很难预测未来 5 年内会发生什么变化，但有一点，光纤标准是网络中最耐久的，冗余敷设有利于系统扩展。

4) *层次化方案设计*

图 9-13 展示了一个大学校园网的通用模型。由于具体情况不同，在实施时要根据很多因素来重新扩展定义更复杂的网络模型。

前面我们介绍过，从逻辑设计的角度，大型网络可分为核心层、汇聚层和接入层，每层都有其特点。

核心层为下两层提供优化的数据转移功能，它是一个高速的交换骨干，其作用是尽可能快地交换数据包而不应卷入到具体的数据包的运算中(ACL、过滤等)，否则会降低数据包的交换速度。

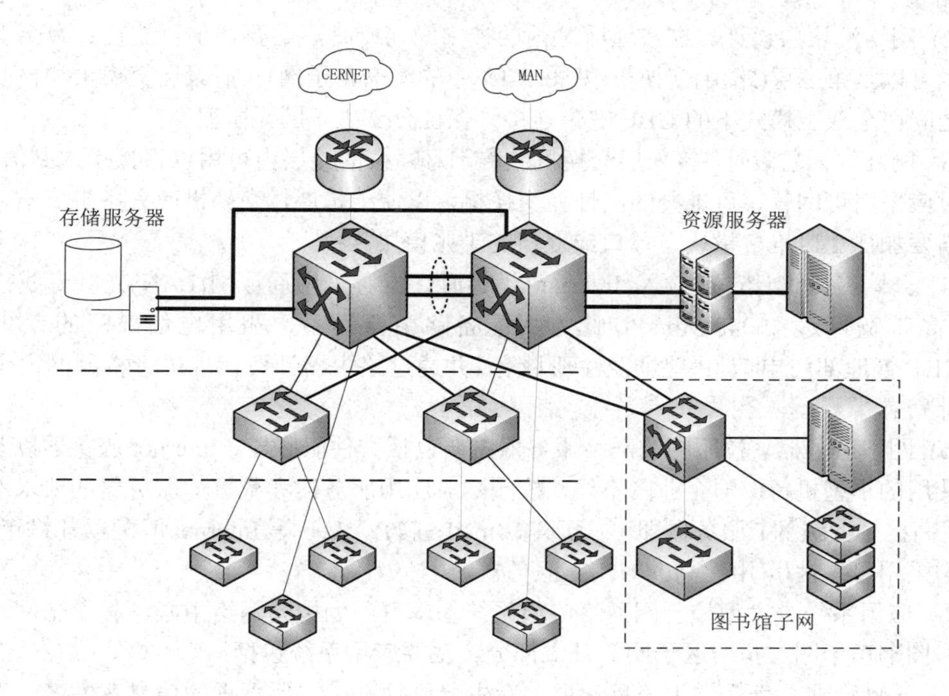

图 9-13 大学校园网通用模型

汇聚层提供基于统一策略的互联性，它连接核心层和接入层，对数据包进行复杂的运算。在园区网络环境中，汇聚层主要提供的功能有地址的聚集、部门和工作组的接入、广播域/组播传输域的定义、VLAN 分割、介质转换、安全控制等。

接入层的主要功能是为最终用户提供对网络访问的途径，具体包括带宽共享、交换带宽、MAC 层过滤、网段微分等功能。

层次化设计的优点可以总结为如下几点：

(1) 可扩展性：模块化的设计，使得网络具有良好的扩展性。

(2) 简单性：通过将网络分成许多小单元，降低了网络的整体复杂性，使故障排除更容易，能隔离广播风暴的传播、防止路由循环等潜在的问题。

(3) 设计的灵活性：使网络容易升级到最新的技术，升级任意层次的网络不会对其他层次造成影响，无须改变整个环境。

(4) 可管理性：层次结构使单个设备配置的复杂性大大降低，更易管理。

层次化方案设计主要包括以下几方面：

(1) 网络核心层设计。大学校园网采用层次化网络拓扑结构，核心层采用两台带有第三层交换模块的千兆以太网交换机。核心交换机之间采用聚合链路(Polt Trunking)，该技术可使交换机之间连接最多 4 条负载均衡的冗余连接。当两个交换机之间的一条线路出现故障时，传输的数据会快速自动切换到另外一条线路上进行传输，以使网络真正具备高容量、无阻塞、可靠的多媒体传输和优质的管理能力，可将千兆以太网交换、快速以太网交换以及路由构成一套有机的网络主干。

核心层还包括 IP 路由配置管理、IP 组播、静态 VLAN、生成树、设置陷阱和警报、RMON 监控管理以及服务器群的高速连接等。

(2) 网络汇聚层设计。在校园园区内的楼宇间连接时，主要楼宇可放置二级交换机，当然也可以是第三层(路由)交换机(见图 9-13 中的图书馆子网)。汇聚层交换机和核心层交换机之间在全双工模式下的 GBE 宽带连接，保证分支主干的无阻塞交换。

(3) 网络接入层设计。接入层交换机放置于每幢楼的楼层内可用以直接接入到信息点。接入时应采用可网管、可堆叠的高性能交换机，以便于扩展，交换机应具备扩展槽，以便根据需要加插 2 口堆叠模块、单口或双口的千兆模块。

(4) 公网接入设计，在接入 Internet 设计时，推荐采用局域网(LAN)光纤专线接入方式(最高带宽可达 2.048 Mb/s)。此方式配备路由器设备，租用电信部门的专线并向 CERNET 管理部门申请 IP 地址及注册域名，并通过路由器计费代理进行校园网内学生上网的计费。

(5) 网络服务器。校园网的网络服务器主要包括文件服务器、Internet 服务器以及面向全校使用的小型机等。与企业网不同，校园网对应用服务器和数据库服务器的要求不是很高，用高档企业级 NT 服务器即可；而其 E-mail、FTP、Web 等 Internet 服务器却终年忙碌，可考虑采用可靠性/可用性高的 UNIX 服务器。

(6) 应用系统。大型校园网网络应用系统基本可分为校园网络中心、教学子网、办公子网、图书馆子网、宿舍区子网等几大部分。主要应用系统包括：

① 学籍管理。包括学生信息管理、新生分班管理。主要管理的信息有姓名、性别、出生日期、籍贯、民族、政治面貌、招生类别、总分等。学校可按照班级设置情况，对新生以自动分班或手动分班的方式进行分班，分班完毕后将新生详细信息录入到学籍库中，老师则从管理员处获得对其班上的学生的信息进行修改填写的权限。

② 成绩管理。包括与每次考试相关的成绩信息录入、修改、浏览、查询等功能，节省了大量的时间去做往常那些繁杂的统计工作。但不同的网络用户拥有不同的权限，如学生用户按照系统默认的权限设置只能浏览成绩信息，而不能修改信息。

③ 教学管理。它涵盖的信息较为全面，包括教师评估内容管理、教师评估结果管理、教案管理、课件管理。教师评估内容，如评估的项目、栏目等，学校可以根据实际情况自行设定。教案管理是指学校可以将具有典型意义的教案发布到校园网上供学校网络用户(老师)交流。课件管理是指学校可将一切对网络用户有教学意义的教学资源发布到校园网上，使校园网课外教学的作用得到最大程度的发挥。

④ 班级管理。主要对学校班级信息进行管理，为跨学年信息提供自动升级信息。比如学生从初一升为初二，管理员将把所有有关信息升为初二学生信息，当然也可对部分学生作留级处理。

⑤ 课表管理。例如，通过清华泰豪排课系统将排出的课表发布到门户系统中，管理员给予权限以供网络用户(教师、学生)网上浏览、查询、下载之用。

⑥ 网上图书管理。管理员输入有关图书信息，并设置图书统计维护、图书查询、图书预借等功能。

⑦ 公告管理。管理员要进行公告登记和公告维护两项操作，可将校内通知、公文等发布到校园网上，达到网上办公、校务公开的目的。

9.4.2 企业网

1. 企业网络概述

狭义的企业网主要指大型的工业、商业、金融、交通企业等各类公司和企业的计算机网络；广义的企业网则包括各种科研、教育和政府部门专有的信息网络。

企业建立信息网的宗旨是以实现业务系统全面高效的信息化为宗旨，以有限的投资获得应有的利益回报为目的。用网络更多更快地赚钱是企业投资网络建设的前提。

企业网应用的主线都是围绕产品、市场营销和管理等业务活动展开的，主要包括产品开发设计、生产销售过程控制、财务、物流、人力资源、生产资料管理等几个环节。企业网的应用应以此为主进行规划。

企业间竞争激烈，涉及很多国家和企业的经济技术秘密，信息安全比校园网要重要得多。对于一些核心部门，如设计部、财务部、企业领导办公子网等，企业网的方案设计应包含比较完备的安全设计方案。

2. 企业网络的特点

由于企业种类繁多、规模各异，因此企业计算机网络一般根据企业的体系构成分成多个层次，一般分为工作组级、部门级、园区级以及企业级网络。

1) 工作组级网络

工作组级网络一般指在规模上处于办公室/工段内部或跨办公室/工段小规模的网络。这是企业中最基础的单元级局域网络，其特点是人数不一，但人员间联系紧密，业务信息流和数据流的源头多从这里开始，企业中网络的需求源头也是从这里开始的。不同的工作组可能对网络的需求有较大的差别，组内和组间联系的紧密程度很不一样，在进行网络的需求分析时，工作组级网络的分析应尽量详细，力求获得较为准确的需求数据。

对于网络组建来说，依据组内的实际需求和各组间的综合需求，设计一个配置合理、在实际应用中可获得较高运行效率的工作组级网络是其主要目的。

根据实际的需要，工作组级网络主要采用 10/100Base-T(X)技术来建立。工作组级网络的计算环境一般应以客户机/服务器的模式建立，服务器的选择依实际需求而定，一般而言没有本地服务器，若确实需要也可配置，如电厂发电机组工业控制工段的数据采集服务器。工作组级网络必须有与上一级网络互联的端口。

2) 部门级网络

部门级网络一般指企业中位于同一楼宇内的局域网或小型企业的“企业级”网络。

部门级网络是由部门内部业务联系密切的工作组级网络互联建立的。其主要的目标是资源共享，例如，激光打印机、彩色绘图仪、高分辨率扫描仪的共享，同时还有系统软件资源、数据库资源、公用网络资源的共享。

对于部门级网络，应根据部门的业务特点和部门的需求分析，如各个小组网络间的数据流向、信息流量的大小、具体的地理条件等，综合考虑部门网络的网络技术和具体结构。部门级网络存在着局域网互联的技术要求。

3) 园区级网络

园区级网络指整个企业范围内由企业中各部门网络互联组成的网络，一般跨数个至十数个楼宇，其范围一般在几百米至几十公里，园区级网络考虑的重点是带宽较高的干线网。园区级网络有与广域网络的连接部分，包括与企业局域网间的互联、接入本地区公用网络的连接以及进入全球性网络的互联体系等。

园区级网络中的技术问题较为复杂，管理任务较为繁重，因此网络管理中心的建设尤为重要。网络管理中心除了要提供企业级服务器资源外，还应对整个网络的日常运行和安全进行管理，如记录和统计网络运行的有关技术参数，及时发现和处理网络运行中影响全局的问题等，同时根据全网运行统计资料的定期分析，调整和改进校园网络的拓扑、网络设备等。

4) 企业级网络

对于一些大型企业，其分布可能覆盖全国或全世界。其计算机网络是由分布在各地的局域网络(园区级网络或较大的部门网络)互联而成的，各地的局域网络之间通过专用线路或公用数据网络互联。

企业网络中包括多种网络系统，应当设置企业网络支持中心，由其来实施对整个企业网络的管理。企业网络中心应配置大型企业级服务器，支持企业业务应用中的大型应用系统和数据库系统。由一系列的通用系统、专用系统以及所有支持企业整体业务运行的系统构成整个企业的计算和网络应用环境，即企业计算环境。

3. 企业网需求分析

计算机网络系统是整个应用系统的支撑环境，它应符合整个业务系统的功能要求，能够按照信息流的情况，合理地分配网络带宽，避免或减少网络的阻塞，使整个系统运转自如，能够合理配置网络资源设施，系统地组织网络信息系统。

1) 分析企业的基本情况

首先，通过调研进行企业应用分析，包括企业的总体情况和机构设置、企业中各部门的业务活动情况、部门中各小组的业务活动情况、企业已有的网络及其外部通信环境等。

其次，获得统计图表和系统设计图，包括基本业务流程图、数据流程和数据流向图、园区内机构和工作组级地域分布图、业务部门内部和部门之间的相互关联图等。

这个阶段获得的成果：形成初步网络设计草案。

2) 分析企业的应用特点

企业业务应用的特点一般包括：

(1) 应用系统需求，包括数据库系统、第三方软件、企业基础服务平台要求等。

(2) 安全性和保密性要求。

(3) 多媒体应用需求，包括音频/视频流媒体播放(组播)、IP Phone、会议电视等。

(4) 实时性的需求，如实时采样、工业控制、股票交易等。

这个阶段获得的成果：结合不同的网络硬件和软件技术，进一步完善网络设计方案。

3) 权衡因素

在企业网络需求分析过程中，还要权衡以下几个因素：

(1) 网络环境的总体目标。

(2) 企业的中长期发展目标。

(3) 企业现阶段的需求。

这个阶段获得的成果：从整体上确定了网络系统的设计方案。

4. 企业计算机网络的结构化设计

根据企业的需求分析，采用结构化方法把网络设计成有层次和有结构的统一体。依据企业的应用层次，即工作组级、部门级、园区级以至企业级，设计相对应的接入层、汇聚层、核心层网络和网间网(私有专网、VPN 或 Internet)。每个层次上的网络结构都是明确的。

这样设计的网络特点是结构性强，层次清晰，整个系统的运行和应用既有各自的相对独立性，又具有合理的数据流向，组成具有层次性和结构化特征的统一体。按照客户/服务器(C/S)或浏览器/服务器(B/S)体系结构建立各层次的网络应用。企业网结构化设计有助于网络升级扩展和分级管理。

图 9-14 展示了一个通用的企业网络模型，这也是我们在系统集成中可能遇到的最常见的网络层次化结构方案。从图中我们可以看到，企业网被防火墙设备分割成两段。

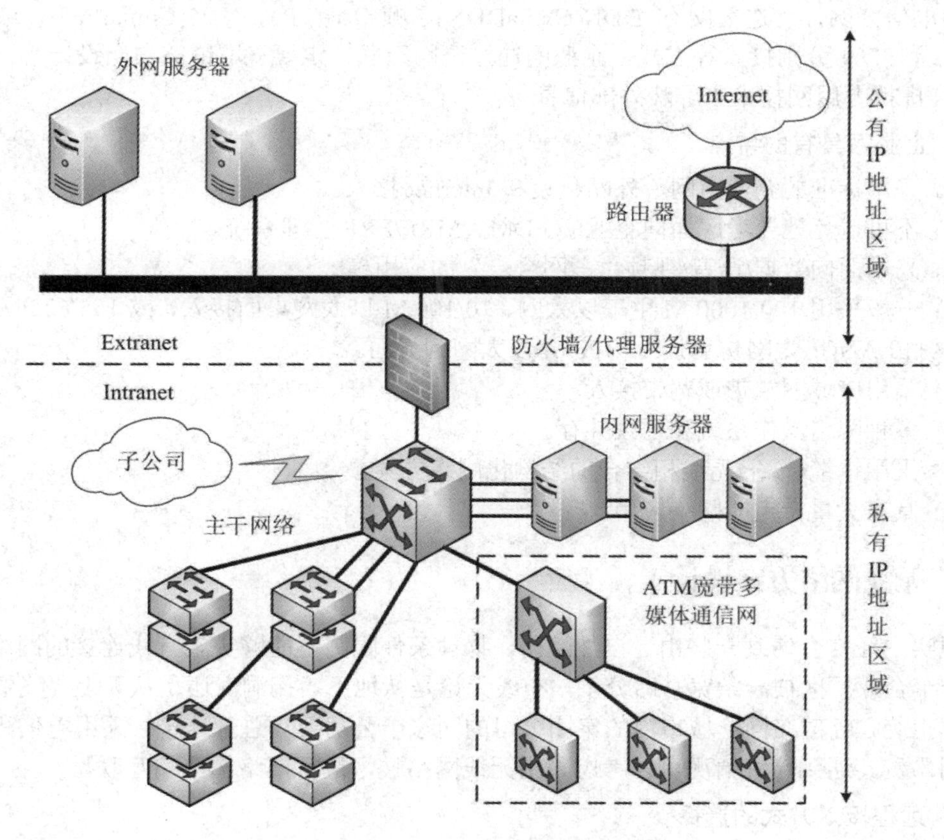

图 9-14　通用企业网模型

1) 企业外部网 Extranet

Extranet 是位于防火墙外直接与 Internet 相连的区域，即企业网外网。防火墙的主要作用是把 Internet 网络用户挡在墙外，使外面的用户无法进入企业网。Extranet 为网络提供了一个“缓冲地带”，其作用是提供企业网对外交流的渠道，建立企业面向 Internet 的电子商务服务体系，主要包括 Web、DNS、DB、CA 认证、E-mail 等服务。

2) 企业网 Intranet

其余在防火墙内的部分为 Intranet，即企业网内网，也是企业网建设的重点。本方案中采用的是容错度较高的双星结构，配置两台核心交换机，用以连接二级交换设备、企业服务器、网络存储设备等，组成网络主干。该方案采用二级结构，只有接入层，没有分布层。这与企业部门的级别和建筑群结构有着直接关系。不难看出，其主干采用千兆以太网，10/100 M 交换到桌面。对于零散的对网络带宽要求不高的远程用户，或不值得去专门布线的工作点，宜采用远程访问服务器、PSTN 电话网拨号模拟接入。

3) 企业网互联

大型集团公司或跨国公司往往距离遥远，而其企业业务流和财务信息流往往是一体化的。企业网互联主要用来为集团公司或跨国公司的总部与分支机构之间提供网络互联。途径有很多，如果两地不足 20 km，可以考虑用微波无线网连接，如果属于城际互联，则必然利用电信公网，可选公网有 DDN(ChinaDDN)、帧中继(FR)、X.25(ChinaPAC)，或采用 ADSL 或 ISDN 分别接入等方式。企业网通过公网互联一定要采取链路安全设计，一般采用 VPN 虚拟专用网技术来屏蔽外部信息包。

5. 企业网具有的特点

(1) 采用标准的企业内网、外网建设和 Internet 接入。

(2) 不可避免地要考虑面向企业的 PDM、MRP/ERP 管理系统。

(3) 采用面向数据/语音/视频“三网合一”的应用模式。

(4) 一般采用 100/1000 M 主干以太网、10/100 M 以太网桌面接入，或 155/622 M 主干 ATM 网+ELAN(以太网仿真)、10/100 M 以太网到桌面。

(5) 采用广域网窄带或宽带接入。

(6) 多种网络操作系统和平台并存。

(7) 采用铜缆/光纤/无线相结合的结构化网络方案。

(8) 具有大量特定的网络应用。

9.4.3 无线网络方案设计

现实中经常会遇到一些由于自然障碍、物理条件限制不能够实施有线连接的网络，比如，一个企业厂区被一条宽马路分割，布线无论是从地下“掏洞”还是从天上“飞虹”均被城建拒绝；分散在同一城市内的集团公司的两家子公司要与总部连接，采用电信租用线路费用昂贵。遇到这种情况可以考虑采用无线网络技术进行网络构建和互联。

1. 远程接入方式的选择

接入层除以太网连接以外，还要考虑为无法实施综合布线系统的远程网络用户以及位于异地的分支机构提供接入访问和广域网互联。

远程连接重点要考虑距离、成本费用、网络兼容性等问题。对于位置较集中且已组局域网的用户群组，距离较近时可采用无线以太网方式连接，速度高(11 Mb/s)，兼容性好；距离较远时，可通过微波扩频通信机加无线网桥连接(2 Mb/s)。当然，如果距离超过 50 km 的话恐怕无论如何都要借助电信专网。

2. 无线接入方案实例

1) 微波扩频方案

微波扩频通信不占频点，不用给任何人交钱，只需在无线电管理局备案即可。如果中间有很多建筑物阻隔，还必须在其中最高大的建筑物顶端建立中继站。图 9-15 所示为具有两个校区的大学建立的微波网络远程接入。

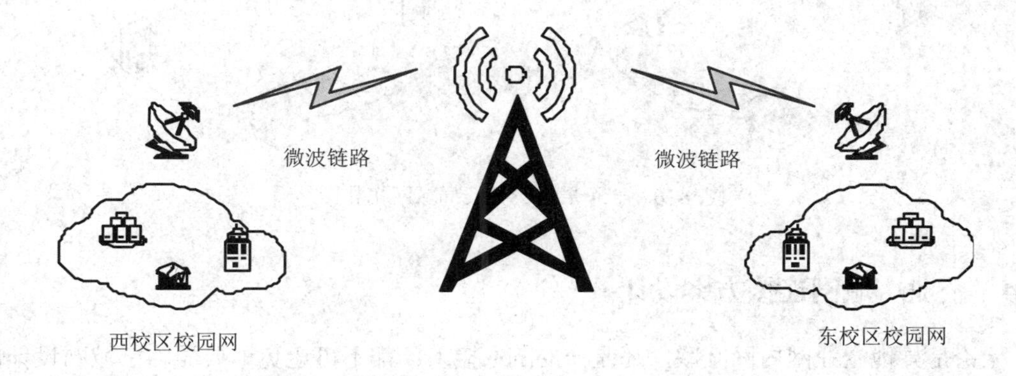

图 9-15　具有两个校区的大学建立的微波网络远程接入

微波通信的传输速率一般为 2 Mb/s，初期的投入是一笔不小的费用，但一次投入长期受益。如若不然，长期租用电信的 DDN 线路或帧中继线路所支付的通信费用比较昂贵。

2) 无线局域网方案实例

无线网络的出现就是为了解决有线网络无法克服的困难。无线网络首先适用于很难布线的地方，比如受保护的建筑物、机场、体育赛场等，或者经常需要变动线结构的地方，如展览馆、商场和移动性强的场所等。

图 9-16 展示了构建一个展交会场馆内的计算机信息网络并通过干线接入 Internet 的方案。在这个案例中，用户需要临时建立一个局域网，所以没有必要铺设有线网络，而且客观环境也不允许。无线网络无须布线，特别是这种临时组网的情况，安装和拆除既简单又方便快捷。无线局域网的好处在于它不会破坏场馆的内部装修，而且在短时间内就能够搭建网络环境。

该方案借助创智公司的无线产品实现了如下功能：

(1) 无线局域网覆盖场馆的所有地方。

(2) 每个场馆具有数兆到数十兆的无线接入带宽。

(3) 接口简单，无线局域网的无线集线器可通过双绞线实现与有线网络的集线器或交换机的无缝连接。

无线局域网的建立为参展商提供了便利，使参展商可以在场馆内的任何地方上网，提升了展交会的服务水平，建立了更好的形象。

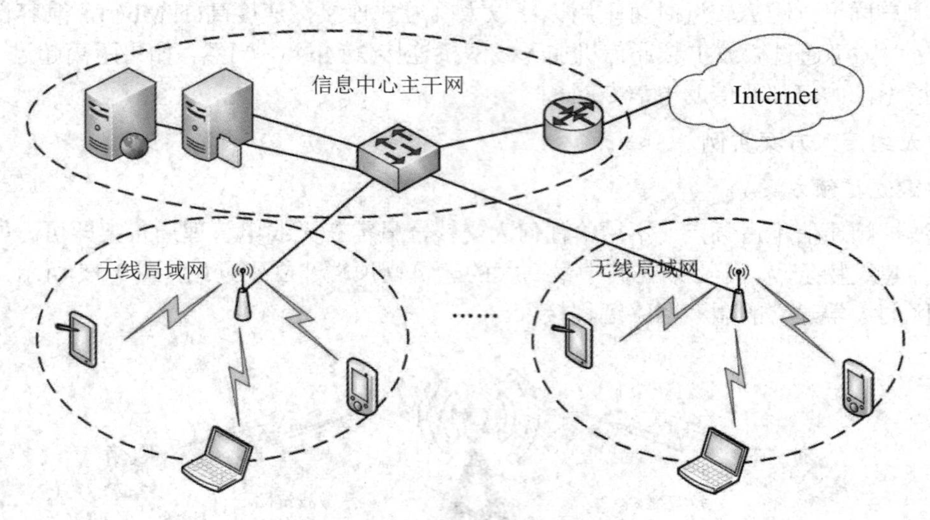

图 9-16　一个展交会无线局域网拓扑图

9.4.4　企业广域网连接方案设计

无论是异地企业网内网互联，还是 Internet 接入，都不可避免地要面临广域网设计问题。电信公网带宽性能较佳，Internet 接入速度也最好，如果用户认为电信公网或接入网(包括 DDN、FR、光纤以太网接入和 ADSL 等)的费用与其效益相比算不了什么，那么电信公网仍然是最优选择。

企业通过电信公网的广域网连接分为两种情况：第一，通过公网连接“身首异处”的企业网内网；第二，通过公网接入 Internet。下面我们分别予以讨论。

1. 虚拟专用网互联方案

1) 虚拟专用网(VPN)概述

VPN 指的是在公用网络上建立专用网络的技术。之所以称为虚拟网，主要是因为整个 VPN 网络的任意两个节点之间的连接并没有传统专网所需的端到端的物理链路，而是架构在公用网络服务商所提供的网络平台(如 Internet、DDN、FR 等)之上的逻辑网络，用户数据在逻辑链路中安全传输，用户透过 VPN 访问异地的网络，就像使用本地网一样，只是速度要慢些。

VPN 兼备了公众网和专用网的许多特点，将公众网可靠的性能、丰富的功能与专用网的灵活、高效结合在一起，是介于公众网与专用网之间的一种网。虚拟专用网络支持远程员工使用 Internet 等公共互联网络的路由基础设施以安全的方式与位于企业局域网端的企业服务器建立连接，同样支持企业通过公共信息基础设施与分支机构或其他公司建立连接，进行安全的通信。

VPN 能够充分利用现有网络资源，提供经济、灵活的联网方式，为客户节省设备、人员和管理所需的投资，降低用户的电信费用，在近几年得到了迅速的应用。有专家认为，VPN 将是本世纪末发展速度最快的业务之一。VPN 的建立有三种方式：一种是企业自身建设，对电信部门(ISP)透明；第二种是电信部门建设，对企业透明；第三种是电信部门和企业共同建设。

常规的PPP(点对点协议)连接与虚拟专用网连接的异同点在于在前一种情形中，PPP数据包流是通过专用线路传输的。在VPN中，PPP数据包流是由一个LAN上的路由器发出，通过共享IP网络上的隧道进行传输，再到达另一个LAN上的路由器。这两者的关键不同点是隧道代替了实实在在的专用线路。隧道好比是在WAN中拉出一根串行通信电缆。

建立隧道有两种主要的方式：客户启动(Client-Initiated)或客户透明(Client-Transparent)。客户启动要求客户和隧道服务器(或网关)都安装隧道软件，后者通常都安装在公司中心站上。通过客户软件初始化隧道，通过隧道服务器中止隧道，电信部门可以不必支持隧道。客户和隧道服务器只需建立隧道，并使用用户ID和口令或用数字许可证鉴权。一旦隧道建立，就可以进行通信了。

一般来说，企业在选用一种远程网络互联方案时都希望能够对访问企业资源和信息的要求加以控制，所选用的方案应当既能够实现授权用户与企业局域网资源的自由连接，使不同分支机构之间的资源共享，又能够确保企业数据在公共互联网络或企业内部网络上传输时安全性不受破坏。因此，最低限度，一个成功的VPN方案应当能够满足以下所有方面的要求：

(1) 用户验证。VPN方案必须能够验证用户身份并严格控制只有授权用户才能访问VPN。另外，方案还必须能够提供审计和计费功能，显示何人在何时访问了何种信息。

(2) 地址管理。VPN方案必须能够为用户分配专用网络上的地址并确保地址的安全性。

(3) 数据加密。对通过公共互联网络传递的数据必须经过加密，确保网络其他未授权的用户无法读取该信息。

(4) 密钥管理。VPN方案必须能够生成并更新客户端和服务器的加密密钥。

(5) 多协议支持。VPN方案必须支持公共互联网络上普遍使用的基本协议，包括IP、IPX等。以点对点隧道协议(PPTP)或第2层隧道协议(L2TP)为基础的VPN方案既能够满足以上所有的基本要求，又能够充分利用遍及世界各地的Internet互联网络的优势。其他方案，如安全IP协议(IPSec)，虽然不能满足上述全部要求，但是仍然适用于特定的环境。本文以下部分将主要集中讨论有关VPN的概念、协议和部件(component)。

2) *VPN应用实例*

山东证券有限责任公司是一家经营山东省证券业务的公司，总部在济南市，在全省各个地市有十几处营业部，另外在上海和北京设有两处营业部。日常各部之间的联系极为紧密，尤其是各地市分部与总部的联系更是如此。鉴于证券行业的特点，为了把各地市分部的网络连成一体，而又降低投资和管理费用，同时加强通信的安全性，我们采用了目前微软的基于Windows NT的VPN技术来建设山东证券的网络。

具体的连接方式是各地市营业部采用64k DDN专线通过169公网与总部VPN服务器建立VPN通道连接。同时，为了保证整个VPN网络的连续运行，设立青岛接点作为VPN备份服务器，一旦济南中心点出现故障，各地市的连接就转移到青岛接点上。另外，在济南中心接点配置一个Modem池，以便在紧急情况下作为各地市的拨入设备使用。

2. 企业网 Internet 接入方式

当前的企业网络建设，不考虑 Internet 接入与信息资源利用的网络已经很少见了。但 Internet 绝不是一块净土，网络黑客对我们的网络虎视眈眈，在接入 Internet 的前提下如何保证安全必须在网络方案中给予重点考虑。综观目前国内政府机关和大型企业的 Internet 接入方式，无外乎有以下几种方式。

1) 内外网络实行物理分割

内外网络实行物理分割的做法是从网络综合布线上将内外网严格分开，也就是说相当于有两套网络，一套用于内部业务以及办公使用，一套单纯用于与 Internet 相连进行信息获取。对于某些有必要访问外网的用户会有两个网络端口甚至两台工作站。这样做的优点是 Internet 的接入绝对安全，即便有 Internet 非法入侵对内网而言也无妨。缺点是投资较大，相当于 1.5 倍的网络投资。但安全往往是以极大的不方便为代价的。这种方案无法使内外网互通，从 Internet 上下载的有用信息只能用软盘复制到内网的工作站上。

这种方案常用于部队、国防军工单位或政府机关的园区网、办公网中。因为根据有关国家计算机网络安全法规，在上述机构的网络建设中，内外网必须要做到物理分割。

2) 实行集中离线浏览操作

实行集中离线浏览操作的做法与纯物理分割基本相同，只是变通地实现非实时的 Web、E-mail 和 FTP 服务。

Web 服务采用装有专用网络工具的一至数台服务器定期到 Internet 网上“抓取”信息页面，然后与外网断开接入内网供内网浏览使用。

E-mail 服务采用定期与内网和外网交换邮件的两台 E-mail 服务器每天定时将外网收到的 E-mail 转发到内网的 E-mail 服务器，并将从内网中发到外网的 E-mail 转发到外网的 E-mail 服务器并发送出去。

FTP 则需要网管中心根据大家提交的软件下载需求到外网搜集下载，并将下载的文件放到内网的 FTP 服务器上供大家使用。

这种做法对保护内网的安全同样是可靠的，但其缺点同样是明显的，即无法实时完成 Internet 接入的基本应用，WWW 浏览服务仅限于固定的几个站点，且随着脚本程序在网站上的大量应用，动态网页越来越多，现有 Web 抓取工具无法实现信息离线浏览服务。

3) 利用防火墙分割内外网

利用防火墙分割内外网的做法的优点是可完成全部的 Internet 接入功能，实现 WWW、E-mail、FTP 等多种网络应用，真正体验到互联网带给我们的种种优越性。这种做法的优点是在完成 Internet 接入的同时，有效地控制检测内外部信息流量，禁止一切非法入侵，保护内部网络的安全。缺点是一旦黑客突破防火墙这道安全屏障，如果内部网络没有安全策略的话，那么对内网的信息安全会构成重大威胁。

9.5　网络综合布线系统与机房方案设计

网络综合布线系统设计就是为信息网络设计物理通信线路，机房设计就是对网络设备中心进行布局设计。习惯上，我们把网络总体技术方案的设计选型称为逻辑网络设计，把网络布线系统方案设计称为物理网络设计。由此可见，网络综合布线与网络机房设计是网络系统中比较重要的环节，它有很多技术规范，并直接影响网络的运行质量。

9.5.1　综合布线系统(PDS)概述

1. 网络综合布线系统的概念

所谓综合布线系统是指按标准的、统一的和简单的结构化方式编制和布置各建筑物(或建筑群)内各种系统的通信线路，包括网络系统、电话系统、监控系统、电力及照明系统等。因此，综合布线系统是一种理想化的信息传输线路交叉连接系统。事实上，真正从建筑物或建筑群一开始建设就规划网络方案的实例少之又少(只有新建设的智能大厦或智能小区是这样)，因此等到计算机网络开始设计时，电话、电力照明系统已建设完毕。所以，系统集成商以单独设计架构为信息网络专用的网络综合布线系统居多。

2. 综合布线系统的几个基本问题

1) 带宽与传输速率

提到如何选择综合布线系统，首先有两个概念要分清，那就是带宽(MHz)和数据传输速率(kb/s、 Mb/s)。二者之间的比值关系与编码方式和信号调制方式等技术有关。例如，ATM155，其中 155 是指数据传输的速率，即 155 Mb/s，而实际的带宽只有 80 MHz；又如基于铜缆的千兆以太网(约 620 Mb/s)是一种使用与标准电话线相同的铜质缆线来实现计算机之间的高速互联的联网技术，由于采用 4 对线全双工的工作方式，因此对其传输带宽的要求只有 100 MHz。在计算机网络专业中，广泛使用的是数据传输速率概念，而在电信专业中则使用带宽。

2) 主流双绞线类型

目前主流双绞线使用超 5 类(Enhanced Cat 5)和 6 类(Cat6)电缆系统。超 5 类是在对现有的 5 类 UPT 双绞线的部分性能加以改善后产生的新型电缆系统，不少性能参数(如近端串扰(NEXT)、衰减串扰比(ACR)等)比 5 类双绞线都有所提高，但其传输带宽仍为 100 MHz。而 6 类双绞线是一个新级别的电缆系统，除了各项性能参数都有较大提高外，其带宽将扩展至 200 MHz 或更高。

不论是超 5 类还是 6 类电缆系统，其连接方式都与现在广泛使用的 RJ-45 接插模块相兼容。

3) 质量保证

布线系统本身是一种无源的物理连接系统，一旦安装完成并通过测试，一般情况下无须维护，只要对其加以正确的管理即可，所以厂家的所谓若干年质保主要是针对其在工程项目中所提供的全系列布线产品本身的质量而言。对于由非人为因素造成的产品质量问题，厂家是完全负责的；而真正意义的售后服务，应该是由负责实施该项目的系统集成商来完成的。所以应当让用户明白，选择品质优良的产品，通过厂家提供的正规渠道拿货，并选择国内信誉好、技术水平高的系统集成商来施工，让他们在得到合理的利润后，用户也可以得到这些集成商所提供的增值服务以及售后的长期服务和质保。

4) 合理选择综合布线系统

5 类和超 5 类系统已经可以满足千兆位以太网的传输要求，而且不管是 155 Mb/s 或 622 Mb/s 的 ATM 还是千兆位以太网，目前也只能作为网络主干使用；而对于真正到终端的水平系统，恐怕目前国内的很少有用户能使用上真正独享的 10 Mb/s 速率，大多数局域网仍采用共享 10 Mb/s 速率的连网方式。所以，当用户有一天真要在水平到终端的系统中以 1000 Mb/s 的速率传输数据时，恐怕 6 类系统早就过时了。即使某些用户现在马上就需要 1000 Mb/s 传输速率，也不过是用来传输一些多媒体信息(即语音、数据和图像)，这实在有些“大材小用”。目前多媒体信息的传输应用(如 VOD、电视会议等)在 25 Mb/s 的 ATM 和 10 Mb/s 的以太网上即可实现，因此 1000 Mb/s 的速率根本用不上。

6 类及其以上电缆标准及其安装规范和方法目前也没有形成，更重要的是，有关 6 类或 7 类系统的测试规范和方法还没有。目前普遍使用的测试设备仍是基于 100 MHz 的 5 类系统标准。

5) 网络应用与布线系统

安装布线系统是为了满足网络应用的需求。目前主要的计算机网络有 10 Mb/s 以太网(10Base-TX)、100 Mb/s 快速以太网(包括 100Base-TX 和 100Base-FX)，这些网络都可在 5 类双绞线上运行。1000 Mb/s 千兆位以太网既可在单模或多模光纤(标准为 1000Base-X)上运行，也可在超 5 类双绞线(标准为 1000Base-T)上运行。线缆参数中最重要的就是等效远端串扰(Eltext)，它对千兆位以太网能否良好运行的影响最大。

3. 如何选择电缆系统

选择电缆系统需要从实际应用出发，考虑未来发展的余地和投资费用，确保安装质量。

从实际出发是指要考虑目前用户对网络应用的要求有多高、10 Mb/s 以太网能对用户的应用需求支持多长时间，以及 100 Mb/s 以太网是否够用。

因为网络的布线系统是一次性长期投资，所以考虑未来发展是指要考虑到网络的应用是否在一段时期内会有对高速网络如千兆位以太网或未来更高速网络的需求。

最后是如何保证安装的质量。除了布线系统本身的质量以外(通常是由厂家来保证，而且通常不是问题的主要原因)，不论是 3 类、5 类、超 5 类还是 6 类电缆系统，都必须经过施工安装才能完成，而施工过程对电缆系统的性能影响很大。即使选择了高性能的电缆系统，如超 5 类或 6 类，如果施工质量粗糙，其性能可能还达不到 5 类的指标。所以，不论选择安装什么级别的电缆系统，最后的结果一定要达到与之相应的性能，也就是说需要对安装的电缆系统进行相关标准的认证测试以保证性能符合要求。

4. 综合布线系统标准

目前，综合布线系统标准一般为国际标准化组织和国际电工委员会(ISO/IEC)、美国电子工业协会和美国电信工业协会(EIA/TIA)以及 CECS72:95 为综合布线系统制定的一系列标准。这些标准主要有如下几种：

(1) ISO/IEC11801 建筑物通用布线的国际标准。

(2) EIA/TIA-568 民用建筑线缆标准。

(3) EIA/TIA-569 民用建筑通信通道和空间标准。

(4) EIA/TIA-XXX 民用建筑中有关通信接地标准。

(5) EIA/TIA-606 民用建筑通信管理标准。

(6) CECS72:95 建筑与建筑群综合布线系统工程设计规范。

这些综合布线系统标准支持下列计算机网络标准：

(1) IEEE 802.3 以太网标准。

(2) IEEE 802.3u 快速以太网标准。

(3) IEEE 802.3z/IEEE 802.3ab 千兆以太网标准。

(4) IEEE 802.5 环形局域网络标准。

(5) FDDI 光纤分布数据接口高速网络标准。

(6) CDDI 铜线分布数据接口高速网络标准。

(7) ATM 异步传输模式。

9.5.2 综合布线系统的组成

ISO/IEC11801 将建筑物综合布线系统划分为 6 个子系统：工作区子系统、水平子系统、干线子系统、设备间子系统、管理子系统和建筑群子系统，图 9-17 给出了综合布线系统示意图。

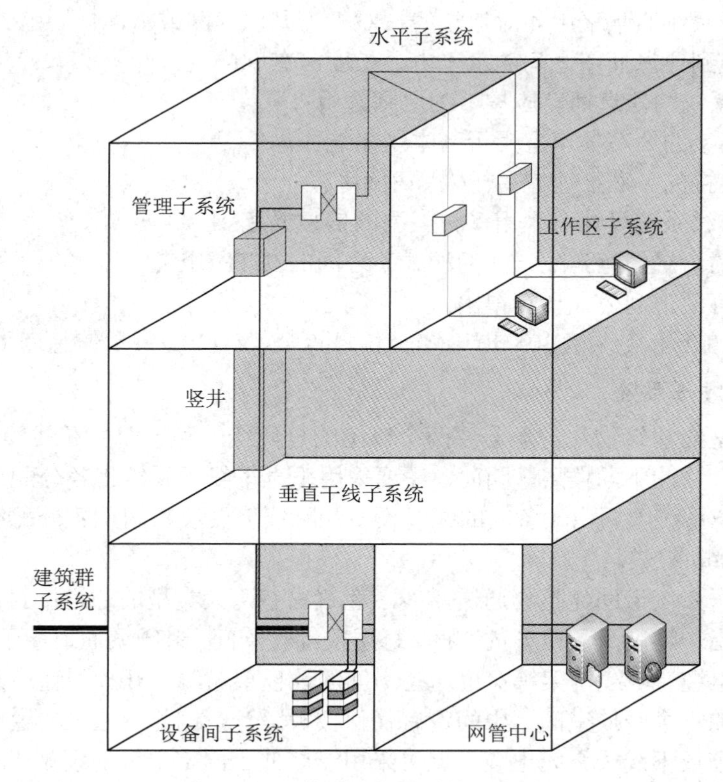

图 9-17　网络综合布线系统示意图

1. 工作区子系统

工作区子系统由网络终端设备(计算机)和连接信息插座的双绞线(软线)组成，它包括软线、连接器和连接所需的扩展软线，并在终端设备和输入/输出(I/O)之间连接。

一个独立的需要设置终端设备的区域宜划分为一个工作区，工作区子系统应由配线(水平)布线系统的信息插座延伸到工作站终端设备处的连接电缆及适配器组成，一个工作区的服务面积可按 5～10 m^2 估算，每个工作区设置一台计算机终端设备，或按用户要求设置。

工作区子系统所采用的线缆根据网络总体设计中对带宽的要求而定，并与水平子系统保持一致。比如，10/100 M 以太网可用 5 类或超 5 类以上双绞线，基于铜缆的千兆以太网最好用 6 类双绞线。

2. 水平子系统

水平子系统用于连接工作区和管理子系统的配线架。它将干线子系统线路延伸到用户工作区，包括双绞线电缆、信息插座、线缆保护材料(如目前常用的线槽)等。

水平子系统应按以下要求进行设计：

(1) 根据工程提出的近期和远期的终端设备要求。

(2) 每层需要安装的信息插座数量及其位置。

(3) 终端将来可能产生移动、修改和重新安排的详细情况。

(4) 一次性建设与分期建设的方案权衡。

(5) 水平子系统通常采用 4 对双绞线，对于千兆以太网或 ATM 应用，也可选用光缆。

(6) 配线架到信息插座之间的水平电缆长度应在 90 m 以内。

综合布线系统的信息插座应按下列原则选用：

(1) 单个连接的 8 芯插座宜用于基本型系统。

(2) 双个连接的 8 芯插座宜用于增强型系统。

(3) 综合布线系统设计可采用多种类型的信息插座。

从工作区的信息插座到配线间的配线架之间的 UTP 电缆，是水平子系统的主要布线材料，其用量可用下列公式计算得出：

所需 UTP 箱数(1 箱 305 m) = Max[信息点数/INT(305/每个信息点平均长)]

3. 垂直干线子系统

对于较大型的建筑物，一般需要两个以上的分配线间和一个主配线间(设备间)。分配线间分布在建筑物的不同楼层，因此，需要采用垂直干线子系统将各分配线间连到主配线间。垂直干线子系统主要由设备间的配线设备和跳线以及设备间至各分配线间的连接电缆(UTP 铜缆和光缆)组成。

垂直干线子系统借助建筑物通道布线。建筑物有两大类型的通道：封闭型和开放型。封闭型通道是指一连串上下对齐的空间，每层楼都有一间，封闭型通道便于通过电缆竖井、电缆孔、管道电缆、电缆桥架等穿过这些房间的地板层布线。开放型通道是指从建筑物的地下室到楼顶的一个开放空间，中间没有任何楼板隔开，例如，通风通道或电气竖井，开放空间不便于铺设干线子系统电缆，但可采用一些便于固定电缆的设施来补救。

干线电缆可采用点对点端接，也可采用分支递减端接以及电缆直接连接方法。点对点端接是最简单、直接的接合方法，干线子系统每根电缆直接延伸到指定的楼层和交接间。

4. 管理子系统

管理子系统的主体是配线架以及配线架和网络设备之间形成的交叉连接区。管理子系统用于把水平子系统和垂直干线子系统连在一起，或把垂直干线子系统和设备间子系统连在一起。通过它可以灵活地改变布线系统各个子系统之间的连接关系，从而方便地管理网络通信线路。

单点管理位于设备间里面的交换机附近，通过线路进行交叉跳线管理，可以直接连至工作区或另一个交接区。双点管理用于网络中采用二级交接设备的场合。除交接间外，还应设置第二个可管理的交接区。

交接区应有良好的标记系统，如建筑物的名称、位置、区号、起始点和功能等标记。综合布线系统使用了 3 种标记：电缆标记、场标记和插入标记，其中插入标记最常用。这些标记通常是硬纸片或其他方式，由安装人员在需要时取下来使用。交接间及二级交接间的布线设备宜采用色标来区别各类用途的配线区。

交接设备连接方式的选用宜符合下列规定：

(1) 对楼层上线路较少的进行修改、移位或重新组合时，宜使用夹接线方式。

(2) 在经常需要重组线路时使用插接线方式。

(3) 在交接场之间应留出空间，以便容纳未来扩充的交接硬件。

5. 设备间子系统

设备间子系统负责把干线和建筑群骨干线路经设备间管理子系统连接到网络通信系统设备上。它由设备间的电缆、连接器和相关支撑硬件组成，负责把来自网络分布层和接入层的各种不同网络设备(如交换机、HUB 等)与位于网管中心的核心网络设备及其他设施进行互联。

设备间是在每幢大楼的适当地点设置进线设备以进行网络管理以及管理人员值班的场所。设备间子系统应由综合布线系统的建筑物进线设备、数据通信设备、计算机等各种主机及保安配线设备等组成，宜集中设在一个房间内。设备间子系统的设计要点如下：

(1) 根据建筑物规模和计算机房的位置来为设备间定位，以降低网络材料成本。

(2) 设备间内的所有进线终端设备宜采用色标来区别各类用途的配线区。

(3) 设备间位置及大小应根据设备的数量、规模、建筑物位置等内容综合考虑确定。

6. 建筑群(主干)子系统

建筑群子系统主要用于连接各建筑物之间的通信设备，将楼内和楼外系统连接成为一体，它是户外信息进入楼内的信息通道。它提供楼群之间通信设施所需的硬件，其中有电缆、光缆和防止电缆的浪涌电流进入建筑物的电气保护设备。建筑子群系统中的电气保护设备相当于电话配线中的电缆保护箱及各建筑物之间的干线电缆。

9.5.3　综合布线系统的设计要点

1. 建筑物内布线方式的选择

布线方式分为集中式和分布式。在集中式布线方式中，从一个主配线间到各个信息点都有唯一的线缆进行连接，如图 9-18(a)所示；在分布式布线方式中，一个楼内有多个配线间，从各个配线间到它管理的信息点有唯一的线缆路由，配线间之间通过光缆或双绞线进行连接，如图 9-18(b)所示。

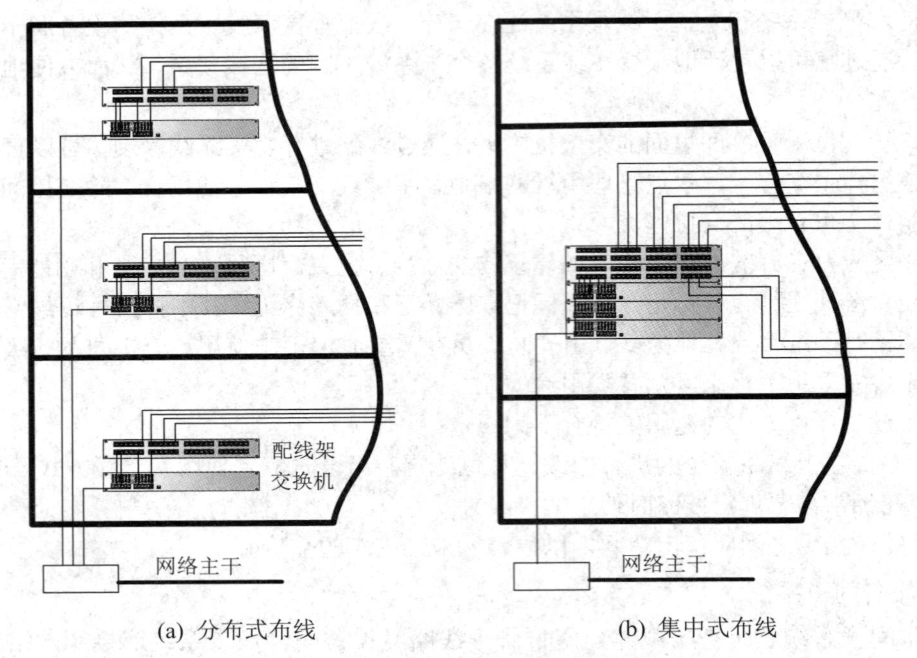

(a) 分布式布线　　　　　　(b) 集中式布线

图 9-18　分布式布线与集中式布线

选择什么样的布线方式与建筑物的规模、结构和层数，网络结构化设计与网络带宽要求，信息点数量的多少，以及造价都有直接关系。一般来说：

(1) 分布式布线外观美观，但造价高。

(2) 要考虑双绞线的 100 m(5 + 90 + 5)限制。如果建筑物跨度接近或超过 100 m，宜选择在建筑物中心位置实施集中式布线；如果建筑物跨度接近或超过 200 m，则在一个建筑物内可设立 2 个以上设备间进行分布式布线。

(3) 当建筑物层数较多时，若采用集中式布线，则必然导致楼层间千疮百孔，且距离也无法保证。

(4) 集中式布线适合交换机堆叠方案，从而能更好地适应建筑物内信息点之间密集连接这一应用要求。

(5) 分布式布线能更好地提供上联带宽。

(6) 分布式布线也支持堆叠，因而可支持更多的信息点密度。

2. 园区网综合布线考虑

1) 线缆选择

线缆可以选择双绞线。双绞线一般由两根 22～26 号有绝缘保护层的铜导线组成。把两根绝缘的铜导线按一定密度互相绞在一起，可降低信号干扰的程度，每一根导线在传输中辐射出来的电波会被另一根线上发出的电波抵消。由于双绞线具有成本低、传输性能好的特点，在计算机网络中获得了广泛的应用。目前使用较多的是 5 类非屏蔽双绞线，在一根电缆中有 4 对双绞线，利用其中的两对在 100 m 的长度内可达到 100～155 Mb/s 的传输速率。这个特性一般能够满足建筑物内的水平布线要求。目前 IEEE 802.3 工作小组已经制定了利用 4 对双绞线在 100 m 长度内支持 1000 Mb/s 的速率传输标准。

线缆也可以选择光纤。光纤是一种传输光束的细而柔韧的介质，一般由玻璃或塑料纤维制成。具有频带宽、电磁绝缘性能好、衰减小和传输距离远的优点，随着价格的不断降低，在园区主干网中逐渐普及。计算机网络中常用的有 62.5 gm 的多模光纤和 9 gm 的单模光纤，光缆芯数视具体情况选定。依据 1000Base-SX 标准，多模光纤传输距离为 260 m。依据 1000Base-LX 标准，多模光纤传输距离为 550 m，单模光纤传输距离为 3 km。

2) 园区网布线系统

在园区网建设中，建筑物分散、信息点多(通常为数百或上千个)，一般采用集中和分布式相结合的布线方式。为了降低线缆铺设成本，园区网络中心应采取居中的原则选址，整个布线系统以网络中心呈星形向各信息点辐射。

根据建筑物与网络中心的距离，当距离超过 550 m 时，为了保证千兆传输速率应选用单模光纤，小于 550 m 可选用多模光纤。根据园区内的实际地理情况，光纤的铺设有 3 种方式，参见表 9-5，应根据具体情况综合选择铺设方式。

表 9-5　光缆铺设的方式

方式	优　点	缺　点
管道内	提供最佳的机械保护，任何时候都可以铺设电缆，电缆的铺设和扩充都很容易，能保持道路和建筑物的外貌整齐	挖沟，开管道，建入孔的初次投资较高
直埋	提供某种程度的机械保护，保持道路和建筑物的外貌整齐，初次投资较低	扩容和更换电缆时会破坏道路和建筑物的外貌整齐
架空	如果本来有电杆，则成本最低	没有提供机械保护，安全性差，影响建筑物美观

在各建筑物内，应根据信息点的分布情况和线缆铺设的最大长度限制，确定分配线间的位置和数量。建筑物内的垂直干线子系统一般选用 5 类非屏蔽双绞线即可，为了考虑未来发展，也可以选用多模光纤。垂直干线线缆的铺设一般有电缆孔和电缆井两种方法。

水平子系统的线缆采用 5 类非屏蔽双绞线，考虑到配线间和工作区连接线的长度，每根水平线缆的长度应不超过 90 m。水平线缆的铺设一般有以下 3 种方式：

(1) 直接埋管布线方式：该方式是由一系列在现浇混凝土里的金属布线管道或金属馈线走线槽组成。

(2) 先走线槽再分管方式：线槽由金属或阻燃的高强度 PVC 材料制成，线槽通常悬挂在天花板上方的区域，用在大型建筑物或布线系统比较复杂而需要有额外支持物的场合。

(3) 地面线槽方式：弱电井出来的线走地面线槽到地面出线盒或由分线盒出来的支管到墙上的信息出口。此方式适用于较大空间或需要打隔断的场合。布线系统中所有光纤和双绞线线缆、所有配线间的光纤跳线箱和 5 类线缆配线架以及工作区的信息插座，均应选用质量过硬的知名厂家的产品，以保证整个布线系统正常稳定地运行，同时便于维护与管理。

3. 布线系统管理

综合布线系统要求对每一个接口都有清晰的编码规则和接口标记，结合国际布线标准的编码规则，园区网综合布线系统的管理分为以下几个方面。

1) 信息点编码方式

信息点编码方式采用国际标准编码规则，具体描述为“楼号—层号—设备类型号—层内信息点序号”。其中，层号表示楼层；设备类型号代表设备类型，如 c 表示计算机设备；信息点层内序号为每层内的信息点统一顺序编号。在各楼层配线箱和主配线箱中的配线架端子都按上述规则标上所对应的信息点编码并登记注册。每个信息盒应贴上写有信息点编号的标签。

2) 配线架(Patch Panel)端子/端口编号规则

综合布线系统计算机配线采用配线板(Patch Panel)型，它的一个端口(RJ-45 插口)与一个信息点对应，配线架上的位置/端口编号与相应信息点上的编号有一一对应关系。所以，其编码规则与信息点编码方式相同。

3) 干线电缆与配线架端子对应关系表

干线全部为光缆，也同样在光纤配线架上按照楼号、层号、配线架号及顺序号进行编排。光缆端头的标识方式采用国际标准标识规范，以文档和标签的双重方式作出标识，在每根光缆一端的终端接线箱上标记该光缆另一端所在的楼号、层号、光纤跳线箱号及顺序号。

9.5.4 网管中心机房设计

网管中心机房的建设，应根据网络系统的规模、用途、网管中心组织特点、设备类型和数量以及房屋结构特点，对网管中心机房进行规划布局和合理的结构设计。结合我国的实际情况制定的《计算站场地技术要求》是网管中心机房建设的最主要依据。

网管中心机房装修施工所依据的其他国家标准为《电气装置安装工程电缆线路施工及验收规范》(GB50168—2018)，《电气装置安装工程接地装置施工及验收规范》(GB50169—2016)，《信息技术设备的安全》(GB4943) 等。

网管中心机房的设计要点如下。

1. 室内吊顶

室内吊顶采用微孔吸音天花板，铝合金吊顶与结构楼板保持一定的距离，结构楼板涂乳胶漆作防尘处理。吊顶与地板间的完成高度保持在 2.5 m 以上。

2. 房间间隔

网络设备主机房、服务器间的分隔墙采用 10 mm 大面积钢化玻璃。UPS 电源室、配电室及其他房间的间隔墙采用空心砖砌墙至主楼板下。

3. 地面

地面均安装抗静电活动地板。安装高度应不少于 150 mm，便于地板下面铺设管道。地面作防尘处理。

4. 供电网络

供电网络满足 f = 50 Hz、U = 380/220V TN-S 制式。采用一级供电方式、双电源，即由两台不同变压器及两条市电互为备用电路。计算机系统、空调系统与照明系统的电源必须各自独立，二路进线供电。在配电室设置两套配电柜，分别供计算机、空调照明系统使用。网络设备和服务器、计算机设备的供电由 LJPS 系统提供，在计算机供电房安装浪涌吸收装置。

5. 照明及辅助电源

照明及辅助电源应具备如下条件：

(1) 利用光管盘(1200 × 600 mm^3 × 40 W)。

(2) 主机房配电及调控机房的照度≥300 lx。

(3) 其余各室照度≥200 lx。

(4) 应急照明电源从 UPS 内引出。

(5) 应具有相应的应急灯具配置。

6. 接地与防雷系统

接地与防雷系统的相关要求如下：

(1) 计算机直流工作接地：在室外地墙打一组钢管接地桩，并用电线引入机房，电阻≤1Q。

(2) 交流保护接地：利用大楼交流保护接地，电阻小于等于 4Q。

(3) 安全保护接地：利用大楼安全保护接地，电阻小于等于 4Q。

(4) 最好在地板下做铜带地网实现可靠接地，以防雷击与触电。

7. 消防

消防方面应满足的要求如下：

(1) 吊顶上层、吊顶下层、活动地板下分 3 层安装温感和烟感探头。

(2) 吊顶下和地板下应安装灭火系统喷头。

本 章 小 结

计算机网络系统方案设计是一项涉及理论、技术、管理和应用方面的复杂工程，需要大量的应用实践才能够深入理解和掌握。本章基于工程项目设计开发的自然顺序，结合校园网、企业网的实际建设，从技术理念和工程实践入手，深入探讨网络系统设计的步骤、技术和方法，阐述了网络系统需求分析、方案设计的基本内容，并给出了典型案例。

习　　题

一、思考题

1. 简述计算机网络建设的一般过程。
2. 简述计算机网络需求分析。

3. 简述计算机网络设计方法。

二、课程设计题

1. 课程设计目的

(1) 设计某高校的校园网络。调查了解校园网络业务需求，设计出校园网业务信息模型和校园网络体系结构。

(2) 了解校园网的内部网、外网和基于因特网接入设计的技术路线，给出结构图。

(3) 学会团队协作解决问题的方法，增强学生自信心与团队责任心，培养学生的主动思考能力和自主学习能力。

2. 课程设计要求

走访学校信息中心或相关业务主管部门，调查了解用户建立校园网络系统的功能需求，设计一个网络工程解决方案。方案应具备先进性、可行性、灵活性、实用性、可靠性和可扩展性等特点。

3. 工具/准备工作

在开始课程设计前，设计者可以准备纸、笔、尺及计算器等工具。要准备计算机若干台，计算机安装有 Word/Excel 字表处理软件和 PowerPoint 软件。还可以通过互联网搜集相关校园网络工程解决方案的资料，协助完善课程设计。

4. 组织形式与考核

(1) 组建团队。教师采取同组异质的策略将学生分组，每个小组设置项目组长(经理)1人，由项目组长负责组内成员的分工。按照网络工程设计的方法和技术路线，小组成员要承担自己的职责，集思广益，完成课程设计任务。

(2) 结题考核。由课题组长组织设计方案答辩，教师以评分的方式进行考核。

第10章 实 验

实验1 认知网络与绘制网络拓扑图

一、实验目的

(1) 认识网络组建工具和设备。
(2) 理解计算机网络的定义，了解计算机网络的功能。
(3) 初步掌握运用Visio软件绘制网络拓扑结构。

二、实验类型

本实验为验证型实验。

三、实验内容

1. 网络组建工具和网络设备

常见的组网工具有压线钳、打线钳等，常见的网络设备有交换机、路由器等，部分工具和设备如图10-1～图10-7所示。

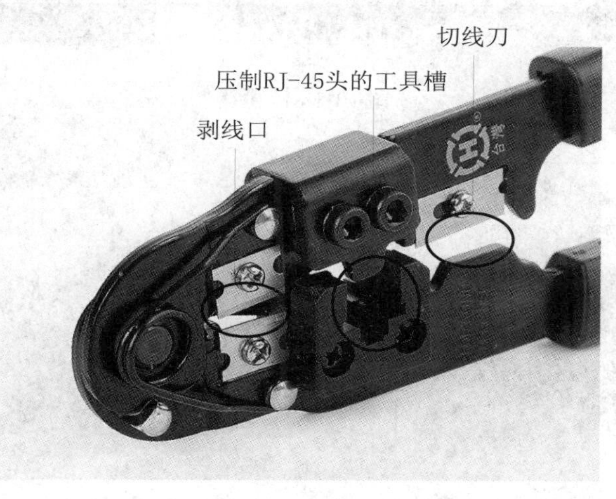

图10-1 压线钳

打线钳

测线仪

图 10-2　打线钳和测线仪

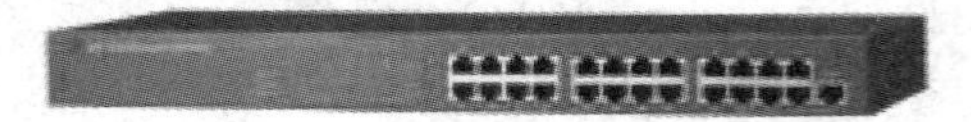

图 10-3　HUB(集线器)

图 10-4　交换机

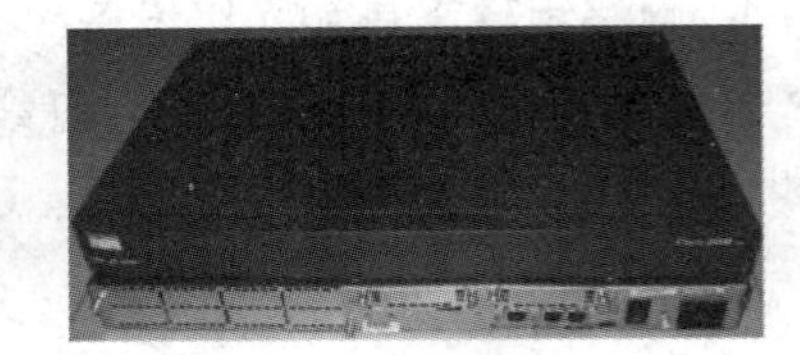

图 10-5　路由器

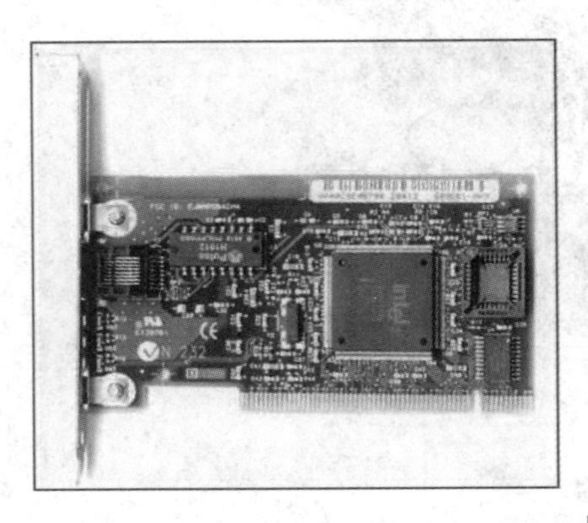

图 10-6　网卡

图 10-7　配线柜

2. 参观网络实验室或计算中心

(1) 到学校网络实验室、计算机中心、电子图书馆或计算机公司，了解其计算机网络的拓扑结构，并画出拓扑结构图，分析其属于什么样的网络拓扑结构。

(2) 观察每台计算机是如何进行通信的，了解计算机网络中的网络设备。

(3) 了解计算机网络的功能。

3. 使用 Visio 绘制网络的拓扑结构

使用 Visio 绘制网络的拓扑结构。

四、实验报告

(1) 认识常见网络组建工具和网络设备。

(2) 画出所参观单位的网络拓扑结构图，分析其属于什么样的网络拓扑结构。

(3) 单星型结构与采用分级(层)组网的星型结构有何差异？星型拓扑结构的优缺点是什么？

(4) 在网络专业实验室中是否有服务器存在？如果有服务器，是一台还是多台？如果是一台，服务器是否直接接在主交换机上？如果是多台，服务器又是怎样连网的？

(5) 完成实验后，整理实验结果，分析总结写出实验报告。

实验 2　双绞线的制作

一、实验目的

(1) 了解双绞线的结构与特性。

(2) 会使用双绞线制作工具。

(3) 掌握双绞线的制作方法。

二、实验类型

本实验为验证型实验。

三、相关理论

双绞线电缆(简称双绞线)是将一对或一对以上的双绞线封装在一个绝缘外套中而形成的一种传输介质，是目前局域网最常用的一种传输介质。为了降低信号的干扰程度，电缆中的每一对双绞线都由两根绝缘铜导线相互扭绕而成，双绞线因此得名。

双绞线作为网络连接的传输介质，其本身质量的好坏直接影响整个网络的传输速度。在不使用中继器的情况下，双绞线的最大传输距离是 100 m。

双绞线一般分为屏蔽(STP)双绞线和与非屏蔽(UTP)双绞线两种，如图 10-8 所示。

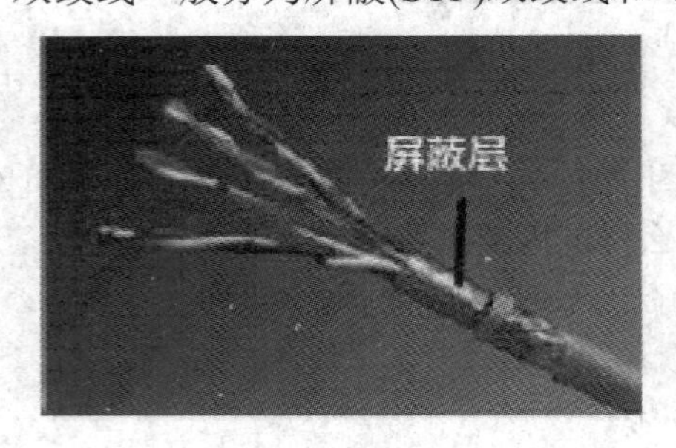

(a) 屏蔽双绞线

(b) 非屏蔽双绞线

图 10-8　屏蔽与非屏蔽双绞线示意图

1. 屏蔽双绞线(STP)

屏蔽双绞线外面包有一层屏蔽用的金属网，它的抗干扰性能强于非屏蔽双绞线。屏蔽双绞线的屏蔽作用只有在整个电缆均有屏蔽装置并且两端正确接地的情况下才起作用。它要求整个系统全部是屏蔽器件，包括电缆、插座、水晶头和配线架等，同时建筑物需要有良好的地线系统。

事实上，在实际施工时，很难实现全部接地，这样反而可能使屏蔽层本身成为最大的干扰源，从而导致屏蔽双绞线的性能甚至不如非屏蔽双绞线。所以，除非有特殊需要，通常在综合布线系统中多采用非屏蔽双绞线。

2. 非屏蔽双绞线(UTP)

TIA/EIA(美国电信工业协会和美国电子工业协会)将非屏蔽双绞线按电气性能分为以下几类：

(1) 1 类线：铜线无缠绕，支持低于 100 kHz 的频率，用于模拟电话。只能传声音，不能传数据。

(2) 2 类线：铜线无缠绕，包含 4 对线，支持 4 Mb/s 的数据传输，用于语音、综合业务数字网等。

(3) 3 类线：铜线有缠绕，支持 10 Mb/s 的传输速率，是 10 M 以太网的标准用线，绞合程度为每 0.305 m 3 绞。

(4) 4 类线：铜线有缠绕，且较紧密，支持 16 Mb/s 的传输速率，一般用于 16 Mb/s 的令牌环网。

(5) 5 类线：铜线有缠绕，且紧密，绞合程度为每 0.025 m 3 绞，支持 100 Mb/s 的数据传输，是 100 M 以太网的标准用线。

(6) 超5类线：高质量的铜线和高紧密度缠绕，性能比5类线更高，目前广泛应用于数据传输和语音通信领域。支持100 Mb/s的数据传输，是100 M以太网的标准用线。

超5类非屏蔽双绞线采用8条芯线和1条抗拉线，芯线颜色分别为橙白、橙、绿白、绿、蓝白、蓝、棕白和棕，如图10-9所示。

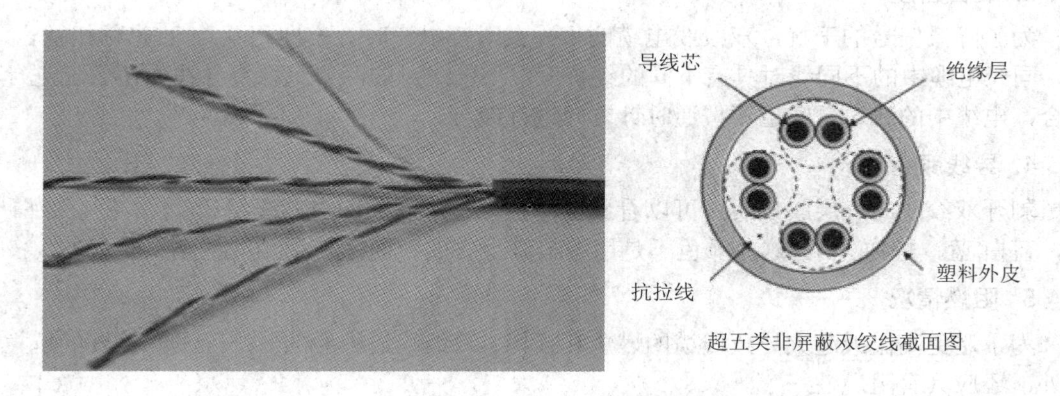

图10-9 超五类非屏蔽双绞线与其截面示意图

(7) 6类线：高质量的铜线和高紧密度缠绕，性能比超5类线更高。支持1000 Mb/s的传输速率，目前应用于服务器机房的布线以及准备升级至千兆以太网的综合布线系统中。

6类非屏蔽双绞线在外形和结构上与超5类非屏蔽双绞线有一定的差别，不仅增加了绝缘的十字骨架，将双绞线的4对线分别置于十字骨架的4个凹槽内，而且电缆的直径也更粗，如图10-10所示。

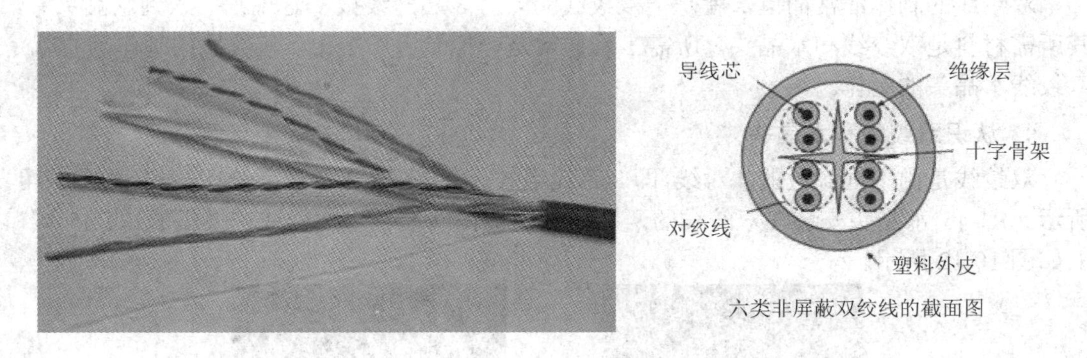

图10-10 六类非屏蔽双绞线与其截面示意图

四、双绞线的选购

在网络布线中，由于双绞线一旦铺设完成便很难再更换，因此，必须严格落实双绞线的选购。在选购时应注意以下几点。

1. 包装箱质地和印刷

选购时应仔细检查线缆的包装箱上质地和文字印刷是否完好，外包装上是否有本厂家的防伪标签。

2. 外皮颜色及标志

选购时应仔细检查双绞线绝缘皮上是否有诸如产地、执行标准、产品类别、线长之类的字样。

3. 绞合密度

为了降低信号的干扰，双绞线电缆的每一线对都以逆时针方向相互绞合(也称扭绕)而成，同一电缆中的不同线对具有不同的绞合度。不仅线对的两条绝缘铜导线要按要求进行绞合，电缆中的线对之间也要按逆时针方向进行绞合。

4. 导线颜色

剥开双绞线的外层胶皮后，可以看到里面由颜色不同的四对芯线组成(橙白/橙，绿白/绿，蓝白/蓝，棕白/棕)。这些颜色不是用燃料染上去的，而是使用相应的塑料制成的。

5. 阻燃情况

为了避免高温或起火导致线缆的燃烧和损坏，双绞线最外面的一层除具有很好的抗拉性外，还应具有阻燃性。

五、实验环境

本实验需要的工具和材料：RJ-45 水晶头若干、双绞线若干米、RJ-45 压线钳一把、测试仪一套。

六、实验内容和步骤

双绞线的制作非常简单，就是把双绞线的 4 对 8 芯网线按一定规则插入到水晶头中，其所需材料是双绞线和水晶头，所需工具通常是一把专用压线钳。双绞线的制作其实就是双绞线水晶头的制作。

1. 认识双绞线和水晶头

双绞线是由不同颜色的 4 对线，即 8 芯线组成，每两条按一定规则绞在一起，如图 10-11 所示。RJ-45 水晶头安装在双绞线的两端，然后插在网卡、集线器或交换机的 RJ-45 接口上如图 10-12 所示。

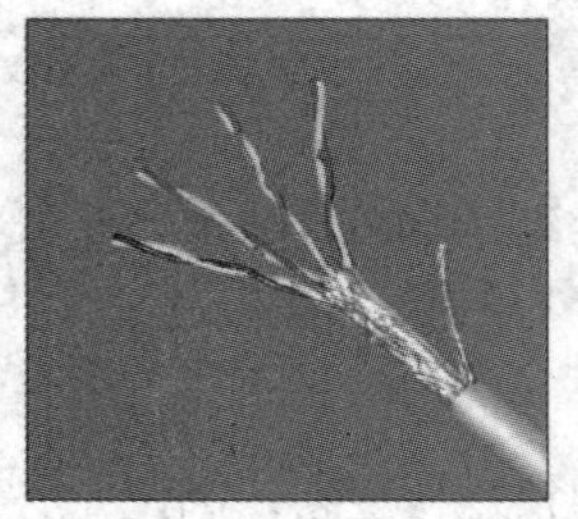

图 10-11　双绞线

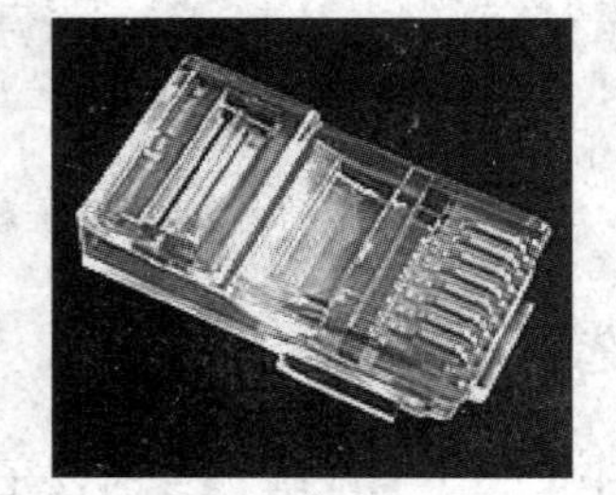

图 10-12　水晶头

2. EIA/TIA 568A 和 EIA/TIA 568B

目前，最常使用的是 EIA/TIA 制定的 EIA/TIA 568A 标准和 EIA/TIA 568B 标准。

TIA/EIA 568A 标准的线序从左到右依次为 1—绿白、2—绿、3—橙白、4—蓝、5—蓝白、6—橙、7—棕白、8—棕，如图 10-13(a)所示。

TIA/EIA 568B 标准的线序从左到右依次为 1—橙白、2—橙、3—绿白、4—蓝、5—蓝白、6—绿、7—棕白、8—棕，如图 10-13(b)所示。

注意：

(1) 图 10-13 中的序号 1、2、3、4、5、6、7、8 顺序不是随意编排的，它的编排规则是把水晶头有金属弹片的一面向上，塑料扣片向下，插入 RJ-45 座的一头向外，从左到右依次为 1、2、3、4、5、6、7、8 脚。

(2) 制作双绞线时，如果不按照标准制作，虽然有时线路也能接通，但是线路内部各线对之间的干扰不能有效消除，从而导致信号传送出错率升高，影响网络的整体性能。只有按规范标准进行制作，才能保证网络的正常运行，也便于后期的维护。

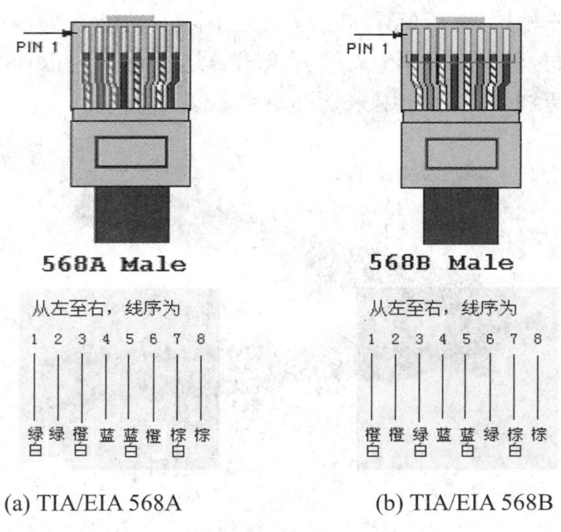

(a) TIA/EIA 568A　　　(b) TIA/EIA 568B

图 10-13　水晶头的线序示意图

双绞线的连接方式主要有直通方式和交叉方式。连接方式如图 10-14 所示。

直通方式的双绞线简称直通线，一般主要用于计算机与集线器(或交换机)或配线架与集线器(或交换机)之间的连接，直通线的电缆两端都应按 TIA/EIA 568A 标准(或 TIA/EIA 568B 标准)的线序连接。

交叉方式的双绞线简称交叉线，一般用于集线器与集线器或网卡与网卡之间的连接。交叉线的电缆一端按 TIA/EIA 568A 标准的线序连接，另一端应按 TIA/EIA 568B 标准的线序连接。

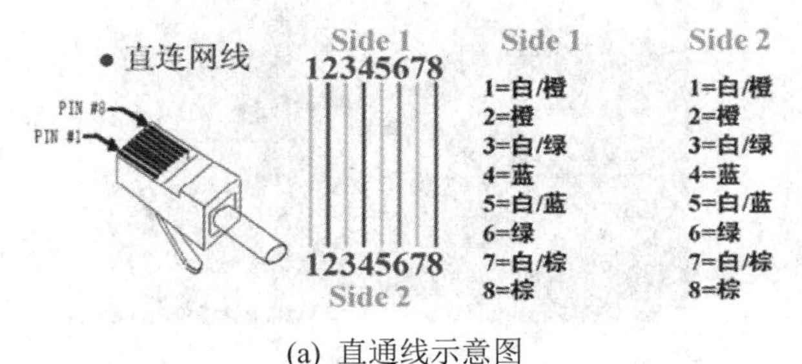

(a) 直通线示意图

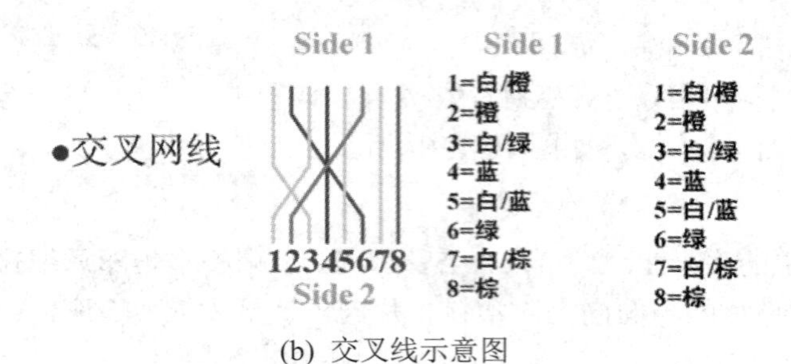

(b) 交叉线示意图

图 10-14　双绞线连接示意图

3. 双绞线网线的制作工具

在双绞线的制作中，最主要的工具是一把双绞线压线钳，如图 10-15 所示，它可以完成剪线、剥线和压线三种用途。该工具上有三处不同的功能，最前端是剥线口，它用来剥开双绞线的外皮；中间是压制 RJ-45 头的工具槽，这里可以将 RJ-45 头与双绞线合成；离手柄最近端是锋利的切线刀，此处用来切断双绞线。

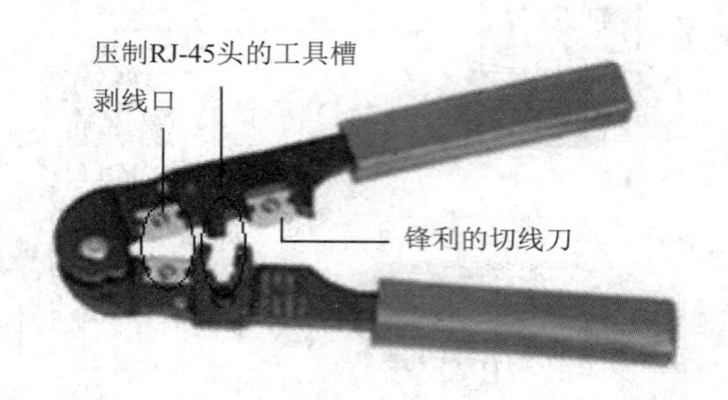

图 10-15　双绞线压线钳

4. 双绞线的制作

双绞线的制作步骤如下：

(1) 剥线。根据需要，判断所需双绞线的长度，最多不超过 100 m。剪下合适长度的双绞线，用压线钳的切线刀口将线头剪齐，将双绞线一端放到 RJ-45 压线钳前端的剥线槽口中，放入长度以抵到 RJ-45 压线钳另一端的挡板为宜(长度为 13～15 mm 为宜)，如图 10-16 所示。然后轻轻握下 RJ-45 压线钳把手，千万别用力压下工具把手，以刀口略微压在双绞线外皮为佳，然后将压线钳以双绞线为圆心保持刀口压在双绞线外皮的力度旋转半圈，此时就能用手轻易地剥去双绞线的外皮。注意不要划伤里面的任何一对双绞线。

图 10-16　剥线

(2) 理线。剥去外皮，将缠绕的四对线分开，按照 TIA/EIA 568A(或 568B)标准来排列，如图 10-17 所示。然后用手按紧排列好的线对，把参差不齐的前端用压线钳的切线刀剪整齐。

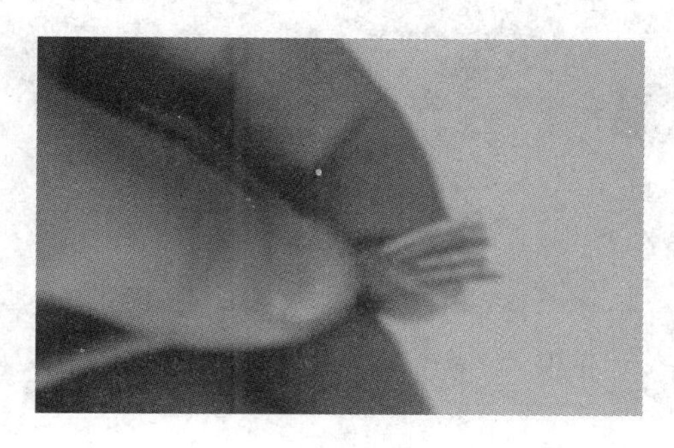

图 10-17　理线

(3) 插线。一只手捏住水晶头，将水晶头有弹片一侧向下，另一只手把排列整齐的八根线顺着 RJ-45 水晶头的线槽一直推到底为止，如图 10-18 所示。

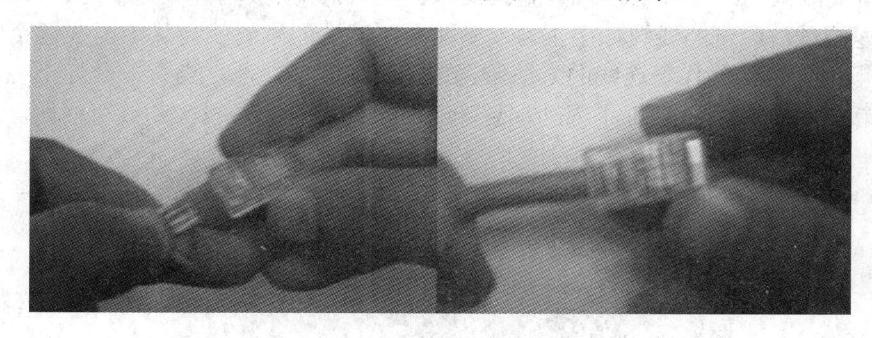

图 10-18　插线

(4) 压线。将 RJ-45 头插入压线钳的工具槽中，并一直推到底，然后用力握紧 RJ-45 压线钳把手，直至将水晶头的八片金属片压到底，如图 10-19 所示。

图 10-19　压线

至此，这个 RJ-45 接头就制作好了。重复步骤(1)到步骤(4)，再制作另一端的 RJ-45 接头。图 10-20 所示是一条两端都制作好水晶头的双绞线。要注意的是芯线排列顺序一定要与另一端的顺序完全一样，这样一条直通双绞线的制作就算完成了。

图 10-20　一条两端都制作好水晶头的双绞线

5. 双绞线的测试

双绞线制作完成后，可以使用网络测试仪测试网线是否连通。这里面以最常用的低端测试仪为例(如图 10-21 所示)介绍其使用方法。测试仪一般分成两部分，主测试仪和远程测试仪。将要测试的线缆分别接入主测试仪和远程测试仪，拨动开关 ON 为正常测试速度，S 键为慢速测试。测试的线缆如果正常，则两个测试端的号码就会从 1 至 8 逐个闪动；如出现号码顺序调乱，就代表连线的方法错误或是交叉线的接法；当有一个灯不亮，代表那根线没有接好；如果所有灯都不闪动，意味着这段线缆有 4 条以上的线有问题。

图 10-21　网络测试仪

七、实验作业

(1) 网线制作，截取适当长度(如 50～100 cm)的两段非屏蔽双绞，分别与两只水晶头连接成直通或交叉网线，然后用网络测试仪测试其连通性。

(2) 交叉线如何制作？

(3) 查阅相关书籍说出屏蔽双绞线和非屏蔽双绞线之间的区别。

(4) 为什么交换机连接主机用直连线，而路由器连接主机用交叉线？

(5) 如果现在只有直连线若干，同时还有一个交换机和一个路由器，我们需要建立主机和路由器之间的连接，可以采取什么样的办法？

实验 3　网卡的安装与配置

一、实验目的

(1) 了解网卡的工作原理、功能和分类。

(2) 掌握网卡的安装与配置。

二、实验类型

本实验为验证型实验。

三、相关理论

网络接口卡(Network Interface Card，NIC)，简称网卡，又叫作网络适配器。网卡是连接计算机和网络的常用设备，它一般插在计算机的主板扩展槽中。网卡位于 OSI 的第二层中，所有网卡生产商生产的网卡都有一个唯一的标识——介质访问控制(MAC)地址。网卡的类型不同，与之对应的网线或者其他网络设备也不同，不能盲目混合使用。

网卡起着向网络发送数据、控制数据、接收并转移数据的作用，它有两个主要功能：

(1) 读入由其他网络设备(路由器、交换机、集线器或其他网卡)传输过来的数据包，经过拆包，将其变成客户机或服务器可以识别的数据，通过主板总线将数据传输到相应的设备中(如 CPU、内存或硬盘)。

(2) 将计算机设备发送的数据打包后输送到其他网络设备中。

网卡有多种分类，根据不同的标准有不同的分类法。这里只讨论以太网卡的分类。

(1) 按网卡的总线方式可分为 ISA、PCI、PCMCIA 和 USB 四种。

(2) 按网卡的传输速率可分为 10 Mb/s 网卡、100 Mb/s 网卡、10/100 Mb/s 自适应网卡以及 1000 Mb/s 网卡。

(3) 按网络接口可分为 RJ-45 接口网卡、BNC 接口网卡、AUI 接口网卡、光纤接口网卡等。

四、网卡的选择

1. 工作站网卡的选择

在为工作站选择网卡时，应重点考虑下列因素：

(1) 接口类型：不同的传输介质需要不同类型的网卡。如果网络中只使用双绞线一种传输介质，则网卡只需具有一个 RJ-45 接口即可。如果网络中同时使用了双绞线和同轴电缆，则需要考虑购置 RJ-45/BNC 二合一网卡，以使计算机能通过不同的传输介质接入网络。

(2) 传输速率：网卡最主要的技术指标。网卡是计算机与网络的接口，其传输速率的高低决定了网络与计算机的通信速度，应尽量选择 10/100 Mb/s 自适应网卡，如图 10-22 所示。

(3) 对全双工通信方式的支持：全双工网卡能够同时进行信息的接收和发送，其潜在带宽为标称带宽的两倍。

图 10-22　10/100 Mb/s 自适应网卡

(4) 总线类型：目前，网络中广泛使用的网卡为 PCI 网卡，其特点是速度快且占用的处理器资源较少。

(5) 对操作系统的支持：网卡应附带用于支持不同操作系统的驱动程序。

(6) 支持远程唤醒功能：多数 Modem 都支持自动唤醒功能，当有电话呼入时，Modem 能够自动启动计算机。同样，在局域网中也可实现类似功能。

(7) 对远程引导功能的支持：建立无盘工作站时，必须购买具备远程引导芯片插槽且配备了专用的远程引导芯片的网卡。

2. 服务器网卡的选择

服务器网卡应具有以下特性中的几个或全部：

(1) 较高的数据传输速率：当前的工作组级和部门级的服务器，其网卡的数据传输速率一般为 100 Mb/s，而企业级服务器的特征之一就是应具有使用 1000 Mb/s 网卡的能力。

(2) 较低的处理器占用率：网卡中的网络控制芯片可以代替计算机的 CPU 完成与网络通信相关的任务，从而可降低网卡对 CPU 的占用率。

(3) 可网管：服务器端网卡的最低标准是能够支持基于 SNMP 的网管软件。

五、实验环境

本实验需要以下工具和材料：计算机一台或多台、网卡一块或多块。

六、实验内容和步骤

1. 安装网卡和网卡驱动程序

下面以最常见的 PCI10/100 Mb/s 自适应网卡为例，介绍网卡的安装。

关闭计算机的电源，打开计算机机箱，根据网卡类型将网卡插入相应的 PCI 或 ISA 扩展槽中，拧紧螺丝。

网卡安装完成后，在正常的情况下，重新开机进入 Windows 时便会自动出现“找到新硬件”的提示框，并提示插入 Windows 光盘；插入 Windows 光盘后，系统会自动完成网卡驱动程序的安装。

若网卡无法被系统识别，重新启动时没有找到，则需要手工添加网卡驱动程序，具体操作步骤如下：

(1) 单击“开始”按钮，选择“设置”→“控制面板”命令，进入“控制面板”窗口，双击“添加新硬件”图标，弹出“添加新硬件向导”对话框。

(2) 一直单击“下一步”按钮，直到出现对话框提示“需要 Windows 搜索新硬件吗？”，这时应选择“否，希望从列表中选择硬件”选项。

(3) 单击“下一步”按钮，在“请选择要安装的硬件类型”下面的“硬件类型”列表中选择“网络适配器”选项。

(4) 将商家提供的网卡驱动程序软盘放入软盘驱动器，单击“下一步”按钮，在接下来的对话框中选择“从磁盘安装”选项，系统会自动读取驱动程序盘上的硬件信息，按照提示即可完成安装。在这个过程中，系统还可能提示插入 Windows 光盘，按照提示插入即可。

重新启动系统后，网卡驱动程序安装完毕。

2. 网卡的设置

我们以工作站为例来进行网卡的设置。

(1) 配置网络客户属性。在“网络”的“配置”选项卡中选择“Microsoft 网络用户”，单击“属性”按钮，屏幕显示“Microsoft 网络用户属性”对话框。在“登录身份验证”框中选中“登录到 Windows NT 域”，然后在“Windows NT 域”文本框中输入相应的域名 TestG。这样在启动 Windows 并将计算机作为 Microsoft 网络用户登录到网络时，将有指定的 Windows2000 域 TestG 中的 PDCF 来验证用户的身份。

(2) 设置网络适配器属性。PCI 网卡不必用户自己配置，如果是其他类型的网卡，可能要设置中断号和 I/O 地址范围。

(3) 设置网络协议属性。在“网络”对话框的“配置”选项卡中，单击“TCP/IP 协议”→“属性”按钮，屏幕显示如图 10-23 所示的“TCP/IP 属性”对话框。单击“IP 地址”选项卡，选择“指定 IP 地址”。在“IP 地址”文本框中输入 202.68.110.10，在“子网掩码”文本框中输入 255.255.255.0，单击“确定”按钮，IP 地址便设置完成。

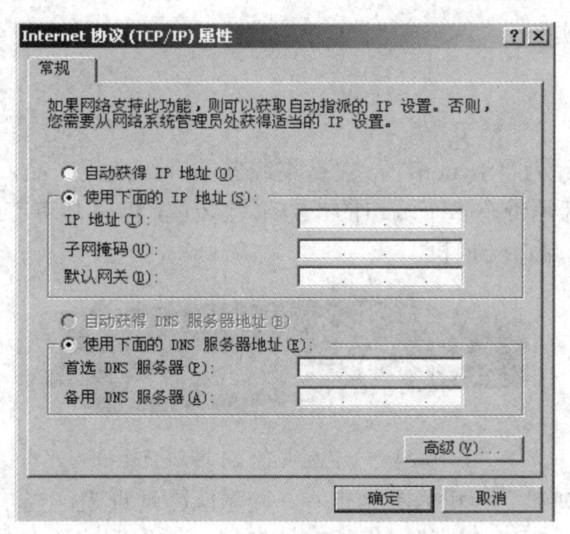

图 10-23　TCP/IP 属性

(4) 选择主网络登录。主网络登录是指启动计算机登录网络时由哪个网络验证您的身份。在“网络”对话框中，单击主网络登录下拉列表框右端的箭头，显示了可选的登录网络，如 Microsoft 网络用户、Windows 登录、Windows 友好登录等。如选择“Microsoft 网络用户”，则在启动 Window 系统时，由 Windows 2000 Server 域验证身份。一般将用户的 Windows 系统的密码和用户的 Windows 2000 域密码设置为相同，这样在登录时只需输入一次密码。

(5) 设置文件和打印机共享。单击“网络”对话框中的“设置文件和打印机共享”按钮，在弹出的对话框中有两个复选框：“允许其他人访问我的文件”和“允许其他人打印到我的打印机”。在对话框中，两个选项都已选中，目的是允许其他人访问，单击“确定”按钮，返回“网络”对话框。

七、实验作业

在所在网络上的一台主机上安装网卡、驱动程序、网络协议、TCP/IP 协议等。

实验 4　交换机的配置

一、实验目的

(1) 了解交换机的工作原理。
(2) 掌握二层交换机的启动和基本设置的操作。
(3) 掌握配置交换机的常用命令。

二、实验类型

本实验为验证型实验。

三、相关理论

交换机的英文名称为“Switch”，它是集线器的升级换代产品，从外观上看，它与集线器没有多大区别，都是带有多个端口的长方形盒装体，但是却有着本质的区别。图 10-24 所示为一款常见的 24 端口交换机。

图 10-24　一款常见的 24 端口交换机

交换机的工作原理：交换机内存中保存一个 MAC 地址表，当工作站发出一个帧时，交换机读出帧的源地址和目的地址，根据源地址记下接收该帧的端口，然后根据该帧的目的地址和交换机表中的地址进行核对，在地址表中寻找通向目的地址的端口，接着从选定的端口输出该帧。

通常，网管型交换机买回来就可以使用，但如果想要划分 VLAN、关闭某个端口时，就需要对其进行配置。一般有 Console 端口、Telnet 和 Web 等三种方式登录交换机进行配置。

四、交换机的选购

交换机选购时主要考虑以下几方面：

(1) 外形尺寸；

(2) 可伸缩性；

(3) 可管理性；

(4) 端口带宽及类型；

(5) 性价比；

(6) 第三层交换功能。

五、实验环境

通过 Console 电缆把 PC(或笔记本电脑)的 COM 端口和交换机的 Console 端口连接起来，如图 10-25 所示。实验需准备的工具如下：

(1) PC 1 台。

(2) HuaWei 交换机 1 台。

(3) Console 电缆 1 条。

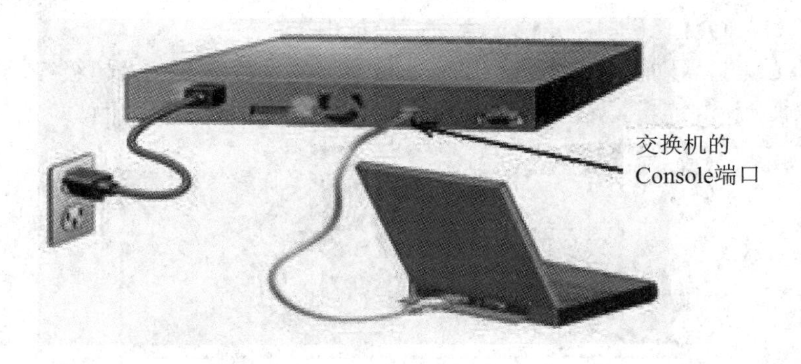

图 10-25　Console 端口连接示意图

六、实验内容和步骤

网管交换机均由两大部分组成：硬件系统和软件系统。

1. 硬件系统

硬件系统主要由以下 6 部分组成：

(1) CPU：交换机的中央处理器。

(2) RAM/DRAM：交换机的工作存储器,存储交换机的运行配置文件等信息。

(3) NVRAM(非易失 RAM)：存储备份配置文件等信息。

(4) 闪存(Flash Memory)：又称可擦除、可编程 ROM，用来存储系统软件映像、启动配置文件等信息。

(5) ROM(只读存储器)：存储开机诊断程序、引导程序和操作系统软件。

(6) 接口(Interface)：用于网络连接，通过接口进入或者离开交换机。

2. 软件系统

正如计算机必须有软件系统才能工作一样，交换机也必须装有软件系统，特别是操作系统。

3. 实验内容

(1) 对 H3C S3100 交换机的启动和基本设置的操作。

(2) 熟悉交换机的开机画面。

(3) 对交换机进行基本的配置。

(4) 理解交换机的端口、编号及配置。

4. 实验步骤

1) 串口管理

用串口对交换机进行配置是我们在网络工程中对交换机进行配置最基本最常用的方法。用串口配置交换机是通过 Console 电缆把 PC 的 COM 端口和交换机的 Console 端口连接起来。

步骤如下：

(1) 通过 Console 电缆把 PC 的 COM 端口和交换机的 Console 端口连接起来，并确认连接 PC 的串口是 COM1 还是 COM2，给交换机加电。

(2) 点击 PC 的“开始”→“程序”→“附件”→“通讯”→“超级终端”，进入超级终端窗口，建立新的连接，系统弹出如图 10-26 所示的连接描述界面。

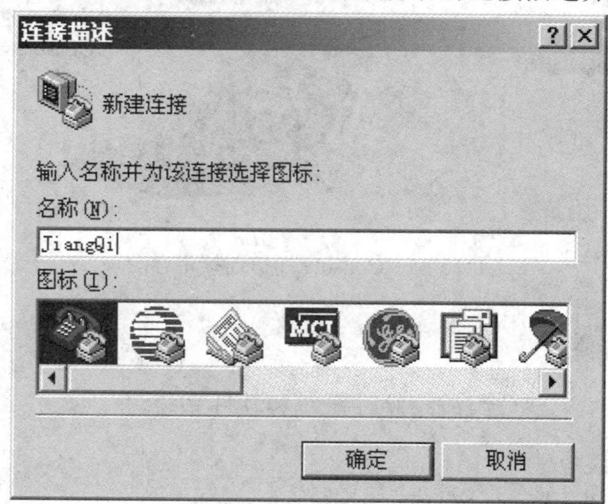

图 10-26　新建超级终端连接

(3) 在连接描述界面中键入新连接的名称，单击“确定”按钮，系统弹出如图 10-27 所示的界面图，在“连接时使用”一栏中选择连接使用的串口(COM1 或 COM2)。

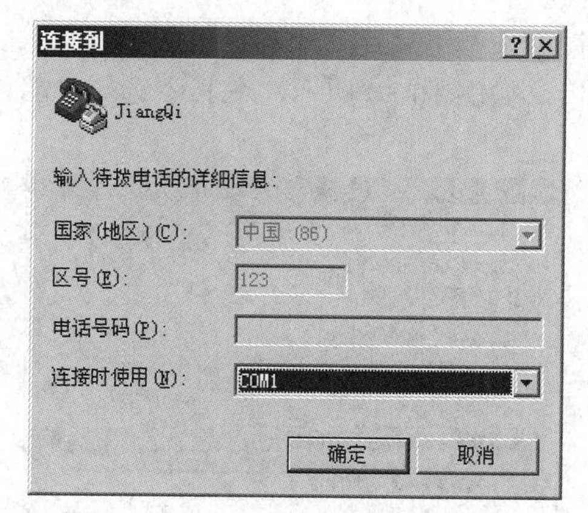

图 10-27　选择连接使用的串口

(4) 串口选择完毕后，单击“确定”按钮，系统弹出如图 10-28 所示的连接串口参数设置界面，设置波特率为 9600，数据位为 8，奇偶校验为无，停止位为 1，数据流控制为无。

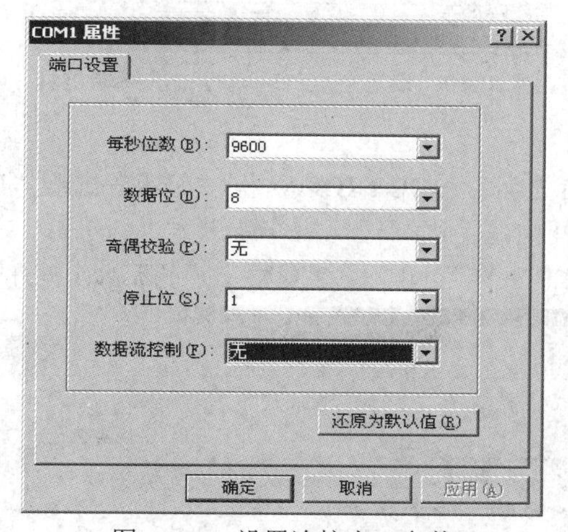

图 10-28　设置连接串口参数

(5) 串口参数设置完后，单击“确定”按钮，系统进入如图 10-29 所示的超级终端界面。

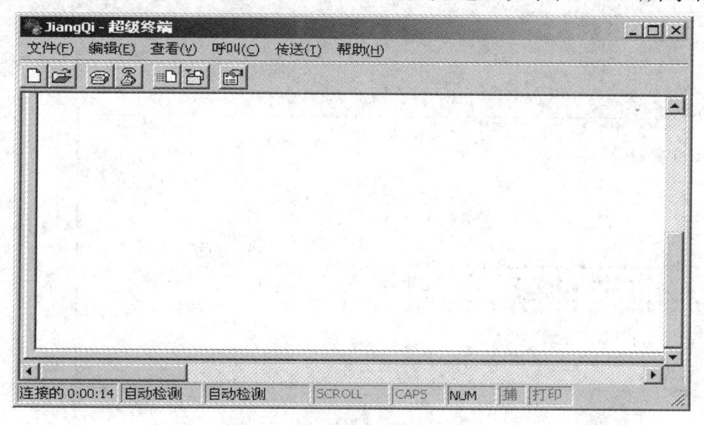

图 10-29　超级终端界面

在超级终端属性对话框中选择“属性”一项，进入属性窗口。单击属性窗口中的“设置”条，进入属性设置窗口，如图 10-30 所示，在其中选择终端仿真为 VT100，选择完成后单击“确定”按钮。

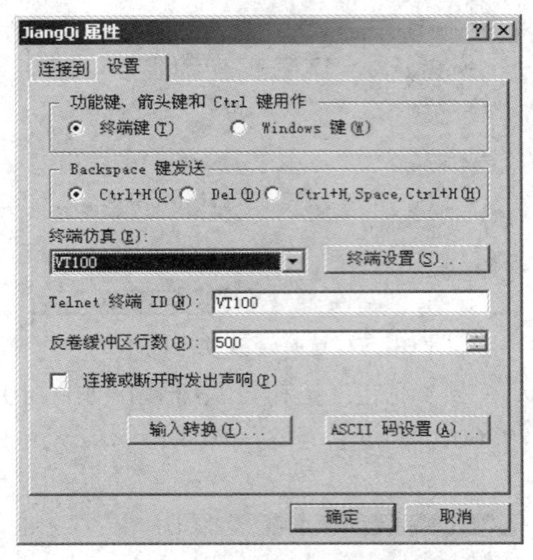

图 10-30　设置超级终端属性中的终端仿真

2) 交换机的启动

交换机上电后，将首先运行 BOOTROOM 程序，若在出现“Press Ctrl-B to enter Boot Menu...”的 5 秒等待时间内，不进行任何操作或键入“Ctrl+B”之外的键，系统将进入自动启动状态，否则将进入 BOOT 菜单。仔细观察交换机启动过程的信息，如图 10-31 所示。

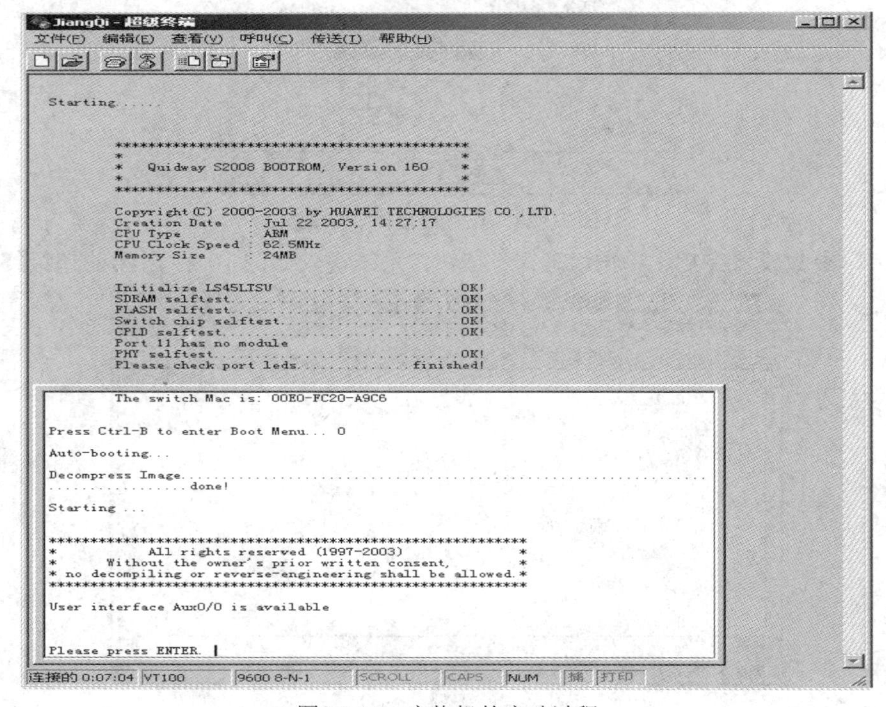

图 10-31　交换机的启动过程

3) 对交换机进行基本的配置

(1) 命令行视图。

命令行视图间的关系如图 10-32 所示。

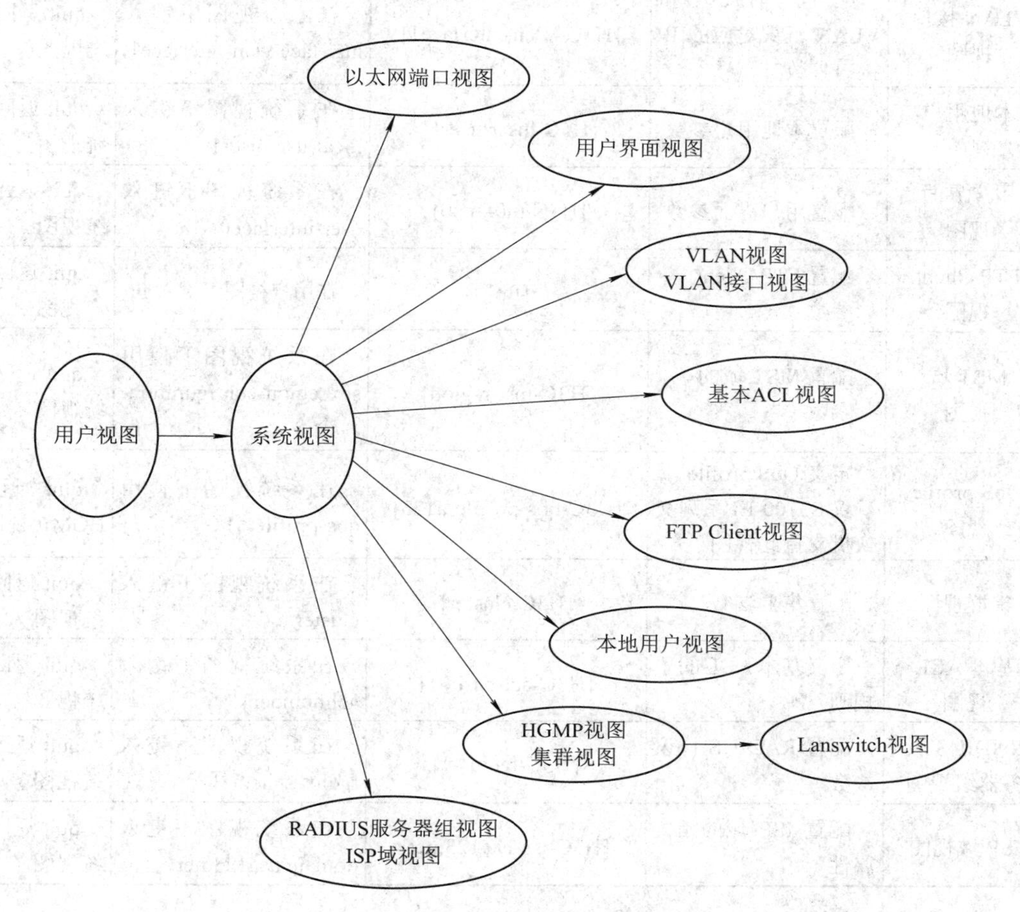

图 10-32　命令行视图间的关系

各命令视图的功能特性、进入各视图的命令等细则如表 10-1 所示。

表 10-1　命令视图功能表

视图	功能	提示符	进入命令	退出命令
用户视图	查看交换机的简单运行状态和统计信息	<H3C>	与交换机建立连接即进入	quit 断开与交换机连接
系统视图	配置系统参数	[H3C]	在用户视图下键入 system-view	quit 或 return 返回用户视图
以太网端口视图	配置以太网端口参数	[H3C-Ethernet1/0/1]	在系统视图下键入 interface ethernet 0/1	quit 返回系统视图
VLAN 视图	配置 VLAN 参数	[H3C-Vlan1]	在系统视图下键入 vlan1	quit 返回系统视图

续表

视图	功能	提示符	进入命令	退出命令
VLAN 接口视图	配置 VLAN 和 VLAN 汇聚对应的 IP 接口参数	[H3C-Vlan-interface1]	在系统视图下键入 interface vlan-interface1	quit 返回系统视图
本地用户视图	配置本地用户参数	[H3C-luser-user1]	在系统视图下键入 local-user user1	quit 返回系统视图
用户界面视图	配置用户界面参数	[H3C-ui0-aux0]	在系统视图下键入 user-interface0	quit 返回系统视图
FTP Client 视图	配置 FTP Client 参数	[ftp]	在用户视图下键入 ftp	quit 返回用户视图
MST 域视图	配置 MST 域的参数	[H3C-mst-region]	在系统视图下使用 stp region-configuration 命令	quit 返回系统视图
QoS profile 视图	定义 QoS profile 仅 S3100-EI 系列交换机支持此视图	[H3C-qos-profile-a123]	在系统视图下使用 qos-profile 命令	quit 返回 HGMP 视图
集群视图	配置集群参数	[H3C-cluster]	在系统视图下键入 cluster	quit 返回系统视图
基本 ACL 视图	定义基本 ACL 的子规则	[H3C-acl-basic-1]	在系统视图下键入 acl number1	quit 返回系统视图
RADIUS 服务器组视图	配置 RADIUS 协议参数	[H3C-radius-1]	在系统视图下键入 radius scheme1	quit 返回系统视图
ISP 域视图	配置 ISP 域的相关属性	[H3C-isp-aaa123.net]	在系统视图下键入 domain aaa123.net	quit 返回系统视图

(2) 命令行在线帮助。

命令行接口提供完全帮助和部分帮助。

通过上述各种在线帮助能够获取到帮助信息，分别描述如下：

① 在任一视图下，键入<？>获取该视图下所有的命令及其简单描述。

```
<H3C> ?
User view commands:
  boot          Set boot option
  cd            Change current directory
  clock         Specify the system clock
  cluster       Run cluster command
  copy          Copy from one file to another
  debugging     Enable system debugging functions
  delete        Delete a file
```

```
dir                    List files on a file system
display                Display current system information
```

② 键入一命令，后接以空格分隔的<？>，如果该位置为关键字，则列出全部关键字及其简单描述。

```
<H3C> clock  ?
  datetime        Specify the time and date
  summer-time   Configure summer time
  timezone       Configure time zone
```

③ 键入一命令，后接以空格分隔的<？>，如果该位置为参数，此时用户终端屏幕上会列出有关的参数描述。

```
[H3C] interface vlan-interface  ?
  <1-4094>   VLAN interface number
```

④ 键入<？>后，如果只出现<cr>表示该位置无参数，直接键入回车即可执行。

```
[H3C] interface vlan-interface1  ?
  <cr>
```

⑤ 键入一字符或一字符串，其后紧接<？>，此时用户终端屏幕上会列出以该字符或字符串开头的所有命令。

```
<H3C> p?
   ping
   pwd
```

⑥ 键入一命令，一空格，后接一字符或一字符串，其后紧接<？>，此时用户终端屏幕上会列出以该字符或字符串开头的所有关键字。

```
<H3C> display u?
   udp
   unit
   user-interface
   users
```

键入命令的某个关键字的前几个字母，按下<Tab>键，如果已输入的字母开头的关键字唯一，用户终端屏幕上会显示出完整的关键字；如果已输入的字母开头的关键字不唯一，反复按下<Tab>键，则终端屏幕依次显示与字母匹配的完整关键字。

(3) 命令行显示特性。

为方便用户，提示信息和帮助信息可以用中英文两种语言显示。在一次显示信息超过一屏时，提供了暂停功能，这时用户可以有三种选择，如表 10-2 所示。

表 10-2　显示功能表

按键或命令	功　　能
暂停显示时键入<Ctrl+C>	停止显示和命令执行
暂停显示时键入空格键	继续显示下一屏信息
暂停显示时键入回车键	继续显示下一行信息

(4) 命令行历史命令。

命令行接口提供类似 Doskey 功能，将用户键入的历史命令自动保存，用户可以随时调用命令行接口保存的历史命令，并重复执行。命令行接口为每个用户缺省保存 10 条历史命令，操作如表 10-3 所示。

表 10-3　访问历史命令

操　作	按　键	结　果
显示历史命令	display history-command	显示用户输入的历史命令
访问上一条历史命令	上光标键↑或<Ctrl + P>	如果还有更早的历史命令，则取出上一条历史命令
访问下一条历史命令	下光标键↓或<Ctrl + N>	如果还有更晚的历史命令，则取出下一条历史命令

说明：

用光标键对历史命令进行访问，在 Windows3.X 的 Terminal 和 Telnet 下都是有效的，但对于 Windows 9X 超级终端，↑、↓光标键会无效，这是由于 Windows 9X 的超级终端对这两个键作了不同解释所致，这时可以用组合键<Ctrl + P>和<Ctrl + N>来代替↑、↓光标键以达到同样的目的。

(5) 命令行错误信息。

所有用户键入的命令如果通过语法检查，则正确执行，否则向用户报告错误信息，常见错误信息如表 10-4 所示。

表 10-4　命令行常见错误信息表

英文错误信息	错 误 原 因
Unrecognized command	没有查找到命令
	没有查找到关键字
	参数类型错
	参数值越界
Incomplete command	输入命令不完整
Too many parameters	输入参数太多
Ambiguous command	输入参数不明确

(6) 命令行编辑特性。

命令行接口提供了基本的命令编辑功能，支持多行编辑，每条命令的最大长度为 256 个字符，如表 10-5 所示。

表 10-5　编辑功能表

按　键	功　能
普通按键	若编辑缓冲区未满，则插入到当前光标位置，并向右移动光标
退格键 Backspace	删除光标位置的前一个字符，光标前移
左光标键←或<Ctrl + B>	光标向左移动一个字符位置
右光标键→或<Ctrl + F>	光标向右移动一个字符位置
上光标键↑或<Ctrl + P> 下光标键↓或<Ctrl + N>	显示历史命令
Tab 键	输入不完整的关键字后按下 Tab 键，系统自动执行部分帮助：如果与之匹配的关键字唯一，则系统用此完整的关键字替代原输入并换行显示；对于命令字的参数不匹配或者匹配的关键字不唯一的情况，系统不作任何修改，重新换行显示原输入。

4) 交换机端口的配置

(1) 进入以太网端口视图。

要对以太网端口进行配置，首先要进入以太网端口视图。请在系统视图下进行如表 10-6 所示的配置。

表 10-6　进入以太网端口视图

操　作	命　令
进入以太网端口视图	interface{ interface_type interface_num | interface_name }

(2) 打开/关闭以太网端口。

请在以太网端口视图下进行表 10-7 所示的配置。当端口的相关参数及协议配置好之后，可以使用相关命令打开端口；如果想使某端口不再转发数据，也可以使用相关命令关闭端口。

表 10-7　打开或关闭以太网端口

操　作	命　令
关闭以太网端口	shutdown
打开以太网端口	undo shutdown

注意：缺省情况下，端口为打开状态。

(3) 设置以太网端口双工状态。

当希望端口在发送数据包的同时也可以接收数据包，可以将端口设置为全双工属性；当希望端口同一时刻只能发送数据包或接收数据包时，可以将端口设置为半双工属性；当设置端口为自协商状态时，端口的双工状态由本端口和对端端口自动协商而定。

请在以太网端口视图下进行表 10-8 所示的配置。

表 10-8　设置以太网端口双工状态

操　　作	命　　令
设置以太网端口的双工状态	duplex { auto | full | half }
恢复以太网端口的双工状态为缺省值	undo duplex

需要注意的是，10/100Base-T 以太网端口支持全双工、半双工或自协商模式，可以根据需要对其设置。100Base-FX 多模/单模以太网端口由系统设置为全双工模式，不允许用户对其进行配置。

缺省情况下，端口的双工状态为 auto(自协商)状态。

(4) 设置以太网端口速率。

可以使用表 10-9 所示的命令对以太网端口的速率进行设置，当设置端口速率为自协商状态时，端口的速率由本端口和对端端口双方自动协商而定。

请在以太网端口视图下进行表 10-9 所示的设置。

表 10-9　设置以太网端口速率

操　　作	命　　令
设置以太网端口的速率	speed {10 |100 | auto }
恢复以太网端口的速率为缺省值	undo speed

需要注意的是，10/100Base-T 以太网端口支持 10 Mb/s、100 Mb/s 或自协商工作速率，可以根据需要对其设置。100Base-FX 多模/单模以太网端口的工作速率由系统设置为 100 Mb/s 速率，不允许用户对其进行配置。

缺省情况下，以太网端口的速率处于 auto(自协商)状态。

(5) 设置以太网端口的链路类型。

以太网端口有三种链路类型：Access、Hybrid 和 Trunk。Access 类型的端口只能属于 1 个 VLAN，一般用于连接计算机的端口；Trunk 类型的端口可以属于多个 VLAN，可以接收和发送多个 VLAN 的报文，一般用于交换机之间连接的端口；Hybrid 类型的端口可以属于多个 VLAN，可以接收和发送多个 VLAN 的报文，可以用于交换机之间连接，也可以用于连接用户的计算机。Hybrid 端口和 Trunk 端口的不同之处在于 Hybrid 端口可以允许多个 VLAN 的报文发送时不打标签，而 Trunk 端口只允许缺省 VLAN 的报文发送时不打标签。

请在以太网端口视图下进行表 10-10 所示的设置。

表 10-10　设置以太网端口的链路类型

操　　作	命　　令
设置端口为 Access 端口	port link-type access
设置端口为 Hybrid 端口	port link-type hybrid
设置端口为 Trunk 端口	port link-type trunk
恢复端口的链路类型为缺省的 Access 端口	undo port link-type

需要注意的是，在一台以太网交换机上，Trunk 端口和 Hybrid 端口不能同时被设置。如果某端口被指定为镜像端口，则不能再被设置为 Trunk 端口，反之亦然。缺省情况下，端口为 Access 端口。

(6) 把以太网端口加入到指定 VLAN。

本配置任务把当前以太网端口加入到指定的 VLAN 中。Access 端口只能加入到 1 个 VLAN 中，Hybrid 端口和 Trunk 端口可以加入到多个 VLAN 中。

请在以太网端口视图下进行表 10-11 所示的设置。

表 10-11 把当前以太网端口加入到指定 VLAN

操 作	命 令
把当前 Access 端口加入到指定 VLAN	port access vlan vlan_id
将当前 Hybrid 端口加入到指定 VLAN	port hybrid vlan vlan_id_list { tagged | untagged }
把当前 Trunk 端口加入到指定 VLAN	port trunk permit vlan { vlan_id_list | all }
把当前 Access 端口从指定 VLAN 删除	undo port access vlan
把当前 Hybrid 端口从指定 VLAN 中删除	undo port hybrid vlan vlan_id_list
把当前 Trunk 端口从指定 VLAN 中删除	undo port trunk permit vlan { vlan_id_list | all }

需要注意的是，Access 端口加入的 VLAN 必须已经存在并且不能是 VLAN1；Hybrid 端口加入的 VLAN 必须已经存在；Trunk 端口加入的 VLAN 不能是 VLAN1。

执行了本配置，当前以太网端口就可以转发指定 VLAN 的报文。Hybrid 端口和 Trunk 端口可以加入到多个 VLAN 中，从而实现本交换机上的 VLAN 与对端交换机上相同 VLAN 的互通。Hybrid 端口还可以设置哪些 VLAN 的报文打上标签，哪些不打标签，为实现对不同 VLAN 报文执行不同处理流程打下基础。

5) 交换机端口的配置举例

在缺省情况下，端口输出 Up/Down 日志信息的功能处于开启状态，如果执行 shutdown 或 undo shutdown 命令，系统将输出日志信息。

```
<H3C> system-view
System View: return to User View with Ctrl+Z.
[H3C] interface Ethernet1/0/1
[H3C-Ethernet1/0/1] shutdown
%Apr  507:25:37:6342000 H3C L2INF/5/PORT LINK STATUS CHANGE:-1 -
 Ethernet1/0/1 is DOWN
[H3C-Ethernet1/0/1] undo shutdown
%Apr  507:25:56:2442000 H3C L2INF/5/PORT LINK STATUS CHANGE:-1 -
 Ethernet1/0/1 is UP
```

取消该功能后，如果执行 shutdown 或 undo shutdown 命令，系统将不再输出日志信息。

```
[H3C-Ethernet1/0/1] undo enable log updown
```

[H3C-Ethernet1/0/1] shutdown
[H3C-Ethernet1/0/1] undo shutdown

七、实验作业

对交换机进行配置，随后将网络中的计算机进行划分，并将它们与配置好的交换机进行连接。

(1) 主机与交换机之间通过 Telnet 建立连接时，采用交换机的什么口？这时使用的是双绞线的直连线还是交叉线？

(2) 观察你所配置的交换机的型号，说出它是几层交换机。

(3) 请说出二层交换机和三层交换机之间的区别，并说出二层交换机和集线器之间的区别。

实验 5　路由器的配置

一、实验目的

(1) 了解路由器的工作原理和选购。
(2) 掌握路由器的启动和基本设置。
(3) 掌握配置路由器的常用命令。

二、实验类型

本实验为验证型实验。

三、相关理论

路由器是一种连接多个网络或网段的网络设备，是网络互联的关键设备，它能将不同网络或网段之间的数据信息进行“翻译”，以使它们能够相互“读懂”对方的数据，从而构成一个更大的网络。路由器的英文名称为“router”，它在网络中经常以如图 10-33 所示的图标出现。Cisco、H3C 等公司的路由器产品是最常用的路由器，如图 10-34 所示。

图 10-33　路由器图标

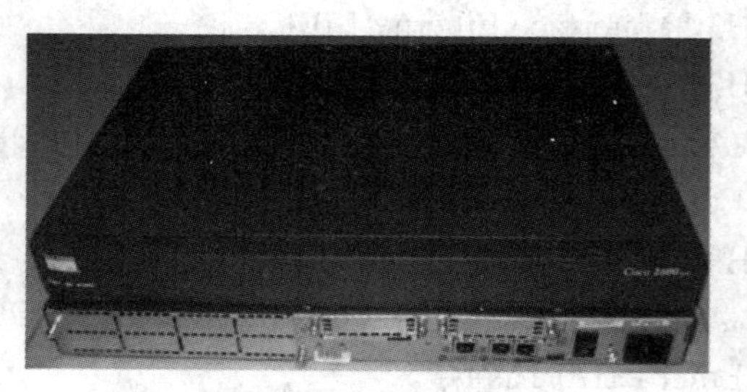

图 10-34　路由器

路由器工作在 OSI 模型的网络层，它的主要功能是实现数据包的寻址和转发。寻址就是寻找数据包到达目的地的最佳路径，主要由路由选择算法来实现。转发就是将数据包沿着寻找的最佳路径传送到目的地。其具体功能如下：

(1) 接收或转发 IP 数据包。

(2) 选择最优的路由。

(3) 将网络分割成多个子网。

(4) 隔离广播。

(5) 连接不同类型的网络。

(6) 提供安全访问的机制。

四、路由器的选购

选购路由器时应注意以下几方面：

(1) 路由器的管理方式。

(2) 路由器所支持的路由协议。

(3) 路由器的安全性保障。

(4) 丢包率。

(5) 背板容量。

(6) 吞吐量。

(7) 路由表容量。

五、实验环境

通过双绞线把 PC 的以太网端口和路由器的 LAN 口连接起来，如图 10-35 所示。

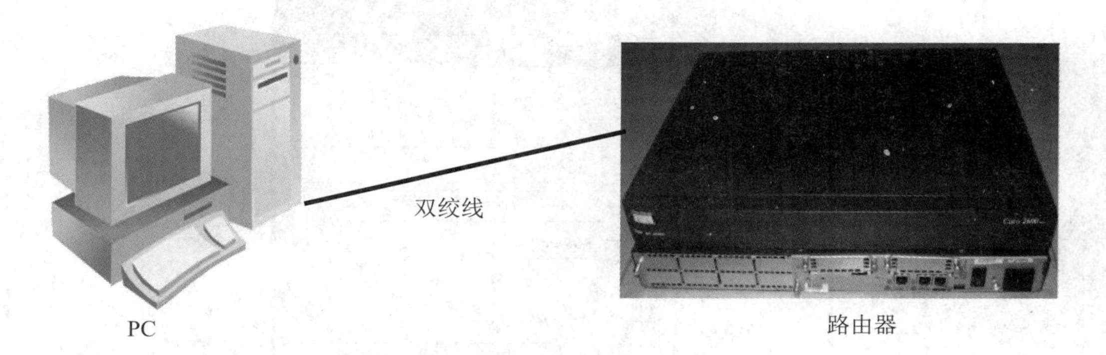

图 10-35　实验组网图

准备如下实验器材：

(1) PC 1 台。

(2) 路由器 1 台。

(3) 双绞线 1 条。

六、实验内容和步骤

1. 实验内容

(1) 完成 H3C 路由器的启动和基本设置；

(2) 熟悉路由器的开机画面；

(3) 对路由器进行基本的配置；

(4) 理解路由器的端口、编号及配置。

2. 操作步骤

1) 建立网络连接

(1) 设置计算机的 IP 地址。

在访问设置页面前，建议将计算机设置成“自动获得 IP 地址”和“自动获得 DNS 服务器地址”，由 ER3000 系列分配 IP 地址。

如果需要给计算机指定静态 IP 地址，则需要将计算机的 IP 地址与 ER3000 系列的 LAN 口 IP 地址设置在同一子网中(ER3000 系列的 LAN 口缺省 IP 地址为 192.168.1.1，子网掩码为 255.255.255.0)。

(2) 确认计算机与 ER3000 系列连通。

使用 Ping 命令确认计算机和 ER3000 系列之间的网络是否连通。

2) 登录路由器

在 Web 浏览器地址栏中输入“http://192.168.1.1”，在弹出的框中输入用户名和密码。首次登录时请输入缺省的用户名(admin)和密码(admin)，如图 10-36 所示。

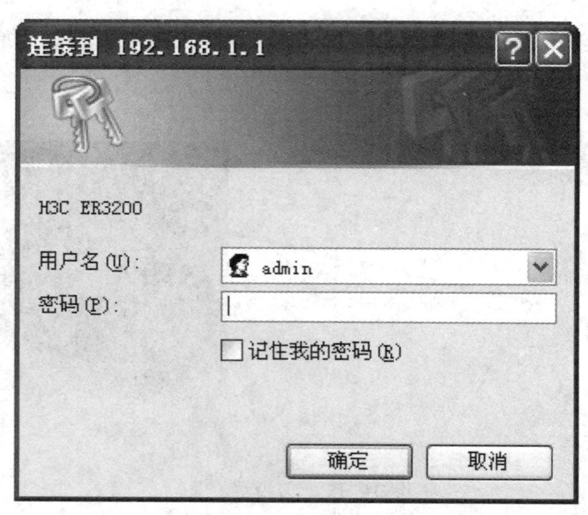

图 10-36　登录路由器

3) 路由器的基本配置

(1) Web 设置主界面。

Web 设置主界面如图 10-37 所示。图中，页面左侧为导航栏，页面右侧为设置区域。

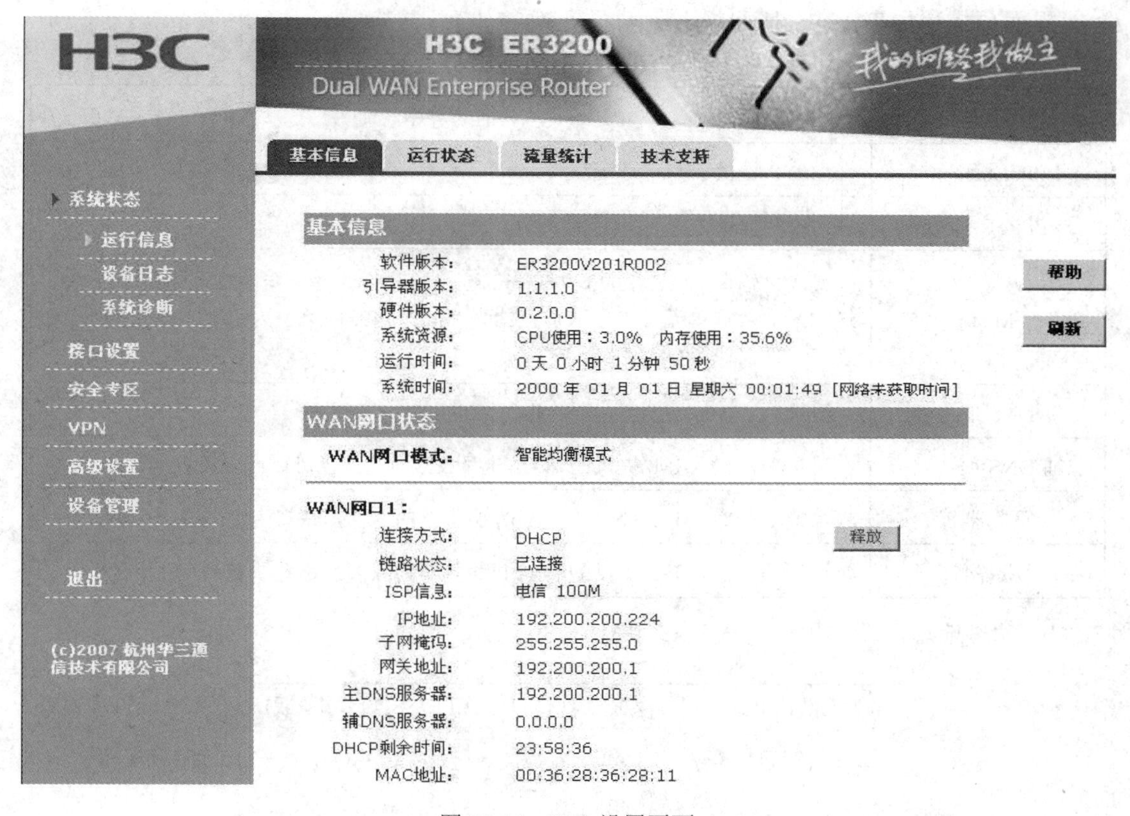

图 10-37　Web 设置页面

(2) WAN 接口设置。

① 设置上网方式。WAN 口接入因特网可选择的方式有静态地址、动态地址、PPPoE，具体选择何种方式请咨询当地 ISP。

a. PPPoE 方式。PPPoE 方式如图 10-38 所示。

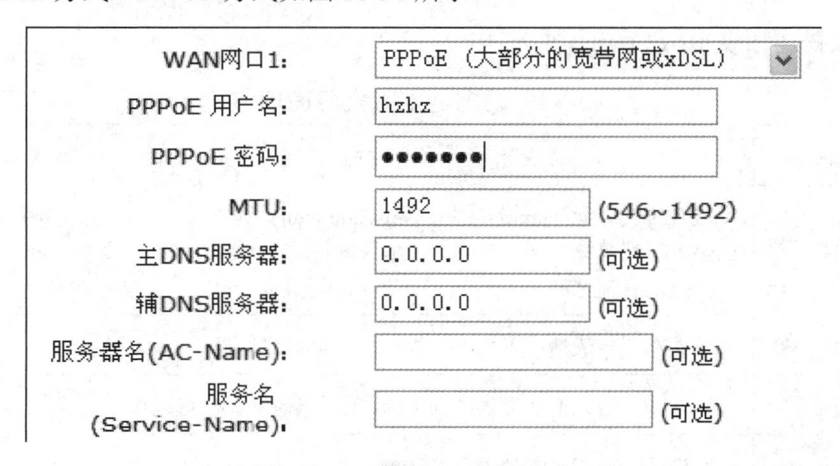

图 10-38　设置上网方式(PPPoE)

界面项描述如表 10-12 所示。

表 10-12 PPPoE 上网方式界面项描述

界面项	描　述
PPPoE 用户名	由 ISP 提供
PPPoE 密码	由 ISP 提供
MTU	最大传输单元(Maximum Transmission Unit)，是在一定的物理网络中能够传送的最大数据单元。参数取值范围为 546～1492，单位为字节，缺省为 1492 字节，建议保持缺省值
主 DNS 服务器	可选项，一般情况下由 ISP 提供，也可以自行设置
辅 DNS 服务器	可选项，输入 ISP 提供的辅 DNS 服务器地址，也可以自行设置
服务器名	可选项，输入 ISP 提供的 PPPoE 服务器的名称，缺省为空
服务名	可选项，输入 ISP 提供的 PPPoE 服务器的服务名称，缺省为空

b. 动态地址。动态地址方式设置如图 10-39 所示。

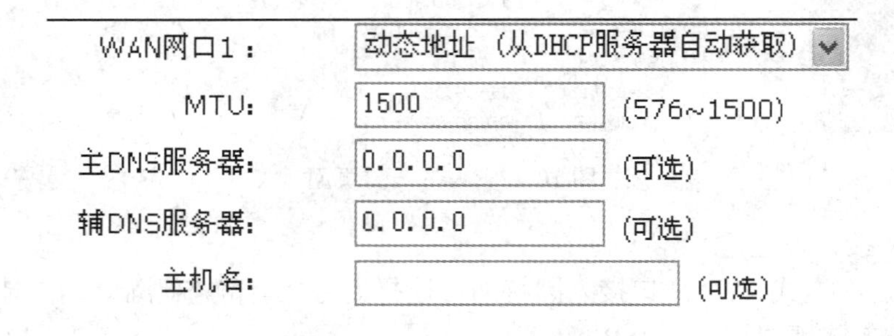

图 10-39 设置上网方式(动态地址)

界面项描述如表 10-13 所示。

表 10-13 动态地址方式界面项描述

界面项	描　述
MTU	最大传输单元(Maximum Transmission Unit)，是在一定的物理网络中能够传送的最大数据单元。参数范围为 576～1500，单位为字节，缺省为 1500 字节，建议保持缺省值
主 DNS 服务器	可选项，一般情况下由 ISP 提供，也可以自行设置
辅 DNS 服务器	可选项，输入 ISP 提供的辅 DNS 服务器地址，也可以自行设置
主机名	可选项，网络中其他设备看到的 ER3000 系列的名称，缺省为空

c. 静态地址。静态地址方式设置如图 10-40 所示。

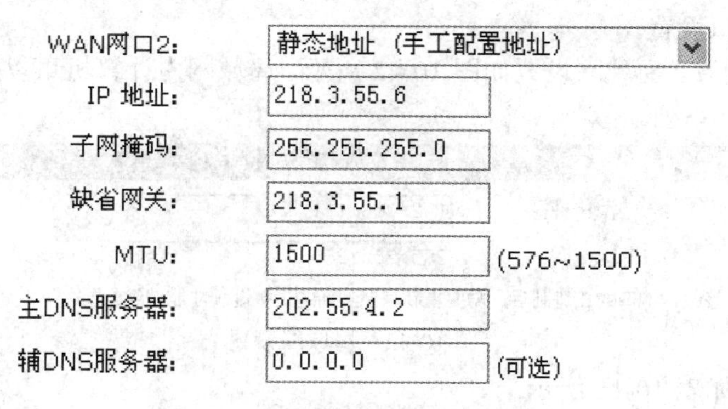

图 10-40　设置上网方式(静态地址)

界面项描述如表 10-14 所示。

表 10-14　静态地址方式界面项描述

界面项	描　述
IP 地址	一般由 ISP 提供
子网掩码	一般由 ISP 提供
缺省网关	一般由 ISP 提供
MTU	最大传输单元(Maximum Transmission Unit)，是在一定的物理网络中能够传送的最大数据单元。参数范围为 576～1500，单位为字节，缺省为 1500 字节，建议保持缺省值
主 DNS 服务器	一般由 ISP 提供
辅 DNS 服务器	可选项，输入 ISP 提供的辅 DNS 服务器地址，也可以自行设置

② 设置网口模式。WAN 网口模式如图 10-41 所示。在这个页面中，用户可以设置 ER3000 系列 WAN 口的连接速度和双工模式。缺省是 10M/100M 自适应。ER3100 只需设置一个 WAN 口。

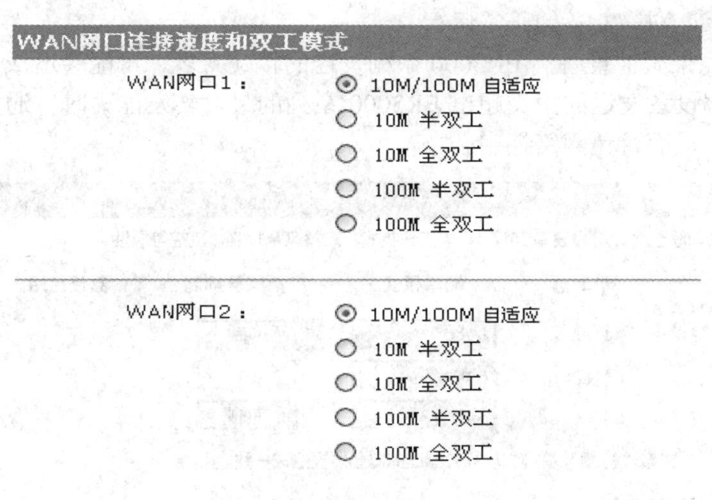

图 10-41　WAN 网口模式

(3) LAN 接口设置。

① 局域网设置。局域网设置如图 10-42 所示。局域网内计算机可以通过 LAN 口 IP 地址来管理 ER3000 系列。

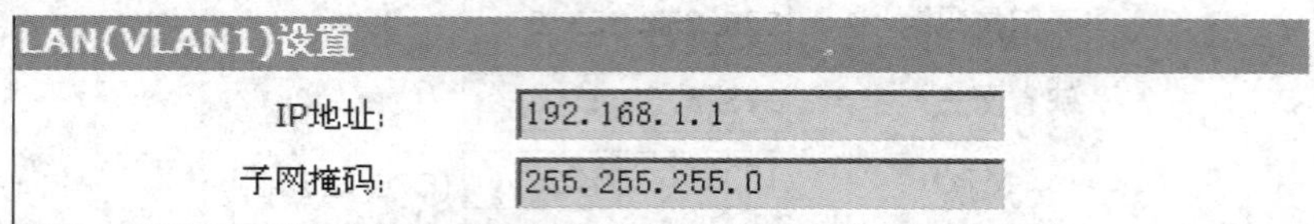

图 10-42　局域网设置

界面项描述如表 10-15 所示。

表 10-15　局域网设置界面项描述

界面项	描　述
IP 地址	ER3000 系列的 LAN 口 IP 地址，缺省是 192.168.1.1，掩码缺省是 255.255.255.0。可以通过该 IP 地址管理 ER3000 系列
子网掩码	LAN 口的 IP 地址对应的子网掩码，缺省是 255.255.255.0

说明：

修改 LAN 口 IP 地址后，需要使用新 IP 地址重新登录设备才能继续配置。

修改 LAN 口 IP 地址后，其他页面中和 IP 地址相关的配置可能需要相应修改(如 IP/MAC 绑定表中的 IP 地址等)，和 LAN 口 IP 保持在统一网段。

② 端口设置。端口设置如图 10-43 所示。图中各项的含义如下：

a. 端口模式：一般情况下，两个对接设备都支持端口模式自适应功能，会自动协商出最佳工作模式，但如果遇到兼容性问题导致不能正常协商的情况，可以根据情况手工设置端口模式，以便更好地与其他设备对接。

b. 广播风暴抑制：如果局域网内有大量的广播报文(可能由病毒导致)，会影响网络的正常通信。通过 LAN 口的广播风暴抑制功能，可以有效地抑制大量广播报文的传播，避免网络拥塞，保证网络业务的正常运行。

c. 流控：如果其他设备向 ER3000 系列发送的报文太多，可能会造成网络堵塞。流控功能可以在对端设备发送的报文超出 ER3000 系列的最大转发能力时，通知对端设备降低报文发送速率，从而避免网络拥塞。

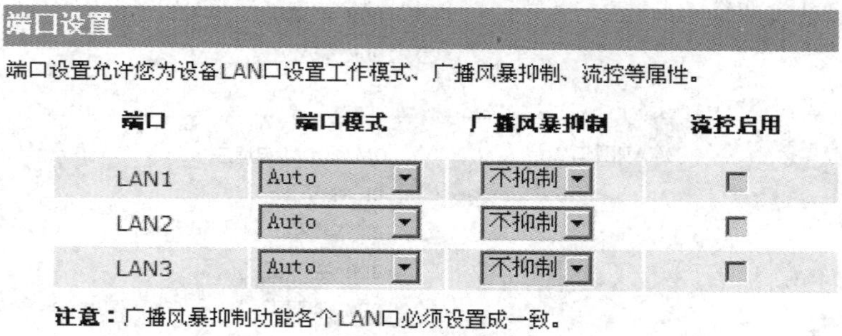

端口设置

端口设置允许您为设备LAN口设置工作模式、广播风暴抑制、流控等属性。

端口	端口模式	广播风暴抑制	流控启用
LAN1	Auto	不抑制	
LAN2	Auto	不抑制	
LAN3	Auto	不抑制	

注意：广播风暴抑制功能各个LAN口必须设置成一致。

图 10-43　端口设置

说明：

- 要使流控功能生效，连接的对端设备也必须支持并启用流控功能。
- 一般只在网络拥塞比较严重时才考虑启用流控功能。

③ VLAN 设置。VLAN 设置如图 10-44 所示。VLAN(Virtual LAN)即虚拟局域网，它可以将物理上互连的网络在逻辑上划分为多个互不相干的网络，这些网络相互间不能直接通信，使广播报文也被隔离，从而可以实现如下功能：

a. 广播域被限制在一个 VLAN 内，节省了带宽，提高了网络处理能力。

b. 增强局域网的安全性，不同 VLAN 内的用户不能直接通信。

c. 灵活组网，用 VLAN 划分不同的部门，同一个部门不必受物理范围的局限，网络构建和维护更方便、灵活。

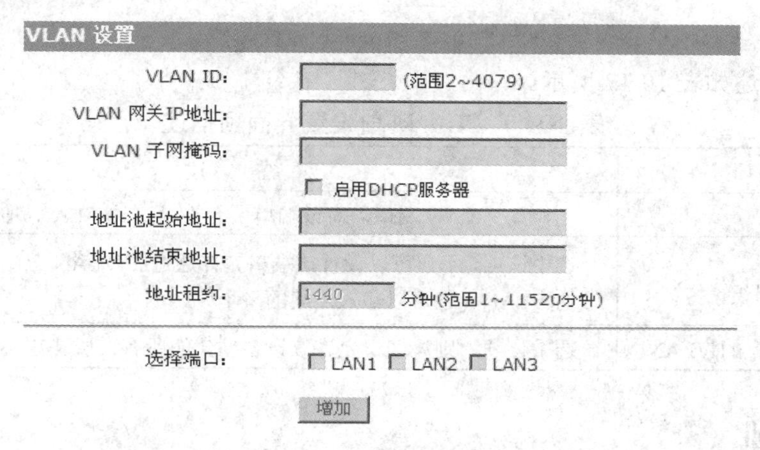

图 10-44　VLAN 设置

界面项描述如表 10-16 所示。

表 10-16　VLAN 设置界面项描述

界面项	描述
VLAN ID	虚接口的 VLAN ID
VLAN 网关 IP 地址	虚接口的 IP 地址
VLAN 子网掩码	虚接口的子网掩码
启用 DHCP 服务器	选中该框，则可以配置并启用该虚接口下的 DCHP 服务器
地址池起始地址	配置该虚接口下DHCP服务器地址池的起始地址(DHCP服务器启用后才生效)
地址池结束地址	配置该虚接口下 DHCP 服务器地址池的结束地址(DHCP 服务器启用后才生效)
地址租约	配置该虚接口下 DHCP 服务器的租约时间，即 IP 地址分配给 DHCP 客户端使用的时间长度，单位为分钟
选择端口	如果选中某端口，则会把选中端口的 PVID 设置成为本 VLAN ID，本 VLAN 内的用户可以通过该端口访问设备。可以不选端口，也可以选一个或多个端口

④ Trunk 口设置。Trunk 口设置如图 10-45 所示。在本页面中用户可以设置各个 Trunk 端口允许通过的 VLAN。如果 VLAN 报文带的 tag 在该端口设置的允许通过的 VLAN 范围内，则该端口接收或发送报文时都会带上该 tag，其他 VLAN 报文直接被丢弃。

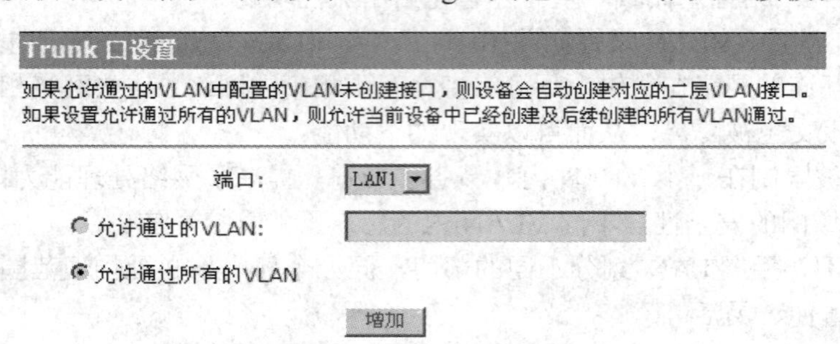

图 10-45 Trunk 口设置

界面项描述如表 10-17 所示。

表 10-17 Trunk 口设置界面项描述

界面项	描述
端口	选择某个 LAN 端口，对该端口所允许通过的 VLAN 进行设置
允许通过的 VLAN	选中该项，用户可以设置该端口允许通过的 VLAN 范围，可以输入离散的 VLAN，也可以输入连续的多个 VLAN
允许通过所有的 VLAN	选中该项，则该端口允许该设备创建的所有二层、三层 VLAN 通过

七、实验作业

(1) 对路由器进行配置。

(2) 比较在使用 Telnet 方式配置交换机和路由器时在配置命令上的不同之处。

实验 6 防火墙的配置

一、实验目的

掌握网络防火墙的配置方法。

二、实验类型

本实验为验证型实验。

三、相关理论

1. 概念

防火墙的英文名称为“FireWall”，它是目前一种最重要的网络防护设备，它在网络中经常以图 10-46 所示的两种图标出现。

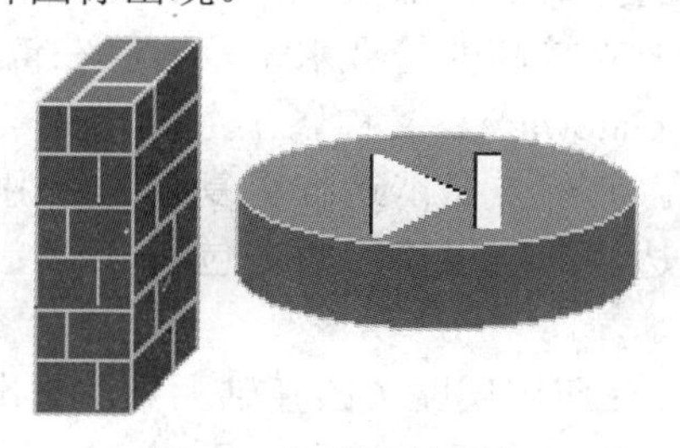

图 10-46　防火墙图标

防火墙是一种安全有效的防范技术，是访问控制机制、安全策略和防入侵措施的集成。从狭义上讲，防火墙是指安装了防火墙软件的计算机路由器和专门的硬件设备；从广义上讲，防火墙是指保护整个网络的安全策略和安全行为。总之，计算机网络的防火墙，其实是一种计算机硬件和软件的组合，通过一定技术和设备将 Intranet 与外部网隔离开来，并提供存取控制与保密服务，使 Intranet 有选择地与外部网进行信息交换，增强了 Intranet 的安全性。防火墙通常是 Intranet 连接到 Internet 的第 1 道物理安全屏障，用户可以安全地使用网络，而不必担心受到黑客的袭击。

2. 防火墙的主要功能

防火墙的主要功能如下：

(1) 包过滤功能。

(2) 审计和报警机制功能。

(3) NAT(网络地址转换)功能。

(4) Proxy(代理)功能。

(5) 流量控制(带宽管理)和统计分析、流量计费功能。

3. 防火墙的分类

(1) 按照防火墙的软、硬件形式分类，可以分为软件防火墙和硬件防火墙。防火墙从实现方式上，可以分为软件防火墙、硬件防火墙和嵌入式防火墙三类。

软件防火墙运行于特定的计算机上，它需要预先安装好的计算机操作系统的支持(如 Linux、UNIX 或 Windows 2000)，一般来说这台计算机就是整个网络的网关，如天网个人及企业版防火墙、Norton 个人及企业版软件防火墙以及 Linux 防火墙等。

嵌入式防火墙，通常指的是防火墙功能被集成到路由器或者交换机中的防火墙，这类防火墙在进行数据包检测路由器的时候，先检测包的安全性，再进行路由。

这里说的硬件防火墙区别于嵌入式防火墙，它的设计为一种总体系统。根据是否基于专用的硬件平台，又可以分为普通的硬件防火墙和芯片级的硬件防火墙。市面上较常见的普通的硬件防火墙一般基于 PC 架构，在这些 PC 架构计算机上可运行一些经过裁减和简化的操作系统，FOUND Secuway 100 即属于这一类。芯片级防火墙基于专门的硬件平台，专有的 ASIC 芯片使它们比其他种类防火墙速度更快，性能更高，它使用专用的操作系统，防火墙本身的漏洞少。如 CISCO 的 PIX 防火墙就是通过专有技术使硬件和软件的结合来达到隔离内、外部网络的目的。硬件防火墙从技术上又可分为两类：标准防火墙和应用层网关防火墙。标准防火墙系统包括一个 UNIX 工作站，该工作站的两端各连接一个路由器进行缓冲。其中一个路由器的接口是外部世界，即公用网；另一个则连接内部网。标准防火墙使用专门的软件，并要求较高的管理水平，而且在信息传输上有一定的延迟。应用层网关(Applications Layer Gateway)，又称堡垒主机，是一个单个的系统，但却能同时完成标准防火墙的所有功能。其优点是能运行更复杂的应用，同时防止在互联网和内部系统之间建立的任何直接的边界，可以确保数据包不能直接从外部网络到达内部网络，反之亦然。

随着防火墙技术的发展，在应用层网关的基础上又演化出两种防火墙配置，一种是隐蔽主机网关方式，另一种是隐蔽智能网关(隐蔽子网)方式。隐蔽主机网关是当前一种常见的防火墙配置，顾名思义，这种配置一方面将路由器进行隐蔽，另一方面在互联网和内部网之间安装堡垒主机。堡垒主机装在内部网上，通过路由器的配置使该堡垒主机成为内部网与互联网进行通信的唯一系统。目前技术最为复杂而且安全级别最高的防火墙是隐蔽智能网关，它将网关隐藏在公共系统之后使其免遭直接攻击。隐蔽智能网关提供了对互联网服务几乎透明的访问，同时阻止了外部未授权访问对专用网络的非法访问。一般来说，这种防火墙是最不容易被破坏的。

(2) 从对数据包的检测方式分类，可以把防火墙分为如下三类：

① 分组过滤防火墙：分组过滤防火墙不检查数据区，不建立连接状态表，前后报文无关，应用层控制很弱。

② 应用网关防火墙：不检查 IP、TCP 报头，不建立连接状态表，网络层保护比较弱。

③ 状态检测防火墙：不检查数据区，建立连接状态表，前后报文相关，应用层控制很弱。

(3) 按结构分类，可以分为单一主机防火墙、路由器集成式防火墙和分布式防火墙三种。

(4) 按应用部署位置分类，可以分为边界防火墙、个人防火墙和混合防火墙三大类。

4. 防火墙的基本配置原则

防火墙的基本配置原则如下：

(1) 简单实用。

(2) 全面深入。

(3) 内外兼顾。

四、防火墙的选购

防火墙选购时需要关注以下几方面：

(1) 大企业根据部署位置选择防火墙。

(2) 中小企业根据网络规模选择防火墙。

(3) 需考察厂商实力。

(4) 需考察产品认证。

(5) 需考察厂商的服务。

(6) 需选择一家中立的咨询公司。

五、实验环境

主流配置 PC 一台，Windows 操作系统，联想网御 2000 网络防火墙一台，天网桌面防火墙。

六、实验内容和步骤

1. 配置联想网御 2000 防火墙

(1) 设计网络拓扑结构，使防火墙实现代理上网，并对出入整个局域网的信息进行控制。

(2) 配置管理方法：

① 基于 Web 的图形方式：网络接口 Web 配置、本地串口 Web 配置。

② 基于 CLI 的命令行方式：网络接口 CLI 配置、本地串口 CLI 配置。

2. 安装管理软件

(1) 安装网御电子钥匙驱动程序。

(2) 将网御电子钥匙插入管理主机的 USB 口，直至安装成功。

(3) 安装管理软件。

3. 登录管理界面

(1) 默认管理主机 IP：10.1.5.200(我们修改为 192.168.0.3)。

(2) 防火墙默认 IP：10.1.5.254：8888(我们修改为 192.168.0.254：8888)。

(3) 启动认证程序，程序将提示用户输入 PIN 口令，首次使用默认 PIN 为“12345678”(引号内的部分)，通过后弹出用户身份认证对话框，如图 10-47 所示。

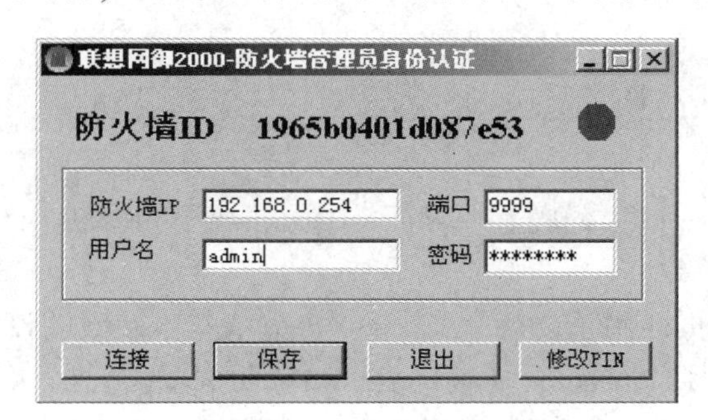

图 10-47　用户身份认证界面

(4) 点击“连接”。

(5) 认证通过弹出“通过认证”对话框，如图 10-48 所示。

图 10-48　“通过认证”对话框

(6) 打开 IE 浏览器，浏览 http://192.168.0.254:8888，出现如图 10-49 所示的防火墙管理界面。

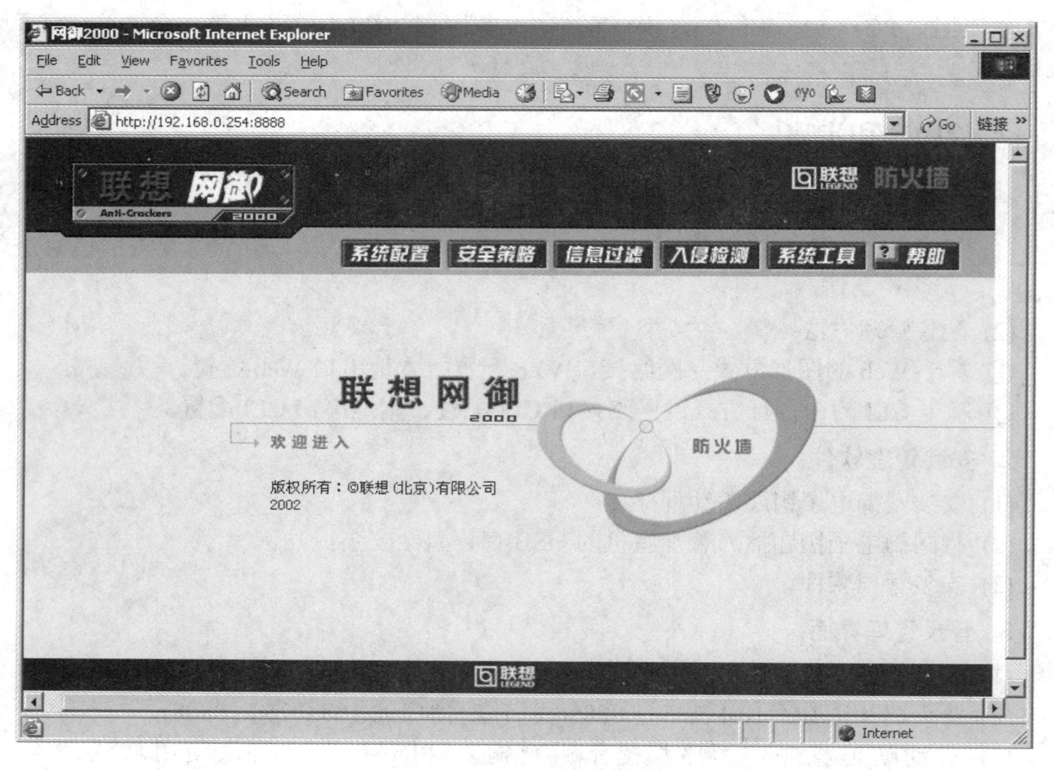

图 10-49　防火墙管理界面

4. 防火墙的配置

联想网御 2000 防火墙功能界面划分为五大部分：系统设置、安全策略、信息过滤、入侵检测和系统工具。

(1) 系统设置：系统设置分成五个界面：基本参数、静态路由、安全管理、集中管理和远程支持。

(2) 基本参数：此页面用于联想网御 2000 防火墙基本参数的设置，如图 10-50 所示，使用防火墙时应首先对此界面进行设置，包括设置防火墙 IP 地址、默认网关、DNS 服务器、管理主机 IP 等。其中，当防火墙按网络接口 Web 方式管理，或者启用 NAT 或反向 NAT 功能时，必须为其设定一个 IP 地址。当防火墙与多个网络相连时，通过“添加”“编辑”“删除”操作，可将每个子网的空闲 IP 地址设置在防火墙上，使多个子网都可以通过防火墙正常通信。“掩码”为防火墙 IP 地址的子网掩码，用于标识所在的子网，此项必须设置。“内部地址”用于指明防火墙 IP 地址是否为企业内部网地址。当选择后，此网段数据包不允许从对外网口(eth 0)进入。“默认网关”指明防火墙的默认网关。“DNS”用于指明防火墙本身需要域名解析的域名服务器的 IP 地址。其他基本参数的设置可以参考配置使用手册。

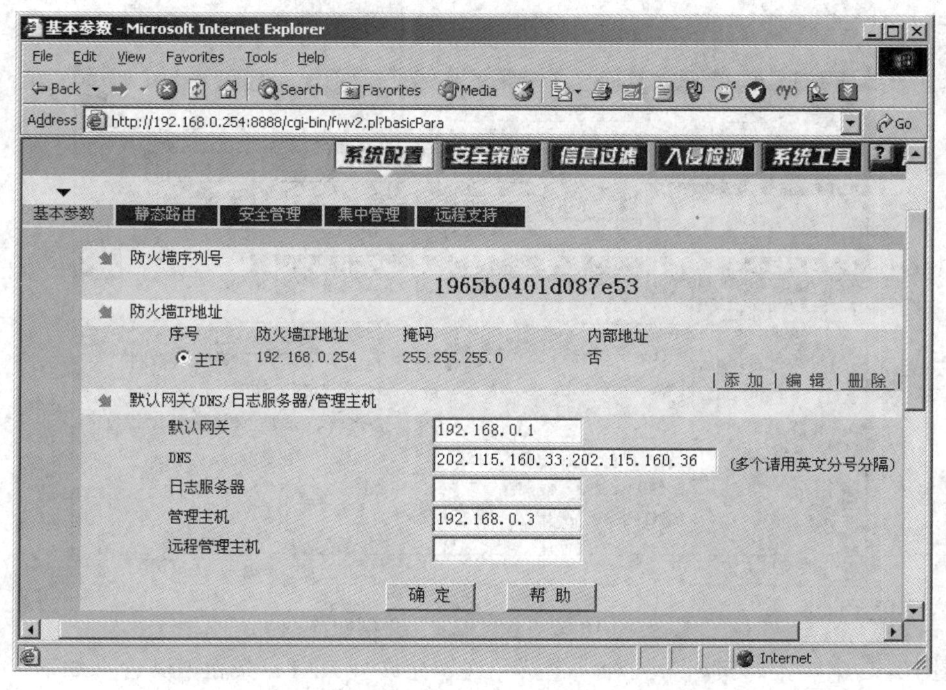

图 10-50　基本参数配置

(3) 安全策略：安全策略是防火墙配置的关键部分，在此制定具体的安全策略，主要包括代理服务、NAT 映射表、安全规则、反向 NAT、用户认证、地址绑定、时间定义七个部分。在这里我们主要介绍安全规则部分。

安全规则中能制定两种规则：包过滤和透明代理。点击“安全规则”→“添加”，则出现如图 10-51 所示的界面。我们选择“包过滤”。

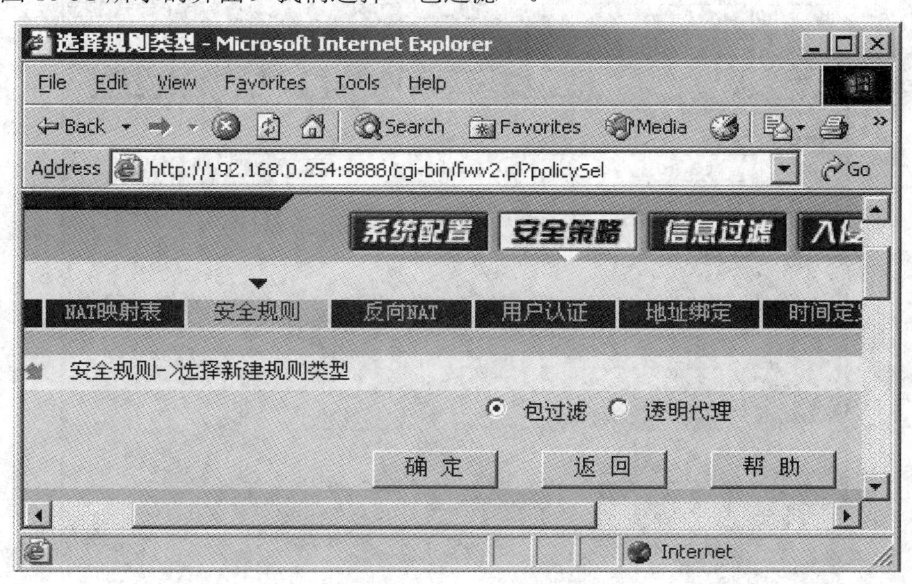

图 10-51　包过滤安全规则选择

在“包过滤规则”界面，我们进行如图 10-52 所示的设置。

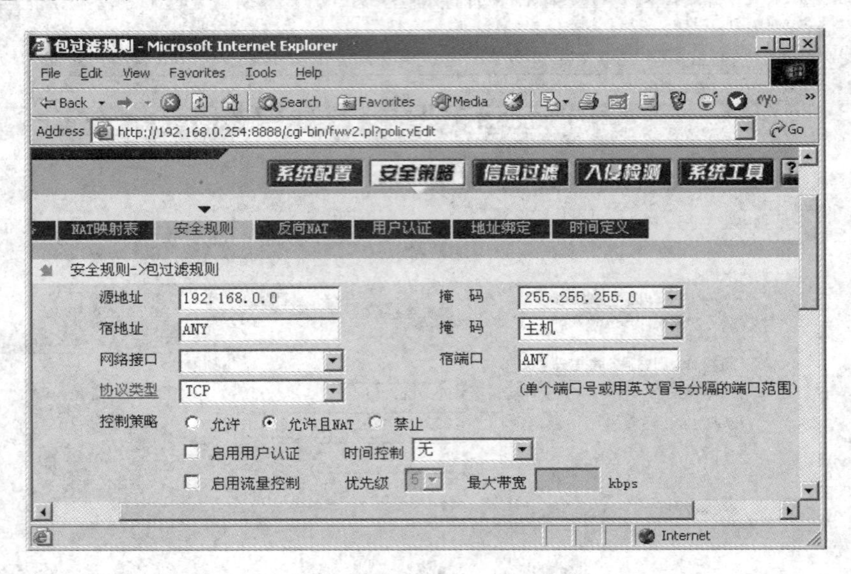

图 10-52　包过滤安全规则配置

图 10-52 中，控制策略有三种，包括允许、允许且 NAT、禁止，其含义如下：

- 允许：表示允许数据包通过，且不做网络地址转换。
- 允许且 NAT：表示允许数据包通过，且做网络地址转换。
- 禁止：表示禁止数据包通过。

配置好的包过滤规则如图 10-53 所示。

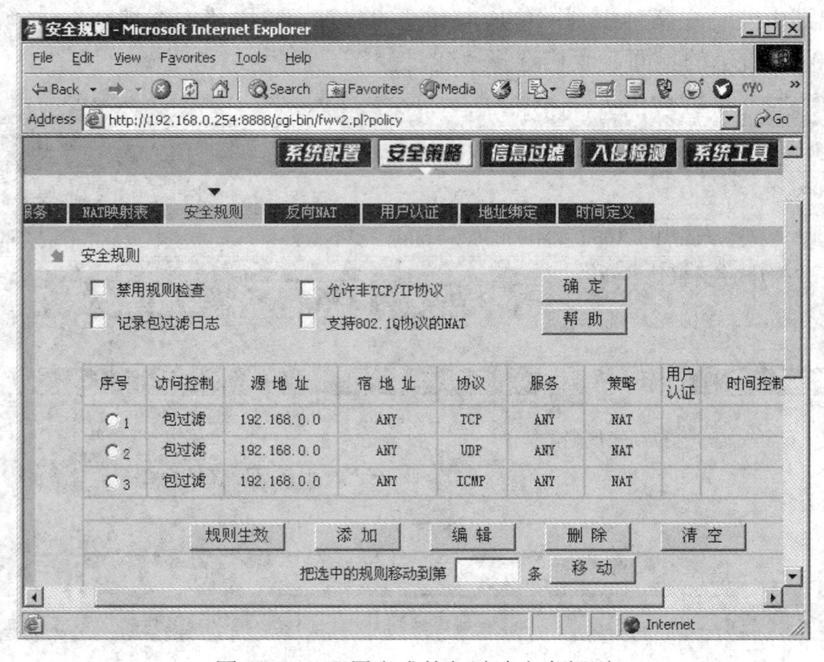

图 10-53　配置完成的包过滤安全规则

配置好的规则如要生效，则需点击“规则生效”，然后到“系统配置”→“基本配置”页面点击“确定”，使配置规则生效。在该规则下，一台 IP 地址为 192.168.0.54 的主机访问 IP 地址为 192.168.0.3 的服务器，记录到的部分网络数据如图 10-54 所示。

源地址	目标地址	摘要
[192.168.0.254]	[192.168.0.3]	TCP: D=80 S=50050 SYN SEQ=2463439870 LEN=0 WIN=8192
[192.168.0.3]	[192.168.0.254]	TCP: D=50050 S=80 SYN ACK=2463439871 SEQ=2260390238 LEN=0 WIN=6553
[192.168.0.254]	[192.168.0.3]	TCP: D=80 S=50050 ACK=2260390239 WIN=8192
[192.168.0.254]	[192.168.0.3]	HTTP: C Port=50050 GET / HTTP/1.1

图 10-54　NAT 包过滤安全规则抓包结果

从图 10-53 中可以发现，通信的双方 IP 地址为 192.168.0.254 和 192.168.0.3，显然进行了地址转换，证明 NAT 规则是有效的。修改规则如图 10-55 所示。

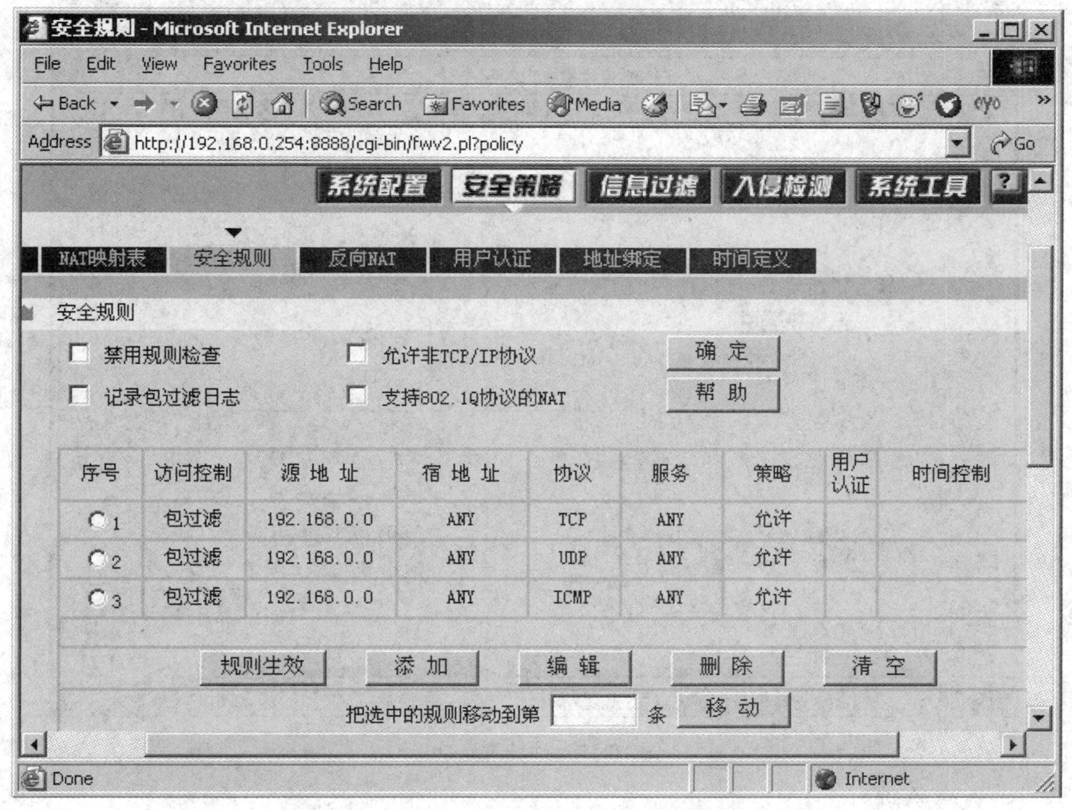

图 10-55　添加“允许”包过滤安全规则结果

在该规则下，一台 IP 地址为 192.168.0.54 的主机访问 IP 地址为 192.168.0.3 的服务器，记录到的部分网络数据如图 10-56 所示。

源地址	目标地址	摘要
[192.168.0.54]	[192.168.0.3]	TCP: D=80 S=1154 SYN SEQ=2578009420 LEN=0 WIN=8192
[192.168.0.3]	[192.168.0.54]	TCP: D=1154 S=80 SYN ACK=2578009421 SEQ=2363292434 LEN=0 WIN=65535
[192.168.0.54]	[192.168.0.3]	TCP: D=80 S=1154 ACK=2363292435 WIN=8192
[192.168.0.54]	[192.168.0.3]	HTTP: C Port=1154 GET / HTTP/1.1

图 10-56　“允许”包过滤安全规则抓包结果

如从网络中心申请一个 IP 地址，局域网内的主机都通过防火墙实现访问 Internet 的要求，则必须要使用 NAT。

如需记录日志，则需选中"记录包过滤日志"。

5. 地址绑定

地址绑定如图 10-57 所示。

已绑定地址列表：表示已经完成绑定的地址。

已学习地址列表：表示防火墙学习到的 IP 地址与 MAC 地址的对应关系。

绑定：选中需要绑定的地址，点击“绑定”，则实现 IP 地址与 MAC 地址的绑定。

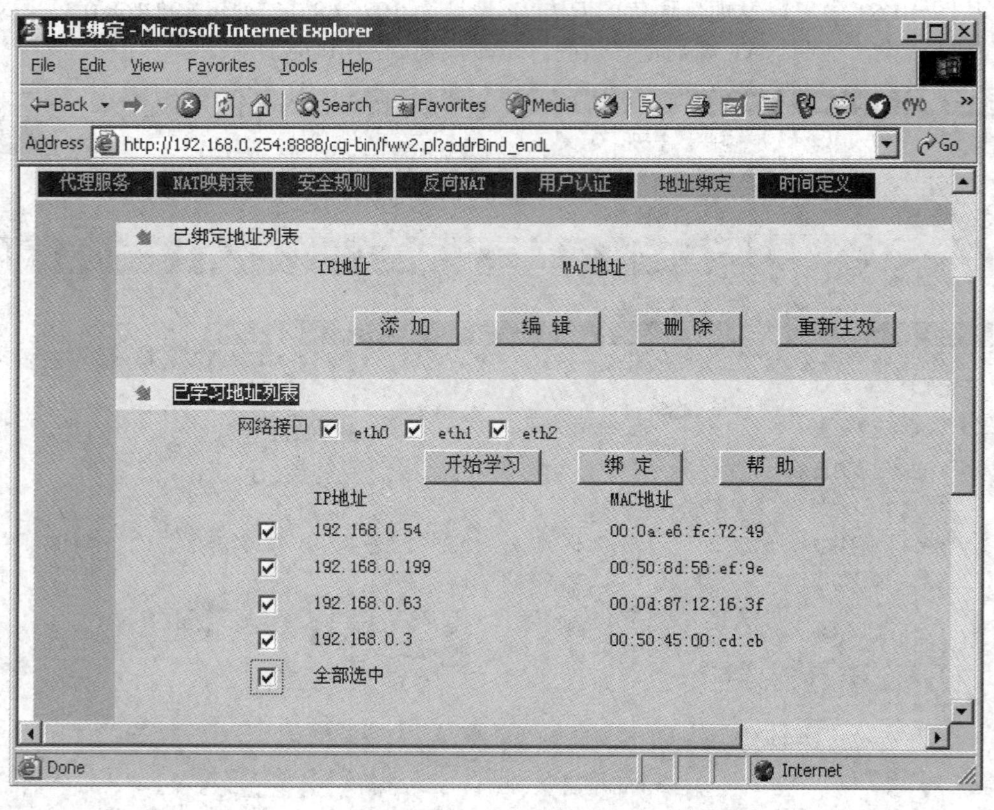

图 10-57　地址绑定功能

6. 入侵检测

作为监视手段，入侵检测是网络安全的重要组成部分。对于已知的攻击方法，入侵检测提供了一种防范手段，能及时将黑客拒之门外。

(1) 基本设置：“关闭入侵检测”指在防火墙上不启用入侵检测功能。“自定义检测”指根据用户自定义的特征进行检测。其他攻击检测的含义见配置手册，如图 10-58 所示。

(2) 自动响应：选中“自动阻断生效”后，防火墙能够完成对本机入侵检测系统发出告警信息实时响应，一旦有触发检测规则的可疑事件发生，发起者的源 IP 地址就立即被自动列入系统黑名单，发起者的通信被防火墙阻断。管理员可以自定义阻断时间。“立即清除所有自动阻断”可以对阻断进行清除，如图 10-59 所示。

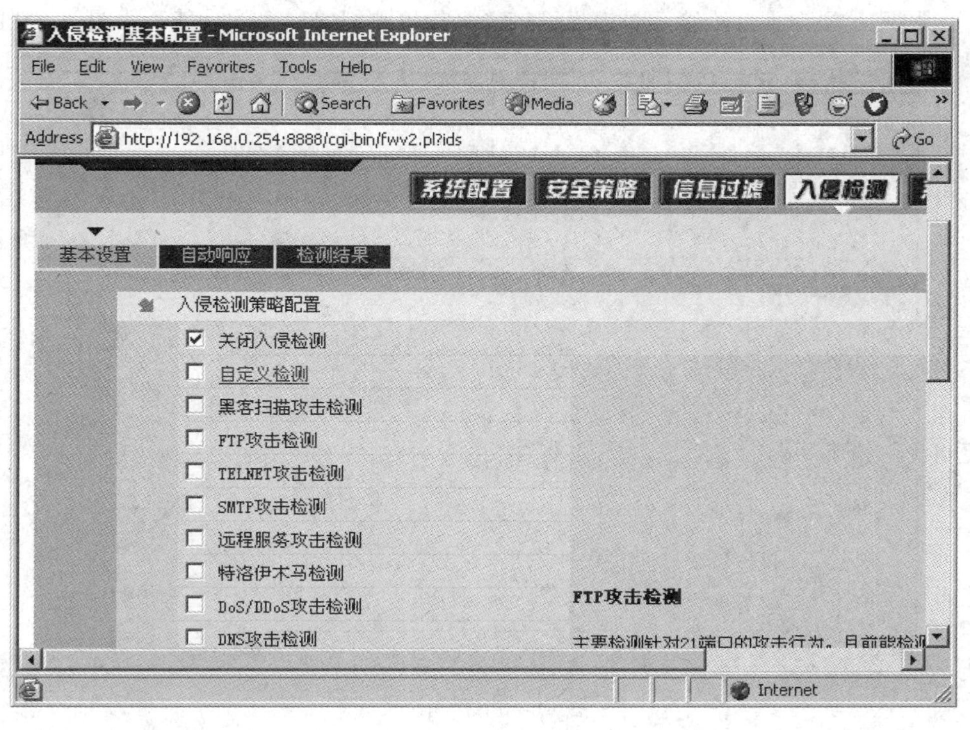

图 10-58　入侵检测功能

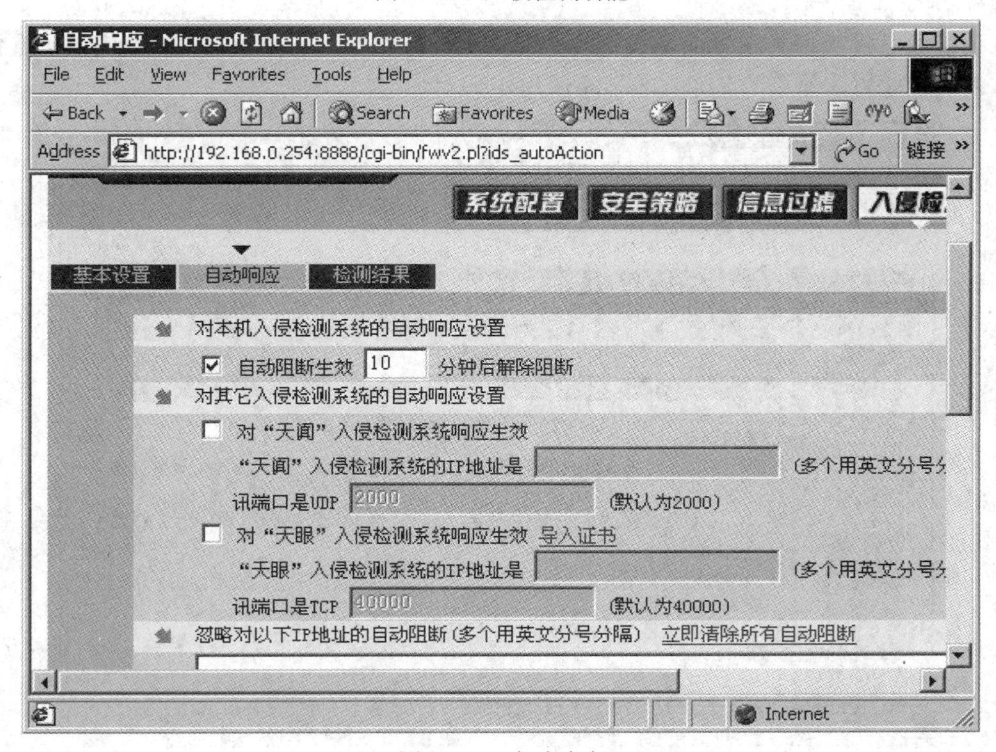

图 10-59　自动响应

(3) 检测结果：本页给管理员提供了查看入侵检测报警信息的功能，如图 10-60 所示。

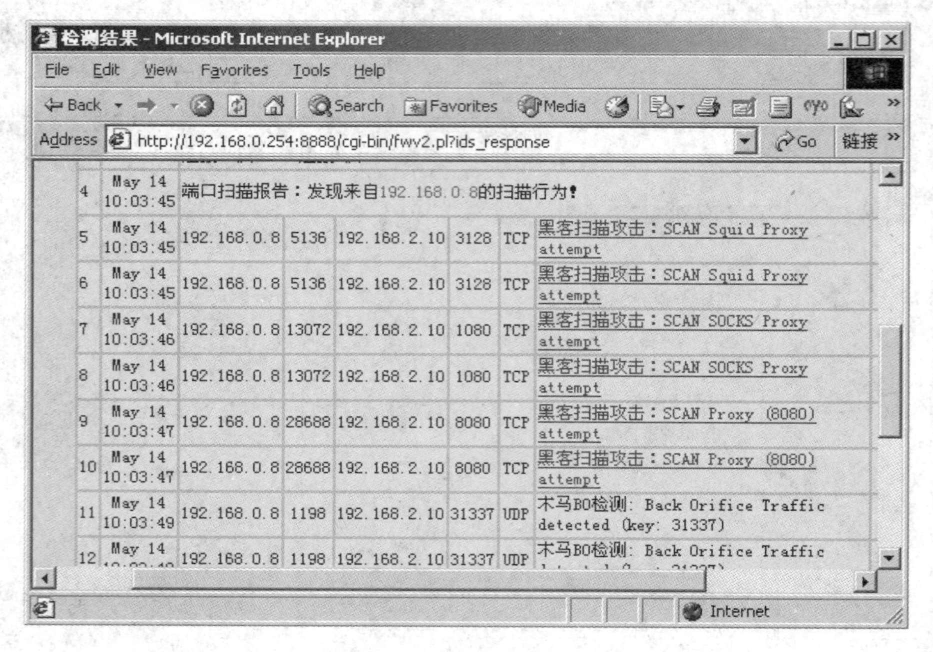

图 10-60　检测结果

7. 系统工具

系统保存将管理员在界面中设置的全部配置信息保存到硬件设备中，以使下次重新启动时当前的设置也不会丢失，如图 10-61 所示。

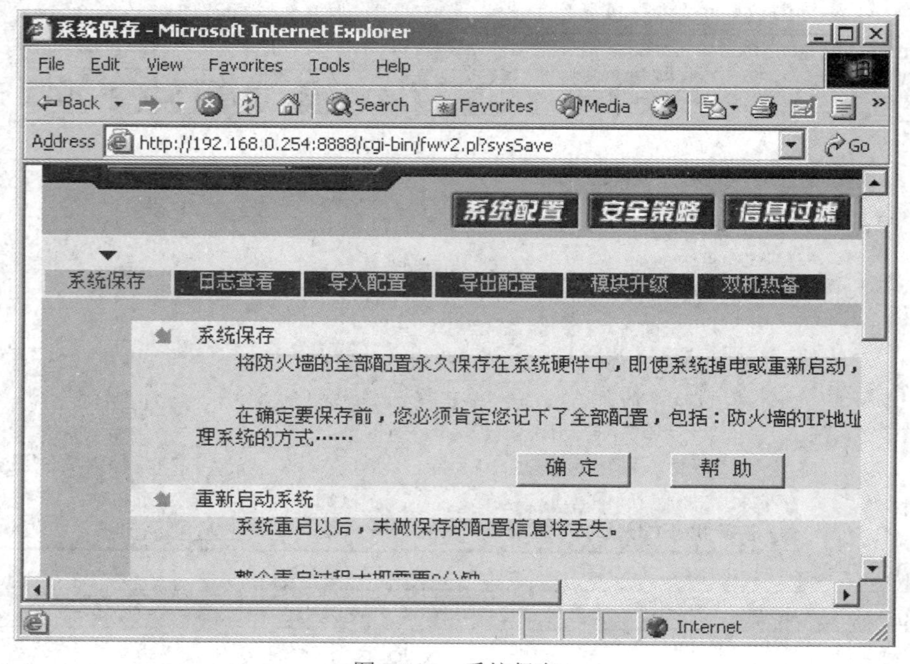

图 10-61　系统保存

8. 日志查看

日志查看用于查看防火墙的当前日志信息，如图 10-62 所示。

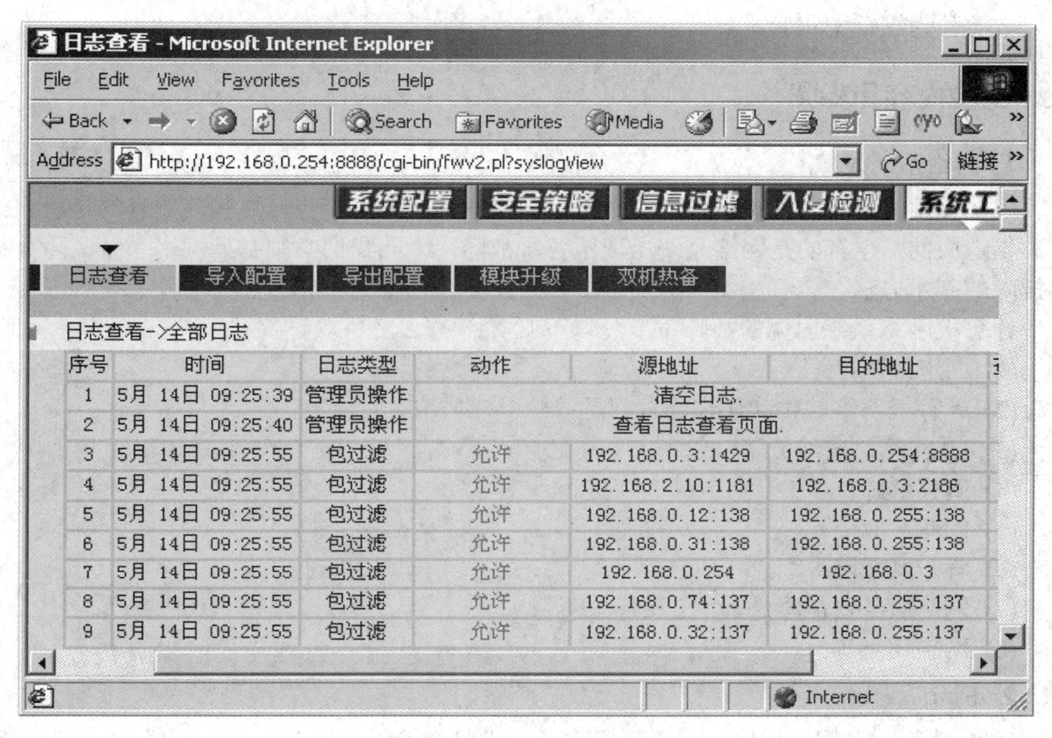

图 10-62　日志查看

9. 导出配置

导出配置将防火墙当前的配置导出到本地做备份。

10. 导入配置

导入配置将备份文件导入到防火墙。

七、实验作业

思考怎样对一台 Windows IIS 服务器进行访问控制。

实验 7　常用网络命令

一、实验目的

(1) 了解 Ping、IPConfig 等常用工具的功能以及使用方法。

(2) 通过相关工具发现或验证网络中的故障。

(3) 掌握网络系统故障分析和排除的基本方法。

二、实验类型

本实验为综合型实验。

三、实验内容和步骤

1. 网络系统故障

现实使用过程中，计算机网络系统出现问题的情况并不少见，这些问题有的是用户使用不当造成的，也有的是网络系统出现了各种故障，为此我们必须掌握网络系统故障分析和排除的基本方法。

计算机网络系统出现的故障主要分以下几类：

(1) 网卡故障；

(2) 计算机网络软件和协议配置问题；

(3) LAN 网络连线故障；

(4) 网关故障；

(5) DNS 故障；

(6) 骨干网故障；

(7) 网络服务器故障；

(8) 网络病毒等。

2. Ping

Ping 就是一个测试程序，用于确定本地主机是否能与另一台主机交换(发送与接收)数据报。根据返回的信息，可以推断 TCP/IP 参数是否设置正确及运行是否正常。如果 Ping 运行正确，大体上就可以排除网络访问层、网卡、Modem 的输入输出线路、电缆和路由器等存在的故障，从而减小了问题的范围。

主要功能：用来测试一帧数据从一台主机传输到另一台主机所需的时间，从而判断主机响应时间。

使用格式：

ping [x] [-t] [-a] [-n count] [-l size]

参数介绍：

-t：让用户所在的主机不断向目标主机发送数据。

-a：以 IP 地址格式来显示目标主机的网络地址。

-n count：指定要 Ping 多少次，具体次数由后面的 count 来指定。

-l size：指定发送到目标主机的数据包的大小。

Ping 命令的常用参数选项如下：

ping IP-t：连续对 IP 地址执行 Ping 命令，直到被用户按【Ctrl + C】组合键中断。

ping IP-l2000：指定 Ping 命令中的数据长度为 2000 字节，而不是默认的 32 字节。

ping IP-n：执行特定次数的 Ping 命令。

详细介绍：Ping 命令主要是用来检查路由是否能够到达某站点。由于该命令的包长小，因此在网上传递的速度非常快，可以快速检测要去的站点是否可达。如果执行 Ping 不成功，则可以预测故障出现在以下几个方面：网线是否连通，网络适配器配置是否正确，IP 地址是否可用等。如果执行 Ping 成功而网络仍无法使用，那么问题很可能出在网络系统的软件配置方面，Ping 成功只能保证当前主机与目的主机间存在一条连通的物理路径。它的使用格式是在命令提示符下键入 Ping IP 地址或主机名，执行结果显示响应时间。重复执行这个命令，你可以发现 Ping 报告的响应时间是不同的。具体的 Ping 命令后还可跟好多参数，你可以键入 Ping 后回车，以得到详细说明。

下面给出一个典型的检测次序及对应的可能故障。

(1) Ping127.0.0.1。这个 Ping 命令被送到本地计算机的 IP 软件，该命令永不退出该计算机。如果没有做到这一点，就表示 TCP/IP 的安装或运行存在某些最基本的问题。

(2) Ping 本机 IP。这个命令被送到计算机所配置的 IP 地址，相应的计算机始终都应该对该 Ping 命令做出应答。如果没有，则表示本地配置或安装存在问题。出现此问题时，局域网用户需断开网络电缆，然后重新发送该命令。如果网线断开后本命令正确，则表示另一台计算机可能配置了相同的 IP 地址。

(3) Ping 局域网内其他 IP。这个命令应该离开用户计算机，经过网卡及网络电缆到达其他计算机，再返回。收到回送应答表明本地网络中的网卡运行正确。但如果收到 0 个回送应答，那么表示子网掩码不正确或网卡配置错误或电缆系统有问题。

(4) Ping 网关 IP。这个命令如果应答正确，表示局域网中的网关路由器正在运行并能够做出应答。

(5) Ping 远程 IP。如果收到 4 个应答，则表示成功地使用了默认网关。对于拨号上网用户则表示能够成功地访问 Internet。

举例说明：当我们 Ping 一个站点时，得到的回答是 Request time out 信息，则意味着网址没有在 1 秒内响应，这表明服务器没有对 Ping 做出相应的配置或者网址反应极慢。如果你看到 4 个“请求暂停”信息，说明网址拒绝 Ping 请求。因为过多的 Ping 测试本身会产生瓶颈，因此，许多 Web 管理员不让服务器接受此测试。如果网址很忙或者出于其他原因运行速度很慢，如硬件动力不足、数据信道比较狭窄，可以过一段时间再试一次，以确定网址是不是真的有故障。如果多次测试都存在问题，则可以认为是用户的主机和该站点没有连接上，用户应该及时与因特网服务商或网络管理员联系。

3. Netstat

Netstat 用于显示与 IP、TCP、UDP 和 ICMP 协议相关的统计数据，一般用于检验本机各端口的网络连接情况。如果累计的出错情况数目占到所接收的 IP 数据报较大的百分比，或者它的数目正迅速增加，那么就应该使用 Netstat 测试会出现这些情况的原因。

Netstat 的一些常用选项如下：

(1) netstat-s：本选项能够按照各个协议分别显示其统计数据。如果应用程序运行速度比较慢，或者不能显示 Web 页之类的数据，那么就可以用本选项来查看所显示的信息。

(2) netstat-e：本选项用于显示关于以太网的统计数据。它列出的项目包括传送的数据报的总字节数、错误数、删除数、数据报的数量和广播的数量。这些统计数据既有发送的数据报数量，也有接收的数据报数量。这个选项可以用来统计一些基本的网络流量。

(3) netstat-r：本选项可以显示关于路由表的信息，除了显示有效路由外，还显示当前有效的连接。

(4) netstat-a：本选项显示所有的有效连接信息列表，包括已建立的连接(ESTABLISHED)，也包括监听连接请求(Listening)的连接。

(5) netstat-n：显示所有已建立的有效连接。

4. IPConfig

IPConfig 程序可用于显示当前的 TCP/IP 配置的设置值。这些信息一般用来检验人工配置的 TCP/IP 设置是否正确。如果计算机和所在的局域网使用了动态主机配置协议，这个程序所显示的信息会更实用。这时，通过 IPConfig 命令可以让用户了解计算机是否成功地租用到了一个 IP 地址，如果租用到了则可以了解它目前分配到的是什么地址。了解计算机当前的 IP 地址、子网掩码和默认网关实际上是进行测试和故障分析的必要项目。

主要功能：显示用户所在主机内部的 IP 协议的配置信息。

使用格式：

ipconfig [/？] [/all]

参数介绍：

/？：显示 IPConfig 的格式和参数的英文说明。

/all：显示有关 IP 地址的所有配置信息。

IPConfig 的常用选项如下：

(1) ipconfig：当使用 IPConfig 时不带任何参数选项，那么它为每个已经配置了的接口显示 IP 地址、子网掩码和默认网关值。

(2) ipconfig/all：当使用 all 选项时，IPConfig 能为 DNS 和 WINS 服务器显示它已配置且所要使用的附加信息，并且显示内置于本地网卡中的物理地址。如果 IP 地址是从 DHCP 服务器租用的，IPConfig 将显示 DHCP 服务器的 IP 地址和租用地址预计失效的日期。

(3) ipconfig/release 和 ipconfig/renew：这是两个附加选项，只能在向 DHCP 服务器租用其 IP 地址的计算机上起作用。如果输入 ipconfig/release，那么所有接口的租用 IP 地址便重新交付给 DHCP 服务器。如果输入 ipconfig/renew，那么本地计算机便设法与 DHCP 服务器取得联系，并租用一个 IP 地址。

举例说明：如果我们想很快地了解某一台主机的 IP 协议的具体配置情况，可以使用 IPConfig 命令来检测。其具体操作步骤为：首先单击“开始”菜单，从弹出的菜单中找到“运行”命令，接着程序会打开一个标题为“运行”的对话框，在该对话框中，我们可以直接输入 IPConfig 命令，接着再单击回车键。

5. ARP

ARP 是一个重要的 TCP/IP 协议，用于确定对应 IP 地址的网卡物理地址。使用 ARP 命令，能够查看本地计算机或另一台计算机的 ARP 高速缓存中的当前内容。此外，使用 ARP 命令，也可以用人工方式输入静态的网卡物理地址/IP 地址对，可能会使用这种方式为默认网关和本地服务器等常用主机进行操作，有助于减少网络上的信息量。

按照默认设置，ARP 高速缓存中的项目是动态的，每当发送一个指定地点的数据报且高速缓存中不存在当前项目时，ARP 便会自动添加该项目。一旦高速缓存的项目被输入，它们就已经开始走向失效状态了。

ARP 常用命令选项如下：

arp-a：用于查看高速缓存中的所有项目。

arp-a IP：如果用户有多个网卡，那么使用 arp-a 加上接口的 IP 地址，就可以只显示与该接口相关的 ARP 缓存项目。

arp-s IP 物理地址：用户可以向 ARP 高速缓存中手动输入一个静态项目。该项目在计算机引导过程中将保持有效状态，或者在出现错误时手动配置的物理地址将自动更新该项目。

arp-d IP：使用本命令能够手动删除一个静态项目。

6. Tracert

当数据报从一台计算机经过多个网关传送到目的地时，Tracert 命令可以用来跟踪数据报使用的路由。Tracert 实用程序跟踪的路径是源计算机到目的地的一条路径，不能保证或认为数据报总遵循这个路径。如果在配置中使用 DNS，则会从所产生的应答中得到城市、地址和常见通信公司的名字。Tracert 是一个运行得比较慢的命令，每个路由器大约需要 15 s。

Tracert 的使用很简单，只需要在 Tracert 后面跟一个 IP 地址或 URL，Tracert 就会进行相应的域名转换。Tracert 一般用来检测故障的位置，可以用 Tracert IP 检测在哪个环节上出了问题。

使用格式：

tracert [-d] [-h maximum_hops] [-j host_list] [- w timeout]

参数介绍：

-d：不解析目标主机的名称。

-h maximum_hops：指定搜索到目标地址的最大跳跃数。

-j host_list：按照主机列表中的地址释放源路由。

-w timeout：指定超时时间间隔，程序默认的时间单位是毫秒。

主要功能：判定数据包到达目的主机所经过的路径、显示数据包经过的中继节点清单和到达时间。

详细介绍：这个应用程序主要用来显示数据包到达目的主机所经过的路径。该命令的使用格式是在 DOS 命令提示符下或者直接在运行对话框中键入命令：tracert 主机 IP 地址或主机名。执行结果返回数据包到达目的主机前所经历的中断站清单，并显示到达每个继站的时间。该功能同 Ping 命令类似，但它所看到的信息要比 Ping 命令详细得多，它把送出的到某一站点的请求包所走的全部路由均显示出来，并且显示出通过该路由的 IP 是多少，通过该 IP 的时延是多少。具体的 Tracert 命令后还可跟好多参数，大家可以键入 Tracert 后回车，会有很详细的说明。

举例说明：要是大家想要详细了解自己的计算机与目标主机之间的传输路径信息，可以使用 Tracert 命令来检测一下。其具体操作步骤为：首先单击“开始”菜单按钮，从弹出的菜单中找到“运行”命令，接着程序会打开一个标题为“运行”的对话框，在该对话框中，直接输入 Tracert 目标网址命令，单击回车。

7. Route

当网络上拥有两个或多个路由器时，若希望某些远程 IP 地址通过某个特定的路由器来传递，而其他的远程 IP 则通过另一个路由器来传递，则需要相应的路由信息。这些信息存储在路由表中，每个主机和每个路由器都配有自己独一无二的路由表。大多数路由器使用专门的路由协议来交换和动态更新路由器之间的路由表。但在有些情况下，必须手动将项目添加到路由器和主机的路由表中。Route 就是用来显示、人工添加和修改路由表项目的。

Route 常用选项如下：

route print：本命令用于显示路由表中的当前项目，由于用 IP 地址配置了网卡，因此所有的这些项目都是自动添加的。

route add：使用本命令可以将路由项目添加给路由表。例如，如果要设定一个到目的网络 209.98.32.33 的路由，其间要经过 5 个路由器网段，首先要经过本地网络上的一个路由器，路由器 IP 为 202.96.123.5，子网掩码为 255.255.255.224，那么应该输入的命令如下：

route add209.98.32.33 mask255.255.255.224202.96.123.5 metric 5

route change：可以使用本命令来修改数据的传输路由。不过，不能使用本命令来改变数据的目的地。例如，可以将数据的路由改到另一个路由器，它采用一条包含 3 个网段的更直的路径：

route add209.98.32.33 mask255.255.255.224202.96.123.250 metric3

route delete：使用本命令可以从路由表中删除路由，如 route delete209.98.32.33。

8. NETStat

NETStat 实用程序用于提供关于 NetBIOS 的统计数据。运用 NETStat 可以查看本地计算机或远程计算机上的 NetBIOS 名字表格。

使用格式：

netstat [-r] [-s] [-n] [-a]

参数介绍：

-r：显示本机路由表的内容。

-s：显示每个协议的使用状态(包括 TCP、UDP、IP)。

-n：以数字表格形式显示地址和端口。

-a：显示所有主机的端口号。

主要功能：该命令可以让用户了解到自己的主机是怎样与因特网相连接的。

NETStat 常用选项：

nebtstat-n：显示寄存在本地的名字和服务程序。

netstat-c：显示 NetBIOS 名字高速缓存的内容。NetBIOS 名字高速缓存用于存储与本计算机最近进行通信的其他计算机的 NetBIOS 名字和 IP 地址对。

netstat-r：用于清除和重新加载 NetBIOS 名字高速缓存。

netstat-a IP：通过 IP 显示另一台计算机的物理地址和名字列表，所显示的内容就像对方计算机自己运行 nbtstat-n 一样。

netstat-s IP：显示使用其 IP 地址的另一台计算机的 NetBIOS 连接表。

详细介绍：NETStat 程序有助于我们了解网络的整体使用情况。它可以显示当前正在活动的网络连接的详细信息，如显示网络连接、路由表和网络接口信息，可以让用户得知目前总共有哪些网络连接正在运行。我们可以使用“netstat / ？”命令来查看该命令的使用格式以及详细的参数说明。该命令的使用格式是在 DOS 命令提示符下或者直接在“运行”对话框中键入 netstat[参数]，利用该程序提供的参数功能，我们可以了解该命令的其他功能信息，如显示以太网的统计信息、显示所有协议的使用状态，这些协议包括 TCP 协议、UDP 协议以及 IP 协议等。另外，还可以选择特定的协议并查看其具体使用信息，还能显示所有主机的端口号以及当前主机的详细路由信息。

举例说明：如果要了解盐城市信息网络中心节点的出口地址、网关地址、主机地址等信息，可以使用 NETStat 命令来查询。具体操作方法为：首先单击“开始”菜单按钮，从弹出的菜单中找到“运行”命令，接着程序会打开一个标题为“运行”的对话框，在该对话框中，直接输入 NETStat 命令，单击回车键即可，也可以在 MS-DOS 方式下，输入 NETStat 命令。

四、网络故障分析和排除的基本步骤

产生网络故障的原因是很复杂的，同样故障可能会导致不同表现。但是，查找故障的基本方法应从最简单的错误入手，先检查网络线、网卡配置、网络连接设备 HUB/交换机的连接；然后是软件设置；最后是其他一些网络硬件故障，因为无论是网卡、HUB 或交换机在正确使用下都是没有那么快就坏的。为了有效地解决故障，我们需要有网络的文档。最好要装备合理的工具软件来帮助我们了解在网络正常工作时的参数，通过分析找出网络的故障。

Qcheck 是 NetIQ 公司推出的网络应用与硬件测试软件包 Chariot suite 的一部分，是一个免费公版程序。主要功能是向 TCP、UDP、IPX、SPX 网络发送数据流从而来测试网络的吞吐率、回应时间等。下面我们就择其重点介绍一下。

1. TCP 响应时间(TCP Response Time)

这项测试可以测得完成 TCP 通信的最短、平均与最长时间。这个测试和 Ping 很像，目的在于让用户知道接收到另一台机器的信号所需的时间。这个测量一般称为“延缓”或“延迟”(latency)。

2. TCP 传输率(TCP Throughput)

这项测试可以测量出两个节点间使用 TCP 协议时，每秒成功送出的数据量。通过这项测试可以得出网络的带宽。

3. UDP 串流传输率(UDP Streaming Throughput)

和多媒体应用一样，串流测试会在不知会的状况下传送数据。在 Qcheck 中，使用无连接协议的 IPX(Internetwork Packet Exchange，网络交换协议)或 UDP。Qcheck 的串流测试是评估应用程序使用串流格式时的表现，如 IP 线上语音以及视频广播。此测试显示多媒体流通需要的频宽，以方便进行网络硬件速度和网络所能达到真正数据传输率间的比较。另外，此测试也可以测得封包遗失(packet loss)情况以及处理中的 CPU 占用率(CPU utilization)。

五、实验报告

总结实验过程中遇到的问题及解决方法。

实验 8　划分子网并测试子网间的连通性

一、实验目的

(1) 掌握 IP 地址的分配和划分子网的方法。

(2) 通过配置网关地址，理解网络之间的数据传输和交换。

二、实验类型

本实验为综合型实验。

三、实验内容和步骤

1. 子网规划

划分子网是从标准 IP 地址的主机号部分借位并把它们作为子网号部分，如图 10-63 所示。

网络号	主机号		
网络号	子网号	主机号	→ 子网 IP

（第一行 → 标准 IP）

图 10-63　子网 IP 地址

在 IP 地址分配前需进行子网规划，使得选择的子网号部分能产生足够的子网数，选择的主机号部分能容纳足够的主机，并且路由器需要占用有效的 IP 地址。

子网规划的原则如下：

(1) 子网号位数≥2，主机号位数≥2。

(2) 去掉全 0 或全 1 的主机号、子网号。

(3) 子网数 = 2^子网号位数-2，主机数 = 2^主机号位数-2。

C 类子网表如表 10-18 所示。

表 10-18　C 类子网表

子网数量	主机数量	掩码	子网位数	主机位数
2	62	255.255.255.192	2	6
6	30	255.255.255.224	3	5
14	14	255.255.255.240	4	4
30	3	255.255.255.248	5	3
62	2	255.255.255.252	6	2

2. 在局域网上划分子网

子网编址的初衷是避免小型或微型网络浪费 IP 地址，从而将一个大规模的物理网络划分成几个小规模的子网。各个子网在逻辑上独立，没有路由器的转发，子网之间的主机不能相互通信。

下面对 IP 地址 192.168.1.0 划分子网。

1) 子网地址分配表

子网号：借4位　　　2^4-2=14

主机号：余4位　　　2^4-2=14

子网掩码：255.255.255.240 ⟶ □□□□□□□□

192.168.1.0在掩码为255.255.255.240时的地址分配表如表10-19所示。

表10-19　192.168.1.0在掩码为255.255.255.240时的地址分配表

	子网掩码	IP地址范围	子网地址	直接广播	有限广播
1	255.255.255.240	192.168.1.17～30	192.168.1.16	192.168.1.31	255.255.255.255
2	255.255.255.240	192.168.1.33～46	192.168.1.32	192.168.1.47	255.255.255.255
3	255.255.255.240	192.168.1.49～62	192.168.1.48	192.168.1.63	255.255.255.255
4	255.255.255.240	192.168.1.65～78	192.168.1.64	192.168.1.79	255.255.255.255
5	255.255.255.240	192.168.1.81～94	192.168.1.80	192.168.1.95	255.255.255.255
6	255.255.255.240	192.168.1.97～110	192.168.1.96	192.168.1.111	255.255.255.255
7	255.255.255.240	192.168.1.113～126	192.168.1.112	192.168.1.127	255.255.255.255
8	255.255.255.240	192.168.1.129～142	192.168.1.128	192.168.1.143	255.255.255.255
9	255.255.255.240	192.168.1.145～158	192.168.1.144	192.168.1.159	255.255.255.255
10	255.255.255.240	192.168.1.161～174	192.168.1.160	192.168.1.175	255.255.255.255
11	255.255.255.240	192.168.1.177～190	192.168.1.176	192.168.1.191	255.255.255.255
12	255.255.255.240	192.168.1.193～206	192.168.1.192	192.168.1.207	255.255.255.255
13	255.255.255.240	192.168.1.209～222	192.168.1.208	192.168.1.223	255.255.255.255
14	255.255.255.240	192.168.1.225～238	192.168.1.224	192.168.1.239	255.255.255.255

2) 子网划分拓扑图

子网划分拓扑图如图10-64所示。

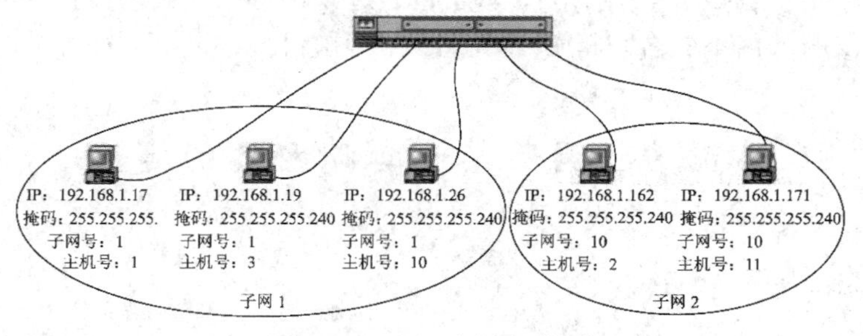

图10-64　子网划分拓扑图

3) 配置计算机的IP地址和子网掩码

启动Windows操作系统，单击“开始”按钮，选择“设置”→“控制面板”命令，双击“网络”图标，在“网络”对话框的“配置”选项卡中，单击“TCP/IP协议”→“属性”按钮，显示如图10-65所示的“TCP/IP属性”对话框。选择“使用下面的IP地址”单选项。在“IP地址”文本框中输入IP地址，如192.168.1.17；在“子网掩码”文本框中输入 255.255.240.0，单击“确定”按钮，IP 地址便设置完成。

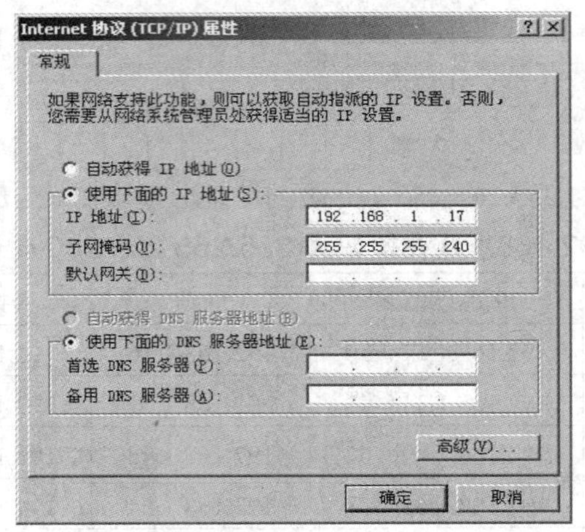

图 10-65　配置计算机的 IP 地址和子网掩码

4) 利用 Ping 命令测试子网划分、IP 分配和计算机配置是否正确

(1) 处于同一子网的计算机是否能够通信。例如，利用 IP 地址为 192.168.1.17 的计算机去 Ping IP 地址为 192.168.1.19 的计算机，查看 Ping 命令输出结果。

(2) 处于不同子网的计算机是否能够通信。例如，利用 IP 地址为 192.168.1.17 的计算机去 Ping IP 地址为 192.168.1.162 的计算机，查看 Ping 命令输出结果。

四、实验作业

(1) 子网掩码与 VLAN 有何区别？理解 VLSM 的工作原理与作用。

(2) 当 A、B 不在同一个网络或子网时，如果 A、B 之间需要通信，怎么办？

(3) 如果 A 是一个 Web 服务器或邮件服务器，当客户机 B 的 IP 地址与 A 发生冲突后，客户 C 访问 A 时会有什么影响？

(4) 假设组网的交换机具有网络管理功能(通过软件可以让某端口打开或关闭)，如何保护网络中的重要服务器不受客户机 IP 地址冲突的影响？

实验 9　调研某一实际网络的建设

一、实验目的

(1) 通过对某一实际网络的调研，了解该网络的基本功能和网络设计的用户要求。

(2) 了解网络的组织结构，特别是信息的流向、共享的保密措施。

(3) 了解网络的结构化布线要求。

二、实验类型

本实验为设计型实验。

三、实验内容和步骤

(1) 根据实地调查或互联网的调查结果，取得某网络的第一手材料，并根据用户要求描述网络的拓扑结构；在本实验中，要求学生对已知网络形成书面的网络结构概述及明确用户要求是对该网络的基本要求。

(2) 画出该网络的组织结构图、拓扑结构图，并在图中标明硬件、软件的主要产品及规格。

(3) 在图中详细描述网络的布线图及信息的流向。

四、实验报告

完成实验内容与步骤规定的内容。

实验10 校园网规划与设计

一、实验目的

利用所学的常见局域网的组建过程、网络协议的设置以及网络软硬件的设置等知识，对某一高校实际情况进行调研，根据该高校对于网络的需求和自身特点进行网络规划与设计，并完成校园网规划与设计方案的编写。

二、实验类型

本实验为设计型实验。

三、校园网建设

(1) 校园网需求分析包括在学校的规模、信息点的数量、信息点的分布、用户的业务、网络性能、流量分布、网络升级扩展、网络安全等方面开展调研。

(2) 校园网建设原则要从实用性、先进性、安全性、可扩充性、开放性等方面结合该高校实际情况进行考虑。

(3) 校园网总体规划包括校园网建设的具体目标、网络的拓扑结构、网络的功能、网络的分层设计、IP地址合理规划、VLAN划分方案、综合布线方案以及设备选型和预算等方面。

(4) 校园网的应用包括为学生的学习活动服务、为教师的教学活动服务、为学校的管理服务以及为学校与校外交流服务，在满足以上应用要求的同时还应考虑服务器平台、系统软件和应用软件的分析与选择。

四、实验报告

完成《×××大学校园网规划与设计》的撰写。

参 考 文 献

[1] 龚尚福. 计算机网络技术与应用. 北京：中国铁道出版社，2007.

[2] 刘江，宋晖. 计算机网络技术与应用. 北京：电子工业出版社，2019.

[3] 牛玉冰. 计算机网络技术基础. 北京：清华大学出版社，2016.

[4] 孔祥杰. 计算机网络. 北京：机械工业出版社，2018.

[5] TANENBAUM A S，计算机网络. 北京：清华大学出版社，2009.

[6] KUROSE J F，ROSS K W. 计算机网络：自顶向下方法. 北京：机械工业出版社，2014.

[7] 谢希仁. 计算机网络. 北京：电子工业出版社，2017.

[8] 雷震甲. 计算机网络技术及应用. 北京：清华大学出版社，2008.

[9] 毛京丽. 现代通信网. 北京：北京邮电大学出版社，2013.

[10] 吴功宜. 计算机网络. 北京：清华大学出版社，2017.

[11] 金光，江先亮. 无线网络技术教程：原理、应用与实验. 北京：清华大学出版社，2017.

[12] 陈晓桦，武传坤. 网络安全技术. 北京：人民邮电出版社，2017.